中国科学院中国孢子植物志编辑委员会　编辑

中 国 淡 水 藻 志

第 十 八 卷
绿 藻 门
鼓藻目　鼓藻科
第 3 册
多棘鼓藻属　叉星鼓藻属　角星鼓藻属　丝状鼓藻类

魏印心　主编

中国科学院知识创新工程重大项目
国家自然科学基金重大项目
（国家自然科学基金委员会　中国科学院　国家科学技术部　资助）

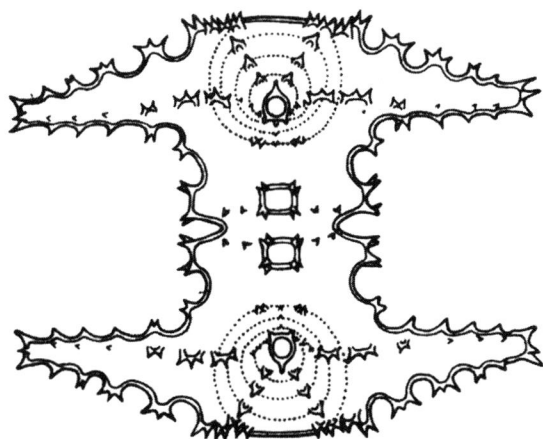

科学出版社

北 京

内 容 简 介

本书是《中国淡水藻志》绿藻门双星藻纲鼓藻目鼓藻科的第3册，根据作者多年积累的研究成果，并参考国内外最新的资料编写而成。全书分总论和各论两部分，总论部分论述了鼓藻类的形态结构和生殖、分类系统、生态和分布，各论部分系统地对我国鼓藻科中的12属、197种、111个变种和21个变型共计329个分类单位逐一作了全面的、详细的描述，对有的种类进行了简短的分类讨论。这些分类单位中有44个分类单位是在中国首先发现的，其中的38个分类单位是由我国藻类学家发现、命名、绘图和发表的，只有6个分类单位是由外国藻类学家采自中国的藻类标本进行研究并命名发表的。绘制的精致细胞形态图版63幅，插图4幅，细胞的扫描电镜照片图版3幅。同时列述了目、科、属、种的检索表，书末附有译成英文的目、亚目、科、属、种检索表，中文和学名索引，汉英术语对照表、附录。本书是目前中国收集最全的第三部鼓藻类志书。

本书可供从事植物学、藻类学、细胞学、生态学、环境科学研究和水产养殖领域的科研人员和大专院校教学工作者、学生阅读参考。

图书在版编目（CIP）数据

中国淡水藻志. 第18卷，绿藻门. 鼓藻目. 第3册，鼓藻科 / 魏印心主编. —北京：科学出版社，2014.1
（中国孢子植物志）
ISBN 978-7-03-038992-3

I. ①中… II. ①魏… III. ①藻类–植物志–中国 ②绿藻门–植物志–中国
IV. ①Q949.2

中国版本图书馆 CIP 数据核字（2013）第 254942 号

责任编辑：韩学哲　王　好 / 责任校对：张凤琴
责任印制：钱玉芬 / 封面设计：槐寿明

科 学 出 版 社 出版
北京东黄城根北街 16 号
邮政编码：100717
http://www.sciencep.com

北京通州皇家印刷厂 印刷
科学出版社发行　各地新华书店经销
*
2014 年 1 月第 一 版　　开本：787×1092 1/16
2014 年 1 月第一次印刷　　印张：19
字数：448 000

定价：128.00 元
（如有印装质量问题，我社负责调换）

CONSILIO FLORARUM CRYPTOGAMARUM SINICARUM
ACADEMIAE SINICAE EDITA

FLORA ALGARUM SINICARUM AQUAE DULCIS

TOMUS XVIII

CHLOROPHYTA

DESMIDIALES   DESMIDIACEAE

Sectio III

Xanthidium, *Staurodesmus*, *Staurastrum*, Filamentous desmids

REDACTOR PRINCIPALIS

WEI YINXIN

**A Major Project of the Knowledge Innovation Program
of the Chinese Academy of Sciences
A Major Project of the National Natural Science Foundation of China**
(Supported by the National Natural Science Foundation of China,
the Chinese Academy of Sciences, and the Ministry of Science and Technology of China)

Science Press
Beijing

《中国淡水藻志》第十八卷

绿　藻　门

鼓藻目　鼓藻科

第 3 册

多棘鼓藻属　叉星鼓藻属　角星鼓藻属　丝状鼓藻类

编 著 者

魏印心

REDACTOR

Wei Yinxin

序

  中国孢子植物志是非维管束孢子植物志，分《中国海藻志》、《中国淡水藻志》、《中国真菌志》、《中国地衣志》及《中国苔藓志》五部分。中国孢子植物志是在系统生物学原理与方法的指导下对中国孢子植物进行考察、收集和分类的研究成果；是生物物种多样性研究的主要内容；是物种保护的重要依据，对人类活动与环境甚至全球变化都有不可分割的联系。

  中国孢子植物志是我国孢子植物物种数量、形态特征、生理生化性状、地理分布及其与人类关系等方面的综合信息库；是我国生物资源开发利用，科学研究与教学的重要参考文献。

  我国气候条件复杂，山河纵横，湖泊星布，海域辽阔，陆生和水生孢子植物资源极其丰富。中国孢子植物分类工作的发展和中国孢子植物志的陆续出版，必将为我国开发利用孢子植物资源和促进学科发展发挥积极作用。

  随着科学技术的进步，我国孢子植物分类工作在广度和深度方面将有更大的发展，对于这部著作也将不断补充、修订和提高。

中国科学院中国孢子植物志编辑委员会

1984 年 10 月·北京

中国孢子植物志总序

中国孢子植物志是由《中国海藻志》、《中国淡水藻志》、《中国真菌志》、《中国地衣志》及《中国苔藓志》所组成。至于维管束孢子植物蕨类未被包括在中国孢子植物志之内，是因为它早先已被纳入《中国植物志》计划之内。为了将上述未被纳入《中国植物志》计划之内的藻类、真菌、地衣及苔藓植物纳入中国生物志计划之内，出席1972年中国科学院计划工作会议的孢子植物学工作者提出筹建"中国孢子植物志编辑委员会"的倡议。该倡议经中国科学院领导批准后，"中国孢子植物志编辑委员会"的筹建工作随之启动，并于1973年在广州召开的《中国植物志》、《中国动物志》和中国孢子植物志工作会议上正式成立。自那时起，中国孢子植物志一直在"中国孢子植物志编辑委员会"统一主持下编辑出版。

孢子植物在系统演化上虽然并非单一的自然类群，但是，这并不妨碍在全国统一组织和协调下进行孢子植物志的编写和出版。

随着科学技术的飞速发展，人们关于真菌的知识日益深入的今天，黏菌与卵菌已被从真菌界中分出，分别归隶于原生动物界和管毛生物界。但是，长期以来，由于它们一直被当作真菌由国内外真菌学家进行研究，而且，在"中国孢子植物志编辑委员会"成立时已将黏菌与卵菌纳入中国孢子植物志之一的《中国真菌志》计划之内并陆续出版，因此，沿用包括黏菌与卵菌在内的《中国真菌志》广义名称是必要的。

自"中国孢子植物志编辑委员会"于1973年成立以后，作为"三志"的组成部分，中国孢子植物志的编研工作由中国科学院资助；自1982年起，国家自然科学基金委员会参与部分资助；自1993年以来，作为国家自然科学基金委员会重大项目，在国家基金委资助下，中国科学院及科技部参与部分资助，中国孢子植物志的编辑出版工作不断取得重要进展。

中国孢子植物志是记述我国孢子植物物种的形态、解剖、生态、地理分布及其与人类关系等方面的大型系列著作，是我国孢子植物物种多样性的重要研究成果，是我国孢子植物资源的综合信息库，是我国生物资源开发利用、科学研究与教学的重要参考文献。

我国气候条件复杂，山河纵横，湖泊星布，海域辽阔，陆生与水生孢子植物物种多样性极其丰富。中国孢子植物志的陆续出版，必将为我国孢子植物资源的开发利用，为我国孢子植物科学的发展发挥积极作用。

中国科学院中国孢子植物志编辑委员会

主编　曾呈奎

2000 年 3 月　北京

Preface to the Cryptogamic Flora of China

Cryptogamic Flora of China is composed of *Flora Algarum Marinarum Sinicarum*, *Flora Algarum Sinicarum Aquae Dulcis*, *Flora Fungorum Sinicorum*, *Flora Lichenum Sinicorum*, and *Flora Bryophytorum Sinicorum*, edited and published under the direction of the Editorial Committee of the Cryptogamic Flora of China, Chinese Academy of Sciences (CAS). It also serves as a comprehensive information bank of Chinese cryptogamic resources.

Cryptogams are not a single natural group from a phylogenetic point of view which, however, does not present an obstacle to the editing and publication of the Cryptogamic Flora of China by a coordinated, nationwide organization. The Cryptogamic Flora of China is restricted to non-vascular cryptogams including the bryophytes, algae, fungi, and lichens. The ferns, a group of vascular cryptogams, were earlier included in the plan of *Flora of China*, and are not taken into consideration here. In order to bring the above groups into the plan of Fauna and Flora of China, some leading scientists on cryptogams, who were attending a working meeting of CAS in Beijing in July 1972, proposed to establish the Editorial Committee of the Cryptogamic Flora of China. The proposal was approved later by the CAS. The committee was formally established in the working conference of Fauna and Flora of China, including cryptogams, held by CAS in Guangzhou in March 1973.

Although myxomycetes and oomycetes do not belong to the Kingdom of Fungi in modern treatments, they have long been studied by mycologists. *Flora Fungorum Sinicorum* volumes including myxomycetes and oomycetes have been published, retaining for *Flora Fungorum Sinicorum* the traditional meaning of the term fungi.

Since the establishment of the editorial committee in 1973, compilation of Cryptogamic Flora of China and related studies have been supported financially by the CAS. The National Natural Science Foundation of China has taken an important part of the financial support since 1982. Under the direction of the committee, progress has been made in compilation and study of Cryptogamic Flora of China by organizing and coordinating the main research institutions and universities all over the country. Since 1993, study and compilation of the Chinese fauna, flora, and cryptogamic flora have become one of the key state projects of the National Natural Science Foundation with the combined support of the CAS and the National Science and Technology Ministry.

Cryptogamic Flora of China derives its results from the investigations, collections, and classification of Chinese cryptogams by using theories and methods of systematic and evolutionary biology as its guide. It is the summary of study on species diversity of cryptogams and provides important data for species protection. It is closely connected with human activities, environmental changes and even global changes. Cryptogamic Flora of China is a comprehensive information bank concerning morphology, anatomy, physiology, biochemistry, ecology, and phytogeographical distribution. It includes a series of special monographs for using the biological resources in China, for scientific research, and for teaching.

China has complicated weather conditions, with a crisscross network of mountains and rivers, lakes of all sizes, and an extensive sea area. China is rich in terrestrial and aquatic cryptogamic resources. The development of taxonomic studies of cryptogams and the publication of Cryptogamic Flora of China in concert will play an active role in exploration and utilization of the cryptogamic resources of China and in promoting the development of cryptogamic studies in China.

C. K. Tseng

Editor-in-Chief

The Editorial Committee of the Cryptogamic Flora of China

Chinese Academy of Sciences

March，2000 in Beijing

《中国淡水藻志》序

　　中国是一个陆地国土面积 960 万平方公里的大国，地跨寒带、温带、亚热带和热带，不仅有陆地和海洋，还有 5000 多个岛屿，大陆地形十分复杂，海拔自西向东由高而低。中国西部海拔在 5000 米以上的土地面积占全国土地总面积的 25.9%，往东依次为：2000—3000 米的占 7%，1000—2000 米的占 25%，500—1000 米的占 16.9%，东部和东北部及沿海地带都在 500 米以下，约占 25.2%。这其间山地、高原、盆地、平原和丘陵等等连绵起伏。中国又是一个河流丰富的国家，仅流域面积超过 100 平方公里的就有 50 000 条以上；几条大的河流自西向东或向南流入大海。我国的湖泊也很多，已知的天然湖泊，面积在 1 平方公里以上的即有 2800 个，人工湖 86 000 个，还有难以计数的塘堰、水池、溪流、沟渠、沼泽、泉水等等。这些地理特征使得我国各地在日照、气温和降水等方面有极大的差异，产生了种类丰富的植物。我国已知的高等植物，包括苔藓、蕨类和种子植物超过 30 000 种。无数的大小水坑，包括临时积水、稻田、水井、还有地下水、温泉、温地、草场，以及表面多少覆盖有土壤的或潮湿的岩石、道路和建筑物等，形成无法计算、情况各异的小生境，生长着各种藻类。

　　中国的淡水藻类，早期是由外国专家采集和研究的。其中，最先于 1884 年由俄国专家 J.Istvanffy 发表的一种绿球藻的报告，是由 N.M.Przewalski 在蒙古采得标本而由圣彼得堡植物园主任 K.Maximovicz 研究的。其后德国的 Schauinsland 和 Lemmermann 采集和研究了长江中下游的藻类（1903，1907）。瑞典学者和探险家 Sven-Hedin 曾在 1893—1901 年和 1927—1933 年，几次到我国新疆、青海、甘肃、西藏和北京，其所得材料分别由 Wille（1900，1922），Borge（1934）和 Hustedt（1922，1927）研究发表。1913—1914 年，奥地利的植物学家 Handel-Mazzatti 曾深入我国云南、贵州、四川、湖南、江西、福建 6 省，所得藻类由 H.Skuja 于 1937 年正式发表。前东吴大学任教的美籍教授 Gee 于 1919 年发表了他研究苏州和宁波藻类的文章。俄国的 Skvortzow 自 1925 年起即定居我国，直到 20 世纪 60 年代，他采集和研究过我国东北数省的藻类，还为各地的许多专家研究过不少的中国标本。

　　中国科学家所发表的第一篇淡水藻类学论文，是 1916—1921 年毕祖高的题为"武昌长湖之藻类"一文，分 4 次在当时的《博物学杂志》上刊登的。其后有王志稼（1893—1981）、李良庆（1900—1952）、饶钦止（1900—1998）、朱浩然（1904—1999）和黎尚豪（1917—1993）。到 1949 年，除西藏、宁夏、西康（今属四川）外，所采标本大体上已遍及全国各个省、市和自治区。研究的类群主要是蓝藻、绿藻、红藻、硅藻，兼及轮藻、黄藻和金藻。饶钦止还建立了腔盘藻科（Coelodiscaceae 1941），即今之饶氏藻科（Jaoaceae 1947）；又发现了两种采自四川的褐藻（1941）：层状石皮藻（*Lithoderma zonata*）和河生黑顶藻（*Spharelaria fluviatlis*）。

　　1949 年后，中国的藻类学发展很快，研究人员增加，所采标本遍及全国，研究的类群不断增加。1979 年饶钦止出版的《中国鞘藻目专志》中记述了在中国采集的 2 属 301

种，81 变种和 33 变型，其中的 96 种，38 变种和 32 变型的模式标本产于中国 [1]。

1964 年我国决定编写《中国藻类志》。1973 年，编写工作正式开始。其后《中国藻类志》决定采用曾呈奎院士建立的分类系统，将藻类分成如下 12 门（Division）：(1) 蓝藻门（Cyanophyta），(2) 红藻门（Rhodophyta），(3) 隐藻门（Cryptophyta），(4) 甲藻门（Dinophyta），(5) 黄藻门（Xanthophyta），(6) 金藻门（Chrysophyta），(7) 硅藻门（Bacillariophyta），(8) 褐藻门（Phaeophyta），(9) 原绿藻门（Prochlorophyta），(10) 裸藻门（Euglenophyta），(11) 绿藻门（Chlorophyta）和 (12) 轮藻门（Charophyta）。1984 年，为了工作方便，又决定将《中国藻类志》分为《中国海藻志》和《中国淡水藻志》两大部分，各自分开出版。由于各类群在我国原有的工作基础不一致，"志"的编写工作又由不同的主编负责进行，工作进度和交稿时间难以统一安排，因此《中国淡水藻志》的卷册编序，决定不以门、纲、目等分类学类群的次序为序，而以出版先后为序，即最先出版者为第一卷，以下类推。种类较多，必须分成若干册出版者，即在同一卷册号之下再分成若干册，依次编成册号。

1988 年，由饶钦止主编的《中国淡水藻志》第一卷"双星藻科"（Zygnemataceae）出版，此卷记录本科藻类 9 属 347 种，其中有 219 种的模式标本产于中国。到 1999 年，已先后出版 6 卷。这 6 卷中，所有的描述和附图，除极少数例外，几乎全是根据中国的标本作出的，所采标本覆盖了全国省、市、自治区的 80% 到 100%。轮藻门、蓝藻门和褐藻门的分类系统经过了主编修订。包括鞘藻目在内，上述已出版的各类群中，中国记录的种的数目，绝大多数均占全国已知种数的 40% 以上，如色球藻纲的蓝藻已超过 80%。特有种（endemic species）在许多类群中也很显著，如鞘藻目和双星藻科的中国特有种几乎占国内已记录的一半！

中国的淡水藻类，种类十分丰富，并有自己的区系特点。但是目前在编写和出版《中国淡水藻志》时，还存在一些问题。

第一，已出版的 6 个卷册，由于原来各类群的研究基础不同，所达到的水平和质量也不一样。例如，对有些省区，所记种类太少，有一个省甚至只有一种；有许多报道较早的种类，特别是早期由外国专家发表的，已难以看到模式标本；还有许多种类，只在较早时期报告过一次，但描述非常简单，甚至没有附图，并且还未能第二次采到。对这些情况，我们尽量在适当的地方加以说明，更希望再版时有所改进。

第二，在 12 门藻类植物中，除原绿藻外，每一门都有淡水种类。但到目前为止，还有多类群，尤其是门以下的某些纲、目和科，我国还没有开始进行调查研究，有的几乎是空白。金藻门、隐藻门、甲藻门还有许多种类是由动物学家进行研究的。

第三，藻类分类学是一门既古老又年轻的科学。百多年来，已积累了非常丰富的、极有价值的科学知识，但也存在很多问题。由于不断有许多新属种被发现，新的研究手段，特别是电镜研究、培养和分子生物学的研究，在增加了很多新知识的同时，也使藻类的系统学和分类学出现许多新问题。只有把传统的形态分类学与近代新兴的科学研究手段结合起来，才能使藻类分类学得到长足进步，才能编写出更高质量的《中

---

1) 刘国祥与毕列爵于 1993 年正式报道了采自武汉的勃氏枝鞘藻（*Oedocladium prescotti* Islam），至此鞘藻目（科）所含的 3 个属，在中国已全有报道。

国淡水藻志》。

　　总之，我们已取得不少成绩，但肯定还有缺点和错误，希望国内外读者不吝赐教。

毕列爵(湖北大学，武汉 430062)

胡征宇(中国科学院水生生物研究所，武汉 430072)

1997 年 8 月 18 日

FLORA ALGARUM SINICARUM AQUAE DULCIS

FOREWORD

China is a big country with an area of 9,600,000 km^2, covering not only land and ocean, but also 5 thousand islands, with a territory across the cold, temperate, subtropical and tropical belts of the northern Hemisphere. The topography of China is very complicated. In the main, the land runs from high to low gradually along the direction from the west to the east. Of the whole area of the country, 25.9% in the western part are at an altitude of 5,000m, and then successively from the west to the east, 7% at 2,000 to 3,000m, 25% at 1,000 to 2,000m, 16.9% at 500 to 1,000m, and 25.2% in the eastern, north-eastern and coastal regions below 500m. There are countless rises and falls of the land to make the various topographical reliefs into mountains, plateaus, basins, plains and mounts. China is a country full of rivers and rivulets too. There are over 50,000 rivers with their basins of 100 km^2. The principal rivers overflow from the west to the eastern or southern seas of the country. The lakes and ponds are also numerous. The number of ever-known natural lakes of an area more than 1km^2 is no less than 2,800, and the artificial reservoirs are believed to be 86,000. And the ponds, pools, streams, ditches, swamps and springs are uncountable. All the above fundamental characteristics comprehensively lead to a very complicated variation of the sunshine, temperature and precipitation in different localities in China, and thus produce a very rich flora of higher plants, including the bryophytes, ferns and seed plants of more than 30,000 species. In addition, there are innumerable pits of different size marshes, grasslands and rocks, roads and buildings with more or less moisture or soil, all of which forms quite a big number of niches for the freshwater algae inhabitants.

Chinese freshwater algae was collected and studied by foreign experts in the earlier years. The first paper published was written by Russian scientist (J.Istvanffy) in 1884 and the specimens were collected by Russian Military Officer N.M. Przewalski from Mongolia and studied by K. Maximovicz. Later two Germany phycologists, H.Schauinsland and E.Lemmermann, collected and studied the algae of the middle and lower reaches of Yangtze River (1903,1907). Sven-Hedin, a Swedish scholar and explorer, traveled through Xinjiang, Qinghai, Gansu, Xizang (Tibet), and Beijing for several times in 1893—1901 and 1927—1933. The specimens he obtained were studied and published separately by N. Wille (1900,1922), O. Borge(1934), and F. Hustedt(1922，1927). In 1913—1914, the famous Austrian botanist H.Handel-Mazzatti collected Chinese plants thoroughly in his journey in Yunnan, Guizhou, Sichuan, Hunan, Jiangxi and Fujian Provinces. Among those, the algal material were published formally by the phycologist, H. Skuja(1937). About the same period, N. Gee, an American teacher of the Soochou University, Suzhou, Jiangsu province published his paper about the freshwater algae from Suzhou and Ningbo, Zhejiang province. And B. V. Skvortzow, a Russian naturalist, settled from Russia to China in 1925 till the 1960s of the 20th century. He collected and studied tremendous algal materials both collected from the NE-provinces from China and those presented by a number of experts from various localities of China.

The first paper of Chinese freshwater algae titled as "Algae from Changhu Lake, Wuchang, Hubei" by Bi Zugao, was published in *Journal of Natural History* separately in 4 volumes in 1916—1921. From then on, Wang Chichia (1893—1981), Li Liangching (1900—1952), Jao Chinchih (1900—1998), Zhu Haoran (1904—1999) and Li Shanghao (1917—1993) were the successors. Up to 1949, specimens were collected almost over all the provinces, municipalities and autonomous regions of China with few exceptions as Xizang(Tibet) and Ningxia. The groups were examined carefully concerning the cyanophytes, chlorophytes, rhodophytes, diatoms; and at the same time some attention has been given to charophytes, xanthophytes and chrysophytes too. By C. C. Jao, a new family, the Coelodiscaceae (1941), now the Jaoaceae (1947) was established, and two very rare freshwater brown algae, *Lithodera zonata* and *Sphacelaria fluviatilis* were discovered (1941).

The development of phycology in China was more rapid than ever from 1949 on. The faculties were enlarged, specimens were obtained over all the country and the group's studies were increased. In 1979, Jao published his monograph *Monographia Oedogoniales Sinicae*. In his big volume Jao described 301 species, 81 varieties and 33 forms belonging to 2 of the 3 of the world genera from China. Among them, the types of 96 species, 38 varieties and 32 forms are inhabited in this country[1].

In 1964 a resolution of editing the *Flora of Chinese Algae* was made by the Chinese phycologists. The work was actually put into being since 1973. It was decided in 1978 that the system published by Academician Tseng Chenkui would be adopted in the FLORA. Accordingly, the algae are to be divided into 12 Divisions: (1) Cyanophyta, (2) Rhodophyta, (3) Cryptophyta, (4) Dinophyta, (5) Xanthophyta, (6) Chrysophyta, (7) Bacillariophyta, (8) Phaeophyta, (9) Prochlorophyta, (10)Euglenophyta, (11) Chlorophyta and (12) Charophyta. In 1984, for the convenience in practical work, phycologists agreed that the FLORA could be written separately into two parts, the FLORA of Marine Algae and that of the freshwater forms. Because the achievements of researches of the different algal groups are not at the same level, so the work could not be done according to the taxonomic sequence of the algal groups. We may try to publish first the group we have gotten more information and better results about it. And, at the same time, the numbers of the sequence of the volumes of the FLORA are also arranged not basing upon the taxonomic series but upon the priority of publications. Thus one volume may be separated

---

1) Liu Guoxiang and Bi Liejue reported *Oedocladium prescottii* Islam from Wuhan in 1993, so all the 3 genera of the Oedogoniales(-aceae) have been reported in China since then.

into two or more parts if necessary.

In 1988, the first volume of the *Flora Algarum Sinicarum Aquadulcis* "Zygnemataceae" edited by Jao Chinchih was published. In it, 347 species of 9 genera were described, and the types of 219 species were all collected from China. Up to 1999, six volumes of the FLORA had been published, from those we may know it may be concluded that the specimens collected and used are at least 80% and at most 100% from the provinces, municipalities and autonomous regions in China. The descriptions and drawings with very few exceptions are all based on Chinese materials. The taxonomic systems of Chroococophyceae, Charophyta and Euglenophyta had been more or less modified by the editors. The percentage of the number of species in each volume, including the Oedogoniales, to that of the world records is remarkably as large as over 40%. The extreme one is 80% in Chroococophyceae. The number of endemic species is also distinct, for example, in Oedogoniales and Zygnemataceae, they are both over 50%.

The flora of Chinese freshwater algae are plentiful, and the floral composition is evidently peculiar. However, there were still quite a lot of problems to be solved in the editing of the FLORA.

First, in some examples the record of provincial distribution of the country is insufficient. It is unreasonable for a big province to have recorded only a single species. In a number of old literatures, the species description is usually either too simple or lacking, and the drawings are also wanting. For many species, it is very hard to check up with more information because it was reported only once for a very long time. And, an unconquerable difficulty is that the majority of the types, especially in the earlier publications, could not hope some improvements can be made in the successive volumes.

Second, except the Prochlorophyta, freshwater algae could be found in each of the 12 Divisions of algae. Unfortunately, there are a number of subgroups under the Divisions which have not yet been studied especially in the Xanthophyta, Chrysophyta and Cryptophyta. Many dinophytes are investigated by zoologists. In addition, some genera with reputation as "big" taxa, such as the *Navicula*, *Cosmarium*, and *Scenedesmus*, etc., have yet not been collected and studied enough in China.

Third, the taxonomy of algae is a science both old and young. In the past hundreds of years, numerous and valuable information was accumulated. New conceptions in taxonomy and systematics are arising in proceedings of the additions of new taxa, and particularly new facts and ideas are appearing from the new means such as the electron microscopy, culture and molecular biology. The suitable way may be making comprehensive studies in these fields. Unfortunately, this is at present nearly a blank in the phycology research of freshwater algae in China. The combination of traditional and modern methodology is of course necessary and urgent. It is universally hope that more improvements could be achieved in the following volumes.

For the flaws and mistakes in both of the volumes ever published and those to follow, any suggestions and corrections are welcomed by the authors.

Bi Leijue (Hubei University, Wuhan, 430062)
Hu Zhengyu (Institute of Hydrobiology, CAS, Wuhan, 430072)
August 18, 1997

前　言

　　绿藻门(Chlorophyta)的分类系统在以往出版的各种著作中多不相同，作者赞同此门藻类分为葱绿藻纲(Prasinophyceae)、绿藻纲(Chlorophyceae)、双星藻纲(Zygnemaphyceae)和轮藻纲(Charophyceae)4个纲。双星藻纲的生殖细胞都不具鞭毛，配子由变形虫状运动在细胞接合时形成的接合管或接合囊、或雌配子囊中相接合产生接合孢子，这种独特的接合生殖方式是它明显区别于其他纲的主要特征。双星藻纲分2个目，双星藻目(Zygnematales)和鼓藻目(Desmidiales)。双星藻目分2个科，中带鼓藻科(Mesotaeniaceae)和双星藻科(Zygnemataceae)，鼓藻目分新月藻亚目(Closteriineae)和鼓藻亚目(Desmidiineae)。双星藻目中的双星藻科是《中国淡水藻志》的第一卷，已于1988年出版。

　　我国幅员辽阔，地跨热带、亚热带和温带，生态环境复杂多样，在各种生境中生长的鼓藻类非常丰富，我国现有纪录已多达1000多个分类单位。由于种类多，有些种类的细胞结构十分复杂，描述的分类特征较多、篇幅较长，因此中国的鼓藻类拟分为3册编写。绿藻门双星藻纲双星藻目中带鼓藻科中的6个属，鼓藻目新月藻亚目中的棒形鼓藻属(Gonatozygon)、曲膝鼓藻属(Genicularia)、柱形鼓藻属(Penium)和新月藻属(Closterium)4个属，鼓藻亚目鼓藻科(Desmidiaceae)中的基纹鼓藻属(Docidium)、宽带鼓藻属(Pleurotanium)、三顶鼓藻属(Triplastrum)、角顶鼓藻属(Triploceras)、裂顶鼓藻属(Tetmemorus)、凹顶鼓藻属(Euastrum)、微星鼓藻属(Micrasterias)等7个属编写在《中国淡水藻志》的第七卷第1册中，已于2003年出版。《中国淡水藻志》第十七卷第2册包括鼓藻科中的3个属——辐射鼓藻属(Actinotaenium)、鼓藻属(Cosmarium)和胶球鼓藻属(Cosmocladium)，已于2013年出版。本志书《中国淡水藻志》第十八卷第3册记载了鼓藻科中我国的多棘鼓藻属(Xanthidium)、叉星鼓藻属(Staurodesmus)、角星鼓藻属(Staurastrum)、顶接鼓藻属(Spondylosium)、棘接鼓藻属(Onychonema)、泰林鼓藻属(Teilingia)、瘤接鼓藻属(Sphaerozosma)、圆丝鼓藻属(Hyalotheca)、似竹鼓藻属(Bambusina)、瘤丝鼓藻属(Phymatodocis)、角丝鼓藻属(Desmidium)、扭丝鼓藻属(Streptonema)等12个属的种类。

　　1973年在广州召开的"三志"工作会议决定开始编写中国的志书。1978年在桂林召开的"藻类系统演化及分类系统学术讨论会"中，我国藻类学家拟定了一个藻类的分类系统方案，将藻类分为11个门，即蓝藻门、红藻门、隐藻门、甲藻门、金藻门、黄藻门、硅藻门、褐藻门、裸藻门、绿藻门、轮藻门，绿藻门位于第十个藻类门。Tseng等(1982)在南中国海的西沙发现并报道了原绿藻(Prochloron sp.)后，决定增加原绿藻门(Prochlorophyta)，则绿藻门位于第十一个藻类门。近年来有广泛影响的藻类学家所用的分类系统将原绿藻门、灰色藻门(Glaucophyta)、定鞭藻门(Haptophyta)独立建立门，轮藻类在绿藻门下作为1个纲，本志书根据2000年后当代藻类系统演化理论的最新进展，参照胡鸿钧和作者在2006年出版的《中国淡水藻类——系统、分类及生态》一书中拟将藻类分为 13 个门的分类系统，即蓝藻门、原绿藻门、灰色藻门、红藻门、金藻门、定鞭藻门、黄藻门、硅藻门、褐藻门、隐藻门、甲藻门、裸藻门、绿藻门，则绿藻门位于第十三个藻类门。绿藻门双星藻纲鼓藻目鼓藻亚目鼓藻科中的 12 个属从 2004 年正式被中国孢子植物志编辑委员会确立为《中国淡水藻类志》的第十八卷第 3 册以来，现已完成全部文稿，它的问世是在中国科学院中国孢子植物志编辑委员会组织和领导下完成的，并得到中国自然科学基金委员会、中国科学院和国家科学技术部对本卷册的支持和资助，也是作者从 1962 年以来从我国很多省、市和自治区采集的藻类标本进行鼓藻类分类区系和生态方面的研究，以及全面系统地总结、整理中外藻类学者对我国鼓藻类的分类区系以往研究工作的结果，地区覆盖面包括了中国的所有省、市和自治区。随着我国经济建设的高速发展，人们对科学技术的要求越来越迫切，对藻类学知识的了解也日趋需要，作者在本志书中介绍了鼓藻类的分类、形态结构和生殖及生态和分布方面的内容，以及反映国内外对鼓藻类的近期研究成果，以解决目前国内有关鼓藻类书籍缺乏的需要。

由于物种的变异是普遍存在的，在不同地区或不同水体采得的某一种的若干标本，它们都有或多或少的变异，作者是从该种的所有标本中，选择出最典型的一号标本后，再从此号标本的多数个体所具有的共同特征去撰写、描述和绘图。本志记载的种类，在我国发表的新种是采用其原始的描述，或更根据各地的标本附加说明。其他种类的描述和附图都是以我国采集的标本为依据去撰写和描绘的。极少数的种类，以往的鼓藻类工作者曾经报道过，但无物种的描述也无附图，我们也没有再采到过这些种类的标本，则按照此种原著在中国的记载被放在附录中。

作者曾随已故藻类学家饶钦止教授研习双星藻纲藻类多年，得到他的耐心指导和帮助。20 世纪 80 年代中期在美国加利福尼亚大学伯克利分校(University of California, Berkeley)进修鼓藻类的扫描研究技术期间，得到 Silva 博士的热忱支持和资助。中国科学院水生生物研究所的陈嘉佑、姚勇、陈宜瑜、曹文宣等先生在参加我国南水北调、青藏高原、云贵高原、横断山区和武陵山区等科学考察期间采集的许多鼓藻类植物标本，大大丰富了编写本册的第一手资料。同时也得到瑞典乌普萨拉大学(Uppsala University, Sweden)的藻类学家 Thomasson 博士、荷兰阿姆斯特丹大学(University of Amsterdam, Netherlands)的藻类学家 Coesel 博士和日本东京浮游生物研究所(Tokyo Plankton Institute, Japan)的藻类学家山岸高旺(Yamagishi) 博士赠送的一些珍贵书籍和参考文献。作者对他们所作的奉献致以深切和诚挚的感谢。

在编写全国性的鼓藻类志过程中，作者虽力求完善使其达到编志所要求的标准，但限于水平和经验，以及有些条件的限制，编写内容和工作方法不免存在缺点和错误，诚盼读者不吝见教。

魏印心

2010 年 3 月于武汉

目 录

总　论

　　绿藻门双星藻纲藻类的营养细胞和生殖细胞都不具鞭毛，配子由变形虫状运动在细胞接合时形成的接合管或接合囊或一侧的配子囊中相接合产生接合孢子，这种独特的接合生殖方式是此纲的主要特征，自成一个界限分明而又相当独特的类群。双星藻纲中包括一类为植物体由单列丝状体所组成的双星藻类，以及另一类为绝大多数为单细胞、少数为单列丝状体或群体的鼓藻类。还有绝大多数为单细胞、少数为单列丝状体或群体的鼓藻类。鼓藻类包括"囊皮鼓藻类"和"扁皮鼓藻类"两大类，囊皮鼓藻类是指双星藻目中带鼓藻科的种类，扁皮鼓藻类为鼓藻目的种类，在全世界已报道鼓藻类有 36 个属，估计现在约有3000 种(Gerrath, 1993)。鼓藻科是鼓藻目中种类最多的 1 个科，鼓藻类以其种类的多样性、形态的复杂和多样性，以及细胞的明显对称性早在一个半世纪前藻类学家们就对鼓藻类的形态结构特征、起源和系统演化关系，以及它们的生殖和遗传学等领域进行研究。由于鼓藻类是纯淡水种类，几乎都生长在淡水水体中，在特殊的生境中长有独特的类群，藻类学家们十分重视对鼓藻类的生态学研究。20 世纪中叶后用扫描和透射电镜对鼓藻类细胞表面精致的纹饰和细胞内部超微结构的观察研究，大大发展了鼓藻类细胞精致结构特征的形态学。特别是近 20 年来，超微结构和分子系统学在鼓藻类系统演化方面研究的进展，增加了对此科藻类的更详细和深入的了解。

一、形态结构和生殖

　　鼓藻类独特的有性生殖方式和营养细胞形态呈现出明显的对称(symmetry)而区别于其他藻类类群。鼓藻目多数种类为单细胞，少数为单列细胞的丝状体和多细胞群体。除少数属外，每个细胞中部或多或少略凹入或明显的凹入，凹入处称为缢缝(sinus)，缢缝将细胞分为两部分，每一部分称为半细胞，两个半细胞之间的连接部分称缢部(isthmus)。鼓藻目中圆形、椭圆形、三角形到多角形的 2 个半细胞呈现出 2 个、3 个或多个面的对称性结构，对称不仅出现在细胞的外形，而且也出现在细胞壁的花纹和叶绿体的结构方面。辐射(radiation)是鼓藻类所特有的，具 2 到多个辐射状类型，在藻类中除少数球形的细胞外，仅鼓藻类具有 3 个或多于 3 个垂直对称面的辐射状类型。

　　所有鼓藻类细胞壁具有 3 层的结构，初生壁和次生壁的基本构造相同，在细胞的超微结构中，纤维素的初生壁和次生壁被无定形的果胶质外层包裹。除鼓藻属的种类在细胞分裂期间随着细胞分裂和其后子细胞开始扩大初生壁隐蔽以外，双星藻纲中的所有其他藻类，在它们的生活时期都保持着初生壁。但细胞壁的外层胶质层的形状和构造在科、属、种之间是不相同的，这由壁的表面构造所决定，外层壁由胶状物质组成，是初生壁和次生壁形成后最初分泌过程的产物，某些种类隐蔽在初生壁中。鼓藻目、新月藻亚目中的棒形鼓藻属(*Gonatozygon*)、柱形鼓藻属(*Penium*)和新月藻属

（*Closterium*）的细胞壁结构是鼓藻目中较原始类型，为新月藻属类型（*Closterium* Type），是囊皮鼓藻类和扁皮鼓藻类间的中间类型，细胞壁由略微收缩分裂形成的数个段片组成，外层的表面平滑或具纹饰，瘤、刺、颗粒和脊等纹饰由致密结构的外层发生形成，纹饰的性质是不同的，初生壁裸露、无覆盖物，小孔或孔状裂口仅出现在外层。鼓藻目、鼓藻亚目、鼓藻科中各属的细胞壁结构为鼓藻属类型（*Cosmarium* Type），细胞壁由中间的收缢即缢部分成 2 片所组成，细胞壁无连续的外层，胶质的包被由孔器发生形成，细胞壁精致的纹饰如瘤、刺、颗粒和脊等在多数情况中是由次生壁发生形成，初生壁具覆盖物，孔器在次生壁发生。复杂的大属角星鼓藻属中，很小的顶部颗粒特征可作为此属分种的特征之一。

鼓藻目的每个半细胞具有 1 个或数个色素体，色素体分轴生的和周生的两大类。轴生的色素体位于细胞的中轴，有辐射星状（asteroid, asteriate）、辐射脊状星状（stelloid, stellate）、片状（laminate）、辐射纵脊状（radiate longitudinal ridge）、螺旋脊状（spiroid-ridge）等，其中的星状是最原始的类型。周生的色素体位于细胞的周边，是进化类型，有丝带状的（ribbon-like）、片状、螺旋带状（spiroid-band）等。片状中的分叉片状的形态（laminate-furcoid condition）是最进化的类型，片状色素体的放射状分叉使其表面积扩大，从而能更充分地利用太阳光进行光合作用。

鼓藻类细胞内的叶绿体所含的叶绿素（chlorophyll）有叶绿素 a 和叶绿素 b，β 胡萝卜素（β-carotenes）和 γ 胡萝卜素（γ-carotenes）和数种叶黄素（xanthophylls）。绝大多数鼓藻类叶绿体含有的类囊体（thylakoid）片层状结构与其他绿藻类的相同。每个叶绿体通常含有 1 个蛋白核，位于叶绿体的中央，有的种类每个叶绿体具数个或多个蛋白核，在叶绿体中呈中轴一纵列排列或散生无规则地排列。光合作用储藏产物为淀粉，蛋白核是光合作用早期产物的暂时储藏器官。

在鼓藻目中，每个细胞具有 1 个细胞核，位于细胞的中部，一个细胞由两个半细胞组成的鼓藻类，细胞核位于两半细胞之间的缢部。

鼓藻类的无性生殖有细胞分裂，潮湿陆生习性的许多种类因其生态适应而形成宽厚的胶质层，细胞常包被在共同的胶质中，并相继进行多次分裂，在一个共同的胶被内出现数个相继世代胶质外层膜的明显层次；水生的种类细胞分裂有新月藻属类型（*Closterium* Type），包括新月藻属（*Closterium*）、柱形鼓藻属（*Penium*）等这些没有中间收缢的鼓藻类；具有中间收缢的鼓藻类包括鼓藻属、多棘鼓藻属（*Xanthidium*）、叉星鼓藻属（*Staurodesmus*）、角星鼓藻属（*Staurastrum*）等为鼓藻属类型（*Cosmarium* Type）；丝状的圆丝鼓藻属种类细胞分裂为圆丝鼓藻属类型（*Hyalotheca* Type）；丝状的似竹鼓藻属（*Bambusina*）、角丝鼓藻属（*Desmidium*）和扭丝鼓藻属（*Streptonema*）的种类为似竹鼓藻属类型（*Bambusina* Type），丝状的种类也由丝体断裂成数个片段增加个体数目；有的种类产生休眠孢子、静孢子、单性孢子、厚壁孢子。

鼓藻类的有性生殖为接合生殖，在鼓藻目中，特别是许多浮游的种类在自然界很少进行有性生殖。运动的底栖种类、特别是在沼泽和池塘中生长的运动的底栖种类、或在大型水生植物上密集聚集生活的种类比其他生长习性的种类更多地进行有性生殖。接合孢子壁厚，通常具 3 层壁，有的种类外孢壁和中孢壁可以再分成内外两层，中孢壁平滑或具纹饰。很少用接合孢子的形态学作为分类依据。

二、分类系统

　　绿藻门接合藻纲藻类的有性生殖有与绿藻门中其他绿藻类不同的独特的接合生殖方式，由营养细胞分裂形成没有鞭毛的可变形的配子相接合，产生接合孢子，植物体的营养细胞和生殖细胞不具鞭毛，无运动细胞，对于它们的起源及与其他绿藻的关系到目前不能科学地解释，它们不仅是绿藻类中很特殊的一种类型，而且也是一类特化的类型，是自然界生物演化过程中的一个特殊的独立类群。

　　接合藻类的分类学研究始于 19 世纪中期，长期以来，随着藻类学者们研究的逐渐深入和不断积累，相继提出过一些接合藻类的分类系统。早在 1848 年，英国藻类学家 Ralfs 发表的世界上第一部鼓藻类志书 *The British Desmidieae*，是作为绿藻门的一个科的分类位置来编写的；1905—1923 年，英国藻类学家 West 等编著的 5 部英国鼓藻科专著 *A Monograph of the British Desmidiaceae, I—V*，将接合藻类作为一个目的分类地位，目下分二科，双星藻科和鼓藻科，鼓藻科下分囊皮鼓藻亚科（Saccodermae）和扁皮鼓藻亚科（Placodermae），共有鼓藻类 26 个属；1933—1939 年，Krieger 编著出版的 2 部鼓藻类志书 *Die Desmidiaceen Europas mit berücksichtigung der aussereuropäischen Arten, I—II* 中，将鼓藻类分为 Mesotaeniaceae 和 Desmidiaceae 2 个科；Prescott 等编著的在 1972 年出版的一部北美鼓藻科志书 *Desmidiales, Part I, Sacodermae, Mesotaeniaceae, North American Flora, II, 6* 和 1975—1983 年出版的 5 部北美鼓藻类志书 *A Synopsis of North American Desmidis. II, Desmidiaceae: Placodermae, Section 1—5* 中，将鼓藻类作为鼓藻目一个目的分类地位，目下分囊皮鼓藻亚目（Saccodermae）和扁皮鼓藻亚目（Placodermae），前一亚目具 1 科为中带鼓藻科，后一亚目具 1 科为鼓藻科；在 1981 年 Brook 编著的 *The Biology of Desmids* 一书中将绿藻门分为 4 个纲，其中的双星藻纲分为双星藻目和鼓藻目两个目，前者包括中带鼓藻科和双星藻科两个科，后者分 2 个亚目，原始鼓藻亚目（Archidesmidiinae）下有 3 个科——棒形鼓藻科、柱形鼓藻科和新月藻科，鼓藻亚目（Desmidiinae）下有 1 个科——鼓藻科；由 Förster 编著的在 1982 年出版的一书 *Conjugatophyceae, Zygnematales und Desmidiales（excl. Zygnemataceae），Das Phytoplankton des Süsswassers. Systematik und Biologia 16: 8, I, Hälfte* 中，鼓藻类的分类系统也与 Brook（1981）的相同；Růžička 在 1977 年和 1981 年分别编写出版的 *Die Desmidiaceen Mitteleuropas. Band 1, Lief. 1, 2* 和 Croasdale 等编著的在 1986—1994 年出版的 3 部新西兰志书 *Flora of New Zealand, Freshwater algae, Chlorophyta, Desmids, I, II, III* 中，均将鼓藻类分为中带鼓藻目和鼓藻目两个目，后者分 2 个亚目，新月藻亚目（Closteriineae）有 3 个科——棒形鼓藻科、柱形鼓藻科和新月藻科，鼓藻亚目（Desmidiinae）有 1 个科——鼓藻科；荷兰的 Coesel 在 1982—1997 年先后编写出版 6 部荷兰鼓藻类志书，Coesel 和 Meesters（2007）编著出版的 *Desmids of the Lowlands, Mesotaeniaceae and Desmidiaceae of the European Lowlands* 中，双星藻纲分为双星藻目和鼓藻目两个目，前者包括双星藻科和中带鼓藻科两个科，后者分 2 个亚目，新月藻亚目（Closteriineae）有 3 个科——棒形鼓藻科、柱形鼓藻科和新月藻科，鼓藻亚目有 1 个科——鼓藻科；Lenzenweger 在 1996 年，1997 年，1999 年和 2003 年先后编写出版 4 部奥地利鼓藻类志书 *Desmidiaceenflora von*

Österreich, Teil 1—4，鼓藻类的分类系统与 Coesel（1982—1997）和 Coesel 和 Meesters（2007）的相同。任何自然的分类系统都必须反映类型间的亲缘关系，但是由于各学者对若干类群独有的特征在演化上的意义看法不同，同时也由于直到近代对某些特殊类型的研究还没有取得更多的事实，因此各学者提出的分类系统不完全一致。

分子系统学在鼓藻类系统演化方面的研究已有一些报道，现在正处于资料的积累阶段。McCourt 等（2000）根据编码核酮糖羧化酶大亚基（rubisco, *rbc*L）大的亚单位的基因序列对接合藻类的 30 个种进行了分子系统学的研究，所有的分析结果支持接合藻类的单系（monophyly）观点。囊皮鼓藻类的双星藻目，包括双星藻科和中带鼓藻科是形态相似的和近同形的（plesiomorphic），细胞壁没有花纹和隔片，但不是单源的（monophyletic）；扁皮鼓藻类的鼓藻目，包括棒形鼓藻科、柱形鼓藻科、新月藻科和鼓藻科，组成一个单源类群（monophyletic group）。分子系统学的研究结果与 Brook（1981）和 Hoshaw 等（1990），根据形态学、细胞学和生理学进行系统演化研究所建立的鼓藻类的分类系统和其演化路线的结果基本上是相一致的。

根据国际植物学命名法规（McNeill et al., 2006. The International Code of Batanical Nomenclature），1848 年 Ralfs 发表英国鼓藻科志书 *The British Desmidieae* 被作为鼓藻类分类单位命名的起始年代，这一意义表明 1848 年以前发表出版的所有分类单位的命名（属于分类单位的作者的姓名）不再使用，简言之，对分类单位命名的任何结合"ex"和"*in*"的有效使用期被中止，所作的简化与国际植物学命名法规（ICBN）相一致，如 *Xanthidium fasciculatum* Ehrenberg ex Ralfs 被简化为 *Xanthidium fasciculatum* Ralfs，*Staurastrum rugulosum* Brébisonn ex Ralfs 被简化为 *Staurastrum rugulosum* Ralfs；*Xanthidium cristatum* Brébisson, *in* Ralfs 被简化为 *Xanthidium cristatum* Ralfs，*Staurastrum polymorphum* Brébisson, *in* Ralfs 被简化为 *Staurastrum polymorphum* Ralfs，*Staurastrum punctulatum* Brébisson, *in* Ralfs 被简化为 *Staurastrum punctulatum* Ralfs。在 Ralfs（1848）的英国鼓藻科志书中，Brébisson 所提供的许多参考文献如指出的"*in lit cum icone*"，以及根据 Brébisson 的资料所诊断和证实的分类单位被认为是 Ralfs 的工作，其结果不是 Brébisson 而认为 Ralfs 是真正的作者。

Round 在 1971 年对绿藻门分类的广泛修正中，根据植物命名法，一个纲的命名应与此纲中最早建立的一个属的命名相一致，因而提出用双星藻纲这一命名来代替由他自己在 1963 年和 Bourrelly 在 1966 年建立的接合藻纲这一命名。

本志所采用的分类系统是著者根据近百年来国内外著名藻类学家对接合藻类所建立的分类系统进行分析和比较，主要是根据形态学，结合细胞超微结构、生物化学和分子系统学的研究结果。接合藻类的祖先是原始的单细胞绿色鞭毛藻类，经过长期演变逐渐进化到囊皮鼓藻类，再进化到扁皮鼓藻类，扁皮鼓藻类中单细胞的棒形鼓藻属、曲膝鼓藻属、柱形鼓藻属和新月藻属的细胞壁结构是扁皮鼓藻类中的较原始的类型，扁皮鼓藻类中其他单细胞属的细胞壁结构为较进化的类型，扁皮鼓藻类中丝状类型的属是最进化的类型。

依据生物系统学的原理，按照鼓藻类的系统演化和亲缘关系著者对鼓藻类的分类等级进行了一些修改和调整，将绿藻门分为 4 个纲，第三个纲——双星藻纲建立二个目的分类系统。根据我国已有的属所建立的分类系统如下。

绿藻门(Chlorophyta)

1. 葱绿藻纲(Prasinophyceae)　　2. 绿藻纲(Chlorophyceae)
3. 双星藻纲(Zygnemaphyceae)　　4. 轮藻纲(Charophyceae)

双星藻纲(Zygnemaphyceae)

双星藻目(Zygnematales)

双星藻科(Zygnemataceae)

中带鼓藻科(Mesotaeniaceae)囊皮鼓藻类(Saccoderm desmids)

中带鼓藻属 *Mesotaenium* Nägeli

弯丝鼓藻属 *Ancylonema* Berggren

螺带鼓藻属 *Spirotaenia* Ralfs

柱胞鼓藻属 *Cylindrocystis* De Bary

梭形鼓藻属 *Netrium* (Näg.) Itzigson & Rothe

弯柱鼓藻属 *Roya* West & West

鼓藻目(Desmidales)扁皮鼓藻类(Placoderm desmids)

新月藻亚目(Closteriineae)

棒形鼓藻科(Gonatozygaceae)

棒形鼓藻属 *Gonatozygon* De Bary

曲膝鼓藻属 *Genicularia* De Bary

柱形鼓藻科(Peniaceae)

柱形鼓藻属 *Penium* Brébisson

新月藻科(Closteriaceae)

新月藻属 *Closterium* Ralfs

鼓藻亚目(Desmidiineae)

鼓藻科(Desmidaceae)

宽带鼓藻属 *Pleurotanium* Nägell

基纹鼓藻属 *Docidium* Brébisson

三顶鼓藻属 *Triplastrum* Iyengar & Ramanathan

角顶鼓藻属 *Triploceras* Bailey

裂顶鼓藻属 *Tetmemorus* Ralfs

凹顶鼓藻属 *Euastrum* Ralfs

微星鼓藻属 *Micrasterias* Ralfs

辐射鼓藻属 *Actinotaenium* Teiling

鼓藻属 *Cosmarium* Ralfs

胶球鼓藻属 *Cosmocladium* Brébisson

多棘鼓藻属 *Xanthidium* Ralfs

角星鼓藻属 *Staurastrum* Ralfs

叉星鼓藻属 *Staurodesmus* Teiling

顶接鼓藻属 *Spondylosium* Kützing

棘接鼓藻属 *Onychonema* Wallich

泰林鼓藻属 *Teilingia* Bourrelly
瘤接鼓藻属 *Sphaerozosma* Ralfs
圆丝鼓藻属 *Hyalotheca* Ralfs
瘤丝鼓藻属 *Phymatodocis* Nordestedt
似竹鼓藻属 *Bambusina* Kützing
角丝鼓藻属 *Desmidium* Ralfs
扭丝鼓藻属 *Streptonema* Wallich

三、生态和分布

　　鼓藻类生长在淡水水体中，是淡水藻类的一个大类群，中国现有记录1000多个分类单位。由于它们的生长需要较高的生态要求而成为地理分布分隔的屏障，并在地理分布上具有独特的特性，因此在生物地理学领域比其他的淡水藻类进行更深入的研究。Krieger（1933，1937）试验性地提出将全世界分为 10 个鼓藻类区系地区（desmid floral region），或称鼓藻类生态地理分布区，即：①印度-马来西亚/北澳大利亚（Indo-Malaysia/Northern Australia），②热带美洲（tropical America），③赤道非洲（equatorial Africa），④东亚（Eastern Asia），⑤新西兰/南澳大利亚（New Zealand/Southern Australia），⑥北美（North America），⑦南非（Southern Africa），⑧热带以外的南美（extratropical South America），⑨温带欧亚（temperate Eurasia），⑩极地-高山鼓藻类区系（arctic-alpine desmid flora）。随着研究资料的不断增加，有关分类单位形态变化的更多研究知识的积累，鼓藻类区系地区的明确界限逐渐地展现，但这10个分区直到现在仍被推荐和接受。要获得一个较好深入了解鼓藻类生物地理学的主要特征，传统分类单位的形态变化和地理分布的研究是首要的。Coesel 在 1996 年报道，印度-马来西亚/北澳大利亚、热带美洲及赤道非洲这3个区是最典型和确切的；东亚、新西兰/南澳大利亚及北美也很典型；较少具有地方性种类的是南非和热带以外的南美；温带欧亚地区与其他的陆地相比较其特点却不明显；极地-高山鼓藻区系在世界上的所有陆地均有分布，这些地区保持有适当较低的温度，其分布决定于小气候而不是大气候。如果鼓藻类种类可能的分布地区首要被最小限度的温度决定，热带、寒温带和极地-高山这3个主要的地理分布区域可能是明显的。

　　中国的地理位置位于东亚，因此具有该地区鼓藻类的区系特征，分布在日本的许多种类在中国也有分布，如 *Euastrum prowsei* Scott & Prescott, *E. binale* var. *koreana* (Skvortzow) Okada, *Staurastrum hantzschii* var. *japonicum* Roy & Bissett, *St. zahlbruckneri* Lütkemüllar 等是分布在日本、中国和其邻近地区的种类。东亚陆地东部的绝大部分地区与印度-马来西亚/北澳大利亚之间有开放的迁移路线，没有高山的阻碍，因此中国、特别是长江以南的一些省（自治区），如广东、广西、福建东南部、海南、云南南部，甚至在西藏珠穆朗玛峰南面的聂拉木和亚东南部等地区与印度、东南亚和北澳大利亚地区的印度-马来西亚/北澳大利亚鼓藻类区系有联系。在中国有分布在印度-马来西亚/北澳大利亚的热带、亚热带地区的种类及世界上其他热带、亚热带地区的种类约 114 个鼓藻类分类单位，其中多棘鼓藻属有 *Xanthidium burkillii* West & West、*X. burkillii* var. *alternans*

Skuja、*X. freemanii* West & West、*X. hastiferum* var. *javanicum*（Nordstedt）Turner、*X. pulchrum* Turner、*X. sansibarense* var. *sansibarense* f. *asymmetricum* Scott & Prescott、*X. sexmamilatum* West & West、*X. spinosum*（Joshua）West & West、*X. subtrilobum* West & West、*X. subtrilobum* var. *kriegerii* Jao 等 10 个分类单位，叉星鼓藻属有 *Staurodesmus apiculatus*（Joshua）Wei、*S. corniculatus* var. *subspinigerum*（Förster）Teiling、*S. unicornis*（Turner）Thomasson 等 3 个分类单位，角星鼓藻属有 *Staurastrum approximatum* West & West、*S. ceylanicum* West & West、*S. columbetoides* West & West、*S. contectum* Turner、*S. javanicum*（Nordstedt）Turner、*S. laceratum* Turner、*S. rosei* var. *stemmatum* Scott & Prescott 等 29 个分类单位（在种类的分布中分别叙述），顶接鼓藻属有 *Spondylosium reniforme* Turner，瘤丝鼓藻属有 *Phymatodocis irregularis* Schmidle，扭丝鼓藻属有 *Streptonema trilobatum* Wallich。

极地-高山鼓藻类区系主要发现在世界上所有陆地的高纬度和高海拔地区，这些地区保持有适当较低的温度，按照鼓藻种类可能的地理分布方式是受该地区小气候而不是大气候所决定。严格地说仅分布在欧亚和北美、北极的极地-高山鼓藻种类是很少的。在中国的内蒙古、黑龙江、新疆等省（自治区）和青藏高原、云贵高原、横断山地区、武陵山地区等分布约有 25 个高山冷水性鼓藻类，其中属于叉星鼓藻属的有 *Staurodesmus insignis*（Lundell）Teiling、*S. spetsbergensis*（Nordstedt）Teiling、属于角星鼓藻属的有 *Staurastrum arctiscan*（Ralfs）Lundell、*S. asperatum* Grönblad、*S. navigiolum* Grönblad 等。

许多鼓藻类对水环境，特别是水化学很敏感，在不同的水化学组成、不同的营养类型的水体中生长有不同的鼓藻种类，不容易从一个水体分布到环境条件有明显不同的另一个水体，不少种类呈现出明显的局限分布和地理分布隔离，有的鼓藻类是某一个地区的特有种类，至今仅分布在中国的种类有 156 个分类单位。其中属于叉星鼓藻属的有 *Staurodesmus aristiferus* var. *projectum*（Jao）Wei、*S. curvatus* var. *xanthidioides*（Jao）Wei，属于角星鼓藻属的有 *Staurastrum handelii* Skuja、*S. kwangsiense* Jao, *S. verruciferum* Jao、*S. wuhanense* Wei 等 40 个分类单位（在种类的分布中分别叙述），属于多棘鼓藻属的有 *Xanthidium raciborskii* var. *glabrum* Jao 和 *X. zhejiangense* Wei 等 2 个分类单位。

按照生物地理学准则，从习惯上考虑，种类或形态多样性最丰富的地区作为该分类类群进化起源的地区（Banarescu，1990）。在近极地地区，绝大多数鼓藻类种类的细胞形状以简单和小型为特征，区系的多样性是低的。从极地到赤道，鼓藻类的分类单位数（种数和属数）逐渐增加，最终达到形态高度多样性的热带区系。在藻类总的生物量方面，鼓藻类在热带的水生态系统中比寒温带的似乎起比较重要的作用，在热带和亚热带地区的水生态系统中，鼓藻类作为初级生产者是优势的定量类群，相反，在温带地区的贫营养水体中，鼓藻类的种类数比其他浮游藻类的更高，但细胞数和生物量且很低，这些结果支持鼓藻类是从热带起源的假说。从 19 世纪 80 年代开始直到现在，对我国的鼓藻类分类区系和生态学研究发现，在热带、亚热带和温带地区的贫中营养水体中，鼓藻类的生物多样性较高，在热带、亚热带地区的贫中营养水体中，细胞数和生物量较高，在寒冷地区，鼓藻类的生物多样性较低，这也说明了鼓藻类是从热带起源的假说。

Stebbins 和 Hill（1980）推测绿藻门接合藻纲藻类是陆生而不是水生起源的假说，其根据是它们独特的有性生殖方式。Brook（1981）和其他藻类学家们指出绝大多数鼓藻类是底栖的(benthic)或暂时性浮游的(tychoplanktic)，水生习性是次生适应，真性浮游的(planktonic)种类是比较稀少的，而且很难或从未遇见有性生殖，这也支持了接合藻纲藻类是陆生而不是水生起源的假说。

鼓藻类是纯淡水种类，主要生长在低盐度和低电导的淡水水体中，仅少数种类在离子浓度含量高的水体中存在。绝大多数鼓藻类生长在偏酸性到近中性的水体，如生长有狸藻属等水生维管束植物的湖泊和池塘的浅水区域、泥炭藓沼泽中，鼓藻类的生物多样性是丰富的。虽然有些种类在碱性的水体中数量很多，如在 1989 年云南洱海，水体的营养类型属贫、中营养型，pH 为 8.6—8.8，湖中鼓藻类的种类和数量是丰富的，其中 *Staurastrum javanicum*(Nordstedt)Turner 的数量较多，抚仙湖水体的营养类型属贫营养型，pH 为 8.5—8.9，湖中的 *Staurastrum indentatum* West & West 和 *S. tetracerum* var. *tortum*(Teiling)Borge 是优势种类，*S. manjeldtii* var. *annulatum* West & West 是次优势种。但对鼓藻类的栖息地来说，绝大多数鼓藻类，特别是浮游种类的生态习性是生长在低的初级生产力、低 pH、高的游离 CO_2、溶解的无机物和有机物很低(如低碳酸氢盐)的贫营养水体中，有的生长在中营养水体中。尤其是在北半球的温带地区，种类的多样性是很高的，有极精致的花纹结构和形态上的复杂性，并具有大的种群数量。

鼓藻类生长的温度幅度很宽。在热带，水的温度超过 30℃ 以上的水体中采集到丰富多样的种类，在水温高达 40℃ 的温泉中发现有鼓藻类。在寒冷地区，鼓藻类能够忍受长的冰冻时期，冰冻的土壤中有鼓藻类的沉积，在冰雪中仍生长有鼓藻类，囊皮鼓藻类中有的种类是冰雪藻类，使冰雪着色，极地温度低于 0℃ 以下也生长有鼓藻类，但南极鼓藻类区系的多样性是低的。鼓藻类分布在不同的海拔高度，在海拔高达 5700 m 的珠穆朗玛峰地区的冰川中仍生长有 *Cylindrocystis crassa* De Bary、*Cosmarium levinotabile* Croasdale、*C. tetragonum* var. *intermedium* Boldt 等鼓藻类。

有些种类能够生长在潮湿的土壤、苔藓、泥炭藓和滴水岩石的表面，为了适应其干燥的生长环境而分泌大量的胶质并形成胶质块，有的产生无性孢子或接合孢子以抵抗干燥环境。这些呈亚气生生长的鼓藻类为亚气生鼓藻类(subaerial desmids)。但绝大多数鼓藻类是绝对水生的，在湖泊的湖沼带和池塘的池塘中以自由浮游方式存在的鼓藻类称真性浮游鼓藻类，很多鼓藻类的细胞构造非常适应浮游生活，如角星鼓藻属(*Staurastrum*)具有辐射状的长突起、叉星鼓藻属(*Staurodesmus*)和多棘鼓藻属(*Xanthdium*)具有的长刺、如角顶鼓藻属(*Triploceras*)的很长的细胞，这些构造扩大了细胞的表面积而适应浮游生活。在湖泊沿岸带的浅水底部的某些基质如泥上或岩石上生长的鼓藻类称为底栖鼓藻类。从池塘、湖泊、沼泽的基质上离开，移到水中生活的鼓藻类为偶然性浮游鼓藻类或暂时性浮游鼓藻类。在湖泊、池塘沿岸带附着在大型沉水生植物的叶和茎上、木桩上生长的鼓藻类称为周丛鼓藻类。但真性浮游鼓藻类和偶然性浮游鼓藻类这两者是相对的，在湖泊和池塘的沿岸带生长的偶然性浮游鼓藻类也可以在敞水区自由浮游，真性浮游鼓藻类也可以在湖泊和池塘的沿岸带与水生植物混生。某些少数的鼓藻类在溪流、江河和泉水等流水水体中生长，这些鼓藻类在缓慢流动的水中自由浮游或在沿岸带生活，有些是能够运动的种类，如新月藻等。

从 20 世纪 50 年代开始到 90 年代，对武汉东湖和湖北洪湖的鼓藻类进行了生态方面的研究，1956 年东湖浮游鼓藻类的年周期表明(Wei & Yu, 2005)，浮游鼓藻类的种类数是秋季(9 月到 11 月)最多，位于东湖南部的 3 站种类数达到 64 个分类单位，夏季(6 月到 8 月)和冬季(12 月到 2 月)次之，春季(3 月到 5 月)最少；细胞密度和生物量的高峰期也是在秋季(9 月到 11 月)，位于东湖南部的 3 站鼓藻类的细胞密度为 1296×10^2 cell/L，生物量为 0.9 mg/L，夏季和冬季次之，春季最低；在一年中的优势属依次分别为 *Cosmarium*，*Staurastrum*，*Staurodesmus* 和 *Closterium*，这 4 个属的细胞密度和生物量分别占整个浮游鼓藻类细胞密度和生物量的 70%。从 1963 年 9 月到 1964 年 12 月，东湖周丛鼓藻类研究(Wei，1995，1996)指出，种类数在夏季最多，达到 160 个分类单位，秋季和冬季次之，分别为 113 和 109 个分类单位，春季最少，为 77 个分类单位。洪湖是湖北最大的一个浅水草型湖泊，在 1992 年 7 月和 10 月、1993 年 1 月和 2 月、4 月对进行浮游藻类的研究表明(魏印心，1995)，浮游鼓藻类的种类数是 4 月最多，具有 54 个分类单位，优势种类为 *Cosmarium honghuense* Wei，*C. portianum* Archer，*C. reniforme*(Ralfs) Archer，*Staurastrum bibrachiatum* Reinsch em. Grönblad & Scott，*St. gemelliparum* Nordstedt，1 月、2 月和 10 月次之，分别具有 37 和 29 个分类单位，1 月、2 月的优势种类为 *Cosmarium portianum*，*C. reniforme*，*St. bibrachiatum*，10 月的优势种类为 *St. bibrachiatum*，7 月最少，具有 16 个分类单位，优势种类为 *Cosmarium quasillus* Lundell，细胞密度和生物量的高峰期是在 4 月，1 月、2 月和 10 月次之，7 月最低。

鼓藻类同其他藻类一样是水生态系统中的初级生产者，是水生态系统、特别是贫营养型水体中物种多样性的重要类群之一。鼓藻类对水环境的变化是一类很灵敏的指示种类，在水环境质量监测和分析湖泊的营养型中起重要的作用。从 20 世纪 50 年代到 90 年代对武汉东湖的鼓藻种类、数量和生物量进行分析，在 20 世纪 60 年代中期以前湖水的水质较好，沿岸带狸藻属等大型水生植物生长繁茂，浮游和周丛鼓藻类十分丰富，50 年代中期有浮游鼓藻类 122 个分类单位，浮游鼓藻类的细胞密度和生物量的年平均值分别为 131.11×10^2 cell/L 和 0.09 mg/L，1963—1964 年有周丛鼓藻类 252 个分类单位，50 年代该湖 2 个采样站的浮游鼓藻属(*Cosmarium*)和角星鼓藻属(*Staurastrum*)的出现率分别为 45.8% 和 62.5%，60 年代分别为 37.7% 和 50%，但在 60 年代中期以后，水质逐渐富营养化，鼓藻类也随之逐渐减少，到 70 年代分别降至 5.6% 和 0%，在 80 年代初期，浮游鼓藻为 10 个分类单位，由于水生植物的大量锐减，周丛鼓藻类也随之消失，在 90 年代中期，水体的富营养化加烈，浮游鼓藻类仅有 3 个分类单位。

各　论

绿藻门 CHLOROPHYTA

双星藻纲 ZYGNEMAPHYCEAE

植物体的营养细胞和生殖细胞不具鞭毛。有性生殖为接合生殖，由营养细胞形成没有鞭毛的可做变形运动的配子在接合管或接合囊或一侧的配子囊中相接合，形成接合孢子。

分目检索表

1. 细胞壁由完整的一片组成、没有小孔，分裂的细胞不产生 1 个新的半细胞，细胞分裂后无缝线……………………………………………………………………………………… 双星藻目 Zygnematales
1. 细胞壁由 2 个或数个段片组成、有小孔，分裂的细胞产生 1 个新的半细胞，细胞分裂后老的半细胞和新形成的半细胞间具缝线 ……………………………………………………… 鼓藻目 Desmidiales

鼓藻目 DESMIDIALES

植物体绝大多数为单细胞，少数为单列不分枝的丝状体或不定形群体，具或不具胶被。

细胞形态多种多样，圆形、椭圆形、卵形、圆柱形、纺锤形、棒形等形状，明显对称，少数属细胞中部无收缢，多数属的细胞中部具不明显或明显的收缢，分成两个半细胞，垂直面观圆形、椭圆形、三角形、多角形等。细胞壁由 2 个或数个段片组成，有小孔，孔口仅在细胞壁外层或孔穿过所有的细胞壁层，细胞壁平滑或具点纹、颗粒、乳头状突起、瘤、齿、刺、脊、结节等纹饰。每个半细胞具 1 个、2 个、4 个、少数到多个色素体，色素体轴生或周生，轴生的有辐射星状、片状、辐射纵脊状、辐射纵脊星状、螺旋脊状等，周生的有带状、片状、螺旋带状等，每个色素体具 1 个、2 个或多个呈一纵列或散生的蛋白核，储藏产物为淀粉，少数种类含有油滴。细胞核 1 个，细胞具缢部的属，细胞核位于两半细胞之间缢部的中央，细胞中部无收缢的属，细胞核位于细胞的中部。少数种类细胞顶部具明显的液泡，内含 1 个或多个结晶的运动颗粒。

无性生殖：单细胞的种类为细胞分裂，分裂的细胞产生 1 个新的半细胞，细胞分裂后老的半细胞和新形成的半细胞间有的具缝线。单列不分枝丝状体的种类为细胞分裂或丝体断裂。有的种类形成静孢子、休眠孢子、厚壁孢子、单性孢子。

有性生殖：为接合生殖，进行接合生殖时互相贴近的两个细胞形成接合管或接合囊，两个可变形的配子在接合管、接合囊或雌配子囊中相接合形成接合孢子。接合孢子壁平滑或具纹饰，萌发形成 1 个或 2 个、极少数为 4 个子细胞。

此目藻类是纯淡水种类，生长在各种水体中，一般生长在偏酸性的小水体。有的种类亚气生。极少数种类生长在半咸水或咸水中。不同的地区和不同的水环境常有特殊的特有种类。

鼓藻目分新月藻亚目和鼓藻亚目2个亚目。

分亚目检索表

1. 细胞无或仅具1个不明显的中间收缢，横切面圆形(多辐射状)，细胞壁由数个隔片组成，孔仅在细胞壁的外层 ··· **新月藻亚目 Closteriinea**
1. 细胞具1个明显的中间收缢，垂直面观侧扁(2辐射状)、三角形到多角形(3到多辐射状)或圆形(多辐射状)，细胞壁由缢部分成2片所组成，孔穿过所有的细胞壁层 ················· **鼓藻亚目 Desmidiineae**

鼓藻亚目（DESMIDIINEAE）

植物体绝大多数为单细胞，少数为单列不分枝的丝状体或不定形群体。细胞一般具胶被，少数不具胶被。

细胞呈圆形、椭圆形、卵形、圆柱形、纺锤形、棒形等多种多样的形状，明显对称，垂直面观圆形、椭圆形、三角形、多角形等。少数属细胞中部无收缢，多数属的细胞中部略凹入或明显凹入，凹入处称缢缝，缢缝将细胞分为两部分，每一部分称为半细胞，两半细胞的连接区称为缢部，连接两个半细胞。细胞两端的细胞壁称顶缘，顶缘至半细胞基部间的细胞壁称侧缘，顶缘和侧缘间的交接处为顶角，侧缘和缢缝间的交接处为基角。细胞壁平滑，具点纹、圆孔纹、颗粒、瘤、结节、齿、刺和乳头状突起等纹饰，初生壁上常具铁盐沉积，使壁呈黄褐色，除缢部外，细胞的次生壁有许多小孔。每一半细胞具1个到2个轴生的色素体或4个到多个周生的色素体，轴生的色素体有辐射星状、片状、辐射纵脊星状等，周生的有带状、片状等，每个色素体具1个、2个或多个蛋白核；细胞核位于缢部的中间，少数细胞无缢部的属，细胞核位于细胞的中部。

无性生殖：为细胞分裂，细胞具缢部的由缢部延长横向分裂成两个子细胞，每个子细胞各获得母细胞的一个半细胞，然后再长出1个新的半细胞，其形状和结构与母细胞相同。细胞无缢部的在分裂时细胞略伸长，常位于细胞的中部横向分裂成两个子细胞，每个子细胞各获得母细胞的一个半细胞，然后再长出1个新的半细胞。仅在少数种类中发现产生静孢子，休眠孢子，厚壁孢子及单性孢子。

有性生殖：为接合生殖，两个母细胞在缢部裂开，做变形运动的配子在接合管、接合囊或雌配子囊中相接合形成接合孢子，合子的壁平滑或具刺、齿、瘤状突起等各种纹饰，合子分裂后产生1—2个子细胞，少数产生4个子细胞。仅在少数种类中发现有性生殖。

此亚目藻类是纯淡水种类，生长在各种水体中，一般生长在软水水体，也有些种类生长在硬水中。一般生长在偏酸性的小水体，在水坑、池塘、静水小湖、水库、溪流、沼泽中浮游或附着在水生植物或其他基质上，有的生长在较大型的湖泊、缓慢流动的河流的沿岸带浮游或着生在各种基质上。有的种类亚气生，生长在潮湿的土表、滴水岩石表面、混生在苔藓中。极少数种类生长在半咸水或咸水中。

鼓藻亚目(Desmidiineae)具 1 科鼓藻科(Desmidiaceae)，鼓藻科的特征同亚目。

鼓藻科分属检索表

（十五）多棘鼓藻属 **Xanthidium** Ralfs

Ralfs, Brit. Desm. p. 111, 1848.

植物体为单细胞，多数种类细胞中等大小，长常略大于宽(不包括刺)，大多数种类两侧对称及细胞侧扁，少数呈三角形的种类为辐射对称，缢缝深凹或中等深度凹入，狭线形或向外张开；半细胞正面观椭圆形、梯形、六角形或多角形等，顶缘常平直，顶角或侧角(或顶角或侧角内)具单个或成对的强壮粗刺，每个半细胞通常具4个或多于4个单一或叉状的短刺或长刺，刺的形状和位置作为种的一个重要的形态特征，半细胞中部具不同程度的增厚(少数例外)，增厚区平滑，或具小孔、圆孔纹、颗粒、瘤、具刺的拱形隆起；半细胞侧面观近圆形或多角形；垂直面观椭圆形，两端中间常增厚，少数三角形；细胞壁平滑、具点纹或圆孔纹；半细胞具轴生或周生的色素体，有些小型的种类每个半细胞具1个或2个轴生的色素体，每个色素体具1个蛋白核，有些大型的种类每个半细胞具4个周生的色素体，每个色素体具1个或数个蛋白核。

在有些种类中发现接合孢子，呈球形，孢壁平滑、具圆孔纹、具许多单一或分叉的刺。

此属的多数种类广泛分布，多生长在贫营养、偏酸性的淡水水体中，在稻田、水坑、池塘、湖泊、水库、沼泽中浮游、偶然性浮游或附着于基质上。

在种类的特征描述中，细胞分小、中等大小和大三种类型，这三种类型的细胞大小有一个幅度范围。中国的多棘鼓藻属的种类，细胞小的一般长(不包括刺)7—26 μm，宽(不包括刺)7—20 μm，中等大小的细胞一般长(不包括刺)30—60 μm，宽(不包括刺)28—63 μm，大的细胞一般长(不包括刺)80—100 μm，宽(不包括刺)58—81 μm。

多棘鼓藻属(*Xanthidium*)在我国有21个种，15个变种，4个变型。

分种检索表

5. 半细胞每一侧具 2 个以上单一的刺或 1 对以上的刺……8
6. 半细胞正面观梯形到长方形……14. 八角多棘鼓藻 *X. octocorne*
6. 半细胞椭圆形到六角形、椭圆形或长圆形……7
7. 半细胞正面观椭圆形到六角形，中部不增厚或略增厚……8. 对生多棘鼓藻 *X. controversum*
7. 半细胞正面观椭圆形或长圆形，中部具 1 个小增厚区……21. 近戟形多棘鼓藻 *X. subhastiferum*
8. 半细胞每一侧具 3 个单一的长刺……18. 六乳突多棘鼓藻 *X. sexmamilatum*
8. 半细胞每一侧具 2 个单一的长刺和 1 对短刺、具 2 对或 2 对以上的刺……9
9. 半细胞每一侧具 2 个单一的长刺和 1 对短刺、具 2 对刺……10
9. 半细胞每一侧具 2 对以上的刺……15
10. 半细胞每一侧具 2 个单一的长刺和 1 对短刺……12. 戟形多棘鼓藻 *X. hastiferum*
10. 半细胞每一侧具 2 对刺……11
11. 半细胞缘边具一列 2 齿的瘤……17. 圣锡多棘鼓藻 *X. sansibarense*
11. 半细胞缘边无一列 2 齿的瘤……12
12. 半细胞正面观梯形到近六角形、近长方形到梯形……13
12. 半细胞正面观椭圆形到六角形、不规则六角形……14
13. 半细胞正面观梯形到近六角形，细胞壁具颗粒……16. 雷切多棘鼓藻 *X. raciborskii*
13. 半细胞正面观近长方形到梯形，细胞壁不具颗粒……19. 史密斯多棘鼓藻 *X. smithii*
14. 半细胞正面观椭圆形到六角形，侧角的 1 对长刺不交错排列……3. 对称多棘鼓藻 *X. antilopaeum*
14. 半细胞正面观不规则六角形，侧角的 1 对长刺交错排列……6. 伯基多棘鼓藻 *X. burkillii*
15. 半细胞每一侧具 1 个单一的刺和 2 对刺……16
15. 半细胞每一侧具 3 对或 3 对以上的刺……17
16. 半细胞正面观梯形到近半圆形……9. 冠毛多棘鼓藻 *X. cristatum*
16. 半细胞正面观近三角形，具 3 叶……22. 近三裂多棘鼓藻 *X. subtrilobum*
17. 半细胞每一侧具 3 对刺……10. 簇刺多棘鼓藻 *X. fasciculatum*
17. 半细胞每一侧具 3 对以上的刺……18
18. 半细胞每一侧具 4 对刺……1. 多刺多棘鼓藻 *X. acanthophorum*
18. 半细胞每一侧具 4 对以上成对或散生的刺……19
19. 半细胞每一侧具 5—7 对长刺……23. 顶瘤多棘鼓藻 *X. superbum*
19. 半细胞每一侧具 6—10 对成对或散生的刺……20
20. 半细胞缢部上端具 1 列或 2—4 列小圆孔纹……21
20. 半细胞缢部上端无小圆孔纹……22
21. 半细胞正面观椭圆形，缢部上端具 1 列小圆孔……15. 美丽多棘鼓藻 *X. pulchrum*
21. 半细胞梯形到半圆形，缢部上端具 2—4 列小圆孔纹……20. 具刺多棘鼓藻 *X. spinosum*
22. 半细胞正面观扁半圆形，侧缘和缘内具 3 纵列刺……11. 弗里曼多棘鼓藻 *X. freemanii*
22. 半细胞正面观椭圆形到近半圆形、梯形到椭圆形，侧缘和缘内具 2 纵列刺……23
23. 半细胞正面观椭圆形到近半圆形，中部的增厚区无三角形凹陷……2. 具锐刺多棘鼓藻 *X. aculeatum*
23. 半细胞正面观梯形到椭圆形，中部的增厚区具三角形凹陷……24. 浙江多棘鼓藻 *X. zhejiangense*

1. 多刺多棘鼓藻　图版 I：1—8，图版 LXVI：1

Xanthidium acanthophorum Nordstedt, Acta. Univ. Lund., 16: 11—12, pl. 1, fig. 20, 1880; Wei, Acta Phytotax. Sinica, 34(6): 671, 1996.

Xanthidium acanthophorum f. Jao, Bot. Bull. Acad. Sinica, 3: 61, fig. 3: 5—6, 1949.

细胞中等大小，长略大于宽(不包括刺)，缢缝深凹，近顶端狭线形，其后向外张开呈锐角；半细胞正面观近椭圆形到肾形，顶部平直，具 2 对斜向上的长刺，顶角略圆，角顶具 1 对斜向上伸出的长刺，侧缘向顶缘辐合，侧缘具 2 对水平向伸出的长刺，侧缘长刺的上缘内和下缘内各具 1 条较短的刺，半细胞中部的增厚区具圆孔纹并排成椭圆形；半细胞侧面观圆形或近圆形，侧缘中部略增厚；垂直面观椭圆形，侧角及角内各具 1 对长刺，两端中间略增厚，两端缘内各具 4 个长刺。细胞长(不包括刺)44—54 μm，宽(不包括刺)37—47 μm，缢部宽 12—16 μm，厚 23—32 μm，刺长 8—11 μm。

产地：浙江(宁波的东钱湖和梅湖)；广西(修仁)；湖北(武昌东湖)。采自池塘、湖泊中。

分布：亚洲(印度，斯里兰卡，缅甸，印度尼西亚)；欧洲(瑞典)。

饶钦止在 1949 建立的 *Xanthidium acanthophorum* f. Jao，与原变种不同为半细胞正面观侧缘内的刺比较短，也未命名，现合并于原变种中。

2. 具锐刺多棘鼓藻 图版 III：1—2

Xanthidium aculeatum Ralfs, Brit. Desm. p. 113, pl. 19. fig. 1 1848; West & West, Monogr. Brit. Desm., IV: 78—80, pl. 112, figs. 5—9, 1912; Prescott et al., North Amer. Desm., II, 4: 45—46, pl. 311, fig. 1, 1982.

Xanthidium aculeatum var. *minor* Li, Bull. Fan Mem. Inst. Biol. Bot., 6(2): 104, pl. III, fig. 11, 1938.

细胞中等大小，长约等于宽(不包括刺)，缢缝深凹，近顶端狭线形，其后逐渐向外张开；半细胞正面观椭圆形到近半圆形，顶缘平直和常略高出，侧缘和缘内具 7—8 个不明显成对的或不规则排列的刺，刺强壮，顶角广圆，基角广圆或圆形到近直角，半细胞中部具 1 个明显的、平的拱形隆起，有时平的拱形隆起的边缘有颗粒围绕、但常为微凹和不规则形的，增厚区的上端具 1 个微凹的小瘤或具 1 个刺，或两者均有；半细胞侧面观近圆形，顶缘具 4—5 个刺，侧缘中部具 1 个明显的、平的增厚区，其上端具 1 个微凹的小瘤或具 1 个刺，或两者均有；垂直面观椭圆形，侧缘具 7—8 个刺，两端中间具明显的、平的增厚区，缘内中间具 1 个微凹的小瘤或具 1 个刺，或两者均有，细胞壁具点纹或小的圆孔纹。细胞长(不包括刺)30—76 μm，(包括刺)42—90 μm，宽(不包括刺)28—77 μm，(包括刺)36—76 μm，缢部宽 12—22 μm，厚 28—45 μm。

产地：江西(庐山)。采自溪流中。

分布：亚洲；欧洲；大洋洲(新西兰)；北美洲(美国)；北极。

李良庆在 1938 建立的 *Xanthidium aculeatum* var. *minor* Li，此变种与原变种不同为细胞为原变种的一半大小，细胞大小不能作为分种的特征之一，现合并入原变种中。

3. 对称多棘鼓藻

Xanthidium antilopaeum Kützing, Spec. Algar., p. 177, 1849; West & West, Monogr. Brit. Desm., IV: 63—66, pl. 108, figs. 7—18, 1912; Prescott et al., North Amer. Desm., II, 4: 46, pl. 311, figs. 7—8, pl. 317, fig. 8f, 1982; Hu & Wei, The Freshwater Algae of China, Systematics, Taxonomy and Ecology, p. 893, pl. XIV-85-11—12, 2006.

3a. 原变种 图版 II：1—2

var. antilopaeum

细胞中等大小，细胞形状变化很大，长约等于宽(不包括刺)，缢缝深凹，其深度根据半细胞基部形状而变化，近顶端狭线形，其后向外张开；半细胞正面观近椭圆形到六角形，顶缘平直，顶角略圆，角顶具一对斜向上伸出的直或略弯的长刺，侧缘向顶缘辐合，侧角略圆，具 1 对直或略弯的略斜向上的长刺，腹缘斜向侧角，基角略圆，半细胞中部具圆形、少数为椭圆形的增厚区，增厚区具圆孔纹；半细胞侧面观圆形或近圆形，侧缘中部略增厚；垂直面观椭圆形，侧缘的两个角及缘内各具一对长刺，两端中间略增厚；细胞壁具点纹。细胞长(不包括刺)40.5—89 μm，宽(不包括刺)40—72 μm，缢部宽12.5—28 μm，厚 21—37 μm，刺长 4—20 μm。

产地：内蒙古(大兴安岭阿尔山地区)；黑龙江(哈尔滨，兴凯湖)；江苏(南京)；江西(庐山)；湖北(武汉东湖)；广东(开平，深圳，乐昌)；香港(大屿山)；重庆；四川(理塘，道孚)；贵州(江口)；云南(佛海)。采自水坑、池塘、湖泊、水库、泉水、沼泽中。

分布：世界广泛分布。

3b. 对称多棘鼓藻基纹变种 图版 II：5—6

Xanthidium antilopaeum var. **basiornatum** Eichler & Raciborski, Rozpr. Akad. Umiej. Wydz. Mat.-Przyr Krakowie, II, 26: 125, pl. 3, fig. 31, 1893; Prescott et al., North Amer. Desm., II, 4: 49, pl. 312, fig. 1, 1982; Li, Wei et al., The algae of the Xizang Plateau, p. 382, pl. 68, figs. 8—9, 1992.

Xanthidium antilopaeum var. *basiornatum* f. Jao, Bot. Bull. Acad. Sinica, 3: 61, fig. 3: 13, 1949.

此变种与原变种不同为半细胞基部、缢部上端具一轮 12—13 个水平排列的圆孔纹。细胞长(不包括刺)50—54 μm，宽(不包括刺)50—54 μm，缢部宽 12.5—20 μm，厚25—32 μm，刺长 12.5—21 μm。

产地：广西(修仁)；西藏(查隅)。采自稻田、池塘中。

分布：亚洲；欧洲；非洲；北美洲(美国)；北极。

产于广西修仁和西藏查隅的个体，半细胞侧角角顶的 2 条长刺明显不对称、略呈上下交错排列，半细胞中央具 1 个颗粒；垂直面观菱形。

3c. 对称多棘鼓藻赫布里变种 图版 IV：1—2

Xanthidium antilopaeum var. **hebridarum** West & West, Trans. Roy. Soc. Edinburgh, 41(3): 500, pl. 7, fig. 21, 1905; West & West, Monogr. Brit. Desm., IV: 69, pl. 109, fig. 7, pl. 110, figs. 1—2, 1912; Prescott et al., North Amer. Desm., II, 4: 51, pl. 313, fig. 5, 1982; Li, Bull. Fan Mem. Inst. Biol. Bot., 9(4): 237—238, 1939.

此变种与原变种不同为半细胞顶角具 1 个长刺，侧角具 2 个长刺，顶角的 1 个长刺与侧角的 2 个长刺位于同一垂直面上，半细胞中部具 1 个小、钝乳突状拱形隆起，围绕隆起具一群数目和排列方式变化的小圆孔纹。细胞长(不包括刺)45—53 μm，(包括刺)68—70 μm，宽(不包括刺)38—45 μm，(包括刺)70—84 μm，缢部宽 10—12 μm，厚

28—31 μm，刺长 14—22 μm。

产地：云南（思茅，大理）。采自池塘、湖泊中。

分布：亚洲；欧洲；北美洲。

3d. 对称多棘鼓藻平滑变种　图版 II：3—4

Xanthidium antilopaeum var. **laeve** Schmidle, Ber. d. Naturf. Ges. Freiburg i Br., 7(1)：94, pl. 4, fig. 7, 1893; West & West, Monogr. Brit. Desm., IV：68, pl. 109, fig. 3, 1912; Prescott et al., North Amer. Desm., II, 4：52, pl. 315, fig. 3, 1982; Shi, Wei et al., Compilation of reports on the survey of algal resoures in south-western China, p. 199, pl. 7：12—13, 1994.

此变种与原变种不同为半细胞中部不增厚或无圆孔纹，细胞壁平滑或具细点纹。细胞长 50—51 μm，宽 50—52.5 μm，缢部宽 12.5—13 μm，厚 25—26 μm，刺长 12.5—15 μm。

产地：贵州（江口）。采自水沟、沼泽中。

分布：亚洲；欧洲；北美洲。

3e. 对称多棘鼓藻平滑变种长刺变型　图版 VII：1—2

Xanthidium antilopaeum var. **leave** f. **longispinum** Scott & Prescott, Hydrobiol., 17：79—80, pl. 38, fig. 2, 1961.

此变型与此变种不同为半细胞角顶的长刺比较长。细胞长 40—42.5 μm，宽 35—36 μm，缢部宽 9—10 μm，厚 23—24 μm，刺长 19—21 μm。

产地：浙江（宁波的东钱湖和梅湖）。采自湖泊、沼泽中。

分布：亚洲（印度尼西亚）；大洋洲（澳大利亚）。

3f. 对称多棘鼓藻乳突变种

Xanthidium antilopaeum var. **mamillosum** Grönblad, Acta Soc. Sci. Fennicae, II, B., 2(6)：21, pl. 7, fig. 148, 1945; Prescott et al., North Amer. Desm., II, 4：52—53, pl. 314, fig. 6, 1982.

此变种与原变种不同为缢缝近狭线形，半细胞六角形，侧角具 1 条长刺，近基角具 1 条长刺，半细胞中部具 1 条长刺，所有刺的基部膨大呈乳突状；垂直面观宽椭圆形。细胞长（不包括刺）103—125 μm，（包括刺）173—201 μm，宽（不包括刺）122 μm，（包括刺）194 μm。

分布：南美洲。

中国尚无报道。

3g. 对称多棘鼓藻乳突变种中间变型　图版 III：7—8

Xanthidium antilopaeum var. **mamillosum** f. **mediolaeve** Grönblad, Acta Soc. Sci. Fennicae, II, B., 2(6)：22, pl. 7, fig. 149, 1945; Prescott et al., North Amer. Desm., II, 4：53, pl. 316, fig. 6, 1982; Wei, Acta Phytotax. 34(6)：667, fig. 6：7—8, 1996.

此变型与此变种不同为半细胞中部无 1 条长刺。细胞长 67—70.5 μm，宽

64.5—69.5 μm，缢部宽 19.5—21 μm。

产地：湖北(武昌东湖)。采自池塘、湖泊中。

分布：亚洲；北美洲(美国)；南美洲。

3h. 对称多棘鼓藻多孔变种　图版 II：7—10

Xanthidium antilopaeum var. **poriferous** Prescott, Prescott et al., North Amer. Desm., II, 4: 55, pl. 317, fig. 3, 1982.

此变种与原变种不同为细胞壁具大小一致的粗圆孔纹。细胞长（不包括刺）54—56 μm，（包括刺）68—70 μm，宽（不包括刺）54—60 μm，（包括刺）72—81 μm，缢部宽 12.5—17 μm，刺长 12.5—13.5 μm。

产地：湖北(武昌东湖)；重庆。采自池塘、湖泊中。

分布：北美洲：美国。

采于武昌东湖的标本与原变种不同为细胞壁的粗圆孔纹从细胞的一侧到另一侧排列成三横列。

4. 尖顶多棘鼓藻　图版 I：15—16，图版 LXV：4

Xanthidium apiculatum(Joshua)Hirano, *in* Hirose & Yamagish., Illustrations of the Japanese Freshwater Algae, p. 614, pl. 192. figs. 9a—b, 1977.

Arthrodesmus apiculatus Joshua, Linn. Soc. Bot. Jour., 21(140)：644, pl. 24, fig. 15, 1886; Scott & Prescott, Hydrobiologia, 17(1—2)：73, pl. 34, fig. 11, 1961; Wei, Acta Phytotax. Sinica, 35(4)：366, fig. 1：7—8, 1997.

细胞中等大小，长略大于宽或长约为宽的 1.25 倍(不包括刺)，缢缝深凹，向外略张开呈锐角；半细胞正面观宽椭圆形到梯形，顶缘凸起呈半圆形，顶角具 1 条直向上或斜向上的短刺，侧缘广圆，基角圆，半细胞的中部略增厚；半细胞侧面观近圆形，近顶部中间 1/3 处具 1 条直向上或斜向上的短刺，两侧中间略增厚；垂直面观菱形到椭圆形，两端中间略增厚，侧缘内具 1 条直向上或斜向上的短刺；细胞壁平滑。细胞长 42—45 μm，宽 34—41 μm，缢部宽 8.5—10 μm，厚 22—24 μm。

产地：浙江(宁波东钱湖)。采自湖泊、泽中。

分布：亚洲(日本的本州，缅甸、印度尼西亚等热带和亚热带地区)；大洋洲(澳大利亚)。

1886 年 Joshua 在缅甸发现并建立 *Arthrodesmus* 属的一个新种 *A. apiculatus* Joshua，1977 年 Hirano 将 *A. apiculatus* Joshua 归到 *Xanthidium* 属中，作为此属的一个种 *Xanthidium apiculatum*(Joshua)Hirano，因 *Xanthidium* 属的特征之一为半细胞的中部略增厚，所以作者同意 Hirano 的意见。现在国际上有些藻类学者仍保留 *Arthrodesmus* 属，但多数藻类学者已将此属的种类分别归到叉星鼓藻属(*Staurodesmus*)和多棘鼓藻属(*Xanthidium*)中。

5. 二裂多棘鼓藻

Xanthidium bifidum(Brébisson)Deflandre, *in* Coesel & Meesters, Desmids of the Lowlands, p. 154, pl. 85, figs. 4—5, 2006.

Arthrodesmus bifidus Brébisson, Mém. Soc. Sci. Nat. Cherbourg, 4: 135, pl. 1, fig. 19, 1856; West & West, Monogr. Brit. Desm., IV: 113—114, pl. 117, figs. 11—13, 1912; Prescott et al., North Amer. Desm., II, 4: 7, pl. 295, fig. 21, 1982; Skvortzow, Jour. Bot., 64: 129, 1926.

5a. 原变种　图版 I: 9—10
var. bifidus

细胞小，长约等于宽，缢缝深凹，向外广张开呈近直角；半细胞正面观椭圆形到月形，顶部宽、略凹入，顶角斜向上和在中间宽凹陷并二裂，侧缘凸起和斜向上扩大达顶角；半细胞侧面观椭圆形；垂直面观狭椭圆形，侧角圆，角顶具 1 个小刺；细胞壁平滑。细胞长 10—16 μm，宽 11—16 μm，缢部宽 3—6 μm，厚 5—7 μm。

产地：内蒙古(大兴安岭阿尔山地区)；黑龙江(哈尔滨)。采自池塘、湖泊、沼泽中。

分布：亚洲；欧洲；北美洲；南美洲；北极。

5b. 二裂多棘鼓藻截形变种　图版 I: 11—12
Xanthidium bifidum var. truncatum(West)Wei, emend

Arthodesmus bifidus var. *truncatus* West, Jour. Bot. 27: 293. pl. 291, fig. 9, 1889; West & West，Monogr. IV: 114—115, pl. 117, Fig. 14, 1912; Prescott et al., North Amer. Desm.Ⅱ, 4: 8, pl. 295, fig. 7, 1982.

此变种与原变种不同为半细胞近六角形，顶缘平直，顶角和侧角各具 1 个小刺，侧缘上部逐渐直向顶部辐合，缘边平直，侧缘下部逐渐直向基部辐合，缘边平直。细胞长 10—14 μm，宽 11—15.5 μm，缢部宽 3—5.5 μm，厚 5—7 μm。

产地：内蒙古(大兴安岭阿尔山地区的达尔滨湖、杜鹃湖、乌苏浪子湖)。采自湖泊、沼泽中，浮游或附着在水草上。

分布：欧洲；北美洲；北极。

6. 伯基多棘鼓藻
Xanthidium burkillii West & West, Ann. Roy. Bot. Gard. Calcutta, 6(2): 210, pl. 15, fig. 10，1907.

6a. 原变种　图版 III: 3—4
var. burkillii

细胞中等大小，宽略大于长(不包括刺)，缢缝深凹，狭线形，外端略张开；半细胞正面观不规则六角形，顶缘平直，顶角具 1 对长刺，侧角具 1 对长刺和彼此互相交错排列，所有长刺基部略膨大，侧缘上部略凹入，基角圆，半细胞中部略增厚，缢部上端具一横列小圆孔纹；半细胞侧面观近圆形，侧缘中间略增厚，顶部具 1 对长刺，顶部下具 1 对上下交错排列的长刺；垂直面观椭圆形，侧角具 1 对上下交错排列的长刺，缘内具 1 对长刺，两端中间略增厚；细胞壁具点纹。细胞长(不包括刺)44—50 μm，宽(不包括刺) 51—54 μm，缢部宽 21—27 μm，厚 22—29 μm，刺长 18—22 μm。

产地：广东(开平)。采自水库中。

分布：亚洲(缅甸等热带和亚热带地区)。

6b. 伯基多棘鼓藻互生变种　图版 III：5—6

Xanthidium burkillii var. **alternans** Skuja, Nova Acta Reg. Soc. Sci. Upsala, IV. 14(5): 149, pl. 33, fig. 16, 1949; Scott & Prescott, Hydrobiologia, 17(1/2): 80—81, pl. 40, fig. 2, 1961; Shi, Wei et al., Compilation of reports on the survey of algal resoures in south-western China, p. 342, pl. 16, figs. 1—2, 1994.

此变种与原变种不同为半细胞宽六角形，顶角的 2 个长刺彼此互相交错排列，侧角具 1 个长刺。细胞长 45—50 μm，宽 42—53 μm，缢部宽 10—15 μm，厚 23—28 μm，刺长 13—15 μm。

产地：广东(开平)；四川(冕宁彝海子，若尔盖)。采自湖泊、水库、沼泽中。

分布：亚洲(缅甸、印度尼西亚等亚洲的热带和亚热带地区)。

中国藻类与此变种不同为半细胞中部增厚区具小圆孔纹排成椭圆形。

7. 精巧多棘鼓藻　图版 III：15—16

Xanthidium concinnum Archer, Ann. & Mag. Nat. Hist., V, 64: 285, 1883; West & West, Monogr. Brit. Desm., IV: 86—87, pl. 112, fig. 10, 1912; Prescott et al., North Amer. Desm., II, 4: 61, pl. 310, fig. 24, pl. 312, fig. 7, 1982; Hu & Wei, The Freshwater Algae of China, Systematics, Taxonomy and Ecology, p. 893, pl. XIV-85-6—7, 2006.

细胞小，长约等于宽(不包括刺)，缢缝深凹，狭线形；半细胞正面观近六角形，顶缘宽、平直，有时略凸起，顶角具 1 对小刺，侧角具 1 个小刺，半细胞中央具 1 个小乳头状突起；半细胞侧面观近圆形，侧缘中间具 1 个小乳头状突起，顶角具 1 对小刺；垂直面观椭圆形，侧缘中间具 1 个小刺，顶角具 1 个小刺，两端中间具一个小乳头状突起；细胞壁平滑。细胞长(不包括刺)7.5—15 μm，宽(不包括刺)7.5—15 μm，缢部宽 3—4 μm，厚 4—9.5 μm。

产地：湖北(武昌东湖)；云南(丽江)。采自池塘、湖泊、沼泽中。

分布：亚洲；欧洲；非洲；北美洲(美国)；北极。

8. 对生多棘鼓藻

Xanthidium controversum West & West, Linn. Soc. Jour. Bot., 33: 298, pl. 17, fig. 2, 1898; West & West, Monogr. Brit. Desm., IV: 59—60, pl. 107, figs. 5—6, 1912; Prescott et al., North Amer. Desm., II, 4: 63, pl. 316, fig. 3, 1982; Hu & Wei, The Freshwater Algae of China, Systematics, Taxonomy and Ecology, p. 893—894, pl. XIV-86-18—19, 2006.

8a. 原变种　图版 III：17—19

var. **controversum**

细胞中等大小，长约为宽的 1.2 倍(不包括刺)，缢缝深凹，从顶端向外张开呈锐角；

半细胞正面观椭圆形到六角形、顶缘宽、平直、顶角和侧角各具 1 个斜向上的刺，或有时具一对刺，侧缘上部有时略凹入，半细胞中部不增厚或略增厚；半细胞侧面观圆形；垂直面观椭圆形；细胞壁具点纹。细胞长(不包括刺)36.5—40 μm，(包括刺)64—66 μm，宽(不包括刺)28—31 μm，(包括刺)62—64 μm，缢部宽 8—10 μm，厚 20—21 μm，刺长 8—11 μm。

产地：重庆；云南(思茅)。采自池塘、湖泊、沼泽中。

分布：亚洲；欧洲；北美洲；南美洲。

8b. 对生多棘鼓藻浮游变种　图版 IV：7—8

Xanthidium controversum var. **planctonicum** West & West, Linn. Soc. Jour. Bot., 35: 539, pl. 16, figs. 2—3, 1903; West & West, Monogr. Brit. Desm., IV: 60—61, pl. 107, figs. 7—8, 1912; Li, Bull. Fan Mem. Inst. Biol. Bot., 8 (2): 104, 1938.

此变种与原变种不同为缢缝近顶端狭线形，向外较少张开，半细胞正面观中部具 1 个小的拱形隆起和具小的圆孔纹。细胞长(不包括刺)46—50 μm，(包括刺)66—72 μm，宽(不包括刺)44—48 μm，(包括刺)72—78 μm，缢部宽 12—14 μm，厚 30—31 μm，刺长 10—16 μm。

产地：江西(石门楼，进贤)。采自池塘、小河中。

分布：欧洲。

9. 冠毛多棘鼓藻

Xanthidium cristatum Ralfs, Brit. Desm., p. 115, pl. 19, figs 3a—3c, 1848; West & West, Monogr. Brit. Desm., IV: 70—72, pl. 110, figs. 8—9, pl. 111, fig. 1, 1912; Prescott et al., North Amer. Desm., II, 4: 63—64, pl. 319, figs. 3, 9, 1982; Hu & Wei, The Freshwater Algae of China, Systematics, Taxonomy and Ecology, p. 894, pl. XIV-85-4—5, 2006.

9a. 原变种　图版 IV：3—4

var. cristatum

细胞中等大小，长略大于宽(不包括刺)，缢缝深凹，狭线形，外端扩大，有时略张开；半细胞正面观梯形到近半圆形，顶缘平直，侧缘上部向顶部斜向辐合，侧缘下部平直，顶角和侧角各具 1 对斜向上的直刺，基部宽、近肾形，平直或有时略凸起，基角具 1 条略斜向下的直刺，半细胞中央具 1 个小增厚拱形隆起；半细胞侧面观圆形，顶角具 1 对斜向上的直刺，中部偏上具 1 对斜向上的直刺，近缢部具 1 条略斜向下的直刺，侧缘中部具 1 个平的小增厚拱形隆起；垂直面观椭圆形，侧缘具 3 条直刺，缘内具 2 条直刺，两端中间具 1 个平的小增厚拱形隆起；细胞壁具点纹。细胞长(不包括刺)44—55 μm，宽(不包括刺)34.5—51 μm，缢部宽 13.5—15.5 μm，厚 25—32 μm，刺长 7—10 μm。

生长在贫营养到中营养的水体中，浮游或附着在水生植物上，有时底栖习性，pH 为 5.4—8.4。

产地：黑龙江(哈尔滨，乌苏里江，穆棱河)；重庆。采自池塘、湖泊、河流、沼泽中。

分布：亚洲；欧洲；非洲；大洋洲(新西兰)；北美洲(在美国和加拿大广泛分布)；南美洲；北极。

9b. **冠毛多棘鼓藻德尔变种**　图版 IV：11—12

Xanthidium cristatum var. **delpontei** Roy & Bissett, Ann. Scott. Nat. Hist., 8 (1893): 244, 1893; West & West, Monogr. Brit. Desmid., IV: 74—75, pl. 111, fig. 5, 1912; Shi, Wei et al., Compilation of reports on the survey of algal resoures in south-western China, p. 342, pl. 16: 3—4, 1994.

此变种与原变种不同为半细胞正面观近半圆形，各个角的刺强壮，中央的增厚区大和具大颗粒，由 6—7 个大颗粒围绕中央 1 个大颗粒组成。细胞长 44.5—52 μm，宽 44—50.5 μm，缢部宽 12—14 μm，厚 22—37 μm，刺长 8—11 μm。

产地：江苏(南京)；湖北(武昌东湖)；四川(德格新路海)；贵州(江口)。采自水沟、湖泊、泉水、沼泽中。

分布：亚洲；欧洲。

9c. **冠毛多棘鼓藻平滑变种**　图版 IV：9—10

Xanthidium cristatum var. **leiodermum** (Roy & Bissett) Turner, Kongl. Svenska Vet.-Akad. Handl., 25 (5): 99, pl. 12, fig. 33, 1892; West & West, Monogr. Brit. Desmid., IV: 72—73, pl. 110, fig. 11, 1912; Prescott et al., North Amer. Desm., II, 4: 65, pl. 321, fig. 3, 1982; Wei, Acta Phytotax. 34 (6): 667, fig. 6: 5—6, 1996.

Xanthidium leiodermum Roy & Bissett, Jour. Bot., 24: 240, pl. 258, fig. 11, 1886.

此变种与原变种不同为半细胞中央无明显拱形隆起和仅略增厚，细胞壁平滑。细胞长(不包括刺)41—58 μm，(包括刺)70.5—71 μm，宽(不包括刺)45—50 μm，(包括刺)64—65 μm，缢部宽 12—15 μm，厚 27—28 μm，刺长 9—10 μm。

产地：江苏(南京)；浙江(宁波的东钱湖和梅湖)；湖北(武昌东湖)。采自池塘、湖泊、泉水中。

分布：亚洲；欧洲；北美洲；北极。

9d. **冠毛多棘鼓藻钩刺变种**　图版 IV：5—6

Xanthidium cristatum var. **uncinatum** Ralfs, Brit. Desm., p. 115, pl. 19, figs. 3d—3f, 1848; West & West, Monogr. Brit. Desmid., IV: 73—74, pl. 111, figs. 2—4, 1912; Prescott et al., North Amer. Desm., II, 4: 66, pl. 322, figs. 4—5, 1982; Lütkemüller, Ann. Nat. Hofmuseums, 15: 121, 1900.

此变种与原变种不同为细胞较长，半细胞正面观近平截宽角锥形，顶角和侧角的刺直向向上，所有的刺弯或略反曲，并常在基部略膨大，半细胞中间略拱形隆起，由 8—12 个颗粒围绕中央的 3—5 个颗粒组成，少数具多个不规则排列的颗粒。细胞长(不包括刺)48—50 μm，(包括刺)72—74 μm，宽(不包括刺)37—45 μm，(包括刺)56—75 μm，缢部宽 10—13 μm，厚 26—28 μm，刺长 10—11 μm。

产地：黑龙江(哈尔滨)；浙江(宁波)。采自池塘、溪流、沼泽中。

分布：亚洲；欧洲；北美洲；北极。

10. 簇刺多棘鼓藻　图版 IX：1—2

Xanthidium fasciculatum Ralfs, Brit. Desm., p. 114, pl. 19, fig. 4, pl. 20, fig. 1, 1848; West & West, Monogr. Brit. Desmid., IV: 75—77, pl. 111, figs. 6—8, 1912; Prescott et al., North Amer. Desm., II, 4: 68—69, Textfig. 4, 1982; Skvortzow, Jour. Bot., 64: 129, 1926.

细胞中等大小，长约等于宽(不包括刺)，缢缝深凹，狭线形，外端有时略膨大；半细胞正面观角状肾形，顶缘近平直或略凸起，侧缘上部向顶部辐合，两侧缘下部近平行，半细胞缘边具 6 对较短的刺等距离排列(顶角、侧角和基角各具 1 对)，基角方圆形，半细胞中间略拱形隆起，由 7—10 个颗粒围绕中间 1 个或 2—3 个颗粒组成，很少平滑无颗粒的；半细胞侧面观近圆形，顶缘具 1 对斜向上的较短的刺，中部偏上具 1 对水平排列的、斜向上的较短的刺，中部偏下具 1 对水平排列的、略斜向下的较短的刺，侧缘中部略拱形隆起；垂直面观椭圆形，侧缘具 1 对较短的刺，缘内具 2 对较短的刺，两端中间略拱形隆起。细胞长(不包括刺)40—53 μm，宽(不包括刺)40—51 μm，缢部宽 10—11 μm，厚 20—22 μm，刺长 13—15 μm。

产地：内蒙古(大兴安岭阿尔山地区)；黑龙江(哈尔滨)；江苏(南京)。采自湖泊、泉水、沼泽中。

分布：亚洲；欧洲；非洲；北美洲；南美洲；北极。

11. 弗里曼多棘鼓藻　图版 VIII：1—3

Xanthidium freemanii West & West, Trans. Linn. Soc. London, II, Bot., 6(3): 158, pl. 20, fig. 28, 1902; Jao, Bot. Bull. Acad. Sinica, 3: 61—62, fig. 3: 10, 1949; Hu & Wei, The Freshwater Algae of China, Systematics, Taxonomy and Ecology, p. 894, pl. XIV-85-13—15, 2006.

细胞大形，长略大于宽(不包括刺)，缢缝中等深度凹入，近顶端狭线形，向外略张开；半细胞正面观扁半圆形，顶缘平直或略凹入，顶部平滑、无刺，侧缘具一列 8—10 个略弯曲的刺，缘内具二轮、每轮 7—10 个相似的刺，半细胞中部具许多无规则排列的圆孔纹形成的大增厚区；半细胞侧面观近卵形到圆形，具近平行排列的 8—10 横列刺，每横列 4—6 个，侧缘具许多无规则排列的圆孔纹形成的大增厚区；垂直面观椭圆形，侧缘圆，具 4—6 个刺，缘内具近平行排列的 6—7 横列刺，每横列约具 5 个，两端中间具许多不规则排列的圆孔纹形成的大增厚区，顶部中间平滑；细胞壁具许多不规则排列的细小圆孔纹。细胞长(不包括刺)80—100 μm，宽(不包括刺)73—81 μm，缢部宽 34—38 μm，厚 54—54.5 μm，刺长 5—10 μm。

产地：广西(修仁)；重庆。采自稻田、湖泊、沼泽中。

分布：亚洲(斯里兰卡、印度尼西亚等亚洲的热带和亚热带地区)。

12. 戟形多棘鼓藻

Xanthidium hastiferum Turner, Jour. Roy. Microsc. Soc., II, 5(6): 938, pl. 15, fig. 20, 1885;

Prescott et al., North Amer. Desm., II, 4: 70, pl. 326, fig. 4, 1982.

12a. 原变种
var. hastiferum

细胞中等大小，宽约为长的 1.25 倍（不包括刺），缢缝深凹，从尖的顶端向外张开呈锐角；半细胞正面观近长方形或近椭圆形到六角形，顶缘宽凸起，其两侧各具 1 对斜向上伸出的小短刺，顶角具 1 条略斜向上伸出的长刺，侧缘向顶部辐合，侧角具 1 条水平向伸出长刺，腹缘凸起，半细胞中间略隆起；垂直面观椭圆形；细胞壁平滑，或顶部中央具点纹。细胞长（不包括刺）36—48 μm，宽（不包括刺）28—45 μm，缢部宽 9—12 μm，厚 21—22 μm，刺长 15—17 μm。

分布：亚洲（印度，印度尼西亚）；大洋洲（澳大利亚，新西兰）；北美洲（美国）。

中国尚无报道。

12b. 戟形多棘鼓藻爪哇变种　图版 VI: 5—6

Xanthidium hastiferum var. javanicum (Nordstedt) Turner, Kongl Svenska Vet.-Akad. Handl., 25(5): 100, 1892; Prescott et al., North Amer. Desm., II, 4: 71, pl. 326, figs. 10—11, 1982; Lütkemüller, Ann. Nat. Hofmuseums, 15: 121, pl. 6, fig. 20, 1900; Jao, Bot. Bull. Acad. Sinica, 3: 62, 1949.

Xanthidium antilopacum var. *antilopacum* f. *javanica* Nordstedt, Acta Univ. Lund., 16: 12, pl. 1, fig. 21, 1880.

此变种与原变种不同为缢缝广张开；半细胞正面观近椭圆形，顶缘两侧各具的一对刺比较长，有时从顶缘略高出部分伸出。细胞长（不包括刺）42—48 μm，（包括刺）75—88 μm，宽（不包括刺）37—41 μm，（包括刺）70—88 μm，缢部宽 10—12.5 μm，厚 18—25 μm，刺长 16—23 μm。接合孢子球形，孢壁具长刺，刺顶端 2 叉或 3 叉状，直径（无刺）40 μm，（具刺）80 μm，刺长 20—23 μm。

产地：浙江（宁波）；广西（修仁）。采自池塘中，浮游。

分布：亚洲（印度、斯里兰卡等热带和亚热带地区）；大洋洲（新西兰）；北美洲（美国）。

13. 约翰逊多棘鼓藻

Xanthidium johnsonii West & West, Linn. Soc. Jour. Bot., 33: 299, pl. 17, fig. 1, 1898; Prescott et al., North Amer. Desm., II, 4: 71—72, pl. 310，figs. 13, 16, 1982; Wei, Acta Phytotax. 34(6): 671, 1996.

13a. 原变种　图版 III: 9—11
var. johnsonii

细胞小，长约等于宽（不包括刺），缢缝深凹，从钝的顶端向外张开呈锐角；半细胞正面观近椭圆形到六角形，顶缘平直，顶角具 1 对斜向上伸出的直刺，侧缘上部向顶部辐合，侧角具 1 条水平向伸出的直刺，侧缘下部略凸起并向基部辐合，基角具 1 对斜向下伸出的直刺，半细胞中部具 1 个拱形隆起，拱形隆起的顶端具 1 对纵向叉开的刺；半细胞侧面观圆形，顶缘具 1 对刺，侧缘中间具 1 个拱形隆起，拱形隆起顶端具 1 对纵向叉开的刺；垂直面观椭圆形，侧角具 1 条直刺，其两侧各具 1 条直刺，两端中间具 1 个拱形隆起，拱形隆起顶端具 1 对纵向叉开的刺，两端的缘内两侧各具 1 条直刺；细胞壁平滑。细胞长 (不包括刺) 10—11 μm，宽 (不包括刺) 10—11 μm，缢部宽 2.5—3 μm，厚 5—5.5 μm，刺长 2—2.5 μm。

产地：湖北 (武昌东湖)。采自湖泊、沼泽中。

分布：北美洲 (美国)。

13b. 约翰逊多棘鼓藻约翰逊变种微凹变型 图版 III：12—14

Xanthidium johnsonii var. **johnsonii** f. **retusum** Scott, *in* Prescott et al., North Amer. Desm., II, 4: 72, pl. 310, fig. 12, 1982; Wei, Acta Phytotax. Sinica, 35(4): 368, fig. 3: 5—7, 1997.

此变型与原变种不同为半细胞较宽，缢缝张开角度较大，半细胞顶部和侧缘上部略凹入。细胞长 7—15 μm，宽 7—12 μm，缢部宽 3—4 μm，厚 4—8 μm。

产地：浙江 (宁波东钱湖)。采自湖泊、沼泽中。

分布：北美洲 (美国)。

东钱湖的标本与此变型不同为半细胞顶角和侧角间具 1 条小短刺，中部拱形隆起的顶端具 1 条斜向下的刺。

14. 八角多棘鼓藻 图版 VIII：7—8

Xanthidium octocorne Ralfs, Brit. Desm., p. 116, pl. 20, figs. 2a—e, 1848；Coesel & Meesters, Desm. Lowlands, p. 155, pl. 85, figs. 9—11, 2006.

Arthrodesmus octocornis Ehrenberg ex Archer, *in* Pritchard, Infusoria, p. 736, pl. 1, fig. 30, 1861; West & West, Monogr. Brit. Desm., IV: 111—113, pl. 117, figs. 6—10, 1912; Prescott et al., North Amer. Desm., II, 4: 26—27, pl. 295, fig. 10, 1982; Hu & Wei, The Freshwater Algae of China, Systematics, Taxonomy and Ecology, p. 892, pl. XIV-86-17, 2006.

细胞小，长约为宽的 1.3 倍 (不包括刺)，缢缝深凹，具宽的近半圆形的缢入；半细胞正面观梯形到长方形，顶缘中间明显凹入，顶角略圆，顶角角顶具 1 条略斜向上的长直刺，侧缘中间凹入，侧角略圆，侧角角顶具 1 条水平向或略斜向上或略斜向下的长直刺；半细胞侧面观近圆形到卵形；垂直面观椭圆形，侧缘中间及缘内各具 1 条长直刺；细胞壁平滑。细胞长 16—27 μm，宽 12—21.5 μm，缢部宽 3—8 μm，厚 5—8 μm，刺长 5—7。

产地：内蒙古 (大兴安岭阿尔山地区的达尔滨湖)；重庆；四川 (德格，冕宁)。采自湖泊、沼泽中。

分布：世界广泛分布。

15. 美丽多棘鼓藻 图版 VI：10—11

Xanthidium pulchrum Turner, Kongl. Svenska Vet.-Akad. Handl., 25(5): 102, pl. 13, fig. 10,

1892; Li, Lingnan Sci. Jour., 14(2): 467, 1935.

细胞中等大小，长略大于宽(不包括刺)，缢缝中等深度凹入，从顶端向外张开呈锐角；半细胞正面观椭圆形，顶缘略凸起，侧缘圆，侧缘上部具 3 个短刺，侧缘中部到近基部约具 10 个不规则排列的短刺，缢部上端具一横列(12—14 个)小圆孔纹；半细胞侧面观近圆形；垂直面观椭圆形，两侧具 10 个不规则排列的短刺，两端缘内两侧各具 3 个短刺；细胞壁具点纹。细胞长 54—58 μm，宽 50—54 μm，缢部宽 25—28 μm，厚 28 μm，刺长 3—4 μm。

产地：广东(广州)；香港(大屿岛)。采自于池塘、湖泊。

分布：亚洲(印度)。热带和亚热带地区。

16. 雷切多棘鼓藻

Xanthidium raciborskii Gutwinski, Bull. Acad. Sci. de Cracovie, Classe Sci. Math. et Nat., 1902(9): 588, pl. 37, fig. 28, 1902.

16a. 原变种

var. raciborskii

细胞中等大小，长略大于宽(不包括刺)，缢缝深凹，近顶端狭线形，其后向外张开呈锐角；半细胞正面观梯形到近六角形，顶缘宽、平直，顶角具 1 条或 2 条略斜向上的短刺，侧缘中部到上部逐渐向顶部辐合，侧缘下部直，侧角具 1 条短刺，侧角和基角间的缘内具 1—2 条短刺，基角具 2 条短刺，缢部上端、近半细胞中央略隆起；半细胞侧面观近圆形，顶缘具 1 条或 2 条短刺，侧缘下部到基部间具 4—5 条短刺，侧缘中间略隆起；垂直面观椭圆形，侧缘中间 1 条短刺，缘内具 3—4 条短刺，两端中间略隆起；细胞壁具小颗粒。细胞长(不包括刺)42 μm，(包括刺)44 μm，宽(不包括刺)39.5—42 μm，宽(包括刺)42—44 μm，缢部宽 14.5—17.5 μm，厚 24—26.5 μm。

分布：亚洲(印度尼西亚)。

中国尚无报道。

16b. 雷切多棘鼓藻平滑变种　　图版 VI：7—9

Xanthidium raciborskii var. **glabrum** Jao, Bot. Bull. Acad. Sinica, 3: 62, fig. 3: 7, 1949.

此变种与原变种不同为半细胞正面观顶角和侧角各具 1 个圆锥形突出，突出的顶端具 4 个刺；半细胞侧面观近菱形到圆形，顶部和下部各具 1 个圆锥形突出，突出的顶端具 4 个刺；垂直面观菱形，侧缘和缘内各具 1 个圆锥形突出，突出的顶端具 4 个刺；细胞壁平滑、无颗粒。细胞长(不包括刺)48.5—49.5 μm，(包括刺)54—55 μm，宽(不包括刺)45—47 μm，宽(包括刺)49.5—52.5 μm，顶部宽 25—26 μm，缢部宽 20.5 μm，厚 29.5—30 μm，刺长 2.5—4.5 μm。

产地：广西(阳朔)。采自池塘中。

仅产于中国。

17. 圣锡多棘鼓藻

Xanthidium sansibarense (Hieronymus) Schmidle, Engler's Bot. Jahrb., 26(1): 41, pl. 3, fig.
6, 1898; Prescott et al., North Amer. Desm., II, 4: 75—76, pl. 323，fig. 4, 1982.

Holocantuum sansibarense Hieronymus, *in* Engler's Die Pflanzenwelt Öst.-Afrikas und der
Nachbargebeite, I, Teil B, p. 20, 1895.

17a. 原变种

var. sansibarense

　　细胞中等大小，长略大于宽或近 1.2 倍于宽(不包括刺)，缢缝深凹，顶端近狭线形，其后向外略张开；半细胞正面观椭圆形到六角形或近半圆形，顶缘平直，顶角具 1 对斜向上的长刺，侧缘逐渐向顶部辐合，侧角具 1 对略斜向上伸出的长刺，腹缘逐渐向侧角扩大并斜向侧角，半细胞缘边具一列 16 个或 18 个具 2 齿的瘤(顶缘 4 个，侧缘约具 6—7 个)；半细胞侧面观近圆形；垂直面观广椭圆形，侧缘平直，缘边和缘内各具 1 对长刺，从一侧到另一侧具两列具 2 齿的瘤，两端中间略隆起。细胞长(不包括刺)70 μm，宽(不包括刺)60 μm，

　　分布：非洲。

　　中国尚无报道。

17b. 圣锡多棘鼓藻圣锡变种不对称变型　图版 VII：3—5，图版 LXIV：5—6

Xanthidium sansibarense var. **sansibarense** f. **asymmetricum** Scott & Prescott, Hydrobiol.,
17: 84, pl. 37, figs. 6—7, 1961; Wei, Chin. Jour. Oceanol. Limnol., 9(3): 268, pl. 4, figs.
5—6, 1991.

　　此变型与原变种不同为侧角的 1 对长刺中的 1 条退化，侧角的 1 条长刺与另 1 侧角的 1 条长刺彼此上下交错排列、不对称位。细胞长(不包括刺)53—62 μm，宽(不包括刺)50—63 μm，缢部宽 15 μm，厚 30—33 μm，刺长 18—22 μm。

　　产地：浙江(宁波东钱湖)。采自湖泊、沼泽中。

　　分布：亚洲(印度尼西亚等热带和亚热带地区)。

18. 六乳突多棘鼓藻　图版 V：4—5，图版 LXV：5

Xanthidium sexmamilatum West & West, Ann. Roy. Bot. Gard. Calcutta, 6(2): 211, pl. 15,
figs. 11—12, 1907; Wei, Acta Phytotax. Sinica, 35(4): 368, fig. 2: 9—10, 1997.

　　细胞中等大小，长略大于宽(不包括刺)，缢缝深凹，向外张开呈锐角；半细胞正面观近长圆形到椭圆形，顶缘略凹入，顶角具 1 条斜向上的长刺，侧角具 1 条水平向伸出的长刺，顶角的长刺和侧角的长刺间具一条斜向上的长刺，每 1 条长刺的基部呈乳突状膨大；垂直面观椭圆形，侧缘中间具 1 条长刺，缘内具 2 条排成一横列的长刺，两端中间略增厚。细胞长(包括刺)85—86 μm，(不包括刺)45—50 μm，宽(包括刺)77—78 μm，(不包括刺)44—48 μm，缢部宽 9—12 μm，厚 22—25 μm，刺长 15—17 μm。

　　产地：浙江(宁波东钱湖)。采自湖泊、沼泽中。

分布：亚洲（缅甸等热带和亚热带地区）。

19. 史密斯多棘鼓藻

Xanthidium smithii Archer, Proc. Dublin Nat. Hist. Soc., 3: 51, pl. 1, figs. 10—12, 1860; West & West, Monogr. Brit. Desmid., IV: 61—62, pl. 108, figs. 1—4, pl. 111, fig. 10, 1912; Prescott et al., North Amer. Desm., II, 4: 76, pl. 310, fig. 20, 1982; Li, Bull. Fan Mem. Inst. Biol. Bot., 8(2): 104—105, 1938.

19a. 原变种 图版 V：10—11

var. smithii

细胞小，长略大于宽（不包括刺），缢缝深凹，向外张开呈锐角；半细胞正面观近长方形到梯形，顶缘和侧缘略凹入或近平直，顶角和基角圆，顶角和基角各具一对中等长度的刺，半细胞中间具 1 个小的增厚区；半细胞侧面观圆形，顶缘具一对中等长度的刺，两侧中间各具 1 个小的拱形隆起；垂直面观椭圆形到菱形，侧缘具 1 对叉开的中等长度的刺，缘内具 1 对叉开的中等长度的刺，两端中间具 1 个小的圆形拱形隆起。细胞长（不包括刺）24—26 μm，（包括刺）30—32 μm，宽（不包括刺）18—20 μm，（包括刺）28—30 μm，缢部宽 8—10 μm，厚 11—15 μm，刺长 5—6 μm。

产地：江西（庐山，进贤）。采自池塘、小河中。

分布：亚洲；欧洲；大洋洲（澳大利亚，新西兰）；北美洲；南美洲；北极。

19b. 史密斯多棘鼓藻变异变种 图版 V：8—9

Xanthidium smithii var. **variabile** Nordstedt, Bot. Notiser, 1887: 159: 1887; Nordstedt, Kongl. Svenskla Vet.-Akad.-Handl., 22(8): 44, pl. 4, figs. 27—29, 1888; Prescott et al., North Amer. Desm., II, 4: 76—77, pl. 310, figs. 15, 17, 22, 23, 1982; Li, Bull. Fan Mem. Inst. Biol. Bot., 9(4): 238, 1939.

此变种与原变种不同为缢缝较狭呈线形，向外略张开；半细胞正面观截顶角锥形，顶角和基角的一对刺短和呈齿状，半细胞中间具 1 个明显的结节状隆起；垂直面观角状椭圆形，侧缘平直，侧角的刺短和呈齿状，两端中间具 1 个明显的结节状隆起。细胞长 33—57 μm，宽 35—58 μm，缢部宽 12—24 μm，厚 20—30 μm，刺长 3 μm。

产地：云南（佛海，大理）。采自池塘、湖泊中。

分布：亚洲；欧洲；非洲；大洋洲（新西兰）；北美洲（美国）；南美洲。

20. 具刺多棘鼓藻 图版 V：1—3，图版 LXIV：3

Xanthidium spinosum (Joshua) West & West, Ann. Roy. Bot. Gard. Calcutta, 6(2): 208, pl. 15, fig. 1, 1907; Wei, Chin. Jour. Oceanol. Limnol., 9(3): 268, pl. 4, fig. 3, 1991.

Cosmarium spinosum Joshua, Linn. Soc. Jour. Bot., 21(140): 647, pl. 25, figs. 3—4, 1886.

细胞中等大小，长约等于宽，缢缝深凹，向外张开呈锐角；半细胞正面观梯形到半圆形,顶缘平,侧缘凸起和从顶角到基角具 5—7 对短刺,基部的短刺不规则排列和密集,半细胞基部、缢部上端具 2—4 横列圆孔纹;半细胞侧面观近圆形,从顶角到基部具 5—7 对短刺;垂直面观椭圆形,从一侧到另一侧的中间具 5—7 对短刺,两端中间增厚并略隆起。细胞长(不包括刺)46—53 μm,宽(不包括刺)45—50 μm,缢部宽 22—28 μm,厚 31—33 μm,刺长 3—3.5 μm。

产地:浙江(宁波的东钱湖和梅湖);广东(广州)。采自池塘、湖泊、沼泽中。

分布:亚洲(缅甸)。热带和亚热带地区。

21. 近戟形多棘鼓藻　图版 V:6—7

Xanthidium subhastiferum West, Linn. Soc. Jour. Bot., 29(199/200):166, pl. 22, fig. 4, 1892; West & West, Monogr. Brit. Desmid., IV:56—57, pl. 106, figs. 5—9, 1912; Prescott et al., North Amer. Desm., II, 4:77—78, pl. 323, fig. 7, pl. 324, figs. 3, 5, 1982; Shi, Wei et al., Compilation of reports on the survey of algal resoures in south-western China, p. 342, pl. 16:5—6, 1994.

细胞中等大小,长约等于宽(不包括刺),缢缝深凹,向外张开呈锐角;半细胞正面观椭圆形或长圆形,背缘和腹缘略凸起,侧缘具一对纵向叉开伸出的强壮长刺,半细胞中部具一个圆形的小增厚区,增厚区具圆孔纹;半细胞侧面观圆形,侧缘中间略隆起;垂直面观椭圆形,侧缘中间具 1 条强壮的长直刺,两端中间略增厚、并略隆起。细胞长(不包括刺)48—49 μm,宽(不包括刺)50—52.5 μm,缢部宽 10—13 μm,厚 26—27 μm,刺长 20—21 μm。

产地:四川(西昌)。采自水坑、湖泊中。

分布:亚洲;欧洲;北美洲。

22. 近三裂多棘鼓藻

Xanthidium subtrilobum West & West,Jour. Bot., 35:88, pl. 368,fig. 14, 1897.

22a. 原变种　图版 VII:6—7

var. subtrilobum

细胞中等大小,长略大于宽(不包括刺),缢缝深凹,狭线形;半细胞正面观近三角形,明显具三叶,顶缘狭、直或略凹入,顶角具 1 对直向上或略弯的强壮长刺,顶缘和侧缘间深凹陷呈钝角,侧缘略凸起,侧缘上部角具 1 对斜向上的强壮长刺,侧缘中间水平方向伸出 1 条长刺,基角略增厚,半细胞中部增厚并隆起,增厚区约具 10 个近方形的颗粒围绕中间 1 个大颗粒;半细胞侧面观卵形,顶缘具一对长刺;垂直面观长圆形,侧缘中间具一条长刺,缘内两侧各具 1 条长刺,顶叶长方形,每个角具 1 条长刺,两端中间增厚并隆起,增厚区具颗粒;细胞壁具点纹。细胞长(不包括刺)50—53 μm,宽(不包括刺)47—48 μm,缢部宽 13—14 μm,厚 28—30 μm,刺长 10—11 μm。

产地:江苏(南京)。采自池塘、泉水中。

分布:亚洲(印度尼西亚等热带和亚热带地区);非洲;大洋洲(北澳大利亚)。

22b. 近三裂多棘鼓藻克里格变种　图版 VI：4

Xanthidium subtrilobum var. kriegerii Jao, Bot. Bull. Acad. Sinica, 3: 62, fig. 3: 8, 1949.

Xanthidium subtrilobum f. Krieger, Arch. f. Hydrobiol. Suppl. 11(3)：193, pl. 14, fig. 3, 1932.

此变种与原变种不同为缢缝 U 型向外张开，半细胞正面观顶角的刺强壮。细胞长（不包括刺）57.5—58.5 μm，（包括刺）83—89 μm，宽（不包括刺）52—56 μm，（不包括刺）73—89 μm，缢部宽 13.5—15 μm，刺长 10—11 μm。

产地：广西（修仁）。采自池塘中。

分布：亚洲（印度尼西亚等热带和亚热带地区）；非洲。

23. 顶瘤多棘鼓藻　图版 VIII：4—6

Xanthidium superbum Elfving, Acta Soc. Fauna Flora Fennica, 2(2)：10, pl. 1, fig. 6, 1881; Jao, Bot. Bull. Acad. Sinica, 3: 62—63, fig. 3: 9, 1949; Hu & Wei, The Freshwater Algae of China, Systematics, Taxonomy and Ecology, p. 894—895, pl. XIV-85-1—3, 2006.

细胞大形，近纵向椭圆形，长约为宽的 1.3 倍（不包括刺），缢缝深凹，狭线形，外端扩大；半细胞正面观近纵向半椭圆形，顶缘平直圆形，具 4 个瘤，侧缘具 5—7 对长刺，刺的基部膨大，半细胞中部具增厚区；半细胞侧面观卵形到圆形，中间具 2 纵列近平行排列的长刺，侧缘中间增厚；垂直面观椭圆形，顶部具 2 横列、每列 4 个瘤，其两侧具 2 横列近平行排列的长刺，两端中间增厚；细胞壁具点纹。细胞长（不包括刺）98—98.5 μm，（包括刺）125—130 μm，宽（不包括刺）58—63 μm，（包括刺）90—98 μm，缢部宽 18—20 μm，厚 44—45 μm，刺长 13.5—17.5 μm。

产地：广西（修仁）；重庆。采自池塘、湖泊、沼泽中。

分布：亚洲（印度尼西亚）；欧洲（芬兰）；大洋洲（澳大利亚）。

24. 浙江多棘鼓藻　图版 VI：1—3，图版 LXIV：4

Xanthidium zhejiangense Wei, Chin. Jour. Oceanol. Limnol., 9(3)：268, pl. 4, fig. 4, 1991.

细胞中等大小，长略大于宽（不包括刺），缢缝深凹，近顶部狭线形，其后向外张开呈锐角；半细胞正面观梯形到椭圆形，顶缘宽、近平直，顶角略圆，侧缘凸起，其缘边和缘内各具一轮 5—6 个刺，顶角的刺长、强壮，从顶角到基角的刺大小和长度逐渐减小，基角广圆，基角内具数个不规则排列的刺，半细胞中部偏上具 1 个增厚区，增厚区具颗粒，每个颗粒围绕 6 个三角形凹陷，凹陷中央具 1 个圆孔纹，圆孔纹的底部具 1 个点纹；半细胞侧面观卵形，中间具 3 列纵向排列的刺，从顶部到基部的刺大小和长度逐渐减小，侧缘中间增厚和略隆起，增厚区具颗粒，颗粒间具三角形凹陷；垂直面观椭圆形，中间具 3 横列刺，从顶部到侧缘刺的大小和长度逐渐减小，两端中间增厚和略隆起，增厚区具颗粒，颗粒间具三角形凹陷；细胞壁具点纹。细胞长（不包括刺）37—45 μm，（包括刺）44—50 μm，宽（不包括刺）32—38 μm，（包括刺）36.5—42 μm，缢部宽 12—13 μm，厚 25—26 μm，刺长 3—5.5 μm。

产地：浙江(宁波东钱湖)。采自湖泊、沼泽中。

仅产于中国。

(十六)角星鼓藻属 **Staurastrum** Ralfs

Ralfs, Brit. Desm., p. 119, 1848.

植物体为单细胞，一般长略大于宽(不包括刺或突起)，绝大多数种类辐射对称，少数种类两侧对称及细胞侧扁，中间的缢部分细胞成为两个半细胞，多数缢缝深凹，从内向外张开呈锐角、直角或钝角，有的为狭线形；半细胞正面观半圆形、近圆形、椭圆形、圆柱形、近三角形、倒三角形、四角形、梯形、碗形、杯形、楔形等(图I~图III)，许多种类半细胞顶角或侧角向水平方向、略向上或向下延长形成长度不等的突起，缘边一般波形，具数轮齿，其顶端平或具 2 个、3 个到多个刺，细胞不包括突起的部分称"细胞体部"，半细胞正面观的形状指半细胞体部的形状(图I~图III)，有的种类半细胞的每个顶角和每个侧角各具一个突起，则顶部的一轮突起称"附属突起"，有的种类突起基部长出较小的突起也称"附属突起"(图 III：7—8)；垂直面观多数三角形到五角形，少数圆形、椭圆形、六角形、或多到十二角形；细胞壁平滑，具点纹、圆孔纹、颗粒及各种类型的刺和瘤(图I~图III)；每个半细胞一般具 1 个轴生的色素体，其中央具 1 个蛋白核，大的细胞每个半细胞具数个蛋白核，少数种类半细胞的色素体周生，具数个蛋白核。

细胞分裂在细胞中间狭的缢部发生，伴随着缢部的延长和隔片的生长使细胞分成两半，从每个原有的半细胞再长出一个与原有半细胞相同的新的半细胞，所有的细胞器官再逐渐重新形成。

许多浮游种类在自然界中很少产生接合孢子，一般聚集生活在大型水生植物上的周丛种类或地栖种类有的进行有性生殖，形成的接合孢子呈球形或具多个角，通常具单个或叉状的刺。

此属全世界已报道大约有 800 种，多数生长在贫营养或中营养的、偏酸性的水体中，是鼓藻类中主要的浮游种类，许多种类半细胞的顶角或侧角延长形成各种长度的突起，细胞常具胶质包被，特别是浮游种类，因此适合于浮游习性。

在种类的特征描述中，细胞分小、中等大小和大三种类型，这三种类型的细胞大小有一个幅度范围。中国的角星鼓藻属的种类，细胞小的一般长(不包括刺)13—35 μm，宽(不包括刺)12—35 μm，中等大小的细胞一般长(不包括刺)30—60 μm，宽(不包括刺)30—60 μm，大的细胞一般长(不包括刺)56—122 μm，宽(不包括刺)54—120 μm。

我国角星鼓藻属(*Staurastrum*)有 121 个种，76 个变种，14 个变型，共 211 个分类单位。由于角星鼓藻属的种类很多，为了检索的方便和容易查阅，在分种检索表中根据细胞的特征，即根据半细胞的角不伸长或伸长形成突起将角星鼓藻属分为 2 个大的类群，即分为两个部(Division)，再根据半细胞的各种形状在部下分为不同的组(Section)，根据半细胞的形状和细胞壁的形态结构特征来检索和查阅种类。

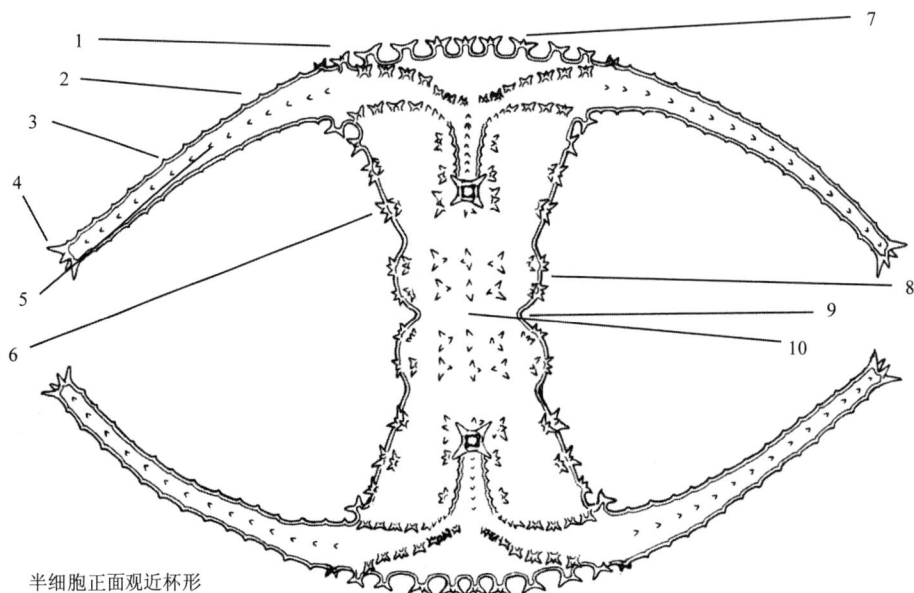

半细胞正面观近杯形

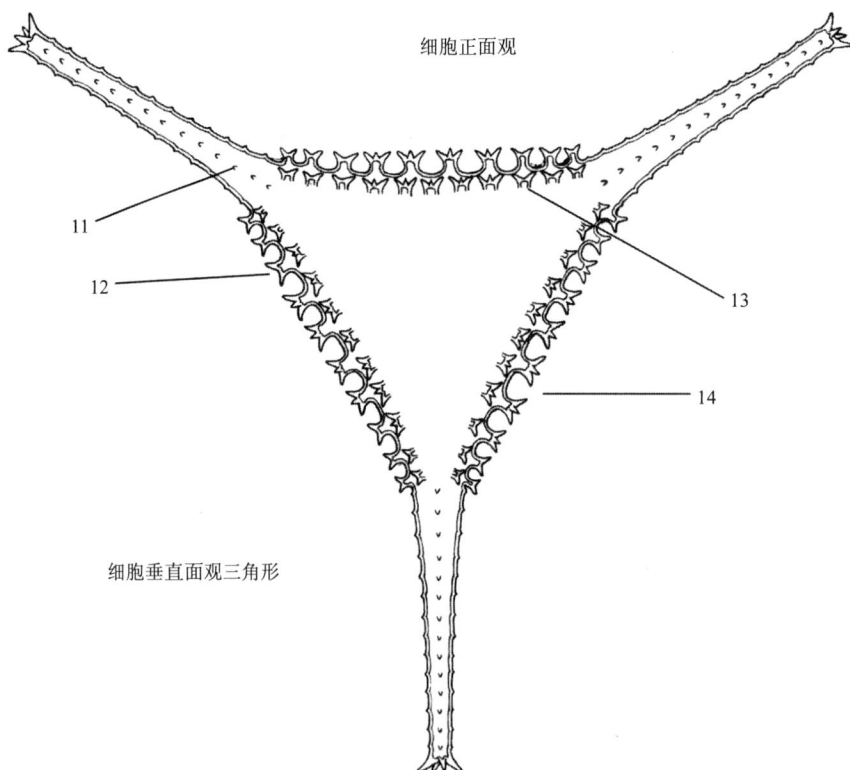

细胞正面观

细胞垂直面观三角形

图 I　宁波角星鼓藻 *Staurastrum ninbouensis* Wei 1. 顶缘略凸起；2. 突起略斜向下；3, 11. 突起背缘的细锯齿，4. 突起末端的刺；5. 突起侧缘的细锯齿；6. 半细胞体部具 2—3 齿的瘤；7. 半细胞顶缘具 2—3 齿的瘤；8. 半细胞基部明显膨大并具 3 齿的瘤；9. 缢缝中等深度凹入并向外呈 V 型张开；10. 缢部；12. 侧缘略凹入；13. 侧缘内具 2—3 齿的瘤；14. 侧缘具 2—3 齿的瘤

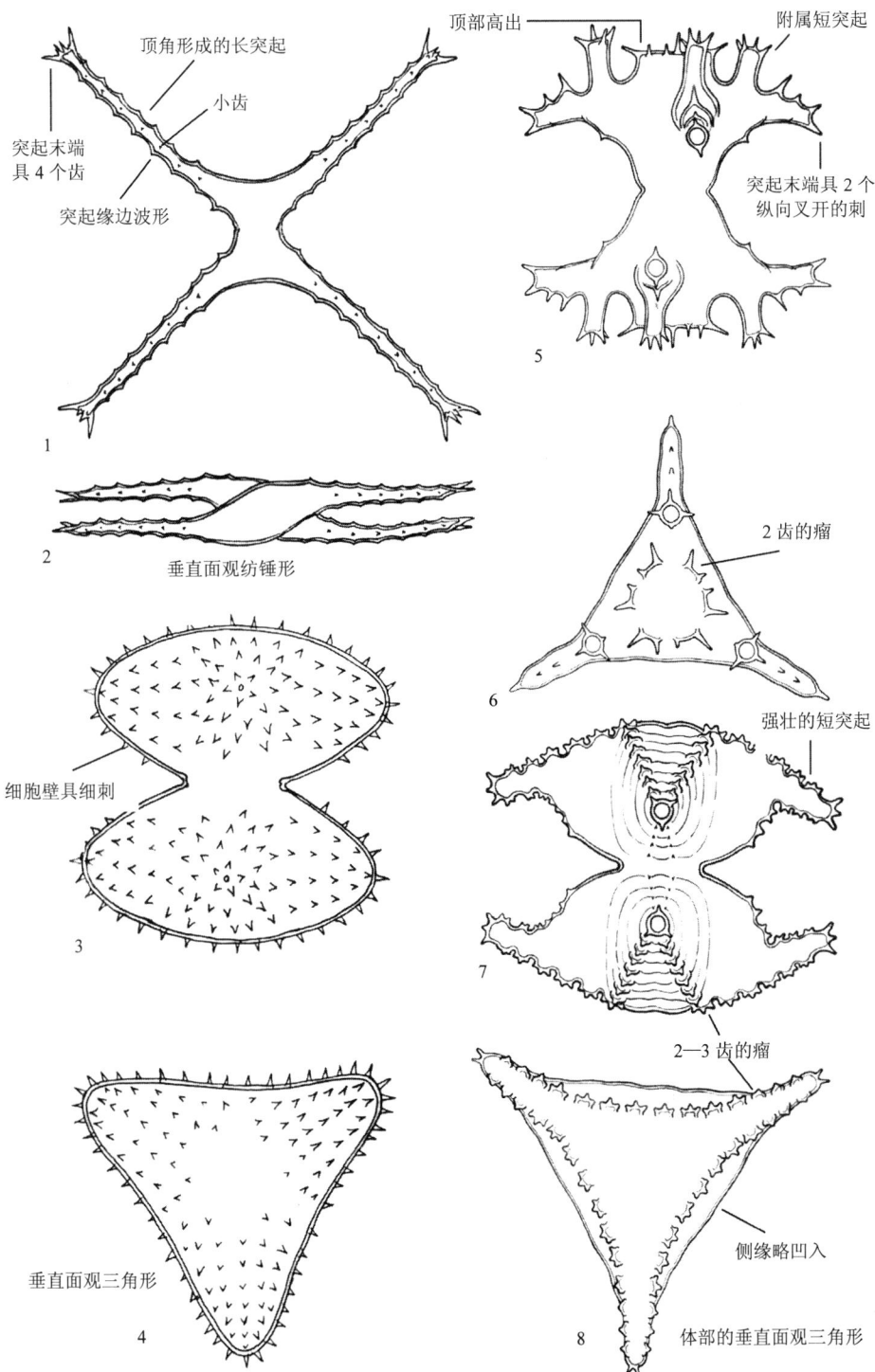

顶角形成的长突起
小齿
突起末端具 4 个齿
突起缘边波形

顶部高出
附属短突起
突起末端具 2 个纵向叉开的刺

1

2

垂直面观纺锤形

细胞壁具细刺

3

5

2 齿的瘤

6

强壮的短突起

7

2—3 齿的瘤

侧缘略凹入

4

垂直面观三角形

8

体部的垂直面观三角形

图 II　1—2. 泰勒角星鼓藻 *Staurastrum taylorii* Grönblad，半细胞正面观碗形；3—4. 布雷角星鼓藻 *Staurastrum brebissonii* Archer，半细胞正面观椭圆形或椭圆形到纺锤形；5—6. 裂状角星鼓藻 *Staurastrum laceratum* Turner，半细胞正面观杯形；7—8. 西博角星鼓藻腹瘤变种 *Staurastrum sebaldi* var. *ventriverrucosum* Scott & Prescott，半细胞正面观近椭圆形

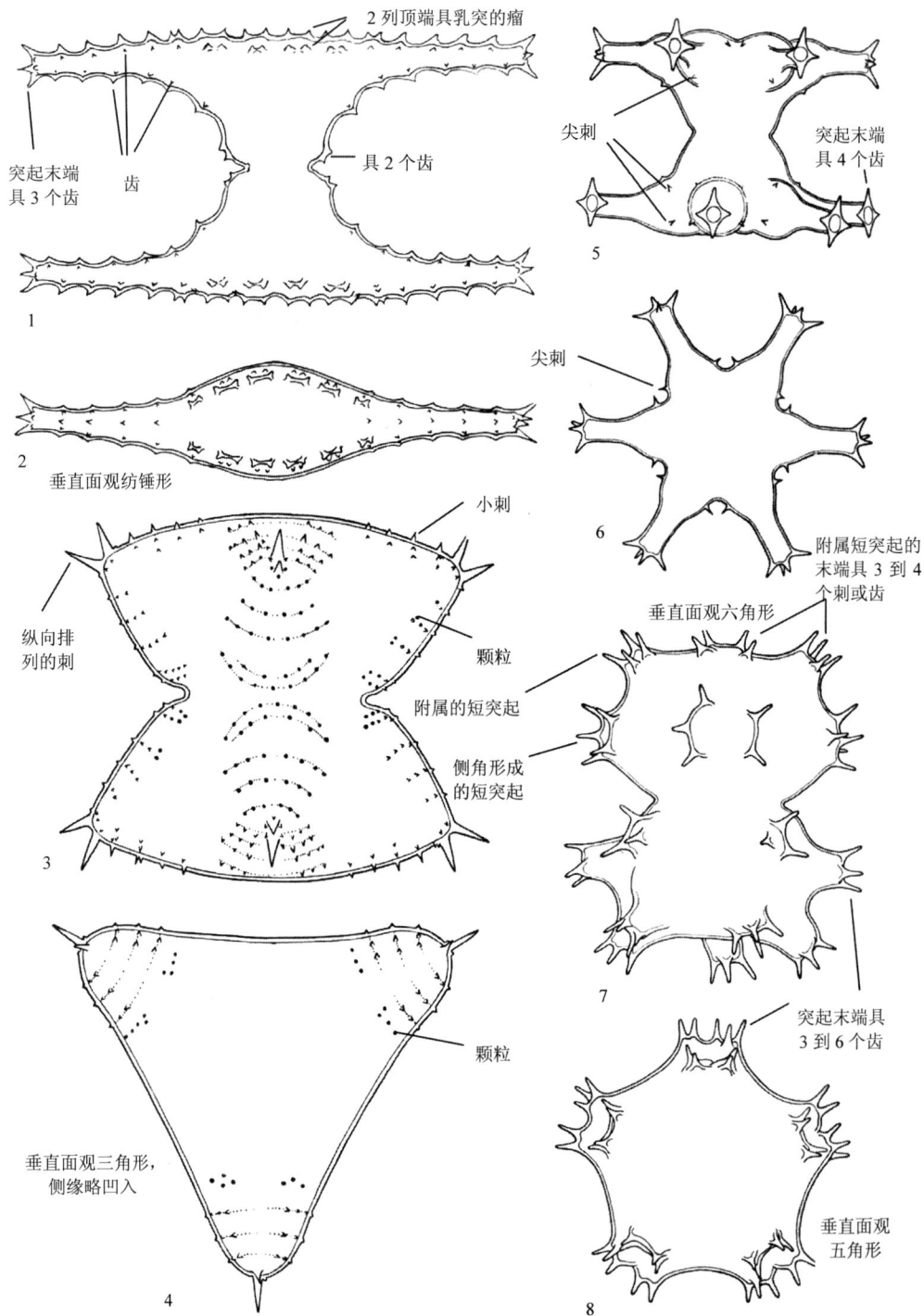

图 III　1—2. 双角角星鼓藻 Staurastrum bicorne Hauptfleisch，半细胞正面观近倒三角形或倒钟形；
3—4. 冠毛角星鼓藻日本变种 Staurastrum cristatum var. japonicum Hirano，半细胞正面观近楔形；
5—6. 扩张角星鼓藻 Staurastrum distentum Wolle，半细胞正面观碗形；7—8. 沃利克角星鼓藻相等变种
Staurastrum wallichii var. aequale Carter，半细胞正面观长方形到六角形

角星鼓藻属分部和分种检索表

部 I. 半细胞的角不伸长形成突起

根据细胞壁平滑或具文饰部 I 分 4 个组。

组 I-1. 细胞壁平滑或具点纹

组 I-2. 细胞壁仅具颗粒

组 I-3. 细胞壁具刺，颗粒有时也存在

组 I-4. 细胞壁具瘤，刺、颗粒有时也存在

1. 半细胞正面观半圆形或截顶角锥形 ·············· 114. **海绵状角星鼓藻 S. spongiosum**
1. 半细胞正面观椭圆形、椭圆形到肾形 ······································· 2
   2. 半细胞正面观近椭圆形 ·························· 87. **尖鼻角星鼓藻 S. oxyrhynchum**
   2. 半细胞正面观椭圆形到肾形 ··············· 123. **近高山角星鼓藻 S. submonticulosum**

部 II. 半细胞的角伸长形成突起
    根据半细胞突起的不同构造和是否具附属的突起，部 II 分 7 个组。

1. 半细胞具附属的突起 ··· 组 II-7
1. 半细胞不具附属的突起 ··· 2
   2. 突起平滑，但突起末端通常具刺或二叉状 ································· 组 II-1
   2. 突起粗糙，其整个长度具齿或刺 ··· 3
3. 突起发育弱、短 ··· 组 II-2
3. 突起发育好，突起的长度至少达细胞体部的宽度 ····························· 4
   4. 半细胞顶部和突起无瘤 ··· 组 II-3
   4. 半细胞顶部具瘤和突起不具瘤、或顶部不具瘤和突起具瘤，或顶部和突起均具瘤 ····· 5
5. 半细胞体部不具附属的刺 ··· 组 II-4
5. 半细胞体部具明显附属的刺、瘤或隆起 ··· 6
   6. 半细胞顶部和突起均具瘤，半细胞体部具附属的刺 ····················· 组 II-5
   6. 半细胞顶部具瘤和突起不具瘤、半细胞顶部不具瘤和突起具瘤、半细胞顶部和突起均具瘤，
     半细胞体部具明显附属的刺、瘤或隆起 ································· 组 II-6

组 II-1. 突起平滑，但突起末端通常具刺或二叉状，半细胞不具附属的突起

1. 半细胞正面观楔形到碗形、近楔形或倒三角形、碗形、不规则四角形 ············· 2
1. 半细胞正面观椭圆形或近半圆形、椭圆形到纺锤形 ····························· 5
   2. 半细胞正面观不规则四角形 ··················· 58. **不显著角星鼓藻 S. inconspicum**
   2. 半细胞正面观楔形到碗形、近楔形或倒三角形、碗形 ························· 3
3. 半细胞正面观碗形，垂直面观五角形或六角形 ··········· 38. **扩张角星鼓藻 S.distentum**
3. 半细胞正面观楔形到碗形、近楔形或倒三角形，垂直面观三角形或四角形 ········· 4
   4. 半细胞正面观楔形到碗形，顶角和侧角具二叉的刺 ··· 29. **接触角星鼓藻 S. contectum**
   4. 半细胞正面观近楔形或倒三角形，顶角具二叉的刺 ····· 35. **双翼角星鼓藻 S. diptilum**
5. 半细胞正面观椭圆形或近半圆形，每个顶角延长形成 2 个短突起 ···· 66. **光滑角星鼓藻 S. laeve**
5. 半细胞正面观椭圆形到纺锤形，每个顶角延长形成 1 条细长的突起 ······82. **矮小角星鼓藻 S. nanum**

组 II-2. 突起粗糙，其整个长度具齿或刺；突起发育弱、短；半细胞体部不具或具附属的刺；半细胞不
      具附属的突起

1. 半细胞体部具明显附属的刺 ························· 1. **具刺角星鼓藻 S. aculeatum**
1. 半细胞体部不具明显附属的刺 ··· 2
   2. 顶角斜向上延长形成短突起 ··· 3
   2. 顶角水平向或略向下其后反曲延长形成短突起 ································· 4
3. 半细胞正面观倒半圆形或碗形 ····················· 79. **细小角星鼓藻 S. micron**
3. 半细胞正面观楔形或倒三角形 ················· 99. **伪四角角星鼓藻 S. pseudotetracerum**
   4. 半细胞顶部具一轮微凹的瘤 ················· 96. **象鼻状角星鼓藻 S. proboscideum**
   4. 半细胞顶部无一轮微凹的瘤 ··· 5
5. 缢缝浅凹入 ······························· 78. **珍珠角星鼓藻 S. margaritaceum**

组 II-4. 突起粗糙，突起的整个长度具齿或刺；突起发育好，突起长度至少达细胞体部的宽度；半细胞顶部具瘤和突起不具瘤、或顶部不具瘤和突起具瘤，或顶部和突起均具瘤；半细胞体部不具附属的刺，半细胞不具附属的突起

1. 具刺角星鼓藻

Staurastrum aculeatum Ralfs, Brit. Desm., p. 142, pl. 23, fig. 2, 1848; West & West, Monogr. Brit. Desm., V: 160—162, pl. 153, figs. 1—4, 1923; Prescott et al., North Amer. Desm., II, 4: 117—118, pl. 382, fig. 11, pl. 383, fig. 1, 1982.

1a. 原变种

var. aculeatum

细胞中等大小，长约等于宽或长约为宽的 1.3 倍，缢缝深凹，向外张开呈锐角；半细胞正面观近椭圆形或近纺锤形，背缘和腹缘相同凸起或腹缘比背缘略凸起，侧角略伸长形成短突起或不伸长成突起，末端具 3 个或 4 个强壮的刺，突起具 1 轮或 2 轮刺，半细胞顶部具一轮刺，其中间部分的刺有时具缺刻和二叉状，半细胞体部中间从一侧角到另一侧角具一列刺；垂直面观三角形或四角形，侧缘直，角略伸长形成短突起，末端具 3 个或 4 个强壮的刺，侧缘具一列刺，缘内具一列刺，其中间的刺有时具缺刻和二叉状。细胞 33—50 μm，宽 48—60 μm，缢部宽 12—16 μm。

分布：亚洲；欧洲；大洋洲(澳大利亚)；北美洲；南美洲；南极洲。

中国尚无报道。

1b. 具刺角星鼓藻西藏变种　图版 XXVII：1—2

Staurastrum aculeatum var. **tibeticum** Chen, *in* Wei, Acta Phytotax. Sinica, 22(4): 335—336, fig. 4: 5—6, 1984; Li, Wei et al., The algae of the Xizang Plateau, p. 380, pl. 67, figs. 9—10, 1992.

此变种与原变种不同为半细胞顶部具一轮瘤，每个瘤具 3—5 个小刺，半细胞基部具一轮(约 12 个)颗粒；垂直面观侧缘内具一列瘤，每个瘤具 3—5 个小刺。细胞长 77—77.5 μm，宽 71—71.5 μm，缢部宽 21—21.5 μm。

产地：西藏(林芝)。采自河滩渗水处，沼泽化。

仅产于中国。

2. 互生角星鼓藻　图版 XVII：18—19

Staurastrum alternans Ralfs, Brit. Desm., p. 132, pl. 21, fig. 7, 1848; West & West, Monogr. Brit. Desm., IV: 170—172, pl. 126, figs. 8—9, 1912; Prescott et al., North Amer. Desm., II, 4: 119, pl. 338, fig. 9, 1982; Li, Wei et al., The algae of the Xizang Plateau, p. 374—375, pl. 63, figs. 9—12, 1992.

细胞小，长约等于宽，缢缝深凹，向外张开呈锐角，缢部扭转约呈 60°角而使上下两个半细胞的角交错；半细胞正面观狭长圆形到椭圆形，顶缘中间平，侧角圆；垂直面观三角形，一个半细胞的角与另一个半细胞的角交错排列，侧缘凹入，角圆；细胞壁具小颗粒，围绕角呈同心圆排列，在顶部中央散生或有时退化。细胞长 17—35 μm，宽 17—35 μm，缢部宽 5—10 μm。

生长在贫营养到富营养的水体中，对各种水环境有强的耐受能力，浮游或附着在水生植物上，pH 为 4.5—9.0。

产地：内蒙古(大兴安岭阿尔山地区)；浙江(宁波东钱湖)；四川(理塘，道孚，康定)；贵州(江口)；云南；西藏(波密，林芝)。采自水坑、水沟、池塘、湖泊、小河、沼泽中。

分布：亚洲；欧洲；北美洲；北极。

3. 鸭形角星鼓藻 图版 L：1—2

Staurastrum anatinum Cooke & Wills, *in* Cooke, Grevillea, 9: 92, pl. 139, fig. 6, 1881; West & West & Carter, Monogr. Brit. Desm., V: 142—144, pl. 146, fig. 7, pl. 147, fig. 1, 1923; 4; Prescott et al., North Amer. Desm., II, 4: 121—122, pl. 425, fig. 7, pl. 428, fig. 5 pl. 429, fig. 6, 1982; Yamaguti, *in* Kawamura's Rep. Limn. Surv. of Kwantung and Manchoukuo, p. 489, pl. III, fig. 3, 1940.

细胞大形，形态变化很大，宽约为长的 1.5 倍(包括突起)，缢缝深凹，从尖的顶端向外宽张开；半细胞正面观近纺锤形到碗形，顶部略凸起，具一轮 6 个微凹的瘤，顶角斜向上延长形成强壮的长突起，末端具 2—4 个强壮的刺，突起约具 6 轮明显的小齿，腹缘比顶缘更略凸起，两突起间、半细胞体部具一横列约 6 个微凹的瘤；垂直面观三角形或四角形，侧缘近平直或略凹入，缘边具一列约 6 个微凹的瘤，缘内具 6 个微凹的瘤，角延长形成强壮的长突起，末端具 3 个强壮的刺，突起约具 6 轮明显的齿。细胞长(不包括突起)38—42 μm，(包括突起)56—64 μm，宽(不包括突起)50—54 μm，(包括突起)80—100 μm，缢部宽 12—14 μm。

生长在贫营养到和中营养的水体中，浮游或附着在水生植物上，pH 为 4.4—8.4。

产地：黑龙江(兴凯湖)；西藏(察隅)。采自池塘、湖泊中。

分布：亚洲；欧洲；非洲；北美洲；南美洲；北极。

4. 锚状角星鼓藻 图版 XXXVI：1—2

Staurastrum ankyroides Wolle, Bull. Torr. Bot. Club.,11(2)：14, pl. 44, fig. 4, 1884; Prescott et al., North Amer. Desm., II, 4: 126, pl. 422, figs. 4, 6, pl. 423, fig. 4, 1982; Wei, Acta Phytotax. Sinica, 35(4)：372, fig. 5：1—2, 1997.

细胞大形，长约为宽的 3 倍(不包括突起)，缢缝浅凹入，具小而半圆形的凹陷，缢部宽；半细胞正面观近圆柱形，顶部略凸起，顶缘内具一轮具缺刻的瘤，侧角延长形成斜向下的长突起，其末端具 3 个刺，突起背缘、侧缘和腹缘具齿，半细胞基部膨大，两个半细胞的长突起互相交错排列；垂直面观四角形到六角形，角延长形成长突起，两突起基部间的缘内具 2 个具缺刻的瘤。细胞长 55—57 μm，宽(不包括突起)18—19 μm，(包括突起)75—79 μm，缢部宽 13—15 μm。

产地：浙江(宁波东钱湖)。采自湖泊、沼泽中。

分布：北美洲(美国，加拿大)。

5. 近似角星鼓藻 图版 XXXVI：7—8

Staurastrum approximatum West & West, Trans. Linn.Soc. London, Bot., II, 6(3)：184, pl. 22, fig. 5, 1902; Wei, Acta Phytotax. Sinica, 34(6)：670, 1996.

细胞中等大小，宽约为长的 1.5 倍(包括突起)，缢缝深凹，从顶端向外张开呈锐角；半细胞正面观杯形，顶部略凸起，具一轮成对的颗粒或具缺刻的瘤(2 顶角间 6 个)，顶角斜向下伸长形成长突起，末端具 3—4 个刺，突起具数轮齿，每一突起下、缢部上端具 1—2 个刺；垂直面观三角形，缘边凹入，缘内具 6 个成对的颗粒或具缺刻的瘤，角延长形成长突起，末端具 3—4 个刺，突起具数轮齿。细胞长 25—32.5 μm，宽(包括突起)35—47.5 μm，缢部宽 6—8 μm。

产地：浙江(宁波梅湖)；湖北(武昌东湖)；贵州(江口)。采自池塘、湖泊、沼泽中。

分布：亚洲(斯里兰卡等热带和亚热带地区)。

6. 阿拉角星鼓藻　图版 XXXIV：5—6

Staurastrum arachne Ralfs, Brit. Desm., p. 136, pl. 23, fig. 6, 1848; West & West & Carter, Monogr. Brit. Desm., V: 151—152, pl. 150, fig. 1, 1923; Prescott et al., North Amer. Desm., II, 4: 127, pl. 429, fig. 5, pl. 432, figs. 3, 9, 1982; Wei, Acta Phytotax. Sinica, 35(4)：372, fig. 4: 6—7, 1997.

细胞小到中等大小，宽约为长的 2 倍(包括突起)，缢缝深凹，向外张开呈锐角；半细胞正面观杯形，顶部平直或略凸起，顶缘及缘内具少数散生的颗粒或小刺，顶角略向下延长形成较细长的突起，其末端具 3 个小刺，突起具轮状排列的小齿；垂直面观常为五角形，少数六角形，侧缘凹入，角延长形成较细长的突起，两突起基部间的侧缘内具少数散生的颗粒或小刺。细胞长 30—32.5 μm，宽(包括突起)54—60 μm，缢部宽 10—11 μm。

产地：浙江(宁波东钱湖)。采自湖泊、沼泽中。

分布：亚洲；欧洲；非洲；大洋洲(澳大利亚)；北美洲。

7. 阿克蒂角星鼓藻

Staurastrum arctiscon (Ralfs) Lundell, Nova Acta Reg. Soc. Sci. Upsaliensis, III, 8(2)：70, pl. 4, fig. 8, 1871; West & West & Carter, Monogr. Brit. Desm., V: 193—194, pl. 157, fig. 5, 1923; Prescott et al., North Amer. Desm., II, 4: 129, pl. 410, fig. 6, 1982; Shi, Wei et al., Compilation of reports on the survey of algal resoures in south-western China, p. 312—313, 1994.

Xanthidium arctiscon Ralfs, Brit. Desm., p. 212, 1848.

7a. 原变种　图版 LVI：1—2

var. arctiscon

细胞大形，长约为宽的 1.5 倍(不包括突起)，缢缝浅凹入，从钝的顶端 V 型向外张开呈锐角；半细胞正面观广椭圆形到近圆形，顶部平直或略凸起，6 个顶角各斜向上伸长形成 1 个附属的长突起，末端具 3 个长尖齿，半细胞中间的 9 个侧角各水平向伸长形成 1 个长突起，末端具 3 个长尖齿，每个突起具数横轮小齿；垂直面观圆形，9 个侧角各水平向伸长形成 1 个长突起，末端具 3 个长尖齿，缘内的 6 个顶角各斜向上伸长形成

1 个附属的长突起，末端具 3 个长尖齿，每个突起具数横轮小齿。细胞长（包括突起）80—100 μm，（不包括突起）50—53 μm，宽（包括突起）80—100 μm，（不包括突起）28—40 μm，缢部宽 20—23 μm。

高山冷水性种类。

产地：黑龙江（兴凯湖）；江西（进贤）；四川（冕宁）。采自湖泊、小河中。

分布：欧洲；北美洲；南美洲。

7b. 阿克蒂角星鼓藻平滑变种　图版 LVI：3—4

Staurastrum arctiscon var. **glabrum** West & West, Trans. Linn. Soc. London, Bot., II, 5: 296, pl. 18, fig. 14, 1896; Prescott et al., North Amer. Desm., II, 4: 130, pl. 411, fig. 4, 1982。

此变种与原变种不同为半细胞的突起比较短和强壮，每个突起的缘边直或波状、不具数横轮小齿，突起末端具长的叉状的齿。细胞长（不包括突起）33—45 μm，（包括突起）63—87 μm，宽（不包括突起）23—35 μm，（包括突起）62—80 μm，缢部宽 13—22 μm；突起长 22—30 μm。

产地：浙江（宁波东钱湖）。采自湖泊、沼泽中。

分布：非洲；大洋洲（新西兰）；北美洲；南美洲。

采于浙江宁波的个体，每个短和强壮突起的末端具 2 个强壮的刺。

8. 弓形角星鼓藻　图版 XLIX：7—8

Staurastrum arcuatum Nordstedt, Acta Univ. Lund., 9: 36, fig. 18, 1873; West & West & Carter, Monogr. Brit. Desm., V: 180, pl. 155, fig. 8, 1923; Prescott et al., North Amer. Desm., II, 4: 130, pl. 374, figs. 6—8, 1982; Wei & Yu, Chin. Jour. Oceanol. Limnol., 23（2）: 216, pl. I: 11—12, 2005。

细胞小到中等大小，宽为长的 1.3—1.5 倍（包括突起），缢缝深凹，向外张开呈锐角；半细胞正面观椭圆形，顶部平直，具一轮 6 个斜向上小的附属短突起，末端具 2 叉的刺，侧角略伸长形成呈圆锥形短突起，末端具 2 个纵向叉开的强壮长刺，腹缘宽凸起和向上扩大，细胞壁围绕侧角短突起到体部具同心圆排列的颗粒或尖颗粒；垂直面观三角形，角略伸长形成呈圆锥形短突起，末端具 2 个纵向叉开的强壮长刺，围绕角的短突起具同心圆排列的颗粒或尖颗粒，侧缘略凹入，缘内具一轮 6 个小的附属短突起，末端具 2 叉的刺。细胞长 27—30 μm，包括突起宽 29.5—31 μm，不包括突起宽 25—27 μm，缢部宽 5—6 μm。

产地：湖北（武昌东湖）。采自池塘、湖泊中。

分布：亚洲；欧洲；大洋洲（新西兰）；北美洲；南美洲。

9. 粗糙角星鼓藻　图版 XLII：5—6

Staurastrum asperatum Grönblad, Acta Soc. Fauna Flora Fennica, 47（4）: 56, pl. 3, figs. 121—122, 1920; Skuja, Algae, *in* Hand.-Mazz. Symbol. Sinicae, 1: 94, 1937; Croasdale & Flint, Flora New Zealand, Fresh. Alg. Chlorophyta, Desm., III: 83, pl. 111, fig. 6,

1994.

细胞中等大小，宽约为长的 1.8 倍(包括突起)，缢缝中等程度凹入，略向外张开呈锐角；半细胞正面观壶形，顶部具一轮 6 个大的多为 4 个齿的瘤(每两个顶角之间 2 个)，顶角略斜向上伸长形成长突起，末端具纵向排列的 2 叉的刺，突起的背缘具较大的刺，在背缘的近基部具 2 列、每列两个 2 叉的瘤，在腹缘具尖刺，突起腹缘基部凹入，缢部上端膨大呈广圆形；垂直面观三角形，侧缘直或略呈波形，缘内具两个大的、多为 4 个齿的瘤，顶角伸长形成长突起，末端具 2 叉的刺，突起缘边波状，在背缘的近基部具 2 列、每列两个 2 叉的瘤。细胞长(包括突起)48—58 μm，宽(包括突起)87—100 μm，缢部宽 12—13 μm。

产地：四川(西昌，盐源)。采自池塘、湖泊中。

分布：欧洲(芬兰)。

10. 阿维角星鼓藻

Staurastrum avicula Ralfs, Brit. Desm., p. 140, pl. 23, fig. 11, 1848; Prescott et al., North Amer. Desm., II, 4: 135—136, pl. 374, fig. 2, pl. 375, figs. 1, 2, 6, 1982; Li, Wei et al., The algae of the Xizang Plateau, p. 377—378, pl. 65, figs. 13—16, 1992.

10a. 原变种　图版 XXI：7—8

var. avicula

细胞小，长约大于宽，缢缝深凹，从顶角向外短距离呈线形，其后向外张开呈锐角；半细胞正面观近椭圆形或近倒三角形，顶缘略凸起，顶角具 1 对呈纵向排列的小刺，上端刺略大于下端刺，侧缘常明显凸起，有时近直向；垂直面观三角形，侧缘直或略凹入，角钝，角顶具 2 个纵向排列的小刺；细胞壁具粗糙小颗粒，围绕角呈同心圆排列。细胞长 22.5—31 μm，宽 20—32.5 μm，(不包括刺)18—27 μm，缢部宽 6—10 μm。

生长在贫营养到富营养的水体中，浮游或附着在水生植物上，pH 为 6.4—9.0。

产地：贵州(松桃，江口)；四川(冕宁)；云南(宁蒗)；西藏(林芝，芒康)。采自池塘、湖泊、河滩渗水处、沼泽中。

分布：亚洲；欧洲；大洋洲(新西兰)；北美洲；南美洲。

10b. 阿维角星鼓藻近弓形变种　图版 XXI：5—6

Staurastrum avicula var. **subarcuatum** (Wolle) West & West, Jour. Roy. Microsc. Soc., 1894: 10, 1894; West & West & Carter, Brit. Monogr. Desm., V: 41—42, pl. 133, fig. 11, 1923; Prescott et al., North Amer. Desm., II, 4: 136, pl. 375, fig. 3, 1982.

Staurastrum subarcuatum Wolle, Bull. Torr. Bot. Club, 7(4): 46, pl. 5, fig. D, 1880; Desmids U.S. p. 140, pl. 46, figs. 15—16, 1884.

Staurastrum papillosum Kirchner, *in* Cohn, Krypt. Schles. Bd. II, Erste Halfte. Algen., p. 170, 1878; Skvortzow, Jour. Bot., 64: 130, 1928.

此变种与原变种不同为缢缝从顶角向外张开呈锐角，半细胞正面观明显倒三角形，顶缘近平直，顶角略凸出，细胞壁具明显的颗粒，围绕角呈同心圆排列。细胞长

22.5—27 μm，宽 25—30 μm，缢部宽 7—7.5 μm。

　　生长在贫营养水体中，浮游或附着在水生植物上，pH 为 6.2—8.2。

　　产地：黑龙江(哈尔滨)；四川(冕宁)。采自湖泊、沼泽中。

　　分布：亚洲；欧洲；大洋洲(澳大利亚，新西兰)；北美洲；南美洲；北极(格陵兰)。

11. 美丽角星鼓藻

Staurastrum bellum Turner, Kongl. Svenska Vet.-Akad.Handl., 25(5): 128, pl. 16, fig. 9, 1892.

11a. 原变种

var. bellum

　　细胞中等大小，宽略大于长(包括突起)，缢缝深凹，顶端钝圆，向外张开呈锐角；半细胞正面观不规则楔形，顶缘平直、具小齿，顶角斜向下伸长形成长突起，末端具 3—4 刺，突起具轮状排列的齿，突起背缘基部具微凹的瘤，半细胞体部平滑，腹缘凹入，基部膨大；垂直面观三角形，侧缘凹入，缘内具小齿，角延长形成长突起，具轮状排列的齿。细胞长 36—39 μm，宽(包括突起)40—45 μm，缢部宽 7—9 μm。

　　分布：亚洲(印度)。

　　中国尚无报道。

11b. 美丽角星鼓藻美丽变种简单变型　图版 XXXVI：9—10

Staurastrum bellum var. **bellum** f. **simplicior** Lütkemüller, Ann. Nat. Hofmuseums, 15: 122, pl. 6, figs. 24—25, 1900.

　　此变型与原变种不同为半细胞顶部具明显和强壮的、具 2—3 刺的瘤。细胞长 35 μm，宽 45 μm，缢部宽 10 μm。

　　产地：浙江(宁波)。采自池塘中。

　　仅产于中国。

12. 双臂角星鼓藻　图版 XXXI：7—8

Staurastrum bibrachiatum Reinsch, em. Grönblad & Scott, Acta Soc. Fauna Flora Fennica, 72(6): 3, pls. 1—3, 1955; Prescott et al., North Amer. Desm., II, 4: 138—139, pl. 402, fig. 12, 1982; Shi, Wei et al., Compilation of reports on the survey of algal resoures in south-western China, p. 337, pl. 11: 1—2, 1994.

　　细胞小到中等大小，长约等于宽(包括突起)，缢缝浅凹入，其顶端钝圆，其后向外张开呈钝角；半细胞正面观倒三角形或楔形，顶缘直，顶角延长形成 1 个斜向上的长突起，或顶角延长形成 2 个叉开的较长突起，1 个斜向上，另 1 个水平向，有时略斜向下，或一个半细胞的顶角延长形成 2 个叉开的较长突起，而另一个半细胞顶角延长形成 1 个长突起，突起缘边波状，波顶具刺，半细胞的体部平滑；垂直面观纺锤形，两侧延长形成具刺的长突起，一个半细胞的长突起与另一半细胞的长突起常在缢部交错，不位于同一个平面上。细胞长(包括突起)37.5—52 μm，宽(包括突起)35—52 μm，缢部宽 6—7 μm。

通常浮游，也附着在水生植物及其他基质上，或底栖习性，有时生长在富营养的、含钙较高的水体中，pH 可达 8.9。

产地：湖北(武昌东湖，洪湖)；贵州(沿河，威宁)；云南(抚仙湖，大理洱海)。采自池塘、湖泊、水库、山溪、山泉、河流的沿岸带和沼泽中。

分布：亚洲；欧洲；非洲(马达加斯加)；大洋洲(澳大利亚，新西兰)；北美洲。

在此种的野外种群中，细胞突起的数目和排列有很大变化，有的为二型的细胞(dichotyical cell)，一个半细胞的顶角延长形成 2 个叉开的较长突起，另一个半细胞顶角延长形成 1 个长突起，有的细胞的垂直面观一个半细胞的突起与另一个半细胞的突起几乎互相扭转成直角。Grönblad & Scott 认为这个种是 *Staurastrum smithii* 和 *Staurastrum tetracerum* 的中间类型。

13. 双角角星鼓藻　图版 XXXV：1—2

Staurastrum bicorne Hauptfleisch, Mitt. Natur. Neuvor-pommern u. Rügen, 20: 95(Sep.p. 37), pl. 3, figs. 21, 24, 27, 30—35, 1888; West & West & Carter, Brit. Monogr. Desm., V: 117, pl. 143, fig. 17, 1923; Prescott et al., North Amer. Desm., II, 4: 139, pl. 394, fig. 2, pl. 395, fig. 1, 1982; Shi, Wei et al., Compilation of reports on the survey of algal resoures in south-western China, p. 337, pl. 10: 9—10, 1994.

细胞中等大小到大形，宽约为长的 1.3 倍(包括突起)，缢缝浅凹入，顶端钝圆，其后向外张开呈锐角；半细胞正面观近倒三角形或倒钟形，顶缘略凸起和波状，缘内具二列顶端呈乳突的瘤，每列 5—10 个，顶角水平向或略向下延长形成长突起，末端具 3 个明显的齿，突起缘边波状，侧缘近突起的腹缘处凹入和波状，半细胞基部有时略膨大；垂直面观纺锤形，两侧伸长形成长突起，两端缘内各具二列顶端呈乳突的瘤，每列具 5—10 个。细胞长 37.5—45 μm，宽(包括突起)65—87 μm，缢部宽 8.5—9 μm，厚 15—17.5 μm。

常生长在贫营养的小水体或沼泽中，浮游或附着在苔藓、水草和潮湿的岩石上。

产地：云南(大理)。采自池塘、湖泊中。

分布：亚洲；欧洲；大洋洲(澳大利亚，新西兰)；北美洲；北极。

采自云南大理的个体与原变种不同为半细胞基部的侧缘具 2 个齿。

14. 双冠角星鼓藻

Staurastrum bicoronatum Johnson, Bull. Torr. Bot. Club, 21(2)：290, pl. 211, fig. 9, 1894; Prescott et al., North Amer. Desm., II, 4: 139—140, pl. 436, fig. 9, 1982; Wei, Wuhan Bot. Research., 3(3)：247, 1985.

14a. 原变种　图版 LVIII：1—5

var. **bicoronatum**

细胞小，宽略大于长(包括突起)，缢缝浅凹陷；半细胞正面观近六角形到碗形，顶部平和具一轮(6 个)末端具 2 叉的附属短突起，顶角水平向或略斜向上延长形成长突起，末端具 2—4 个明显的齿，长突起具 3 轮小刺，长突起的背缘基部具一对末端具 2—3 叉的附属短突起，半细胞腹缘斜向上达长突起腹缘的基部，半细胞基部略膨大；垂直面观三角形，侧缘凹入，角延长形成长突起，末端具 2—4 个齿，长突起背缘基部具一对末端具 2—3 叉的附属短突起，顶部具一轮(6 个)末端具 2 叉的短突起。细胞长(包括突起)23—32 μm，宽(包括突起)42—55 μm，缢部宽 7—10 μm。

产地：浙江(宁波东钱湖)；湖北(武昌东湖)；广东(开平)。采自池塘、湖泊、水库中。

分布：亚洲；北美洲。

14b. 双冠角星鼓藻广西变种　　图版 LVIII：8—9
Staurastrum bicoronatum var. **kwansiense** Jao, Bot. Bull. Acad. Sinica, 3: 63, fig. 5: 9, 1949.

此变种与原变种不同为半细胞钟形，顶部高出和具一轮(6 个)2 齿的瘤，顶缘平直，长突起略向下弯和缘边波状，末端具 4 个齿，长突起背缘基部具一对 2 齿的瘤；垂直面观长突起缘边波状。细胞长 25 μm，宽 30.5—32.5 μm，缢部宽 6 μm。

产地：广西(阳朔)。采自稻田中。

仅产于中国。

14c. 双冠角星鼓藻中华变种　　图版 LVIII：6—7
Staurastrum bicoronatum var. **sinense** Lütkemüller, Ann. Nat. Hofmuseums, 15: 122, pl. 6, figs. 26—27, 1900.

此变种与原变种不同为半细胞的突起中等程度向下弯曲，末端具 3 个齿，突起背缘基部具一对附属的短突起，其顶端 3—4 叉状，半细胞顶部具一轮 6 个附属短突起，其顶端 2—3 叉状。细胞长 18.5—20 μm，宽 27—40 μm，缢部宽 6—9 μm。

产地：浙江(宁波)；湖北(武昌东湖，洪湖)。采自池塘、湖泊中。

仅分布在中国。

湖北武昌的个体与此变种不同为半细胞每一突起下、缢部上端具 1 个刺。

15. 两裂角星鼓藻
Staurastrum bifidum Ralfs, Brit. Desm., p. 215, 1848; West & West & Carter, Monogr. Brit. Desm., V: 32—33, pl. 134, fig. 4, 1923; Prescott et al., North Amer. Desm., II, 4: 142, pl. 363, fig. 13, 1982; Hu & Wei, The Freshwater Algae of China, Systematics, Taxonomy and Ecology, p. 875, pl. XIV-77-1—2, 2006.

15a. 原变种　　图版 XIX：7—8
var. **bifidum**

细胞小到中等大小，长约等于宽(不包括刺)，缢缝深凹，向外张开近直角；半细胞正面观椭圆形、近椭圆形或倒三角形，顶缘略凸起，顶角宽和中间深凹入分为二等份，每个顶端具 1 条水平方向或斜向下的粗壮的刺，腹缘膨大；垂直面观三角形，侧缘直或略凹入，角宽和中间深凹入分为二等份，每个顶端具 1 条粗壮的刺；细胞壁平滑。细长 27—39 μm，宽(不包括刺)24—41 μm，缢部宽 7—15 μm，刺长 8.5—10 μm。

产地：浙江(宁波的东钱湖和梅湖)；江西(石门楼)；湖北(武汉)；湖南(南岳)；广东(开平)；重庆；贵州(黎平，赤水，兴义，安顺，镇远，荔波，安龙，凯里，独山，平坝)；西藏(察隅)；台湾(南仁湖)。采自稻田、池塘、湖泊、水库和沼泽中。

分布：亚洲；欧洲；北美洲。

15b. 两裂角星鼓藻扭转变种　图版 XIX：9—12

Staurastrum bifidum var. *tortum* Turner, Kongl. Svensk. Vet.-Akad. Handl., 25: 108, pl. 15, fig. 8, pl. 16, fig. 37, 1892; Jao, Bot. Bull. Acad. Sinica, 3: 63—64, 1949.

Staurastrum bifidum var. *tortum* f. *punctata* Gutwinski, Bull. Acad. Sci. de Cracovie, Classe Sci. Math. et Nat., 1902(9): 605, pl. 40, fig. 60, 1902; Jao, Sinencia, 11(3 & 4): 337, 1940.

此变种与原变种不同为半细胞的顶角分为二等分并扭转，其顶端的粗刺彼此呈一个角度。细胞长 34—40 μm，宽(不包括刺)34—50 μm，宽(包括刺)41—67 μm，缢部宽 13.5—16 μm，刺长 8.5—10 μm。

产地：浙江(宁波东钱湖)；湖北(武昌东湖)；湖南(南岳)；广西(阳朔)；贵州(江口)。采自稻田、水沟、池塘、湖泊和沼泽中。

分布：亚洲。

16. 双眼角星鼓藻　图版 XXXV：8—9

Staurastrum bioculatum Taylor, Pap. Michigen Acad. Sci. Arts & Lettr., 20(1934): 187, pl. 38, figs. 3—4, 1935; Prescott et al., North Amer. Desm., II, 4: 143, pl. 394, figs. 4, 6, 1982; Li, Bull. Fan Mem. Inst. Biol. Bot., 9(4): 236, 1939.

细胞大形，长略大于宽(包括突起)，缢缝浅凹入，顶端钝，缢部比较宽；半细胞正面观体部近方形，顶部略高出和具 3 个瘤，半细胞体部中间具一对横向排列的节结状隆起，顶角斜向上延长形成长突起，末端具 3 个齿，突起缘边具轮状排列的刺，侧缘和长突起腹缘基部间凹陷，半细胞基部膨大和缘边具 2 个刺状乳突；垂直面观纺锤形，两端中间两侧具一对横向排列的节结状隆起，缘内具 3 个瘤，两侧各伸长形成长突起，末端具 3 个齿，突起缘边具轮状排列的刺。细胞长 57—60 μm，宽 65—68 μm，缢部宽 10—14 μm，厚 14—15 μm。

产地：云南(大理佛海)。采自池塘、湖泊中。

分布：北美洲。

17. 北方角星鼓藻　图版 XLVI：7—8

Staurastrum boreale West & West, Trans. & Proc. Bot. Soc. Edinburgh, 23: 27, pl. 2, fig. 25, 1905; West & West & Carter, Monogr. Brit. Desm., V: 112—113, pl. 146, fig. 5, 1923; Prescott et al., North Amer. Desm., II, 4: 144, pl. 431, figs. 3—4, 6, 1982; Skuja, Algae, *in* Hand.-Mazz. Symbol. Sinicae, 1: 94, 1937.

细胞小到中等大小，宽约为长的 1.5 倍(包括突起)，缢缝中等深度凹入，从顶端向外张开呈锐角；半细胞正面观杯形，顶部略凸起或近平直，具一轮 9 个或 12 个微凹的瘤，顶角水平向或略斜向上延长形成长突起，末端具 3 个刺，突起缘边具 4 横轮小齿，两突起间、半细胞的体部具 3 个微凹的瘤横向排列，半细胞的基部、缢部上端具一轮 11—13 个小齿；垂直面观三角形或四角形，侧缘近平直和具 3 个微凹的瘤，缘内具 3 个微凹的瘤，角延长形成长突起，末端具 3 个齿。细胞长 27—29 μm，宽（包括突起）43—46 μm，缢部宽 7—8 μm。

产地：云南（大理永宁）。采自湖泊中。

分布：欧洲；北美洲；北极。

18. 葡萄角星鼓藻

Staurastrum botrophilum Wolle, Bull. Torr. Bot. Club, 8(1): 2, pl. 6, fig. 13, 1881; West & West, Monogr. Brit. Desm., IV: 166—167, pl. 126, fig. 4, 1912; Prescott et al., North Amer. Desm., II, 4: 145, pl. 342, fig. 7, 1982.

18a. 原变种

var. botrophilum

细胞中等大小，长为宽的 1.2—1.25 倍，缢缝深凹，狭线形，外端略膨大；半细胞正面观截顶的角锥形，顶部平直，侧缘略凸起，基角略圆；垂直面观三角形，角尖圆，侧缘中间略凹入；细胞壁具颗粒，围绕角呈同心圆排列，顶部中间颗粒略退化。细胞长 40—60 μm，宽 34—50 μm，缢部宽 9—15.5 μm。

分布：亚洲；欧洲；北美洲；南美洲。

中国尚无报道。

18b. 葡萄角星鼓藻中华变种　图版 XIX：15—16

Staurastrum botrophilum var. **sinense** Skuja, Algae, *in* Hand.-Mazz. Symbol. Sinicae, 1: 94, pl. 12, figs. 28—29, 1937.

此变种与原变种不同为细胞较小，椭圆形，长约为宽的 1.2 倍；半细胞正面观大于半圆形，顶部近平直；垂直面观三角形，角圆，侧缘中间略膨大；细胞壁具小颗粒，两角之间无颗粒。细胞长 29—32 μm，宽 23—25 μm，缢部宽 10—11 μm。

产地：云南（大理）。采自池塘中。

仅产于中国。

19. 突臂角星鼓藻　图版 XXXVI：3—4

Staurastrum brachioprominens Börgesen, Vid. Medd. Naturh. Foren. Kjöbenh., 1890: 952, pl. 5. fig. 22, 1890; Prescott et al., North Amer. Desm., II, 4: 146, pl. 399, figs. 3, 5, 1982; Wei & Yu, Chin. Jour. Oceanol. Limnol., 23(2): 216, pl. III: 6—7, 2005.

细胞中等大小到大形，长约为宽的 1.3 倍（不包括突起），缢缝浅凹入，顶端狭圆、向外张开呈 U 型；半细胞正面观倒三角形到碗形，顶缘凸起和具 4 个具齿的瘤，顶缘内具横向排列的颗粒，顶角斜向上伸长形成长突起，末端具 3 个齿，突起缘边 6—7 轮刺，半细胞基部略膨大，缢部上端具 2 横列颗粒；垂直面观纺锤形，角延长形成长突起，末端具 3 个齿，两端缘边略凸起，缘内具 4 个具齿的瘤。细胞长 26—28 μm，包括突起宽 54—56 μm，基部宽 13—14 μm，缢部宽 10 μm。

产地：湖北(武昌东湖)。采自池塘、湖泊中。

分布：亚洲；大洋洲(澳大利亚)；北美洲，南美洲。

20. 布雷角星鼓藻　图版 XXII：7—8

Staurastrum brebissonii Archer, *in* Pritchard, Infusor., p. 739, 1861; West & West & Carter, Brit. Monogr. Desm., V: 61—63, pl. 137, figs. 4—5, 1923; Prescott et al., North Amer. Desm., II, 4: 148—149, pl. 369, figs. 4, 7, 1982; Shi, Wei et al., Compilation of reports on the survey of algal resoures in south-western China, p. 337—338, pl. 12: 5—6, 1994.

细胞中等大小，长约等于宽，缢缝深凹，向外张开呈锐角；半细胞正面观椭圆形或椭圆形到纺锤形，顶缘和腹缘凸起，顶角尖圆，细胞壁具许多细尖刺，呈纵向和围绕角呈同心圆排列，刺逐渐从半细胞中部向顶角变长和稠密；垂直面观三角形，有时五角形，侧缘凹入，角尖圆，中央区平滑。细胞长 33—47 μm，宽(具刺)34—49 μm，缢部宽 12—15 μm。

产地：四川(若尔盖，理塘)；贵州(江口)；云南(香格里拉)。采自水坑、山泉、沼泽中。

分布：亚洲；欧洲；北美洲；南美洲；南极洲；北极。

21. 布拉角星鼓藻　图版 XXXVI：5—6

Staurastrum bullardii G.M.Smith, Wisconsin Geol. Nat. Hist. Surv. Bull., 57(2)：91, pl. 74, figs. 19—23, pl. 75, figs. 1—3, 1924; Prescott et al., North Amer. Desm., II, 4: 153, pl. 432, fig. 6, 1982; Skuja, Algae, *in* Hand.-Mazz. Symbol. Sinicae, 1: 94, 1937.

细胞中等大小，长约等于宽(包括突起)，缢缝中等深度凹入，向外张开呈锐角；半细胞正面观碗形或半圆形，顶部平直，具一轮 6 个瘤(每 2 个顶角间具 2 个瘤)，顶角斜向上延长形成长突起，末端具 3—4 个齿，突起缘边具齿，突起背缘常具一列齿，半细胞腹缘略凸起；垂直面观三角形，侧缘凹入，缘内具 2 个瘤，角延长形成长突起，末端具 3—4 个齿，突起缘边具齿，突起背缘常具一列齿。细胞长(不包括突起)28—30 μm，(包括突起)80—82 μm，宽(不包括突起)17.5—19 μm，(包括突起)78—80 μm，缢部宽 7—8 μm。

产地：浙江(千岛湖)；四川(西昌，盐源)。采自池塘、湖泊中。

分布：北美洲。

22. 塞拉角星鼓藻　图版 XLVIII：3—4

Staurastrum cerastes Lundell, Nova Acta Reg. Soc. Sci. Upsalliensis, III, 8(2)：69, pl. 4, fig. 6, 1871; West & West & Carter, Monogr. Brit. Desm., V: 141—142, pl. 150, fig. 16, pl. 151, fig. 1, 1923; Prescott et al., North Amer. Desm., II, 4: 155, pl. 440, figs. 7, 9—10, 1982; Ley, Bot. Bull. Acad. Sinica, 1: 282, 1947.

细胞中等大小，宽约等于长或略大于长(包括突起)，缢缝浅、尖凹陷；半细胞正面观下部近圆柱形，向上宽扩大，顶部明显凸起，具一轮瘤，角明显斜向下延长形成强壮的长突起，其末端与另一半细胞强壮长突起末端相靠近，末端具 3—4 个齿，半细胞顶部的瘤与突起背缘的瘤相连，共约 9 个，突起背缘近末端的瘤比较密集和简单，突起的侧缘具一列瘤并通过半细胞体部延伸到另一突起的侧缘，腹缘平滑，半细胞基部具一横轮颗粒；垂直面观三角形或四角形，角延长形成强壮的长突起，末端具 3—4 个齿，突起间的侧缘凹入和具一列瘤，缘内具一列瘤，并从突起的末端延伸到另一突起的末端。细胞长 48—57 μm，宽(包括突起)58—66 μm，缢部宽 10—12 μm。

产地：广东(乐昌，开平)。采自池塘、水库中。

分布：亚洲；欧洲；非洲；北美洲(在美国和加拿大广泛分布)；北极。

23. 斯里兰卡角星鼓藻　图版 L：7—8

Staurastrum ceylanicum West & West, Trans. Linn. Soc. London Bot., II, 6: 183, pl. 22, fig. 2, 1902.

细胞中等大小，宽约为长的 1.5 倍(包括突起)，缢缝浅凹入，向外略张开；半细胞正面观碗形，顶部平，具一轮颗粒(每 2 突起间具 4—5 个颗粒)，侧角基部膨大和向水平方向伸长，在基部膨大的两侧各具 1 个刺，侧角近顶端分成 1 个斜向上的附属短突起和另 1 个斜向下的更短的突起，突起末端具 4—5 个齿，腹缘略凸起；垂直面观六角形，角在基部膨大和向水平方向延长，在基部膨大的两侧各具 1 个刺，在角的近顶端分成 1 个斜向上的附属短突起和另 1 个斜向下的更短的突起，突起末端具 4—5 个齿，突起间的侧缘凹入，缘内具 4—5 个颗粒。细胞长 20—21 μm，宽(包括突起)31—33 μm，缢部宽 8—8.5 μm。

产地：湖北(武昌)。采自池塘中。

分布：亚洲(斯里兰卡、印度尼西亚等热带和亚热带地区)。

采于湖北武昌的个体与原变种不同为半细胞每一突起下、缢部上端具 2 个颗粒。

24. 毛角角星鼓藻

Staurastrum chaetoceras (Schroeder) G.M.Smith, Wisconsin Geol. Nat. Hist. Surv. Bull., 57(2): 99, pl. 76, figs. 21—24, pl. 77, fig. 1, 1924; Prescott et al., North Amer. Desm., II, 4: 156, pl. 405, figs. 4—5, 1982; Shi, Wei et al., Compilation of reports on the survey of algal resoures in south-western China, p. 180—181, 1994.

Staurastrum polymorphum var. *chaetoceras* Schroeder, in Zacharias, Ber. Biol. Stat. Plön, 6(2): 131, figs. A—C, 1898.

24a. 原变种　图版 XXIX：5—6

var. **chaetoceras**

细胞大形，长约等于宽(包括突起)，缢缝深凹，顶端呈 U 型凹陷；半细胞正面观倒三角形，顶缘中间平直，其两侧凹入，顶角斜向上延长形成长突起，突起具轮状小颗粒或短刺，末端具 3—4 个齿，腹缘斜向上扩大达长突起的腹缘基部，半细胞顶部具散生颗粒，缢部上端具一横列颗粒；垂直面观长圆形到纺锤形，角向两侧延长形成长突起，具轮状小颗粒或短刺，末端具 3—4 个齿。细胞长(不包括突起)17.5—25 μm，(包括突起)67—87 μm，宽(不包括突起)15—23 μm，(包括突起)67—82 μm，厚 7.5—11 μm，缢部宽 5—6 μm。

产地：浙江(宁波东钱湖)；贵州(松桃，江口，沿河)；云南(大理洱海，剑川)。采自池塘、湖泊、河流中。

分布：欧洲；北美洲；北极。

24b. 毛角角星鼓藻凸形变种　图版 XXIX：3—4

Staurastrum chaetoceras var. **convexum** Grönblad, Soc. Sci. Fennica Commen. Biol., 22(4)：46, pl. 8, fig. 172, 1960; Prescott et al., North Amer. Desm., II, 4: 157, pl. 405, fig. 1, 1982.

此变种与原变种不同为缢缝浅凹入，半细胞正面观近楔形，顶缘具 3 个波形，突起较短。细胞长(不包括突起)17.5—17.5 μm，(包括突起)37—40 μm，宽(不包括突起)12—14 μm，(包括突起)53—55 μm，厚 7.5—8 μm，缢部宽 6—6.5 μm。

产地：江西(铅山)；贵州(松桃)。采自池塘中。

分布：欧洲；北美洲(美国)。

25. 瓣环角星鼓藻　图版 XXXIII：5—6

Staurastrum cingulum (West & West) G.M.Smith, Trans. Wisconsin Acad. Sci. Arts & Lettr., 20(1921)：33, 1922; G.M.Smith, Wisconsin Geol. Nat. Hist. Surv. Bull., 57(2)：84, pl. 72, figs. 12—14, 1924; Prescott et al., North Amer. Desm., II, 4: 157, pl. 427, fig. 1, 4, 5, 8, 1982.

Staurastrum paradoxum var. *cingulum* West & West, Linn. Soc. Jour. Bot., 35: 548, pl. 18, figs. 6—7, 1903.

细胞中等大小到大形，长约为宽的 1.75 倍(不包括突起)，缢缝浅凹陷；半细胞正面观杯形，在基部近圆柱形，顶缘平或略凸起，具一列刺，顶缘下具散生或有时呈同心圆状排列的小刺，顶角斜向上延长形成长突起，具轮状刺，末端具 3—4 个刺，缢部上端具一横列 7—9 个小刺；垂直面观三角形，侧缘直或略凹入，缘内具一列小刺，角延长形成长突起，具轮状刺，末端具 3—4 个刺。细胞长(不包括突起)31—33 μm，(包括突起)50—52 μm，宽(不包括突起)17—20 μm，(包括突起)70—75 μm，缢部宽 8—10 μm。

生长在贫营养和富营养的水体中，有时在深水水体，少数在沼泽中，浮游，pH 为 5.2—8.3。

产地：四川(西昌)。采自湖泊中。

分布：亚洲；欧洲；非洲；大洋洲(新西兰)；北美洲；南美洲；北极。

26. 克利角星鼓藻　图版 XLVII：7—8

Staurastrum clevei (Wittrock) Roy & Bisset, Ann. Scott. Nat., 1893(7)：179, 1893; West & West & Carter, Monogr. Brit. Desm., V: 177—178, pl. 156, fig. 6, 1923; Prescott et al., North Amer. Desm., II, 4: 160, pl. 384, figs. 5, 7—8, 1982; Li, Bull. Fan Mem. Inst. Biol.

Bot., 9(4): 237, 1939.

Staurastrum laeve var. *clevei* Wittrock, Nova Acta Reg. Soc. Sci. Upsaliensis, III, 7(3): 18, pl. 1, fig. 9, 1869.

Staurastrum kitchelii Wolle, Bull. Torr. Bot. Club, 9(3): 28, pl. 13, fig. 2, 1882; Lütkemüller, Ann. Nat. Hofmuseums, 15: 123, 1900.

细胞中等大小，长略大于宽(不包括突起)，缢缝深凹，顶端尖、向外张开呈锐角；半细胞正面观近椭圆形，顶缘略凸起，侧角水平向伸长形成长突起，末端具纵向 2 叉状的刺，半细胞的顶部、近每一突起基部的上端具 1 个斜向上伸长的中等长度的附属突起，末端具 2 叉状的刺，腹缘略凸起和斜向达长突起的腹缘基部；垂直面观三角形，角延长形成长突起，末端具纵向 2 叉状的刺，侧缘略凸起，缘内的一侧、近突起上端具 1 个斜向上伸长的中等长度的附属突起，末端具 2 叉状的刺。细胞长(不包括突起)28—36 μm，(包括突起)58—60 μm，宽(不包括突起)28—34 μm，(包括突起)50—52 μm，缢部宽 11—12 μm，刺长 5—8 μm。

产地：浙江(宁波)；云南(思茅)。采自池塘、湖泊中。

分布：亚洲；欧洲；非洲；北美洲；北极。

27. 变狭角星鼓藻

Staurastrum coarctatum Brébisson, Mém. Soc. Sci. Nat. Cherbourg, 4: 144, pl. 1, fig. 29, 1856; West & West, Monogr. Brit. Desm., IV: 139, pl. 119, fig. 8, 1912; Prescott et al., North Amer. Desm., II, 4: 160, pl. 334, fig. 10, 1982.

27a. 原变种　图版 XVI：18—19

var. **coarctatum**

细胞中等大小，宽略大于长，缢缝深凹，顶端尖、向外张开呈锐角；半细胞正面观长圆形，顶缘略凹入，顶角广圆和略斜向上；垂直面观三角形，侧缘凹入，角广圆；细胞壁平滑。细胞长 24—33 μm，宽 28—40 μm，缢部宽 6.5—9.5 μm。

产地：浙江(杭州，宁波)。采自池塘、湖泊中。

分布：亚洲；欧洲；非洲；大洋洲(新西兰)；北美洲(加拿大)；南美洲。

27b. 变狭角星鼓藻近缩短变种　图版 XVI：20—21

Staurastrum coarctatum var. **subcurtum** Nordstedt, Vid. Medd. Naturh. Foren. Kjöbenh., 1869(14/15): 224, pl. 4, fig. 50, 1870; West & West, Monogr. Brit. Desm., IV: 139—140, pl. 119, figs. 9—10, 1912; Prescott et al., North Amer. Desm., II, 4: 161, pl. 334, fig. 6, 1982; Wei, Acta Phytotax. Sinica, 34(6): 663, fig. 4: 13—14, 1996.

此变种与原变种不同为缢缝顶端广圆和向外宽张开，缢部较宽和略伸长；半细胞正面观顶缘平直或略凸起，顶角较短向水平向突出和不斜向上；垂直面观三角形或四角形。细胞长 22—23 μm，宽 21—22 μm，缢部宽 8.5—9 μm。

产地：湖北(武昌东湖)。采自池塘、湖泊中。

分布：亚洲；欧洲；非洲；北美洲(加拿大)。

28. 科伦角星鼓藻　图版 XXVIII：13—15

Staurastrum columbetoides West & West, Trans. Linn. Soc. London Bot., II, 6(3): 186, pl. 22, figs. 8—9, 1902; Wei, Acta Phytotax. Sinica, 35(4): 372, fig. 5: 3—5, 1997.

细胞中等大小，长约为宽的 1.25 倍(不包括突起)，缢缝深凹，狭线形；半细胞正面观截顶的角锥形，顶缘宽、近平直，顶角斜向上延长形成纤细的长突起，末端具 2 叉状的刺，长突起缘边呈波状，波顶具小刺；半细胞侧面观圆锥形，顶角斜向上延长形成纤细的长突起；垂直面观椭圆形到菱形，角水平向延长形成纤细的长突起，末端具 2 叉状的刺。细胞长(包括突起)68—88 μm，(不包括突起)12—15 μm，宽(包括突起)32—46 μm，(不包括突起)10—13 μm，缢部宽 3—5.5 μm，厚 7.5—11 μm。

产地：浙江(杭州，宁波)。采自湖泊中。

分布：亚洲(斯里兰卡等热带和亚热带地区)。

29. 接触角星鼓藻

Staurastrum contectum Turner, Kongl. Svenska Vet.-Akad. Handl., 25(5):111, pl. 15, fig. 20, 1892; Prescott et al., North Amer. Desm., II, 4: 165, pl. 363, fig. 5, 1982; Lütkemüller, Ann. Nat. Hofmuseums, 15: 123, 1900.

29a. 原变种　图版 XXV：5—8

var. contectum

细胞中等大小，长约等于宽，缢缝略深凹入，呈狭圆形凹陷；半细胞正面观楔形到碗形，顶缘略凸起，顶角 2 分叉和形成一对水平排列的长刺，侧角略延长形成短突起，末端具纵向排列 2 叉的刺，侧角和顶角间凹入，腹缘凸起；垂直面观四角形，侧缘直或略凹入，顶角 2 分叉和形成一对长刺，侧角形成短突起，末端具纵向排列 2 叉的刺。细胞长 23—37 μm，宽(包括突起)27—35 μm，缢部宽 8—11 μmm。

产地：浙江(宁波)；湖北(武昌)。采自稻田、池塘中。

分布：亚洲：(印度，热带和亚热带地区)；欧洲。

采自湖北武昌的个体与原变种不同为顶角 2 分叉和形成一对水平排列的凸出，每个凸出顶端具 3 个刺，侧角形成短突起的末端具 3 个刺，其上端的 2 个刺较短，下端的 1 个刺较长。

1945 年 Grönblad 将 *St. contectum* 及此种的 1 个变种 *St. contectum* var. *inevolutum* 作为 *St. quadrangulare* Ralfs 的 1 个变种，即 *St. quadrangulare* var. *contectum*(Turner) Grönblad [Acta Soc. Sci. Fenn. Nov. B, 2(6): 29, pl. 12, fig. 255, 1945]，因 2 个种的形状不同，以及 *St. contectum* 半细胞的角伸长形成短突起，而 *St. quadrangulare* 半细胞的角不伸长形成短突起，所以仍保留此种。

29b. 接触角星鼓藻不发育变种　图版 XXV：9—10

Staurastrum contectum var. **inevolutum** Turner, Kongl. Svenska Vet.-Akad. Handl., 25(5):111, pl. 16, fig. 2, pl. 22, fig. 11, 1892; Prescott et al., North Amer. Desm., II, 4: 165, pl. 363, figs. 3, 10, 1982; Lütkemüller, Ann. Nat. Hofmuseums, 15: 123, 1900; Wei,

Acta Phytotax. Sinica, 34(6): 671, 1996.

Staurastrum contectum var. *inevolutum* f. Jao, Bot. Bull. Acad. Sinica, 3: 64, fig. 4: 11, 1949.

此变种与原变种不同为半细胞正面观侧角形成很短突起和末端具 2 条较短的刺，顶角具 2 个单独的刺；垂直面观三或四角形。细胞长(不包括刺)27—32 μm，(包括刺)32—47 μm，宽(不包括刺)28—29 μm，(包括刺)34—36 μm，缢部宽 10—12 μm，刺长 4—6 μm。

产地：黑龙江(兴凯湖)；江苏(南京)；浙江(宁波的东钱湖和梅湖)；湖北(武昌东湖)；广西(修仁)。采自稻田、池塘、泉水、湖泊、沼泽中。

分布：亚洲(印度)；大洋洲(澳大利亚)；北美洲。

饶钦止在 1949 年建立的 *S. contectum* var. *inevolutum* f. Jao，与此变种不同为细胞略大，细胞大小不是一个分类特征，也未命名，现合并在此变种中。

29c. 接触角星鼓藻广西变种　　图版 XXV：13—14

Staurastrum contectum var. **kwangsiense** Jao, Bot. Bull. Acad. Sinica, 3: 64, fig. 4: 9, 1949.

此变种与原变种不同为半细胞正面观背缘和腹缘直，顶角具 1 个尖刺，极少具 2 个尖刺，尖刺短而纤细，侧角形成的突起较短；垂直面观三角形或四角形，侧缘略凹入。细胞长 22.5—25.5 μm，宽(不包括刺)24—30 μm，(包括刺)31.5—35 μm，缢部宽 9—11.5 μm。

产地：广西(阳朔，修仁)。采自稻田、池塘中。

仅分布在中国。

29d. 接触角星鼓藻四齿变种　　图版 XXV：11—12

Staurastrum contectum var. **quadridentatum** Jao, Bot. Bull. Acad. Sinica, 3: 64, fig. 4: 10, 1949.

此变种与原变种不同为半细胞正面观顶部略凸起，顶角的刺短，侧角的突起短，末端方形和具 4 个齿；垂直面观四角形，侧缘略凹入。细胞长 25—27 μm，宽(不包括刺)27—28 μm，(包括刺)30.5—31 μm，缢部宽 11—11.5 μm。

产地：湖北(武昌东湖)；广西(阳朔)。采自稻田、湖泊中。

仅分布在中国。

30. 钝齿角星鼓藻　　图版 XXXV：12—14

Staurastrum crenulatum (Nägeli) Delponte, Mem. Reale Acad. Sci. Torino, II, 28(1877): 164, pl. 12, figs. 1—11, 1877; West & West & Carter, Monogr. Brit. Desm., V: 110—111, pl. 143, figs. 9—13, 1923; Prescott et al., North Amer. Desm., II, 4: 169—170, pl. 409, figs. 5, 8—10, 12, 1982; Hu & Wei, The Freshwater Algae of China, Systematics, Taxonomy and Ecology, p. 875, pl. XIV-77-11—13, 2006.

Phycastrum (*Stenactinium*) *crenulatum* Nägeli, Gutt. Einz. Algen, p. 129, pl. 8B, 1849.

细胞小到中等大小，根据突起长度的变化长约等于或略大于或略小于宽，缢缝深凹，向外张开近直角；半细胞正面观广卵形或近纺锤形，顶部宽、平直或略凸起，在中间常略高出，有时具一轮具缺刻的瘤（每 2 个顶角间 2 个），顶角水平向延长形成长度变化的突起，末端具 3—4 个刺，突起具轮状的小齿，腹缘明显膨大；垂直面观三角形到五角形，侧缘略凹入，缘内中间有时具一对具缺刻的瘤，角延长形成长度变化的突起，末端具 2—4 个刺，突起具轮状的小齿。细胞长 19—32 μm，宽（不包括突起）20—30.5 μm，（包括突起）30.5—46 μm，缢部宽 5—10 μm。

产地：内蒙古（大兴安岭阿尔山地区）；黑龙江（兴凯湖）；湖北（武昌东湖，洪湖）；湖南（凤凰，麻阳）；广西（阳朔）；重庆；贵州（威宁，清镇，贵阳，安顺，毕节，松桃，江口）；四川（若尔盖，南坪）；西藏（察隅，仲巴，普兰）；宁夏（银川）。采自稻田、水沟、池塘、湖泊、溪流、河流和沼泽中，浮游。

分布：世界广泛分布，也分布在北极。

31. 冠毛角星鼓藻

Staurastrum cristatum (Nägeli) Archer, *in* Pritchard, Infusor., p. 738, 1861; West & West & Carter, Monogr. Brit. Desm., V: 47—48, pl. 139, fig. 5, 1923; Prescott et al., North Amer. Desm., II, 4: 170, pl. 358, figs. 1, 4, 1982; Wei, Acta Phytotax. Sinica, 34(6): 671, 1996.

Phycastrum (*Pachyactinium*) *cristatum* Nägeli, Gatt. Einz. Algen, p. 127, pl. 8C, fig. 1, 1849.

31a. 原变种　图版 XXI：3—4

var. cristatum

细胞中等大小，长约等于宽（不包括刺），缢缝中等深度凹入，顶端狭圆，近顶端狭线形，其后向外宽张开；半细胞正面观宽椭圆形，顶缘宽、略凸起，有时中间平，顶角具 1 条强壮的、斜向上的刺，顶缘和顶角之间的缘内具 2—3 对刺，腹缘凸起，基角广圆；垂直面观三角形，侧缘直，角尖圆，角顶具 1 条短尖刺，近顶角的缘内具 2—3 对刺；细胞壁具密集的点纹。细胞长 37—42 μm，宽 39—42.5 μm，缢部宽 16—22 μm。

产地：内蒙古（大兴安岭阿尔山地区）；黑龙江（兴凯湖）；湖北（武昌东湖）；贵州（江口）；四川（康定）。采自水坑、水沟、湖泊、沼泽中。

分布：亚洲；欧洲；北美洲；北极。

31b. 冠毛角星鼓藻日本变种　图版 XXI：1—2

Staurastrum cristatum var. **japonicum** Hirano, Acta Phytptax. Geobot., 14(3): 71, fig. 3, 1951; Prescott et al., North Amer. Desm., II, 4: 170, pl. 358, fig. 2, 1982; Shi, Wei et al., Compilation of reports on the survey of algal resoures in south-western China, p. 338, pl. 13: 4—6, 1994.

此变种与原变种不同为细胞宽略大于长，半细胞正面观近楔形，顶角具一对纵向排列的、上端的大于下端的刺，近顶角的顶缘具 4 列成对的刺、顶角内具 4 列围绕角呈同心圆排列的颗粒；垂直面观三角形，侧缘凹入，顶角具一对纵向排列的刺，近顶角具 4 列成对的刺及 4 列围绕角呈同心圆排列的颗粒。细胞长 41—55 μm，宽 42—58 μm，缢部宽 15—25 μm。

产地：湖北（武昌东湖）；贵州（印江）；四川（德格新路海）；云南（香格里拉）。采自山泉集水坑、湖泊、沼泽中。

分布：亚洲；北美洲。

32. 环棘角星鼓藻

Staurastrum cyclacanthum West & West, Trans. Linn. Soc. London Bot., II, 6: 189, pl. 22, fig. 18, 1902; Prescott et al., North Amer. Desm., II, 4: 176, pl. 436, figs. 5, 7, 1982; Li, Wei et al., The algae of the Xizang Plateau, p. 379, pl. 66, figs. 5—6, 1992.

32a. 原变种　图版 XLIII：6—7

var. cyclacanthum

细胞中等大小，宽约为长的 1.7 倍(包括突起)，缢缝中等深度凹入，向外张开呈锐角；半细胞正面观杯形到楔形，顶部略凸起，有一轮 6 个具 2 齿或 3 齿的瘤(每 2 个顶角之间 2 个)，顶角略斜向下伸长形成长突起，末端具 3—4 个刺，突起缘边波状，具数轮小齿，在背缘近基部具 2 个两叉的刺和在基部具一对微凹的瘤，半细胞基部膨大，每一突起下、缢部上具一横列颗粒；垂直面观三角形，侧缘略凹入，缘内具 2 个 2 齿或 3 齿的瘤，角延长形成长突起，突起的背缘近基部具 2 个两叉的刺和在基部具一对微凹的瘤。细胞长 30—31 μm，宽 47—48 μm，缢部宽 8—9 μm。

产地：湖北(洪湖)；西藏(墨脱)。采自湖泊中。

分布：亚洲；北美洲。

32b. 环棘角星鼓藻美国变种　图版 XLIII：8—9

Staurastrum cyclacanthum var. **americanum** Scott & Grönblad, Acta Soc. Sci. Fennicae, II, B, 2(8)：35, pl. 18, fig. 14, 1957; Prescott et al., North Amer. Desm., II, 4: 177, pl. 436, fig. 6, 1982; Li, Wei et al., The algae of the Xizang Plateau, p. 379—380, pl. 66, figs. 7—10, 1992.

此变种与原变种不同为半细胞顶部的瘤退化为 2 刺的瘤，半细胞的基部、每一突起下和缢部上各具 1 个 2 齿或 3 刺的瘤。细胞长 30—35 μm，宽 42—48 μm，缢部宽 7—8 μm。

产地：西藏(墨脱)。采自湖泊中。

分布：美国(密西西比)。

33. 小齿角星鼓藻　图版 XX：11—12

Staurastrum denticulatum (Nägeli) Archer, *in* Pritchard, Infusor., p. 738, 1861; West & West & Carter, Monogr. Brit. Desm., V: 38—40, pl. 133, figs. 13—15, 1923; Prescott et al., North Amer. Desm., II, 4: 182. pl. 357, figs. 6, 10, 13, 1982; Qin, Wang & Wei, Jour. Wuhan Bot. Research, 25(6)：577, fig. 1: 8—9, 2006.

Phycastrum (*Pachyactinium*) *denticulatum* Nägeli, Gattung. Einz. Algen, p. 128, pl. 8C, fig. 3, 1849.

细胞小到中等大小，宽约等于或略大于长；缢缝深凹，从顶端向外张开呈锐角；半细胞正面观近椭圆形或纺锤形，顶缘中间略凸起或近平直，顶角钝圆，具 1 对纵向排列齿状的刺，围绕顶角具 2—3 轮呈同心圆排列的尖颗粒，顶缘中间平滑，腹缘明显凸起并延伸至顶角；垂直面观三角形，侧缘直或略凹入，角钝圆，角顶具 1 对纵向排列齿状的刺，围绕顶角具 2—3 轮呈同心圆排列的尖颗粒。细胞长 24—35 μm，宽 20—40 μm，缢部宽 7—14 μm。

产地：内蒙古(大兴安岭阿尔山地区)。采自达尔滨湖，浮游或附着在水草上。

分布：亚洲；欧洲；非洲；大洋洲(澳大利亚)；北美洲；南美洲；北极。

34. 膨胀角星鼓藻

Staurastrum dilatatum Ralfs, Brit. Desm., p. 133, pl. 21, fig. 8, 1848; West & West, Monogr. Brit. Desm., IV: 172—175, pl. 126, figs. 10—15, 1912; Prescott et al., North Amer. Desm., II, 4: 187—188, pl. 338, figs. 2—4, 1982; Hu & Wei, The Freshwater Algae of China, Systematics, Taxonomy and Ecology, p. 875, pl. XIV-76-17—18, 2006.

34a. 原变种　图版 XVII: 3—5

var. dilatatum

细胞小，长约等于或略大于宽，缢缝深凹，向外宽张开；半细胞正面观椭圆形到近纺锤形，顶缘略凸起，腹缘明显斜向上扩大达侧角，侧角圆或平圆形，向水平方向或略向下略凸出；垂直面观三角形到五角形，常为四角形，侧缘深凹入，角圆或平圆形；细胞壁具小颗粒，围绕角呈同心圆排列，顶部平滑或具点纹；上下两个半细胞的角常交错排列。细胞长 20—46 μm，宽 20—46 μm，缢部宽 5—13 μm。接合孢子桶形，顶面观圆形和缘边波状，直径 28 μm。

对各种水环境有强的耐受能力，浮游，有时附着在水生植物上，pH 为 4.3—8.5。

产地：北京；山西(太原)；湖北(武昌东湖，洪湖)；重庆；四川(剑川)；贵州(松桃，雷山，赤水，威宁，罗甸，兴义，普定，六枝，盘县，都匀，镇宁，息烽，丹寨，毕节，赫章，余庆，锦屏)；云南(大理洱海，香格里拉)；西藏(林芝)；宁夏(银川)；新疆(伊犁河南岸，雅玛渡水电站附近)。采自水坑、池塘、湖泊、溪流、沼泽中。

分布：亚洲；欧洲；非洲；大洋洲(澳大利亚，新西兰)；北美洲；南美洲；北极。

34b. 膨胀角星鼓藻冬季变种　图版 XVII: 6—7

Staurastrum dilatatum var. **hibernicum** West & West, Monogr. Brit. Desm., IV: 175, pl. 126, fig. 18, 1912; Prescott et al., North Amer. Desm., II, 4: 188, pl. 339, figs. 18—19, 1982; Skvortzow, Jour. Bot. 64: 129, 1926.

此变种与原变种不同为半细胞基部略膨大或凸起，细胞壁颗粒小、密集，围绕角呈同心圆排列，在细胞体部不规则散生。细胞长 26—27 μm，宽 24—25 μm，缢部宽 5—13 μm。

产地：黑龙江(哈尔滨)；湖北(武昌)。采自湖泊、河流中。

分布：亚洲；欧洲。

35. 双翼角星鼓藻 图版 XXIV：13—14

Staurastrum diptilum Nordstedt, Vid. Medd. Naturh. Foren. Kjöbenh., 1869（14/15）: 227, pl. 4, fig. 56, 1870; Prescott et al., North Amer. Desm., II, 4: 189, pl. 363, fig. 11, 1982; Li, Wei et al., The algae of the Xizang Plateau, p. 377, pl. 64, figs. 19—20, 1992.

　　细胞小，长约等于宽（包括突起），缢缝浅凹入，向外张开呈锐角，缢部宽；半细胞正面观近楔形或倒三角形，顶缘平直或略凹入，顶角斜向上略延长形成的突起短，角顶具二叉状长尖刺，侧缘凸起和斜向上加宽达顶角；垂直面观三角形，侧缘略凹入，顶角略延长形成较短的突起，角顶具二叉状长尖刺。细胞长 13—23 μm，宽 12—22 μm，缢部宽 6.5—7 μm，刺长 3 μm。

　　产地：西藏（墨脱）；台湾（埔里）。采自湖泊中。

　　分布：亚洲；非洲；北美洲；南美洲。

36. 不等角星鼓藻 图版 XVII：8—9

Staurastrum dispar Brébisson, Mém. Soc. Impér. Sci. Nat. Cherbourg 4: 144. pl. 1, fig. 27, 1856; Prescott et al., North Amer. Desm., II, 4: 189. pl. 338, fig. 6, 1982; Croasdale & Flint, Flora of New Zealand, Freshw. Alg. Chlorophyta Desm., III: 95, pl. 83, figs 1—3, 1994; Qin, Wang & Wei, Jour. Wuhan Bot. Research, 25（6）: 577, fig. 1: 10—11, 2006.

　　细胞小到中等大小，长约等于宽，缢缝深凹，顶端钝圆，向外张开呈锐角；半细胞正面观椭圆形到纺锤形，背缘和腹缘凸起，背缘常比腹缘更为凸起，侧角尖圆，正面观时一个侧角常比另一个略长，细胞壁具小颗粒，围绕侧角呈垂直向或同心圆排列；垂直面观三角形或四角形，缘边平直或略凹入，角尖圆，有时略伸出；一个半细胞与另一个半细胞在缢部扭转一定的角度而交错排列。细胞长 24—40 μm，宽 24—32 μm，缢部宽 5—7 μm。

　　通常生长在贫营养和中营养的小水体中，pH 为 4.6—7.2。

　　产地：内蒙古（大兴安岭阿尔山地区）。采自湖泊、沼泽、河流中，浮游或附着在水生植物上。

　　分布：亚洲；欧洲；大洋洲（新西兰）；北美洲；南美洲；北极。

37. 双角角星鼓藻

Staurastrum disputatum West & West, Monogr. Brit. Desm., IV: 176, pl. 126, fig. 16, pl. 129, fig. 1, 1912; Prescott et al., North Amer. Desm., II, 4: 189—190, pl. 340, fig. 6, 1982.

37a. 原变种

var. disputatum

　　细胞小到中等大小，长略大于宽，缢缝中等深度凹入，从尖圆的顶端向外宽张开呈钝角；半细胞正面观宽楔形，顶缘宽、平直，顶角略凸出和广圆，侧缘略凹入和然后向顶角扩大，半细胞基部宽；垂直面观四角形，侧缘凹入，角略凸出和广圆；细胞体部平滑，在角上围绕顶角具 4—5 轮颗粒。细胞长 20—35 μm，宽 17—33 μm，缢部宽

8.5—19 μm。

分布：欧洲；非洲；北美洲；南美洲。

中国尚无报道。

37b. 双角角星鼓藻中华变种　图版 XIX：13—14

Staurastrum disputatum var. **sinense** (Lütkemüller) West & West, Monogr. Brit. Desm., IV: 176—177, pl. 126, fig. 19, 1912; Prescott et al., North Amer. Desm., II, 4: 190, pl. 340, figs. 1—2, 1982.

Staurastrum sinense Lütkemüller, Ann. Nat. Hofmuseums, 15: 124, pl. 6, figs. 39—40, 1900.

此变种与原变种不同为细胞较小，顶角较凸出呈圆柱形，围绕顶角约具 4 轮小颗粒；垂直面观四角形，侧缘深凹入，顶角较凸出呈圆柱形。细胞长 18—20 μm，宽 18—25 μm，缢部宽 7—8 μm。

附着在水生植物上，很少浮游，pH 为 7.9—8.1。

产地：江苏(无锡)；浙江(宁波)。采自池塘、湖泊中。

分布：亚洲；欧洲；非洲；大洋洲(新西兰)；北美洲(美国)；南美洲；北极。

38. 扩张角星鼓藻　图版 XXV：1—4

Staurastrum distentum Wolle, Bull. Torr. Bot. Club, 9 (3)：28, pl. 13, fig. 7, 1882; Prescott et al., North Amer. Desm., II, 4: 190—191, pl. 385, figs. 6—7, 9, 1982; Wei, Acta Phytotax. Sinica, 34 (6)：663, fig. 4: 3—6, 1996.

细胞小到中等大小，宽略大于长(包括突起)，缢缝深凹，向外张开呈锐角，缢部较宽；半细胞正面观碗形，顶缘平直和在中部略凸起，顶角水平向延长形成突起，末端具 4 个齿，突起背缘近基部两侧各具 1 个尖刺，腹缘略凸起；垂直面观五或六角形，角延长形成突起，末端具 4 个齿，突起近基部两侧各具 1 尖刺，两突起间凹入。细胞长 25—32 μm，宽(包括突起)38—42 μm，缢部宽 11—12.5 μm。

产地：浙江(宁波东钱湖)；湖北(武昌东湖)。采自池塘、湖泊中。

分布：亚洲；非洲；大洋洲(澳大利亚)；北美洲；南美洲。

采于湖北武昌的个体与原变种不同为半细胞突起腹缘的基部具 1—2 个尖刺。

39. 戴胞斯基角星鼓藻　图版 XXXVII：9—10

Staurastrum dybowskii Woloszynska, Rozpr. Wydz. Mat.-Przyr. Akad. Umiej. Krakowie, B, 57: 49, figs. 53—54, 1919; Prescott et al., North Amer. Desm., II, 4: 192, pl. 439, figs. 7—8, 1982; Wei, Acta Phytotax. Sinica, 34 (6)：663, fig. 5: 11—12, 1996.

细胞中等大小，宽约为长的 2 倍(包括突起)，缢缝深凹，向外张开呈锐角；半细胞正面观纺锤形，顶缘宽凸起、平滑，两顶角间的缘内具 6—8 个矮瘤，腹缘与顶缘近相同凸起，顶角水平向延长形成长突起，末端具 3—4 个齿，突起具数轮刺或尖颗粒，半细胞体部具纵向排列的刺或尖颗粒；垂直面观三角形，侧缘凹入，缘边具刺，缘内具 1 列 6—8 个矮瘤，角延长形成长突起，末端具 3—4 个齿，突起具数轮刺或尖颗粒。细胞长

31—33.5 μm，宽 37—40 μm，缢部宽 10—10.5 μm。

产地：湖北（武昌东湖）。采自池塘、湖泊中。

分布：欧洲；北美洲（美国）。

采于湖北武昌的标本半细胞的突起比原变种短。

40. 弹丝角星鼓藻

Staurastrum elaticeps Scott & Grönblad, Acta Soc. Sci. Fennicae, II, B, 2 (8)：36, pl. 27, figs. 3,3a, 4, 1957; Prescott et al., North Amer. Desm., II, 4: 193, pl. 393, fig. 6, 1982.

40a. 原变种

var. elaticeps

细胞中等大小，宽约为长的 3 倍（包括突起），缢缝浅凹入，呈 U 型凹陷，向外张开；半细胞正面观杯形，顶部凸起和在中间升高并具 1 对 2 刺的瘤，顶角水平向延长形成长突起，末端具 4 个刺，突起缘边具刺或尖颗粒，突起腹缘凹入，半细胞基部膨大，其两侧各具 1 个尖颗粒；垂直面观纺锤形，两端膨大，缘内具一对 2 刺的瘤，角水平向伸长形成长突起，末端具 3—4 个齿，突起缘边具刺或尖颗粒。细胞长 33—37 μm，宽 81—96 μm，缢部宽 8—9 μm，厚 12—13 μm，。

分布：北美洲（美国）。

中国尚无报道。

40b. 弹丝角星鼓藻超群变种　　图版 XXXV：6—7

Staurastrum elaticeps var. **eximium** Wei, Arca Phytotax. Sinica, 31 (5)：484, fig. 4: 7—8, 1993.

此变种与原变种不同为半细胞顶缘内具 1 个双齿的瘤，其两侧各具 1 刺，突起基部的腹缘具 2 个刺，半细胞基部两侧各具 2 个刺；垂直面观两端不膨大。细胞长 33—35 μm，宽 68—72 μm，缢部宽 6—6.5 μm，厚 12—13 μm。

产地：四川（茂汶，理县）。采自山溪、沼泽中。

仅分布在中国。

41. 剑形角星鼓藻　　图版 XX：7—8

Staurastrum ensiferum Turner, Kongl. Svensk. Vet.-Akad. Handl., 25 (5)：109, pl. 14, fig. 22, 1892; Wei, Arca Phytotax. Sinica, 34 (6)：671, 1996.

Staurastrum ensiferum f. Jao, Bot. Bull. Acad. Sinica, 3: 65, fig. 4: 15, 1949.

细胞中等大小，长略大于宽（不包括刺），缢缝深凹，向外张开呈锐角；半细胞正面观楔形，顶缘略凸起，顶角略伸出，角顶具 2 条长刺纵向叉开伸出，上端的刺略长于下端的刺，腹缘略凸起；垂直面观三角形，侧缘略凹入，角具 2 条纵向排列的长刺。细胞长（不包括刺）36—42 μm，（包括刺）54—63 μm，宽（不包括刺）30—39.5 μm，（包括刺）36—57.5 μm，缢部宽 10—12.5 μm，刺长 6—10 μm。

产地：广西（修仁）；湖北（武昌东湖）。采自池塘、湖泊中。

分布：亚洲(印度等热带和亚热带地区)。

饶钦止在 1949 年建立的 *Staurastrum ensiferum* f. Jao，与原变种不同为细胞顶缘近平直，顶角不明显伸出，这些特征与原变种相近似，也未命名，现合并在原变种中。

42. 被棘角星鼓藻　图版 XXII：3—4

Staurastrum erasum Brébisson, Mém. Soc. Sci. Nat. Cherbourg, 4: 143, pl. 1, fig. 28, 1856; West & West & Carter, Monogr. Brit. Desm., V: 71—72, pl. 137, figs. 9—11, 1923; Prescott et al., North Amer. Desm., II, 4: 196, pl. 371, figs. 2—4, 1982; Li, Wei et al., The algae of the Xizang Plateau, p. 376—377, pl. 65, figs. 1—2, 1992.

细胞小到中等大小，长约等于宽，缢缝深凹，从顶部向外张开呈锐角；半细胞正面观近椭圆形，背缘近平直或略凸起，侧角广圆，腹缘比背缘较凸起，细胞壁具稠密的短刺，围绕角呈同心圆排列，刺从角向半细胞中部逐渐变短和退化，顶部中央平滑；垂直面观三角形，侧缘凹入。细胞长 30—51 μm，宽(不包括刺)32—49 μm，缢部宽 10—14 μm，刺长 2.5—3.5 μm。

产地：内蒙古(大兴安岭阿尔山地区)；辽宁(旅顺)；贵州(松桃)；西藏(察隅)。采自稻田、池塘、湖泊、沼泽中。

分布：亚洲；欧洲；北美洲；南美洲；北极。

43. 凹陷角星鼓藻　图版 XXVII：16—17，图版 LXV：3

Staurastrum excavatum West & West, Trans. Linn. Soc. London Bot., II, 5(2)：78, pl. 8, fig. 42, 1895; Prescott et al., North Amer. Desm., II, 4: 197, pl. 404, figs. 6, 9, 1982; Wei, Arca Phytotax. Sinica, 34(6)：671, 1996.

Staurastrum excavatum var. *excavatum* f. West & West, Jour. Linn. Soc. Bot., 39: 71, pl. 6, figs. 19—20, 1909; Jao, Bot. Bull. Acad. Sinica, 3: 65, fig. 5: 12, 1949.

细胞小，宽约为长的 3 倍(包括突起)，缢缝深凹，从广圆形的顶部向外张开；半细胞正面观钟形或碗形，顶缘中间凹入，顶角斜向上延长形成长突起，缘边波状，末端具 3 个或 4 个刺，腹缘略膨大；垂直面观纺锤形，角延长形成长突起，缘边波状，末端具 3 个或 4 个刺；细胞壁平滑。细胞长 14.5—20 μm，宽(包括刺)27.5—53 μm，缢部宽 5—8.5 μm，厚 8—10 μm。

生长在贫营养到富营养的水体中，浮游或附着在水生植物上，pH 为 5.2—8.0。

产地：黑龙江(哈尔滨)；浙江(宁波东钱湖)；江西(铅山)；湖北(武昌东湖)；广西(修仁)。采自池塘、湖泊、沼泽中。

分布：亚洲；非洲；大洋洲(澳大利亚，新西兰)；北美洲(美国)；南美洲。

West & West 在 1909 年建立的 *Staurastrum excavatum* var. *excavatum* f. West & West，与原变种不同为突起末端具 4 个强壮的齿，这一特征与原变种相似，也未命名，现合并在原变种中。

44. 花形角星鼓藻

Staurastrum floriferum West & West, Trans. Linn. Soc. London Bot., II, 5(5)：267, pl. 18, fig. 1, 1896; Prescott et al., North Amer. Desm., II, 4: 198—199, pl. 438, fig. 2, 1982; Wei & Yu, Chin. Jour. Oceanol. & Limnol., 23(1): 94, 2005.

44a. 原变种　图版 XLIV：4—5

var. floriferum

　　细胞小，长略大于宽(不包括突起)，缢缝深凹，从尖的顶部向外张开呈锐角；半细胞正面观杯形到碗形，顶部直，具一轮 6 个瘤(每 2 个顶角之间 2 个)，顶角水平向伸长形成长突起，末端具 3 个刺，突起具轮状排列的刺，突起的背缘基部具 1 对小瘤或成对的颗粒，腹缘略凸起；垂直面观三角形，侧缘直，缘内具 2 个瘤，角伸长形成长突起，末端具 3 个刺，突起具轮状排列的刺，突起背缘的基部具 1 对小瘤或成对的颗粒。细胞长(不包括突起)23—36 μm，宽(包括突起)43—65 μm，缢部宽 7—10 μm。

　　生长在贫营养到富营养的水体中，浮游或附着在水生植物上，pH 为 6.9—8.6。

　　产地：湖北(武昌东湖)；湖南(南岳)。采自稻田、池塘、湖泊中。

　　分布：亚洲；欧洲；非洲；北美洲；大洋洲(澳大利亚，新西兰)。

44b. 花形角星鼓藻高出变种　图版 XLIV：6—7

Staurastrum floriferum var. **elevatum** Scott & Grönblad, Acta Soc. Sci. Fennicae, II, B, 2(8): 37, pl. 21, figs. 6—9, 1957; Prescott et al., North Amer. Desm., II, 4: 199, pl. 438, fig. 3, 1982; Wei, Arca Phytotax. Sinica, 34(6): 671, 1996.

　　此变种与原变种不同为缢部较宽，半细胞正面观比较强壮，顶部明显高出和具明显的瘤。细胞长 20—27 μm，宽(包括突起)30—42.5 μm，缢部宽 5.5—8.5 μm。

　　产地：山西(太原)；湖北(武昌东湖)；贵州(沿河)。采自池塘、水库、湖泊、山溪、山泉中。

　　分布：北美洲(美国)。

　　产于湖北武昌的个体与此变种不同为每一突起下、缢部上端具 2 个刺。

45. 剪形角星鼓藻

Staurastrum forficulatum Lundell, Nova Acta Reg. Soc. Sci. Upsaliensis, III, 8(2): 66, pl. 4, fig. 5, 1871; West & West & Carter, Monogr. Brit. Desm., V: 187—188, pl. 154, figs. 14—16, 1923; Prescott et al., North Amer. Desm., II, 4: 199—200, pl. 380, fig. 4, pl. 381, fig. 2, pl. 401, figs. 2—3; pl. 402, fig. 13, 1982.

45a. 原变种

var. forficulatum

　　细胞中等大小到大形，长约等于或略大于宽，或宽约为长的 1.3 倍(不包括刺)，缢缝深凹，近顶端狭线形，向外宽张开呈锐角；半细胞正面观近梯形或近椭圆形，顶部平截，具一轮 6 个或 8 个明显的双叉的刺或末端具双叉刺的附属短突起(每 2 个顶角之间 2 个)，顶角略伸长形成短突起，末端具 2 个强壮的、纵向叉开的刺，顶角的上缘和下缘各具 2 个瘤或小刺，两顶角形成的短突起间具 2 个叉状刺或末端具双叉刺的短突起，腹缘和缘内具小颗粒；垂直面观三角形或四角形，角略突出形成短突起，末端具 2 个强壮的、纵向叉开的刺，侧缘略凹入，缘边具 2 个叉状的刺或 2 个末端具双叉刺的短突起，缘内具 2 个明显的双叉的刺或末端具双叉刺的附属短突起。细胞长(不包括突起)40—45 μm，(包括突起)48—64 μm，宽(不包括突起)37—60 μm，(包括突起)54—95 μm，缢部宽 9—16 μm。

分布：亚洲；欧洲；大洋洲(澳大利亚)；北美洲。
中国尚无报道。

45b. 剪形角星鼓藻椭圆变种　图版 LVII：5—7

Staurastrum forficulatum var. **ellipticum** Jao, Bot. Bull. Acad. Sinica, 3: 65—66, fig. 4: 18, 1949; Shi, Wei et al., Compilation of reports on the survey of algal resoures in south-western China, p. 338, pl. 14: 6—7, 1994.

此变种与原变种不同为半细胞正面观广椭圆形，顶缘狭、平截，半细胞顶部具一轮 6 个具双齿的瘤，近顶角处具短刺，顶角形成的短突起的末端具一对纵向排列的齿，上部的齿较短，下部的齿长和斜向下弯，腹缘具 2—3 个齿；垂直面观三角形，侧缘略凹入和具 4 个波形，侧缘中间具 2 个短刺，顶部具 1 轮 6 个具双齿的瘤，顶角尖，具一对纵向排列的齿，上部的齿较短，下部的齿长。细胞长 28—35 μm，宽 28—42.5 μm，缢部宽 11—12 μm。

产地：湖北(武昌东湖)；广西(修仁)；云南(宁蒗)。采自池塘、湖泊中。
仅分布在中国。

45c. 剪形角星鼓藻简单变种　图版 LVII：8—9

Staurastrum forficulatum var. **simplicius** Jao, Bot. Bull. Acad. Sinica, 3: 66, fig. 5: 5, 1949.

此变种与原变种不同为缢缝从顶端向外张开呈尖角，半细胞正面观椭圆形，顶缘中部宽、平直，顶部具一轮 6 个具双齿的瘤，顶角形成的短突起具 3 轮近瘤状的小颗粒，末端具 2 个纵向排列的齿，上部的齿较短，下部的齿较长和斜向下弯，腹缘略凸起和具 2—3 个小颗粒；垂直面观三角形，侧缘略凹入，顶部中间具 1 轮 6 个具双齿的瘤，顶角形成短突起的末端具 2 个纵向排列的双齿，上部的齿较短，下部的齿较长，顶角内具 3 轮小颗粒。细胞长(不包括瘤)28 μm，(包括瘤)30—31 μm，宽(不包括刺)31.5 μm，(包括刺)38.5 μm，缢部宽 11.5—12 μm。

产地：湖北(武昌东湖)；广西(修仁)。采自池塘、湖泊中。
仅分布在中国。

46. 叉状角星鼓藻　图版 LII：5—6

Staurastrum furcatum (Ralfs) Brébisson, Mém. Soc. Sci. Nat. Cherbourg, 4: 136, 1856; West & West & Carter, Monogr. Brit. Desm., V: 173—175, pl. 155, figs. 1—4, 1923; Prescott et al., North Amer. Desm., II, 4: 204, pl. 378, fig. 5, pl. 379, figs. 1—2, 10, pl. 447, fig. 7, 1982; Wei & Yu, Chin. Jour. Oceanol. & Limnol., 23(1): 94, 2005.

Xanthidium furcatum Ralfs, Brit. Desm., p. 213, 1848.

细胞小到中等大小，长约等于或有时略大于或略小于宽（包括突起），缢缝深凹，从顶端向外张开呈锐角；半细胞正面观近椭圆形或近圆形，背缘和腹缘几乎相同凸起，顶部具一轮 6 个或 8 个斜向上张开的附属短突起，末端二叉状，侧角水平向延长形成 1 个强壮的短突起，末端具纵向排列的二叉状齿；垂直面观三或四角形，侧缘直或略凹入，缘内具 2 个附属短突起，末端二叉状，角略延长形成强壮的短突起，末端具纵向排列的二叉状齿。细胞长（不包括突起）18—22 μm，（包括突起）27—38 μm，宽（不包括突起）15—17 μm，（包括突起）23—40 μm，缢部宽 6—10 μm。

通常生长在贫营养水体中，浮游，有时附着在水生植物上，pH 为 4.0—8.0。

产地：内蒙古（大兴安岭阿尔山地区）；黑龙江（哈尔滨，兴凯湖）；江西（庐山）；湖北（武昌东湖）。采自池塘、湖泊、河流、沼泽中。

分布：亚洲；欧洲；大洋洲（澳大利亚，新西兰）；北美洲。

47. 叉形角星鼓藻　图版 LVI：7—8

Staurastrum furcigerum (Ralfs) Archer, *in* Pritch. Infuse. p.743, pl. 3, figs. 32—33, 1861; West & West & Carter, Monogr. Brit. Desm., V: 188—190, pl. 156, figs. 7—8, 11, 1923; Prescott et al., North Amer. Desm., II, 4: 206, pl. 376, figs. 2—5, 1982; Yamaguti, *in* Kawamura's Rep. Limn. Surv. of Kwantung and Manchoukuo, p. 490, pl. III, fig. 26, 1940.

Didymocladon furcigerum Ralfs, Brit. Desm., p. 144, pl. 33, fig. 12, 1848.

细胞中等大小到大形，长略大于宽（不包括突起），缢缝深凹，顶端尖，向外张开呈锐角；半细胞正面观椭圆形，背缘和腹缘几乎相同凸起，顶角斜向上伸长形成 1 个附属短突起，具数横轮呈同心圆排列的小齿，末端具 2—3 个刺，侧角略膨大和然后水平向伸长形成 1 个强壮的短突起，与顶角的附属短突起相似或略长，具数横轮呈同心圆排列的小齿，末端具 2—3 个刺；垂直面观三角形（可达到九角形），侧缘凹入，顶角斜向上伸长形成 1 个附属短突起，末端具 2—3 个刺，侧角略膨大和然后伸长形成强壮的短突起，与顶角的短突起相似或略长，末端具 2—3 个刺。细胞长 44—56 μm，宽 42—54 μm，缢部宽 12—15 μm。

产地：内蒙古（大兴安岭阿尔山地区的达尔滨湖）；黑龙江（兴凯湖）；湖南（岳阳洞庭湖）。采自湖泊、河流中，浮游或附着在水草上。

分布：世界广泛分布。

Qin, Wang & Wei 发表的 *Staurastrum furcigerum* var. *armigera* (Brébisson) Nordstedt, [Jour. Wuhan Bot. Research, 25 (6)：577—579, fig. 1：15—16, 2006] 经核实，应放入原变种中。

48. 成对角星鼓藻　图版 LIII：6—9

Staurastrum gemelliparum Nordstedt, Vid. Medd. Naturh. Foren. Kjöbenh., 1869 (14/15): 230, pl. 4, fig. 54, 1870; West & West & Carter, Monogr. Brit. Desm., V: 176—177, pl. 156, fig. 5, 1923; Prescott et al., North Amer. Desm., II, 4: 209, pl. 382, fig. 4, 1982; Hu & Wei, The Freshwater Algae of China, Systematics, Taxonomy and Ecology, p.

875—876, pl. XIV-78-9—16, 2006.

Staurastrum gemelliparum f. Jao, Bot. Bull. Acad. Sinica, 3: 66, 1949.

细胞小，长约等于或略大于宽(包括突起)，缢缝深凹，向外张开呈锐角；半细胞正面观近椭圆形，顶缘近平直，顶角具 2 个斜向上伸长形成强壮的、较短的附属突起，末端具 2—3 个刺，侧角具 2 个水平方向伸长形成的强壮的短突起，末端具 2—3 个刺，腹缘略凸起；垂直面观三角形或四角形，侧缘略凹入，每个侧角具 2 个强壮的短突起，其上端具 2 个强壮的、较短的附属突起。细胞长(不包括突起)25—29.5 μm，(包括突起)34—37.5 μm，宽(不包括突起)20—31.5 μm，(包括突起)36—42.5 μm，缢部宽 8—13.5 μm，刺长 2—3 μm。

产地：内蒙古(扎兰屯)；湖北(武昌东湖，洪湖)；湖南(南岳)；广西(阳朔)；重庆；贵州(江口，威宁)；云南(腾冲)；西藏(查隅)。采自稻田、池塘、湖泊、水库和沼泽中，浮游。

分布：亚洲；欧洲；北美洲；南美洲。

饶钦止在 1949 年建立的 *Staurastrum gemelliparum* f. Jao，与原变种不同为细胞略大，垂直面观四角形，细胞大小不能作为一个分类特征，原变种的垂直面观为三角形或四角形，无图也未命名，现合并在原变种中。

49. 剑状角星鼓藻　图版 XXII：9—10

Staurastrum gladiosum Turner, Jour. Roy. Microsc. Soc., II, 5(6)：938, pl. 16, fig. 21, 1885; West & West & Carter, Monogr. Brit. Desm., V: 57—58, pl. 137, figs. 1—2, 1923; Prescott et al., North Amer. Desm., II, 4: 210, pl. 372, fig. 2, 1982; Shi, Wei et al., Compilation of reports on the survey of algal resoures in south-western China, p. 312—313, pl. 13: 4—6, 1994.

细胞中等大小，长约等于宽(不包括刺)，缢缝深凹，从顶端向外张开呈锐角；半细胞正面观椭圆形到肾形，背缘及腹缘几乎相同凸起，细胞壁具大小相似强壮的刺，缘边具 14—20 条强壮的长尖刺，围绕角约呈同心圆或散生排列；垂直面观三角形，角广圆，侧缘略凹入和约具 9 条强壮的长尖刺，刺围绕角约呈同心圆排列，顶部中央的刺稀疏和散生。细胞长(包括刺)35—48 μm，宽(包括刺)30—48 μm，缢部宽 10—13 μm，刺长 4—5 μm。

产地：黑龙江(兴凯湖)；江西(宜丰)；重庆；贵州(黎平，从江)；云南(宁蒗)。采自池塘、湖泊、沼泽中。

分布：亚洲；欧洲；非洲；北美洲(美国和加拿大广泛分布)；南美洲。

50. 纤细角星鼓藻

Staurastrum gracile Ralfs, Brit. Desm., p. 136, pl. 22, fig. 12, 1848; West & West & Carter, Monogr. Brit. Desm., V: 96—98, pl. 144, figs. 3—7, 1923; Prescott et al., North Amer. Desm., II, 4: 212, pl. 412, figs. 8—10, pl. 413, figs. 1—2, 1982; Hu & Wei, The Freshwater Algae of China, Systematics, Taxonomy and Ecology, p. 876, pl. XIV-78-7—8, 2006.

50a. 原变种　图版 XXXII: 1—2

var. gracile

　　细胞小到中等大小，长为宽的 2—2.5 倍(不包括突起)，缢缝中等深度凹入，顶端尖或 U 型，向外张开呈锐角；半细胞形状变化很大，通常正面观近杯形，顶部宽、略凸起或平直，具一轮小颗粒，有时成对，在小颗粒下具数纵列小颗粒，顶角斜向上、斜向下或水平向延长形成纤细的长突起，具数轮小齿，缘边波形，末端具 3—4 个刺；垂直面观三角形，少数四角形，侧缘平直，少数略凹入，缘内具一列小颗粒，有时成对。细胞长 22—60 μm，宽(包括突起)35—110 μm，缢部宽 5.5—13 μm。

　　产地：黑龙江(五大连池)；辽宁(旅顺)；河南(南湾水库)；浙江(宁波的东钱湖和梅湖)；江西(宜丰)；湖北(武昌东湖，洪湖)；重庆；四川(冕宁)；贵州(黎平清镇，荔波，安龙)；云南(永宁)。采自池塘、湖泊、河流、水库和沼泽中，多为浮游习性，有时附着在水生植物上。

　　分布：世界广泛分布。

50b. 纤细角星鼓藻小冠变种　图版 XXXII: 5—6

Staurastrum gracile var. **coronulatum** Boldt, Öfv. Kongl. Vet.-Akad. Förhandl., 1885(2): 116, pl. 5, fig. 28, 1885; West & West & Carter, Monogr. Brit. Desm., V: 100, pl. 144, fig. 10, 1923; Prescott et al., North Amer. Desm., II, 4: 212—213, pl. 413, figs. 3—4, 1982; Yamaguti, *in* Kawamura's Rep. Limn. Surv. of Kwantung and Manchoukuo, p. 490, pl. III, fig. 19, 1940.

　　此变种与原变种不同为细胞较小和较扁，半细胞正面观顶部略凸起，具一轮 6 个具曲刻的瘤(每 2 个顶角之间具 2 个)，顶角延长形成的突起较短；垂直面观侧缘内具 2 个具曲刻的瘤。细胞长(包括突起)22.5—24 μm，宽(包括突起)29.5—33 μm，缢部宽 6.5—7 μm。

　　产地：黑龙江(兴凯湖)；湖北(武昌东湖)；贵州(黎平，锦屏)；西藏(波密)。采自池塘、湖泊中。

　　分布：亚洲；欧洲；非洲；北美洲；北极。

50c. 纤细角星鼓藻杯形变种　图版 XXXII: 9

Staurastrum gracile var. **cyathiforme** West & West, Trans. Linn. Soc. London Bot., II, 5: 77, pl. 9, fig. 2, 1895; West & West & Carter, Monogr. Brit. Desm., V: 99—100, pl. 144, fig. 12, 1923; Prescott et al., North Amer. Desm., II, 4: 213—214, pl. 413, figs. 3—4, 1982; Yamaguti, *in* Kawamura's Rep. Limn. Surv. of Kwantung and Manchoukuo, p. 490, pl. III, fig. 2, 1940.

Staurastrum gracile var. *cyathiforme* f. *minor* Lütkmüller, Ann. Nat. Hofmuseums, 15: 123, 1900.

　　此变种与原变种不同为半细胞正面观杯形，顶缘凸起，具一列具曲刻的瘤连续到突起背缘的小齿，基部略膨大，垂直面观侧缘内具一列具曲刻的瘤，细胞壁具点纹。细胞长 27—58 μm，宽(包括突起)47—82 μm，缢部宽 7.5—10 μm。

产地：黑龙江(兴凯湖)；浙江(宁波)；湖北(武昌东湖)。采自池塘、湖泊中。

分布：亚洲；欧洲；非洲；北美洲(美国)。

Lütkmüller 在 1900 年建立的 *S. gracile* var. *cyathiforme* f. *minor*，与此变种不同为细胞较小，细胞大小不能作为一个分类特征，也无图，现合并在原变种中。

50d. 纤细角星鼓藻矮形变种　图版 XXXII：7—8

Staurastrum gracile var. **nanum** Wille, Christiania Vidensk.-Selsk. Förhandl., 1880(11)：46, pl. 2, fig. 31, 1880; West & West & Carter, Monogr. Brit. Desm., V: 100—101, pl. 144, figs. 8—9, 1923; Prescott et al., North Amer. Desm., II, 4: 213, pl. 413, figs. 9—10, 1982; Li, Wei et al., The algae of the Xizang Plateau, p. 379, pl. 66, figs. 15—16, 1992.

此变种与原变种不同为细胞较小，半细胞正面观顶部近平直或略凸起，顶角延长形成的突起较短，垂直面观三角形到五角形。细胞长 20—31 μm，宽 27.5—43.5 μm，缢部宽 7.5—9 μm。

产地：黑龙江(哈尔滨，兴凯湖)；河北(承德)；湖北(武昌东湖，洪湖)；湖南(吉首)；重庆；贵州(石阡)；西藏(林芝)。采自池塘、湖泊、水库、沼泽中。

分布：亚洲；欧洲；北美洲；北极。

50e. 纤细角星鼓藻极瘦变种　图版 XXXII：3—4

Staurastrum gracile var. **teunissima** Boldt, Öfv. Kongl. Vet. Akad. Förhandl., 1885(2):127, pl. 5, fig. 29, 1885; West & West & Carter, Monogr. Brit. Desm., V: 100, pl. 144, fig. 11, 1923; Prescott et al., North Amer. Desm., II, 4: 213, pl. 431, figs. 8—9, 1982; Yamaguti, *in* Kawamura's Rep. Limn. Surv. of Kwantung and Manchoukuo, p. 491, pl. III, fig. 10, 1940.

此变种与原变种不同为细胞较扁，半细胞正面观近纺锤形，顶部近平直或略凸起，顶角延长形成极纤细的长突起，垂直面观三角形或四角形，侧缘内具 3 个小颗粒。细胞长 19—27.5 μm，宽 38—47.5 μm，缢部宽 6—7 μm。

产地：黑龙江(兴凯湖)；湖北(武昌)；四川(冕宁)。采自池塘、湖泊、沼泽中。

分布：亚洲；欧洲；北美洲；北极。

51. 具粒角星鼓藻　图版 XVIII：16—17

Staurastrum granulosum Ralfs, Brit. Desm., p. 217, 1848; West & West, Monogr. Brit. Desm., IV: 188—189, pl. 128, figs. 10—12, 1912; Prescott et al., North Amer. Desm., II, 4: 216, pl. 356, figs. 2, 4, pl. 357, fig. 11, 1982; Li, Wei et al., The algae of the Xizang Plateau, p. 375, pl. 65, figs. 11—12, 1992.

细胞小，长略大于宽或有时长约等于宽，缢缝深凹，从尖的顶端向外宽张开呈近直角；半细胞正面观多少呈倒半圆形，顶缘宽凸起，侧角尖圆和具 1 个短尖头(或很小的刺)；垂直面观三角形，侧缘中间凹入，角尖圆，角顶具 1 个短尖头(或很小的刺)；细胞壁具小颗粒，围绕角呈同心圆排列，顶部散生或退化。细胞长 26—30 μm，宽 23—28 μm，缢部宽 6—8 μm。

产地：湖北（武汉）；西藏（察隅）。采自水稻田、池塘中。

分布：亚洲；欧洲；北美洲；北极。

52. 哈博角星鼓藻　图版 XXVII：5—6

Staurastrum haaboliense Wille, Christiania Vidensk.-Selsk. Förhandl., 1880(11)：42, pl. 2, fig. 27, 1880; West & West & Carter, Monogr. Brit. Desm., V: 140, pl. 142, figs. 19，20, 1923; Prescott et al., North Amer. Desm., II, 4: 218, pl. 401, figs. 12, 15—16, 1982; Hu & Wei, The Freshwater Algae of China, Systematics, Taxonomy and Ecology, p. 876, pl. XIV-77-19—20, 2006.

细胞小，宽约为长的 1.3 倍（包括突起），缢缝深凹，向外张开呈锐角；半细胞正面观狭椭圆形到纺锤形，顶角水平向逐渐狭窄形成粗的短突起，具 3—4 轮呈同心圆排列的细齿，末端平和具 3—4 个小刺，半细胞体部具颗粒，围绕角呈同心圆排列；垂直面观三或四角形，角延长形成短而粗的突起，并具 3—4 轮呈同心圆排列的细齿，末端平和具 3—4 个小刺，侧缘略凹入，缘边具齿。细胞长 15—25 μm，宽 24—33 μm，缢部宽 5—10 μm。

产地：湖南（岳阳洞庭湖）；重庆；西藏（墨脱）。采自池塘、湖泊和沼泽中，常为浮游。

分布：亚洲；欧洲；大洋洲（澳大利亚）；北美洲（美国）；北极。

53. 汉德角星鼓藻　图版 XIX：1—2

Staurastrum handelii Skuja, Algae, *in* Hand.-Mazz. Symbol. Sinicae, 1: 95, pl. 12, figs. 34—35, 1937.

细胞大形，长约为宽的 1.5 倍，缢缝深凹，狭线形；半细胞正面观半圆形到圆锥形，顶部圆到平圆形、平滑，基角略圆，细胞壁具大颗粒，围绕基角呈同心圆排列，基角和基角之间具较小颗粒，基角和基角的较小颗粒的中间平滑；垂直面观三角形，角略膨大，侧缘中部略膨大，并具小颗粒，侧缘内的中间平滑，顶部平滑。细胞长 97—106 μm，宽 68—70 μm，缢部宽 27 μm。

产地：云南（丽江）。采自池塘中。

仅产于中国。

54. 汉茨角星鼓藻

Staurastrum hantzschii Reinsch, Acta Soc. Senck., 6: 129, pl. 22 D II, figs. 1—6, 1867; Prescott et al., North Amer. Desm., II, 4: 218—219, pl. 386, figs. 7—8, 1982.

54a. 原变种　图版 LIII：1—2

var. **hantzschii**

细胞中等大小，长约等于宽（包括突起），缢缝深凹，向外张开呈锐角；半细胞正面观广卵圆形到五角形，顶部平或略凸起，顶部具一轮 6 个斜向上伸长的附属短突起，末端具 2—4 个刺，侧角水平向伸长形成 1 个短突起，侧角的短突起间、同一水平面上具 2 个形状相似的短突起，末端具 2—4 个刺，腹缘凸起；垂直面观三角形，侧缘略凹入，侧角水平向伸长形成 1 个短突起，短突起间、同一水平面上具 2 个形状相似的短突起，顶部具一轮 6 个斜向上伸长的附属短突起。细胞长(包括突起)34—53 μm，宽(包括突起)35—53 μm，缢部宽 7—17 μm。

产地：湖北(武昌东湖)。采于池塘、湖泊中。

分布：亚洲；欧洲；北美洲(美国)；北极。

54b. 汉茨角星鼓藻相似变种　　图版 LIII：10—11

Staurastrum hantzschii var. **congrum** (Raciborski) West & West, Trans. Linn, Soc. London. Bot., II, 5: 257, pl. 16, fig. 15, 1896; Prescott et al., North Amer. Desm., II, 4: 219, pl. 386, figs. 9—10, 1982.

Staurastrum renardii var. *congrum* Raciborski, Pam. Akad. Umiej. w. Krakowie Wydz. Mat.-Przyr. 17: 101, pl. 7, fig. 11, 1890.

Staurastrum tohopekaligense var. *quadridentatum* Jao, Bot. Bull. Acad. Sinica, 3: 72, fig. 6: 12, 1949.

此变种与原变种不同为半细胞顶部的一轮 6 个附属短突起强壮，半细胞中部的 9 个短突起强壮；垂直面观较明显的三角形，短突起间的侧缘凹入。细胞长(不包括突起)37—38 μm，(包括突起)59—59.5 μm，宽(不包括突起)28 μm，(包括突起)45 μm，缢部宽 15.5 μm，刺长 4.5—6.5 μm。

产地：内蒙古(大兴安岭阿尔山地区)；广西(修仁)。采自稻田、池塘、湖泊中。

分布：北美洲(美国)。

S. hantzschii 和 *S. tohopekaligense* 这 2 个属的主要区别为前者半细胞每个侧角的短突起间具 2 个附属的短突起，而后者半细胞每个侧角的短突起间不具 2 个附属的短突起，饶钦止在 1949 年建立的 *S. tohopekaligense* var. *quadridentatum*，半细胞每个侧角的短突起间具 2 个附属的短突起，因此应属于 *S. hantzschii* var. *congrum* 这一变种中，但与此变种不同为短突起末端具 4 个齿，其中纵向伸出的 2 个齿长于横向伸出的 2 个齿。

54c. 汉茨角星鼓藻日本变种　　图版 LIII：3—5

Staurastrum hantzschii var. **japonicum** Roy & Bissett, Jour. Bot., 24: 240, pl. 268, fig. 5, 1886; Jao, Sinensia, 11(3 & 4): 339, 1940.

Staurastrum tohopekaligense var. *trifurcatum* f. Jao, Bot. Bull. Acad. Sinica, 3: 73, fig. 6: 11, 1949.

此变种与原变种不同为半细胞顶部的附属短突起和半细胞侧角形成的短突起的形状和大小相似，突起末端具 2 个或 3 个刺。细胞长(包括突起)46—57 μm，宽(包括突起)38—51 μm，缢部宽 14—16 μm。

产地：浙江(宁波)；湖北(武昌东湖)；湖南(南岳)；广西(阳朔)。采自稻田、池塘、湖泊中。

分布：亚洲。

饶钦止在 1949 年建立的 *Staurastrum tohopekaligense* var. *trifurcatum* f. Jao，也应属于 *S. hantzschii* var. *japonicum*，现归入此变种中。

55. 六刺角星鼓藻 图版 XXVI: 17—18

Staurastrum hexacerum Wittrock, Bih. Kongl. Vet.-Akad. Handl., 1(1): 51, 1872; West & West & Carter, Monogr. Brit. Desm., V: 138—139, pl. 142, figs. 11—14, 1923; Prescott et al., North Amer. Desm., II, 4: 220, pl. 401, figs. 10—11, 1982; Hu & Wei, The Freshwater Algae of China, Systematics, Taxonomy and Ecology, p. 876, pl. XIV-77-9—10, 2006.

细胞小到中等大小，宽约为长的 1.2 倍(包括突起)，缢缝深凹，向外张开呈锐角；半细胞正面观纺锤形或近宽倒三角形，背缘和腹缘相同凸起，顶端水平方向圆锥形延长形成很短的突起，末端具 3—4 个小齿，细胞壁具小颗粒，围绕角呈同心圆排列，半细胞顶部的颗粒较退化；垂直面观常为三角形，少数四角形，侧缘凹入，角延长形成很短的突起，末端具 3—4 个小齿。细胞长 17—35 μm，宽 21—36 μm，缢部宽 5—10 μm。

常附着在水生植物上，有时浮游，少数底栖习性，pH 为 5.0—8.3。

产地：内蒙古(大兴安岭阿尔山地区)；湖北(武昌东湖)；广西(阳朔)；重庆；四川(西昌，盐源，德格，道孚，若尔盖)；贵州(松桃，印江，赤水，安龙，铜仁，威宁，毕节，镇远，都匀，雷山，安顺，清镇)；云南(宁蒗，贡山，永宁)；西藏(察隅)。采自稻田、水坑、池塘、湖泊和沼泽中。

分布：亚洲；欧洲；非洲；大洋洲(澳大利亚，新西兰)；北美洲；南美洲；北极。

56. 具毛角星鼓藻 图版 XXI: 9—10

Staurastrum hirsutum Ralfs, Brit. Desm., p. 127, pl. 22, fig. 3, 1848; West & West & Carter, Monogr. Brit. Desm., V: 65—67, pl. 138, figs. 4—6, 1923; Prescott et al., North Amer. Desm., II, 4: 220, pl. 401, figs. 10—11, 1982; Yamaguti, in Kawamura's Rep. Limn. Surv. of Kwantung and Manchoukuo, p. 491, pl. II, fig. 64, 1940.

细胞中等大小，长约等于或略大于宽，缢缝深凹，近顶端线形和然后向外张开；半细胞正面观近截顶角锥形、近肾形或近半圆形，顶缘近平直，顶角广圆，侧缘凸起，近基部为半细胞最宽部分，基角广圆；垂直面观三角形，侧缘近平直、略凹入或略凸起，角广圆；细胞壁具许多毛状棘刺，围绕角呈同心圆排列，半细胞顶部中间平滑。细胞长 34—42 μm，宽 30—37 μm，缢部宽 11—12 μm。

通常生长在偏酸性的湖泊、沼泽中，浮游或附着在水生植物上，pH 为 4.0—6.2。

产地：黑龙江(哈尔滨，兴凯湖)。采自池塘、湖泊中。

分布：亚洲；欧洲；大洋洲(新西兰)；北美洲；南美洲；北极。

57. 湖北角星鼓藻 图版 XL: 8—9

Staurastrum hubeiense Wei & Yu, Chin. Jour. Oceanol. Limnol., 23(2): 212, pl. I: 4—5, 2005.

细胞中等大小，宽为长的 1.5—2 倍(包括突起)，缢缝深凹，向外张开呈锐角；半细胞正面观碗形到倒半圆形，顶缘具两个 2 齿的瘤，顶角水平方向延长形成长突起，其末端具 2 个纵向叉开的刺，突起背缘具一列 3 个齿，其背缘基部两侧各具 1 个 2 齿的瘤，突起腹缘基部具 1 个齿；垂直面观纺锤形，两端缘内中部具两个 2 齿的瘤，角向水平方向延长形成长突起，其背缘具 1 列 3 个齿，背缘基部两侧各具 1 个 2 齿的瘤，末端具 2 个纵向叉开的刺。细胞长 37.5—41 μm，包括突起宽 66—75 μm，不包括突起宽 24.5—26.5 μm，缢部宽 7.5—11 μm，厚 11.5—13 μm。

产地：湖北(武昌东湖)。采自池塘、湖泊中。

仅产于中国。

58. 不显著角星鼓藻　图版 XXV：15—16

Staurastrum inconspicum Nordstedt, Acta Univ. Lund, 9: 26, pl. 1, fig. 11, 1873; West & West & Carter, Monogr. Brit. Desm., V: 86—87, pl. 141, figs. 4—7, pl. 142, fig. 8, 1923; Prescott et al., North Amer. Desm., II, 4: 223, pl. 390, figs. 13—14, 16, 1982; Hu & Wei, The Freshwater Algae of China, Systematics, Taxonomy and Ecology, p. 877, pl. XIV-76-21—22, 2006.

细胞小，长约等于宽，缢缝中等深度近半圆形凹入；半细胞正面观不规则的四角形，顶部略高出，其中间凹入，顶角斜向上延长形成粗壮的短突起，并在中部突然变狭和呈钝角斜向上折转，末端平直；垂直面观三角形到六角形，侧缘明显凹入，角延长形成粗壮的短突起，在中部变狭，末端平直，细胞有时连成短的丝状。细胞长 15—26 μm，宽 16—26 μm，缢部宽 6—9 μm。

常生长在贫营养的、偏酸性的水体中，浮游或附着在水生植物上，pH 为 5.5—8.0。

产地：湖北(武昌东湖)。采自池塘、湖泊、沼泽中。

分布：亚洲；欧洲；大洋洲(新西兰)；北美洲；南美洲。

59. 具齿角星鼓藻　图版 XL：6—7，图版 LXV：2

Staurastrum indentatum West & West, Trans. Linn. Soc. London, Bot. II, 6(3): 186, pl. 22, figs. 10—12, 1902; Hu & Wei, The Freshwater Algae of China, Systematics, Taxonomy and Ecology, p. 877, pl. XIV-77-5—8, 2006.

细胞中等大小，宽约为长的 1.5 倍(包括突起)，缢缝中等深度凹入，向外张开呈锐角；半细胞正面观杯形，顶缘平直或略凸起，具 4 个 2 齿到 3 齿的瘤，顶角水平方向或略向下延长形成长突起，具数轮小齿，缘边波状，末端具 2 个到 3 个刺，突起背缘近基部具 1—2 个中间微凹的瘤，侧缘斜向上，半细胞基部膨大，具小刺或中间微凹的瘤，在基部上端和突起腹部间具 2 个中间微凹的瘤；垂直面观纺锤形(不包括突起近圆形)，两端中部略增厚，缘内具 4 个 2 齿到 3 齿的瘤，角延长形成长突起，突起基部具 1—2 个中间微凹的瘤，末端具 2 到 3 个刺。细胞长 31—42.5 μm，宽(包括突起)52—100 μm，缢部宽 6—10 μm，厚 15—20 μm。

产地：浙江(宁波东钱湖)；湖北(武昌东湖，洪湖)；广西(修仁)；重庆；贵州(思南)；云南(抚仙湖)。采自池塘、湖泊、河流的沿岸带和沼泽中。

分布：亚洲的东南亚和南亚等热带和亚热带地区。

60. 弯曲角星鼓藻　图版 XXIX：11—12

Staurastrum inflexum Brébisson, Mém. Soc. Sci. Nat. Cherbourg, 4: 140, pl. 1, fig. 25, 1856;

West & West & Carter, Monogr. Brit. Desm., V: 108—110, pl. 143, figs. 7—8, 1923; Prescott et al., North Amer. Desm., II, 4: 224, pl. 441, figs. 3, 5, 8, 1982; Hu & Wei, The Freshwater Algae of China, Systematics, Taxonomy and Ecology, p. 877, pl. XIV-76-7—8, 2006.

细胞小，宽约为长的 1.3 倍(包括突起)，缢缝深凹，向外宽张开近直角；半细胞正面观近楔形，顶部略凸起，顶角略向下延长形成细长的突起，缘边波状，具数轮小齿，末端具 2 个到 3 个小刺，腹缘膨大和比顶缘略凸起；垂直面观三角形，侧缘略凹入，缘内具一列小颗粒，角延长形成细长的突起，具数轮小齿，末端具 2 个到 3 个小刺；细胞常在缢部扭转，一个半细胞的突起与另一半细胞的突起互相交错排列。细胞长 20—37 μm，包括突起宽 22.5—40 μm，缢部宽 5—8 μm。

生长在贫营养到富营养的水体中，对各种水环境有强的耐受能力，浮游或附着在水生植物上，pH 为 5.1—7.0，少数达到 9.0。

产地：内蒙古(大兴安岭阿尔山地区，扎兰屯)；黑龙江(哈尔滨)；吉林(长春)；湖北(武昌东湖)；重庆；四川(理塘，若尔盖)；贵州(贵阳，江口，清镇，安顺)；云南(丽江，香格里拉)；西藏(拉萨，吉隆)。采自稻田、水坑、水沟、池塘、湖泊、山泉、溪流、河流的沿岸带、沼泽中。

分布：亚洲；欧洲；大洋洲(新西兰)；北美洲。

61. 依阿达角星鼓藻　图版 XXX：9—10

Staurastrum iotanum Wolle, Bull. Torr. Bot. Club, 11(2): 13, pl. 44, figs. 5—7, 1884; West & West & Carter, Monogr. Brit. Desm., V: 121—122, pl. 149, fig. 1, 1923; Prescott et al., North Amer. Desm., II, 4: 225, pl. 426, figs. 10—11, 1982; Wei & Yu, Chin. Jour. Oceanol. Limnol., 23(2): 216, pl. III: 8—9, 2005.

细胞小，长约等于宽(包括突起)，缢缝中等深度凹入，顶端宽凹入和向外张开呈 U 型；半细胞正面观宽倒三角形到扁碗形，顶缘凹入，顶角斜向上延长形成狭长突起，末端具 3 个齿，突起缘边具刺，腹缘略凸起；垂直面观三角形，角延长形成狭长突起，其缘边具刺，末端具 3 个齿，侧缘略凹入或近平直。细胞长 20—22 μm，宽 19.5—20 μm，缢部宽 4—4.5 μm。

产地：湖北(武昌东湖)。采自池塘、湖泊中。

分布：亚洲；欧洲；北美洲。

62. 艾弗森角星鼓藻

Staurastrum iversenii Nygaard, Det. Kongl. Danske Vid. Selsk. Biol. Skrift., 7(1): 96, fig. 49, 1949; Prescott et al., North Amer. Desm., II, 4: 226, pl. 396, fig. 4, 1982.

62a. 原变种

var. iversenii

细胞中等大小，宽大于长(包括突起)，缢缝浅凹入，顶端宽凹陷；半细胞正面观宽倒三角形或碗形，顶缘直和具 4 个 2 齿的瘤，中间的 2 个齿比两侧的 2 个齿略大，顶缘内、半细胞的体部具横向排列的齿，顶角斜向上伸长形成纤细的长突起，末端具 4 个长齿，突起缘边具粗刺，侧缘凸起和斜向上达突起腹缘基部；垂直面观纺锤形，角伸长形成纤细的长突起，末端具 4 个齿，突起缘边具粗刺，两端缘边各具 4 个齿，中间的 2 个齿比两侧的 2 个齿略大，缘内具 4 个 2 刺的瘤。细胞长(不包括突起)20—21.5 μm，宽(不包括突起)17—18 μm，(包括突起)70—75 μm，缢部宽 8.5—10 μm。

分布：欧洲；北美洲(美国)。

中国尚无报道。

62b. 艾弗森角星鼓藻多瘤变种　图版 XXXV：3—5
Staurastrum iversenii var. **polyverrucosum** Wei, Acta Phytotax. Sinica, 35(4): 369—370, fig. 4: 3—5, 1997.

此变种与原变种不同为半细胞顶缘内具一横列 4 个具 2 齿的瘤，缢部上端具一横列 3 个具 2 齿的瘤。细胞长(不包括突起)13.5—14 μm，(包括突起)28.5—29 μm，宽(不包括突起)10.5—11 μm，(包括突起)40.5—41 μm，缢部宽 3.5—4 μm，厚 7—7.5 μm。

产地：浙江(杭州西湖)。采自池塘、湖泊中。

仅产于中国。

63. 爪哇角星鼓藻
Staurastrum javanicum(Nordstedt)Turner, Kongl. Svensk. Vet.-Akad. Handl., 25(5): 127, 1892; Li, Wei et al., The algae of the Xizang Plateau, p. 380—381, pl. 68, figs. 1—3, 1992.

Staurastrum proboscideum f. *javanicum* Nordstedt, Acta. Univ. Lund., 16: 120—133, pl. 1, fig. 19, 1880.

Staurastrum javanicum f. Skuja, Algae, *in* Handel-Mazzetti's, Symbolae Sinicae, I: 96, pl. 12, figs. 36—37, 1937.

63a. 原变种　图版 XLVII：1—4
var. **javanicum**

细胞中等大小，宽约为长的 1.5 倍(包括突起)，缢缝深凹，顶端尖，向外张开呈锐角；半细胞正面观杯形，顶部具一轮 12 个或 16 个微凹的瘤(每 2 个突起之间具 4 个)，顶部中间具 3 对颗粒或无，顶角水平向或略向下延长形成狭长突起，缘边波状和具数轮齿，末端具 4 个或 5 个小刺，突起背缘基部具 1 个瘤，半细胞体部、两突起间具 4 个横向排列的刺，半细胞基部、每一突起下、缢部上端具 2 横列颗粒，每列 2—3 个；垂直面观三角形或四角形，侧缘平直，具 4 个刺，缘内具 4 个微凹的瘤，角延长形成长突起，缘边波状和具数轮齿，末端具 4 个或 5 个小刺，突起背缘基部具 1 个瘤。细胞长 40—72.5 μm，宽(包括突起)57—95 μm，缢部宽 8—17.5 μm。

产地：浙江(宁波东钱湖)；湖北(武昌东湖)；湖南(长沙)；贵州(江口)；四川(盐源，西昌)；云南(大理洱海)；西藏(查隅)。采自稻田、水沟、湖泊、沼泽中。

分布：亚洲(热带和亚热带地区)。

Skuja 在 1937 年建立的 *Staurastrum javanicum* f.，未命名，此变型与原变种不同为半细胞正面观顶缘 4 个瘤中位于一侧的 1 个瘤较长，半细胞缢部上端具 1 轮刺。

63b. 爪哇角星鼓藻大型变种　图版 XLVIII：1—2

Staurastrum javanicum var. **maximum** Bernard, Protococcacées et Desmidiées d'eau douce, récoltées à Java. Dépt. de I'Agric. aux indes Néerland. p. 1—230, pl. 10, figs. 264—267, 1908; Krieger, Arch. f. Hydrobiol. Suppl., 11(3): 201, pl. 20, fig. 4, 1932; Yamaguti, *in* Kawamura's Rep. Limn. Surv. of Kwantung and Manchoukuo, p. 491, pl. III, fig. 1, 1940.

此变种与原变种不同为细胞较大，半细胞顶部每 2 个突起间具 3 个微凹的瘤，其中位于一侧的 1 个瘤较长，半细胞体部、两突起间不具 4 个横向排列的刺；垂直面观侧缘不具 4 个刺。细胞长 50—59 μm，宽(包括突起)70—96.5 μm，缢部宽 15—16 μm。

产地：黑龙江(哈尔滨，兴凯湖)。采自池塘、湖泊中。

分布：亚洲(印度尼西亚等热带和亚热带地区)。

64. 广西角星鼓藻　图版 XLVIII：5—6

Staurastrum kwangsiense Jao, Bot. Bull. Acad. Sinica, 3: 66—67, fig. 5: 11, 1949; Li, Wei et al., The algae of the Xizang Plateau, p. 380，pl. 67, figs. 1—2, 1992. Hu & Wei, The Freshwater Algae of China, Systematics, Taxonomy and Ecology, p. 877—879, pl. XIV-78-5—6, 2006.

细胞中等大小到大形，宽约为长的 1.5 倍(包括突起)，缢缝中等深度凹入，顶端尖圆，向外张开近圆形；半细胞正面观楔形，顶部近平直，顶角水平方向延长形成长突起，具数轮小齿，末端具 4 个粗刺，突起背缘、侧缘和腹缘各具 1 列瘤(近突起基部呈平的微凹的瘤，近末端的呈乳头状的小瘤)，一个突起背缘和侧缘的瘤延伸到另一个突起背缘和侧缘，突起腹缘的瘤延伸到半细胞的基部；垂直面观三角形，侧缘略凹入，缘边和缘内各具平的微凹的瘤，角延长形成长突起，末端具 4 个粗刺，突起背缘、侧缘和腹缘各具 1 列瘤。细胞长 43—50 μm，宽(包括突起)48—78 μm，缢部宽 10—11.5 μm。

产地：广西(修仁)；西藏(查隅)。采于稻田、池塘、湖泊中。

仅分布在中国。

65. 裂状角星鼓藻　图版 LI：6—9

Staurastrum laceratum Turner, Kongl. Svenska Vet. Akad. Handl., 25(5): 177, pl. 15, fig. 11, 1892; Wei, Acta Phytotax. Sinica, 34(6): 663—665, fig. 4: 7—8, 1996.

细胞中等大小，宽略大于长(包括突起)，缢缝浅凹入，从顶端向外张开呈钝角；半细胞正面观杯形，顶部高出，具一轮 6 个具 2 齿的瘤(每 2 个突起之间具 2 个)，顶角水平向延长形成长突起，末端具 2 个纵向叉开的刺，突起背缘具 2 个排成单列的刺，突起背缘基部具 1 个向上伸出的附属短突起，末端 3—4 个齿，突起腹缘基部具 1 个刺；垂直面观三角形，侧缘中间略凸起，顶部中间具一轮 6 个具 2 齿的瘤(每 2 个突起之间具 2 个)，角延长形成长突起，末端具 2 个纵向叉开的刺，突起背缘具 2 个排成单列的刺，突起背缘基部具 1 个向上伸出的附属短突起。细胞长 34.5—56 μm，宽 39.5—60 μm，缢部宽 8—10 μm。

产地：浙江(宁波的东钱湖和梅湖)；湖北(武昌东湖)。采自池塘、湖泊中。

分布：亚洲(东南亚，南亚等热带和亚热带地区)。

66. 光滑角星鼓藻

Staurastrum laeve Ralfs, Brit. Desm., p. 131, pl. 23, fig. 10, 1848; West & West & Carter, Brit. Monogr. Desm., V: 92—93, pl. 141, figs. 1—3, 1923; Prescott et al., North Amer. Desm., II, 4: 230—231, pl. 385, figs. 1—3, 1982; Yamagish, Plankton Algae in Taiwan, p. 161, pl. 72, figs. 10—13, 1992.

66a. 原变种　图版 XXIV：9—10

var. laeve

细胞小，长约为宽的 1.3 倍(不包括突起)，缢缝深而宽凹陷，顶端钝圆；半细胞正面观椭圆形或近半圆形，顶缘略凸起，顶角深裂并水平向或略斜向上延长形成 2 个强壮的短突起，末端具 2 个纵向叉开的刺，腹缘凸起和斜向顶角；垂直面观三角形到五角形，侧缘凹入，角深裂并延长形成 2 个强壮的短突起，末端具 2 个纵向叉开的刺。细胞长(包括突起)16—26 μm，宽(包括突起)14—27 μm，缢部宽 6—8 μm。

生长在贫营养和中营养的池塘、湖泊等水体中，浮游或附着在水生植物上，pH 为 6.8—8.3。

产地：福建(福州)；台湾(罗东，清水湖，埔里)。采自湖泊、沼泽中。

分布：亚洲(印度尼西亚)；欧洲；非洲(南非)；大洋洲(澳大利亚，新西兰)；北美洲；南美洲。

66b. 光滑角星鼓藻光滑变种超多数变型　图版 XXIV：11—12

Staurastrum laeve var. laeve f. supernumeraria Nordstedt, Acta Univ. Lund., 9: 28, pl. 1, f. 12, 1873; Wei, Acta Phytotax. Sinica, 34(6): 665, fig. 4: 11—12, 1996.

此变型与原变种不同为半细胞顶角深裂形成 2 个短突起中的 1 个短突起的上端略斜向上延长形成 1 个更短的附属突起，末端具 2 个刺。细胞长(包括突起)25—28.5 μm，宽(包括突起)23.5—25 μm，缢部宽 6—7 μm。

产地：湖北(武昌东湖)。采自池塘、湖泊中。

分布：欧洲。

67. 拉波角星鼓藻　图版 XVII：1—2

Staurastrum lapponicum (Schmidle) Grönblad, Soc. Sci. Fennica Commem. Biol., 2(5): 29, pl. 2, figs. 106—107, 1926; Prescott et al., North Amer. Desm., II, 4: 231—232, pl. 337, figs. 1, 3, 1982; Shi, Wei et al., Compilation of reports on the survey of algal resoures in south-western China, p. 338, pl. 10: 1—2, 1994.

Staurastrum punctulatum var. *muricatiforme* f. *lapponicum* Schmidle, Bih. Kongl. Svenska

Vet.-Acad. Handl. 24, III（8）: 57, pl. 3, fig. 5, 1898.

细胞小到中等大小，长约等于宽，缢缝深凹，向外略张开；半细胞正面观椭圆形，顶缘宽凸起，侧角广圆，腹缘凸起；垂直面观三角形，侧缘宽凹入，角广圆；细胞壁具颗粒，呈同心圆排列。细胞长 37.5—38 μm，宽 37.5—40 μm，缢部宽 9—10 μm。

产地：内蒙古（大兴安岭阿尔山地区）；四川（西昌邛海）；贵州（六枝）。采自湖泊、沼泽中。

分布：亚洲；欧洲；非洲；北美洲，南美洲；北极。

68. 薄刺角星鼓藻

Staurastrum leptacanthum Nordstedt, Vid. Medd. Naturh. Foren Kjöbenh., 1869（14—15）: 229, pl. 4, fig. 46, 1870; Prescott et al., North Amer. Desm., II, 4: 232—233, pl. 386, fig. 12, pl. 387, figs. 3—4, 1982.

68a. 原变种　图版 LIV: 1—2

var. leptacanthum

细胞大形，长约等于宽（包括突起），缢缝宽的 V 型凹陷，顶端钝圆，向外张开呈锐角；半细胞正面观近圆形到六角形，顶部平直或略凸起，4 个顶角各斜向上伸长形成 1 个平滑而细长的附属突起，末端具 2 叉的刺，6 个侧角各水平向伸长形成 1 个与顶角形状相似的、平滑而细长的突起，末端具 2 叉的刺，腹缘略膨大和斜向侧角；垂直面观六角形，6 个侧角各伸长形成 1 个平滑而细长的突起，末端具 2 叉的刺，突起间的缘边直，缘内的 4 个顶角各伸长形成 1 个与侧角形状相似的、平滑而细长的附属突起，末端具 2 叉的刺。细胞长（不包括突起）38—42 μm，（包括突起）70—73 μm，宽（不包括突起）28—30 μm，（包括突起）66—68 μm，缢部宽 20—21 μm；突起长 22—28 μm。

主要分布在热带、亚热带地区。

产地：广东（开平）；湖北（武昌东湖）。采自池塘、湖泊、水库中。

分布：亚洲；欧洲；非洲；大洋洲（澳大利亚，美国的夏威夷，新西兰）；北美洲；南美洲。

68b. 薄刺角星鼓藻博格变种　图版 LIV: 5—6

Staurastrum leptacanthum var. **borgei** Förster, Amazoniana, 2（1/2）: 86, pl. 59, figs. 4—6, 1969; Prescott et al., North Amer. Desm., II, 4: 233, pl. 387, fig. 2, 1982.

此变种与原变种不同为半细胞正面观圆形，6 个顶角各斜向上伸出 1 个平滑而细长的附属突起，9 个侧角各水平向伸出 1 个平滑而细长的突起，末端具 3 个强壮的刺；垂直面观圆形，9 个侧角各伸出 1 个平滑而细长的突起，末端具 3 个强壮的刺，突起间的缘边直，缘内的 6 个顶角各斜向上伸出 1 个平滑而细长的附属突起。细胞长（不包括突起）40.5—52.5 μm，（包括突起）65—85 μm，宽（不包括突起）28—30 μm，（包括突起）75.5—88 μm，缢部宽 16.5—22.5 μm。

主要分布在热带、亚热带地区的种类。

产地：江西（进贤）。采自小河沿岸带。

分布：北美洲(美国的佛罗里达)；南美洲。

68c. 薄刺角星鼓藻十二臂变种　图版 LIV：3—4

Staurastrum leptacanthum var. **dodecacanthum** West & West, Trans. Linn. Soc. London
Bot., II, 5(5)：269, pl. 18, fig. 6, 1896; Prescott et al., North Amer. Desm., II, 4: 233, pl.
388, fig. 6, 1982.

此变种与原变种不同为半细胞 6 个顶角各斜向上伸出 1 个平滑而细长的附属突起，6
个侧角各水平向伸出 1 个平滑而细长的突起，末端具 2 个强壮的刺；垂直面观近三角形，
6 个侧角伸出 1 个平滑而细长的突起，缘内的 6 个顶角各斜向上伸出 1 个平滑而细长
的附属突起，末端具 2 个强壮的刺。细胞长(不包括突起)38—40 μm，(包括突
起)70—75 μm，宽(不包括突起)28—32 μm，(包括突起)66—70 μm，缢部宽 20—22 μm；
突起长 22.5—28 μm。

产地：浙江(宁波东钱湖)。采自湖泊、沼泽中。

分布：北美洲(美国)。

69. 细臂角星鼓藻

Staurastrum leptocladum Nordstedt, Vid. Medd. Naturh. Foren Kjöbenh., 1869(14/15)：228,
pl. 4, fig. 57, 1870; Prescott et al., North Amer. Desm., II, 4: 234, pl. 406, figs. 2—3,
1982.

69a. 原变种　图版 XXVIII：1—2

var. leptocladum

细胞小到中等大小，长约为宽的 1.5 倍(不包括突起)，缢缝浅、V 型凹陷；半细胞
正面观近钟形，顶部略高出和凸起，顶缘内具一个基部膨大的弯短刺，与另一面的一个
基部膨大的弯短刺彼此交错排列，顶角略斜向上延长形成圆锥形的纤细长突起，缘边锯
齿状，末端具 2 个强壮的齿，两侧缘中部近平行或略凹入，其后逐渐斜向突起腹缘的基
部，缢部上端、半细胞基部略膨大和具一横列尖颗粒；垂直面观纺锤形，两端缘内各具
1 个基部膨大的弯短刺，2 个短刺彼此呈斜角交错排列，角延长形成圆锥形的纤细长突起，
缘边锯齿状，末端具 2 个强壮的齿。细胞长 (不包括突起)35—37 μm，(包括突
起)35—46 μm，宽(不包括突起)15—18 μm，(包括突起)70—90 μm，缢部宽 8.5—11 μm，
厚 13.5—15 μm。

生长在贫营养到富营养的水体中，浮游或附着在水生植物上，pH 为 4.8—7.4，少数
达 9.1。主要分布在热带、亚热带地区。

产地：浙江(宁波的东钱湖和梅湖)。采自湖泊、沼泽中。

分布：亚洲；欧洲；非洲；大洋洲(澳大利亚，新西兰)；北美洲(美国的佛罗里达)；
南美洲(巴西)。

Scott & Grönblad(1957)指出，根据 Nordstedt(1870)最初的描述，此种的顶部是否具
一对小刺是有疑问的，但它们是脆弱的和容易丧失的，G.M.Smith(1924)和 Irenee-
Marie(1938, 1939)描述北美的此种植物的特征为顶部具刺，但 Grönblad(1945)将 G.M.

Smith（1924）描述的北美的这种藻类作为此种的一个变种——*Staurastrum leptocladum* var. *smithii* Grönblad。此书关于此种刺的特征是根据 G.M.Smith（1924）和 Prescott 等（1982）的描述。

69b. 细臂角星鼓藻具角变种　图版 XXVIII：3—4

Staurastrum leptocladum var. **cornutum** Wille, Bih. Kongl. Svenska Vet.-Akad. Handl., 8(18): 19, pl. 1, fig. 39, 1884; Prescott et al., North Amer. Desm., II, 4: 235, pl. 406, fig. 5, 1982; Wei, Acta Phytotax. Sinica, 34(6): 665, fig. 5: 3—4, 1996.

此变种与原变种不同为半细胞正面观顶部的一对彼此交错排列的刺从顶部略高出处伸出，长突起首先斜下然后在近顶端时再略转向上伸出。细胞长 43—44 μm，宽（包括突起）83—88 μm，厚 17—17.5 μm，缢部宽 7—7.5 μm。

主要分布在热带、亚热带地区。

产地：湖北（武昌东湖）。采自池塘、湖泊、沼泽中。

分布：亚洲；欧洲；非洲；大洋洲（澳大利亚）；北美洲（美国）；南美洲。

69c. 细臂角星鼓藻显著变种　图版 XXIX：1—2

Staurastrum leptocladum var. **insigne** West & West, Trans. Linn. Soc. London Bot., II, 5(5): 266, pl. 17, fig. 17, 1896; Prescott et al., North Amer. Desm., II, 4: 236, pl. 408, figs. 3, 7, 1982.

此变种与原变种不同为半细胞正面观顶缘具 4 个明显的、微凹的瘤，长突起明显向上广张开，垂直面观细胞体部呈具角的椭圆形，两端膨大和中间平的隆起，缘内具一列 4 个明显的、微凹的瘤。细胞长（不包括突起）27.5—28 μm，（包括突起）58—65 μm，宽（不包括突起）25—27 μm，（包括突起）49—75 μm，厚 8.5—10 μm，缢部宽 5—6 μm。

通常浮游，很少数底栖生长，附着在水生植物或其他基质上，pH 为 6.2—6.7。主要分布在热带、亚热带地区。

产地：广东（开平）。采自水库中。

分布：欧洲；非洲；大洋洲（新西兰）；北美洲；南美洲。

采自广东开平的标本与此变种不同为顶缘具 3 个微凹的瘤，长突起背缘基部具 1 对刺或 1 个微凹的瘤。

70. 湖沼角星鼓藻

Staurastrum limneticum Schmidle, Engler's Bot. Jahrb., 26(1): 52, pl. 4, fig. 5, 1898; Prescott et al., North Amer. Desm., II, 4: 238, pl. 423, fig. 1, pl. 435, fig. 6, 1982.

70a. 原变种　图版 XXXIII：1—2

var. limneticum

细胞中等大小到大形，长约为宽的 2 倍（不包括突起），缢缝浅凹入，顶端钝圆，向外张开呈锐角；半细胞正面观近圆形，顶缘宽凸起，顶角斜向上延长形成长突起，末端具 3 个齿，突起背缘平滑或具浅的锯齿，突起腹缘具锯齿，腹缘略凸起和斜向突起腹缘的基部；垂直面观五角形或六角形，角延长形成长突起，末端具 3—4 个齿，缘边波状，突起间的侧缘略凹入。细胞长（不包括突起）30—34 μm，（包括突起）40—43 μm，宽（不包括突起）17—18 μm，宽（包括突起）98—100 μm，缢部宽 8—9 μm。

通常生长在贫营养深水湖的近表层，浮游。

产地：浙江（千岛湖）。采自湖泊中。

分布：亚洲；非洲；大洋洲（新西兰）；北美洲。

70b. 湖沼角星鼓藻缅甸变种　图版 XXXIV：3—4

Staurastrum limneticum var. **burmense** West & West, Ann. Roy. Bot. Gard. Calcutta, 6(2)：222, pl. 6, fig. 13, 1907; Prescott et al., North Amer. Desm., II, 4: 238, pl. 424, fig. 1, 1982; Yamagish, Plankton Algae in Taiwan, p. 161, pl. 73, figs. 1—2, 1992.

此变种与原变种不同为细胞宽约为长的 1.5 倍（包括突起）；半细胞正面观宽碗形，顶角斜向上延长形成节结状的长突起，突起侧缘具一列齿或尖颗粒，末端具 2—3 个强壮的齿。细胞长 35—45 μm，宽（包括突起）65—75 μm，缢部宽 8—9 μm。

通常生长在贫、中营养的水体中，浮游，也附着在水生植物或其他基质上，pH 为 5.0—6.8。

产地：浙江（千岛湖）；台湾（花莲鲤鱼潭）。采自湖泊中。

分布：亚洲；大洋洲（新西兰）；北美洲；南美洲。

70c. 湖沼角星鼓藻角状变种　图版 XXXIV：1—2

Staurastrum limneticum var. **cornutum** G.M.Smith, Wisconsin Geol. & Nat. Hist.Surv. Bull., 57(2)：117, pl. 82, figs. 1—2, 1924; Prescott et al., North Amer. Desm., II, 4: 239, pl. 435, figs. 3, 5, 1982.

此变种与原变种不同为细胞体部较狭，缢缝中等深度凹入；半细胞正面观碗形，顶缘高出和平截，具 1 轮平瘤，顶角形成的突起较短，节结状，垂直面观五角形或七角形，缘内具 1 轮平瘤（每一突起基部内具 1 个）。细胞长（不包括突起）30—31 μm，（包括突起）50—55 μm，宽（不包括突起）15—20 μm，（包括突起）72—74 μm，缢部宽 8—10 μm。

产地：广东（开平，深圳）。采自水库中。

分布：北美洲（加拿大）。

采于广东开平和深圳的个体与此变种不同为细胞垂直面观四角形，突起基部间的缘内具 2 个刺。

71. 长臂角星鼓藻

Staurastrum longipes (Nordstedt) Teilling, Bot. Notiser, 1946(1)：80, fig. 23, 1946; Prescott et al., North Amer. Desm., II, 4: 240—241, pl. 425, figs. 3, 6, 1982.

Staurastrum paradoxum var. *longipes* Nordstedt, Acta Univ. Lund., 9: 35, pl. 1, fig. 17, 1873; Skuja, Algae, *in* Hand.-Mazz. Symbol. Sinicae, 1: 95, 1937.

71a. 原变种　图版 XXXI：1—2

var. longipes

　　细胞中等大小到大形，长约等于宽(包括突起)，缢缝浅凹入，向外张开呈锐角；半细胞正面观杯形，顶缘平，顶角斜向上延长形成纤细的长突起，缘边锯齿状，末端具 4 个齿，侧缘略凸起和斜向突起腹缘的基部；垂直面观三角形或四角形，侧缘凹入，角延长形成纤细的长突起，缘边锯齿状，末端具 4 个齿。细胞长(不包括突起)28—30 μm，(包括突起)67—90 μm，宽(包括突起)70—82 μm，缢部宽 7—10 μm。

　　生长在贫营养到富营养的水体中，浮游，pH 为 5.4—7.2。

　　产地：河南(南湾水库)；浙江(宁波)；四川(西昌)；云南(丽江)。采自池塘、湖泊、水库中。

　　分布：亚洲；欧洲；大洋洲(澳大利亚，新西兰)；北美洲；南美洲；北极。

71b. 长臂角星鼓藻收缩变种　图版 XXXI：3—6

Staurastrum longipes var. contractum Teilling, Bot. Notiser, 1946(1)：81, figs. 24, 37, 1946;
　　Prescott et al., North Amer. Desm., II, 4: 241, pl. 425, fig. 8, 1982.

Staurastrum paradoxum Ralfs, Brit. Desm., p. 138, pl. 23, fig. 8, 1848; Skuja, Algae, *in*
　　Hand.-Mazz. Symbol. Sinicae, 1: 95, 1937.

　　此变种与原变种不同为细胞长略大于宽(包括突起)，缢缝略向外张开，半细胞正面观杯形或碗形，腹缘宽展开斜向突起腹缘的基部，顶角斜向上延长形成长突起。细胞长(不包括突起)17—20 μm，(包括突起)34—66 μm，宽(包括突起)32—56.5 μm，缢部宽5—8.5 μm。

　　通常生长在中营养的水体中，浮游，pH 为 6.5—7.8。

　　产地：黑龙江(哈尔滨，兴凯湖)；内蒙古(扎兰屯)；浙江(杭州)；湖北(武昌东湖)；云南(丽江，剑川)。采自鱼塘、池塘、湖泊中。

　　分布：亚洲；欧洲；大洋洲(澳大利亚，新西兰)；北美洲；南美洲。

72. 长突起角星鼓藻

Staurastrum longiradiatum West & West, Trans. Linn. Soc. London Bot., II, 5(5)：267, pl.
　　17, fig. 27, 1896; Prescott et al., North Amer. Desm., II, 4: 241, pl. 419, figs. 2—3, pl.
　　420, fig. 8, 1982; Xiong et al., Coll. Guizhou Agr. College. Tol., 20: 59, pl. 7—2, 1992.

72a. 原变种　图版 XXXVIII：1—2

var. longiradiatum

　　细胞中等大小，宽约为长的 2.5 倍(包括突起)，缢缝中等深度 U 型凹入，向外张开呈锐角；半细胞正面观钟形或壶形，顶部平，具一轮 6 个微凹的瘤(每 2 个顶角间 2 个)，顶角水平向延长形成纤细的长突起，末端具 2 个或 4 个刺，突起缘边锯齿状，突起背缘基部具 2 列颗粒，侧缘略凸起和斜向顶角，半细胞基部膨大；垂直面观三角形，侧缘凹入，缘内具 2 个微凹的瘤，角延长形成纤细的长突起，末端具 2 个或 4 个刺，突起缘边锯齿状，突起背缘基部具 2 列颗粒。细胞长 33—35 μm，宽(包括突起)59—69 μm，缢部宽 7—9 μm。

通常生长在中营养、有时在富营养的水体中，浮游，pH 为 5.4—9.1。

产地：福建(福州)；贵州(贵阳，赤水，清镇，遵义，绥阳，安龙)。采自池塘、湖泊中。

分布：亚洲；欧洲；非洲；大洋洲(澳大利亚，新西兰)；北美洲。

72b. 长突起角星鼓藻基刺变型　图版 XXXVIII：3—4

Staurastrum longiradiatum var. **longiradiatum** f. **basespinulosum** Wei, Arca Phytotax. Sinica, 31(5): 485, fig. 5: 1—2, 1993.

此变型与原变种不同为半细胞基部具一轮(9 个)小刺。细胞长 48—50 μm，宽(包括突起)85—95 μm，缢部宽 10—12 μm。

产地：四川(西昌)。采自湖泊中。

仅产于中国。

73. 长喙角星鼓藻

Staurastrum longirostratum Grönblad, Acta Soc. Fauna Flora Fennica, 47(4): 68, pl. 1, figs.20—21, 1920.

73a. 原变种

var. **longirostratum**

细胞中等大小，长约等于宽(不包括刺)，缢缝深凹，向外张开呈锐角；半细胞正面观压扁椭圆形，顶部宽弓形凸起，顶角圆，角顶具 1 条斜向上伸出的强壮长刺，细胞壁具规律排列的长刺，缘边具 1 列，缘内具 2 列围绕角规律排列；垂直面观三角形，侧缘略凹入，缘边具 1 列约 6 条长刺，缘内具 2 列长刺与缘边的长刺近平行排列，角圆和略平截，角顶具 1 条强壮的长刺，中央区平滑。细胞长(不包括刺)46 μm，(包括刺)60 μm，宽(不包括刺)49 μm，(包括刺)68 μm，缢部宽 18 μm，长刺长 15 μm，较长刺长 8 μm。

分布：欧洲(芬兰)。

中国尚无报道。

73b. 长喙角星鼓藻中华变种　图版 XXIII：3—4

Staurastrum longirostratum var. **sinense** Jao, Bot. Bull. Acad. Sinica, 3: 67, fig. 4: 19, 1949; Li, Wei et al., The algae of the Xizang Plateau, p. 377, pl. 65, figs. 3—4, 1992.

此变种与原变种不同为半细胞正面观近纺锤形，顶角几乎尖，角顶的刺向水平向伸出；细胞壁的刺等长。细胞长(不包括刺)30—38.5 μm，(包括刺)37—54 μm，宽(不包括刺)26—38 μm，(包括刺)34—55 μm，缢部宽 10—12.5 μm，刺长 9—12 μm。

产地：湖北(武昌东湖)；广东(开平)；广西(修仁)；西藏(察隅)。采自稻田、池塘、水库、湖泊中。

仅分布在中国。

74. 长刺角星鼓藻 图版 XX：1—2

Staurastrum longispinum (Baily) Archer, *in* Pritchard, Infusor., p. 743, 1861; West & West & Carter, Monogr. Brit. Desm., V: 33—34, pl. 134, fig. 1, 1923; Prescott et al., North Amer. Desm., II, 4: 242, pl. 366, figs. 1—2, 1982; Wei, Acta Phytotax. Sinica, 35 (4): 372, fig. 6: 3—4, 1997.

Didymocladon longispinum Baily, Smithson, Contrib. Knowledge, 11 (Art. 8): 36, pl. 1, fig. 17, 1851.

细胞大形，长约等于宽（不包括刺），缢缝深凹，向外宽张开呈锐角；半细胞正面观近椭圆形或倒三角形，顶缘略凸起，顶角略微凸出，角顶具 2 个略斜向上或水平方向伸出的强壮的刺、并位于同一垂直面上，腹缘较明显凸起；垂直面观三角形，侧缘略凹入，角广圆，角顶具 2 个强壮的刺并位于同一垂直面上；细胞壁厚，具明显的点纹。细胞长 60—63 μm，宽 60—64 μm，缢部宽 26—27 μm，刺长 11.5—12 μm。

产地：浙江（宁波东钱湖）；福建（福州）。采自湖泊、沼泽中。

分布：亚洲；欧洲；非洲；大洋洲（澳大利亚）；北美洲。

75. 利氏角星鼓藻 图版 XXXVII：1—2

Staurastrum luetkemuelleri Donat & Ruttner, *in* Messikommer, Beit. Geobot. Landes. Schweiz., 24: 175, Textfig, 2, 1942; Prescott et al., North Amer. Desm., II, 4: 243, pl. 419, fig. 4, pl. 420, figs. 1, 2, 4, 1982; Shi, Wei et al., Compilation of reports on the survey of algal resoures in south-western China, p. 338—339, pl. 15: 1—2, 1994.

细胞小到中等大小，宽约为长的两倍（包括突起），缢缝 U 型浅凹陷，缢部较宽；半细胞正面观杯形，顶部凸起，具一轮 6 个微凹的瘤（每 2 个顶角间 2 个），顶角斜向上延长形成较短的突起，末端具 3 个齿，突起缘边具齿，半细胞基部膨大和缘边凸起，每一突起下、缢部上端具一对颗粒；垂直面观三角形，侧缘宽凹入，缘内具 2 个微凹的瘤，角延长形成较长的突起，末端具 3 个齿，突起缘边具齿。细胞长 38—45 μm，宽 63—95 μm，缢部宽 8—10 μm。

产地：江苏（无锡太湖）；浙江（宁波东钱湖）；四川（西昌邛海，冕宁彝海子）。采自湖泊、沼泽中。

分布：欧洲；南美洲。

采自邛海和彝海子的个体与原变种不同为半细胞每一突起下、缢部上端具 1 个方形的瘤。

76. 新月角星鼓藻 图版 XIX：5—6

Staurastrum lunatum Ralfs, Brit. Desm., p. 124, pl. 34, fig. 12, 1848; West & West & Carter, Monogr. Brit. Desm., V: 29—30, pl. 133, figs. 17—19, 1923; Prescott et al., North Amer. Desm., II, 4: 244, pl. 355, figs. 1, 2, 4, 1982; Li, Wei et al., The algae of the Xizang Plateau, p. 376, pl. 64, figs. 17—18, 1992.

Staurastrum lunatum var. *lunatum* f. *alpestre* Schmidle, Österr. Bot. Zeitsch., 1895 (7): 30, pl. 16, figs. 27a,b, 1895; Skuja, Algae, *in* Hand.-Mazz. Symbol. Sinicae, 1: 96, 1937.

细胞小到中等大小，长约等于或略长或略短于宽(不包括刺)，缢缝深凹，从尖的顶端向外张开呈锐角；半细胞正面观倒半圆形或新月形，顶缘略凸起，顶角钝，角顶具 1 个斜向上的粗壮短刺，腹缘膨大；垂直面观三角形，侧缘凹入，角顶具 1 个粗壮短刺；细胞壁具颗粒，围绕角呈同心圆排列，从角向中间逐渐变小，半细胞中央区平滑。细胞长(不包括刺)23—42.5 μm，宽(不包括刺)20—36 μm，缢部宽 8—15 μm，刺长 2.5—4 μm。

通常附着在水生植物上，有时浮游或底栖生长，pH 为 6.0—8.6。

产地：内蒙古(大兴安岭阿尔山地区)；黑龙江(哈尔滨)；江苏(南京)；河南(南湾水库)；云南(宁蒗，永宁)；西藏(波密)。采自水塘、湖泊、水库、泉水、沼泽中。

分布：亚洲；欧洲；大洋洲(新西兰)；北美洲；北极。

Skuja 在 1937 年鉴定的 *S. lunatum* var. *lunatum* f. *alpestre* Schmidle，此变型与原变种不同为半细胞顶角的刺短，这一特征基本上与原变种相同，现合并在原变种中。

77. 曼弗角星鼓藻

Staurastrum manfeldtii Delponte, Mem. Reale Acad. Sci. Torino, II, 28(1876)：64, pl. 13, figs. 6—19, 1877; West & West & Carter, Monogr. Brit. Desm., V：114—115, pl. 148, fig. 2, 1923; Prescott et al., North Amer. Desm., II, 4: 247, pl. 446, figs. 2, 4, 6, pl. 447, fig. 10, 1982; Hu & Wei, The Freshwater Algae of China, Systematics, Taxonomy and Ecology, p. 879, pl. XIV-76-9—10, 2006.

77a. 原变种　图版 XXXVII：3—4

var. manfeldtii

细胞中等大小到大形，宽约为长的 1.3 倍(包括突起)，缢缝浅凹入，顶端尖，向外张开呈锐角；半细胞正面观近楔形或杯形，顶缘略凸起或平直，具一列不明显的、微凹或不规则的瘤(2 顶角间具 4 个)，顶角水平方向或略向下延长形成长突起，末端具 3 个到 4 个小刺，突起缘边呈波状和具数轮小齿，有时延续到半细胞的体部，侧缘斜向上达突起腹缘基部，半细胞基部膨大、具颗粒；垂直面观三角形或四角形，侧缘平直或略凸起，缘内约具 4 个不明显的、微凹或不规则的瘤，角延长形成长突起，末端具 3 个到 4 个小刺，突起具数轮小齿。细胞长 23—80 μm，包括突起宽 35—101 μm，缢部宽 5—16 μm。

生长在贫营养到富营养的水体中，常底栖习性，附着在水生植物或其他基质上，较少数浮游，pH 为 5.2—8.6。

产地：山西(太原)；内蒙古(大兴安岭阿尔山地区)；河南(南湾水库)；浙江(宁波的东钱湖和梅湖)；江西(进贤)；湖北(武昌东湖，洪湖)；广东(开平)；重庆；四川(西昌，冕宁)；贵州(思南，沿河，独山，兴义，毕节，安顺)；云南(大理洱海)；西藏(察隅，波密，芒康，仲巴)。采自稻田、水坑、池塘、湖泊、水库、河流的沿岸带、沼泽中。

分布：亚洲；欧洲；非洲；大洋洲(澳大利亚，新西兰)；北美洲；南美洲。

77b. 曼弗角星鼓藻环粒变种　图版 XXXVII：5—6

Staurastrum manfeldtii var. **annulatum** West & West,Trans. Roy. Irish Acad., 32B(1)：56, pl. 1, figs. 30—31, 1902; West & West & Carter, Monogr. Brit. Desm., V: 115—116, pl. 148, fig. 3, 1923; Prescott et al., North Amer. Desm., II, 4: 247—248, pl. 446, fig. 1, pl. 447, fig. 9, 1982; Shi, Wei et al., Compilation of reports on the survey of algal resoures in south-western China, p. 395, 1994.

此变种与原变种不同为半细胞顶部的瘤比较退化，突起较短，半细胞基部膨大部分具 2 横轮颗粒。细胞长 25—43 μm，包括突起宽 35—62 μm，缢部宽 7.5—13 μm。

生长在贫营养和中富营养的水体中，附着在水生植物和其他基质上，有时底栖生长，较少数浮游，pH 为 6.7—6.8。

产地：贵州(赤水，仁怀)；云南(抚仙湖)。采自池塘、湖泊中。

分布：亚洲；欧洲；非洲；大洋洲(新西兰)；北美洲；南美洲，北极。

77c. 曼弗角星鼓藻曼弗变种具刺变型　图版 XXXVII：7—8

Staurastrum manfeldtii var. **manfeldtii** f. **spinulosa** Lütkemüller, Ann. Nat. Hofmuseums, 15: 123, pl. 6, figs. 32—33, 1900.

此变型与原变种不同为半细胞正面观顶缘下、两长突起之间具一横列(6 个)刺，垂直面观每一侧缘具 6 个刺。细胞长 36—37 μm，包括突起宽 49.5—51 μm，缢部宽 8.5—9 μm。

产地：浙江(宁波)；湖北(武昌)。采自池塘、湖泊中。

仅产于中国。

78. 珍珠角星鼓藻

Staurastrum margaritaceum Ralfs, Brit. Desm., p. 134, pl. 21, fig. 9, 1848; West & West & Carter, Monogr. Brit. Desm., V: 131—132, pl. 150, figs. 5—9, 1923; Prescott et al., North Amer. Desm., II, 4: 248, pl. 390, figs. 1, 3, pl. 391, figs. 1—2, 1982; Hu & Wei, The Freshwater Algae of China, Systematics, Taxonomy and Ecology, p. 879, pl. XIV-79-3—8, 2006.

78a. 原变种　图版 XXVI：1—4

var. **margaritaceum**

细胞小，长约等于或略大于宽(包括突起)，缢缝浅、U 型凹入；半细胞正面观形状变化很大，常为杯形到近纺锤形，顶缘略凸起或平直，顶角水平向或略向下延长形成短而钝的突起，具数轮围绕角呈同心圆排列的颗粒，末端具 4—6 个颗粒，半细胞基部有时具一轮明显的颗粒；垂直面观三角形到九角形，常为四角形到六角形，侧缘凹入，顶部中间平滑，角延长形成短而钝的突起，具数轮围绕角呈同心圆排列的颗粒，末端具 4—6 个颗粒。细胞长 22—46 μm，包括突起宽 16—48 μm，缢部宽 6—14 μm。

生长在贫营养或中营养的水体中，浮游或附着在水生植物上，pH 为 3.8—7.2。

产地：内蒙古(大兴安岭阿尔山地区)；黑龙江(哈尔滨，兴凯湖，塔河)；江苏(南京)；浙江(杭州，新昌)；江西(宜丰)；湖北(武昌东湖，洪湖)；湖南(南岳)；广东(深圳)；重庆；四川(红原，理塘)；贵州(贵阳，息烽，江口，雷山，威宁，毕节，安顺，清镇)；

云南(大理，丽江，宁蒗)。采自稻田、水沟、池塘、湖泊、水库、泉水、沼泽中。

分布：世界广泛分布。

藻类学者对此种的种群研究指出，此种的细胞形态有很大的变化。

78b. 珍珠角星鼓藻雅致变种　图版 XXVI：5—8

Staurastrum margaritaceum var. **elegans** Jao, Bot. Bull. Acad. Sinica, 2: 57, fig. 3, a, 1948.

此变种与原变种不同为半细胞顶部中间具 1 轮 12 个具 3 个乳突的瘤，半细胞每个突起基部两侧各具 1 个较小的、具 3 个乳突的瘤。细胞长 36—46 μm，宽 39.5—49 μm，缢部宽 12—15 μm。

产地：湖北(武昌东湖)；西藏(察隅)；陕西(城固)。采自稻田、池塘、湖泊中。

仅分布在中国。

78c. 珍珠角星鼓藻具刺变种　图版 XXVI：9—10

Staurastrum margaritaceum var. **hirtum** Nordstedt, Acta Univ. Lund, 16: 11, pl. 1, fig. 18, 1880; West & West & Carter, Monogr. Brit. Desm., V: 133, pl. 150, fig. 11, 1923; Jao, Bot. Bull. Acad. Sinica, 2: 57, 1948.

Staurastrum margaritaceum f. *amoyensis* Skvortzow, Shina Jour. Sci. & Arts, 8(3)：147，fig. 22, 1928.

此变种与原变种不同为细胞壁具短刺而不是颗粒。细胞长 26—40 μm，宽 36—48 μm，缢部宽 8—14 μm。

产地：湖北(武昌东湖)；福建(厦门)；陕西(城固)。采自池塘、湖泊中。

分布：亚洲；欧洲；大洋洲(澳大利亚)；南美洲。

Skvortzow 在 1928 建立的 *Staurastrum margaritaceum* f. *amoyensis*，其特征为细胞壁具短刺，这一特征与此变种的相同，现合并在此变种中。

78d. 珍珠角星鼓藻强壮变种　图版 XXVI：11—12

Staurastrum margaritaceum var. **robustum** West & West, Jour. Roy. Microsc. Soc. 1897: 496, pl. 17, figs. 15—17, 1897; West & West & Carter, Monogr. Brit. Desm., V: 133—134, pl. 150, fig. 13, 1923; Prescott et al., North Amer. Desm., II, 4: 249, pl. 391, fig. 5, 1982; Shi, Wei et al., Compilation of reports on the survey of algal resoures in south-western China, p. 314—315, 1994.

此变种与原变种不同为细胞较强壮，半细胞正面观宽椭圆形(不包括突起)，腹缘略凸起；垂直面观四角形或五角形，每个突起基部两侧各具 1 个小的微凹的瘤。细胞长 26—27 μm，宽 22.5—29 μm，缢部宽 8—9 μm。

产地：河北(承德)；湖北(武昌东湖)；云南(大理洱海)。采自池塘、湖泊中。

分布：亚洲；欧洲；北美洲。

79. 细小角星鼓藻　图版 XXVII：7—10

Staurastrum micron West & West, Jour. Roy. Microsc. Soc., 1896: 159, pl. 4, figs. 50—51,

1896; West & West & Carter, Monogr. Brit. Desm., V: 123—124, pl. 149, fig. 6, 1923; Prescott et al., North Amer. Desm., II, 4: 251—252, pl. 426, figs. 3, 5, 1982; Wei, Acta Phytotax. Sinica, 34(6): 665, fig. 5: 9—10, 1996.

Staurastrum micron var. *micron* f. West & West, Bot. Tidsskr., 24: 95, pl. 3, fig. 38, 1901; Jao, Bot. Bull. Acad. Sinica, 3: 67, fig. 4: 6, 1949.

细胞小，长约等于宽（包括突起），缢缝深凹，顶端钝，向外张开呈锐角；半细胞正面观倒半圆形或碗形，顶缘平直或略凸起，顶角斜向上延长形成强壮的短突起，突起具 2 轮短刺，末端平直和具 3 个短刺，腹缘斜向顶角；垂直面观三角形或四角形，侧缘凹入，角延长形成强壮的短突起，突起具 2 轮短刺，末端具 3 个短刺。细胞长 15—28 μm，宽 18.5—30 μm，缢部宽 5—8 μm。

产地：黑龙江（阿木尔）；湖北（武昌东湖）；广西（修仁）；贵州（松桃）；云南（大理）。采自稻田、池塘、湖泊、沼泽中。

分布：亚洲；欧洲；非洲；北美洲；南美洲；北极。

West & West 在 1901 年建立的 *Staurastrum micron* var. *micron* f.，未命名，其特征与原变种相似，现合并在原变种中。

80. 可变角星鼓藻

Staurastrum mutabile Turner, Kongl. Svenska. Vet.-Akad. Handl. 25(5): 129, pl. 16, fig. 42, 1892; Wei, Acta Phytotax. Sinica, 34(6): 665, fig. 5: 1—2, 1996.

80a. 原变种　图版 XXXIII: 3—4

var. mutabile

细胞小到中等大小，宽略大于长，缢缝中等深度凹入，向外张开呈锐角；半细胞正面观宽楔形，顶部平、具一轮尖刺（每两突起间具 2 个），顶角水平向或略向下伸长形成长突起，末端平、具 3—4 个短尖刺，突起具 3—4 轮齿，腹缘略膨大和斜向顶角，体部中间部分平滑；垂直面观五角形到七角形，两突起间的侧缘凹入，顶部具一轮尖刺排成圆形。细胞长 20—26 μm，宽 31—42 μm，缢部宽 7—8.5 m。

产地：湖北（武昌东湖）。采自池塘、湖泊中。

分布：亚洲；非洲。

采于湖北武昌的个体与原变种不同为缢部上端、半细胞的基部具一轮尖刺。

80b. 可变角星鼓藻颗粒变种　图版 XXXII: 10—12

Staurastrum mutabile var. **granulatum** Jao, Bot. Bull. Acad. Sinica, 3: 68, fig. 5: 2, 1949; Li, Wei et al., The algae of the Xizang Plateau, p. 378, pl. 65, figs. 7—8, 1992.

此变种与原变种不同为半细胞垂直面观三角形或五角形，侧缘内不为尖刺而是颗粒，颗粒呈 3 角形或 5 角形排列（每两突起间的缘内具 4 个颗粒）。细胞长 26—28 μm，宽 27—41 μm，缢部宽 7—13 μm。

产地：广西（阳朔，修仁）；西藏（察隅）。采自稻田、池塘中。

仅分布在中国。

81. 光角星鼓藻 图版 XV：7—8

Staurastrum muticum Ralfs, Brit. Desm., p. 125, pl. 21, fig. 4, pl. 24, fig. 13, 1848; Prescott et al., North Amer. Desm., II, 4: 257, pl. 331, figs. 1—2, 4—5, 1982; Croasdale & Flint, Flora New Zealand, Fresh. Alg. Chlorophyta, Desm., III: 116, pl. 78, figs. 1—6, 1994; Hu & Wei, The Freshwater Algae of China, Systematics, Taxonomy and Ecology, p. 879—380, pl. XIV-75-10—11, 2006.

细胞小到中等大小，长略大于或等于宽，缢缝深凹，近顶端有时线形，向外张开呈锐角；半细胞正面观通常椭圆形，但常为椭圆到半圆形，任止于肾形，腹缘略凸起，顶缘比腹缘较凸起；垂直面观三角形或四角形，侧缘凹入，角广圆；细胞壁平滑。细胞长 20—39 μm，宽 18.5—37.5 μm，缢部宽 5—12 μm。

常生长在中营养的水体中，浮游或附着在水生植物上，pH 为 5.4—8.6。

产地：内蒙古(大兴安岭阿尔山地区)；黑龙江(哈尔滨)；河北(承德)；江苏(无锡)；福建(福州，厦门)；湖北(武昌东湖)；湖南(南岳)；广西(阳朔)；四川(若尔盖)；贵州(黎平，罗甸，安龙，荔波)；云南(大理)；西藏(普兰，仲巴)。采自稻田、水坑、池塘、湖泊、沼泽中。

分布：世界广泛分布。

82. 矮小角星鼓藻 图版 XXIV：7—8

Staurastrum nanum Wolle, Desm. United States, p. 138, pl. 44, figs. 8—10, 1884; Prescott et al., North Amer. Desm., II, 4: 258, pl. 383, figs. 11—12, 1982.

细胞小，宽约为长的 1.5 倍(包括突起)，缢缝深凹，向外张开呈锐角；半细胞正面观椭圆形到纺锤形，顶缘凸起，顶角水平向延长形成纤细的突起，末端具 2 个尖刺，腹缘凸起；垂直面观三角形，侧缘宽凹入，角延长形成纤细的突起，末端具 2 个尖刺；细胞壁平滑或具点纹。细胞长 15—16 μm，宽（不包括刺）20—22.5 μm，（包括刺）27.5—28 μm，缢部宽 6—6.5 μm，刺长 3—4 μm。

产地：广东(开平)。采自水库中。

分布：北美洲(美国)。

83. 舟形角星鼓藻 图版 XX：9—10

Staurastrum navigiolum Grönblad, Acta Soc. Fauna Flora Fennica, 47(4)：71, pl. 3, figs. 95—97, 1920; Li, Wei et al., The algae of the Xizang Plateau, p. 378, pl. 65, figs. 5—6, 1992.

细胞中等大小，长约等于宽，缢缝中等深度凹入，顶端尖，向外略张开；半细胞正面观楔形，顶缘略凸起，其两侧从顶缘到体部具 3—4 纵列颗粒，顶角略膨大和具一对纵向排列的长刺，侧缘斜向上扩大达顶角，具 4—5 纵列颗粒，基角钝圆；垂直面观三角形，侧缘略凹入，具 3 个波形，顶角具一对纵向排列的刺，顶角内具 3—4 列颗粒，中央区平滑。细胞长 46—55 μm，宽 51—58 μm，缢部宽 21—25 μm。

产地：西藏(察隅)。采自池塘中。

分布：欧洲(芬兰，拉脱维亚)。

西藏个体与原变种略不同为半细胞正面观顶缘的近顶角具 2 个刺，垂直面观侧缘无 3 个波形。

84. 宁波角星鼓藻　图版 LI：1—2
Staurastrum ningboense Wei, Acta Phytotax. Sinica, 35（4）：370—372, fig. 4：1—2, 1997.

细胞大形，宽约为长的 1.3 倍（包括突起），缢缝中等深度凹入，向外略张开呈 V 型；半细胞正面观近杯形，顶部略凸起，顶缘具一列 10—11 个 2—3 齿的瘤，顶角略向下延长形成锯齿状长突起，末端具 3—4 个刺，顶部下、两突起基部间、半细胞的体部具一横列 9—10 个具 2—3 齿的瘤，半细胞基部明显膨大，具 9 纵列、每列 2 个具 3 齿的瘤，半细胞基部上端、每一突起腹缘的基部下具 2 纵列、每列 3 个具 3 齿的瘤；垂直面观三角形，角延长形成锯齿状长突起，末端具 3—4 个刺，侧缘略凹入和具 9—10 个具 2—3 齿的瘤，缘内具 10—11 个具 2—3 齿的瘤。细胞长 60—65 μm，宽（包括突起）100—107 μm，缢部宽 12—13 μm。

产地：浙江（宁波东钱湖）。采自湖泊、沼泽中。

仅产于中国。

85. 圆形角星鼓藻
Staurastrum orbiculare Ralfs, Brit. Desm., p. 125, pl. 21, fig. 5h—i, 1848; West & West, Brit. Monogr. Desm., IV：155—156, pl. 124, figs. 10—11, 1912; Wei, Chin. Jour. Oceanol. Limnol., 9（3）：267—268, pl. 4, fig. 2, 1991; Croasdale & Flint, Flora of New Zealand, Freshw. Alg. Chlorophyta Desm., III：119, pl. 79, figs 1—2, 1994.

85a. 原变种　图版 XVI：1—2
var. orbiculare

细胞中等大小，长略大于宽，近圆形，缢缝深凹，狭线形，顶端略膨大；半细胞正面观近半圆形，顶部略压扁和近平截，基角圆；垂直面观三角形，角广圆，侧缘略凹入；细胞壁具点纹。细胞长 23—27 μm，宽 21—27 μm，缢部宽 6—8 μm。

浮游或附着在水生植物上，pH 为 4.6—8.2。

产地：黑龙江（达尔滨湖，漠河）；湖北（武昌东湖）；浙江（宁波东钱湖）。采自池塘、湖泊、沼泽中。

分布：世界广泛分布。

Prescott 于 1936 年建立的 *Staurastrum orbiculare* var. *minor* Prescott，细胞为原变种的一半大小，其他特征与原变种相似，中国植物的细胞大小与此变种相似，因细胞大小不能作为一个分类特征，因此归入原变种中。

85b. 圆形角星鼓藻扁变种　图版 XVI：3—4
Staurastrum orbiculare var. **depessum** Roy & Bissett, Jour. Bot., 24：237, pl. 268, fig. 14, 1886; West & West, Monogr. Brit. Desm. 4：158, pl. 124, figs. 17—19, 1912; Prescott et al., North Amer. Desm., II, 4：268, pl. 331, fig. 3, 1982; Jao, Bot. bull. Acad. Sinica, 2：57,

1948.

此变种与原变种不同为细胞长约等于宽，半细胞较扁，扁半圆形或扁卵形；细胞壁平滑。细胞长 21—24 μm，宽 21—30 μm，缢部宽 6—8 μm。

通常生长在贫营养或中营养的水体中，浮游或附着在水生植物上，pH 为 4.3—7.0。

产地：黑龙江(哈尔滨)；浙江(宁波)；湖北(武昌东湖)；贵州(江口)；陕西(城固)。采自水沟、池塘、沼泽中。

分布：亚洲；欧洲；非洲；大洋洲(澳大利亚，新西兰)；北美洲(在美国广泛分布，加拿大)；南美洲；北极。

85c. 圆形角星鼓藻冬季变种　图版 XVI：7—8

Staurastrum orbiculare var. **hibernicum** West & West, Monogr. Brit. Desm. 4: 156, pl. 124, figs. 5—9, 1912; Prescott et al., North Amer. Desm., II, 4: 269, pl. 331, figs. 11—12, 1982; Wei, Acta Phytotax. Sinica, 34(6): 671, 1996.

此变种与原变种不同为细胞比原变种略长，半细胞顶缘宽、平直，基角略圆，垂直面观三角形的角的宽度多少变化，角广圆或有时狭圆，侧缘略凸起或平直；细胞壁具点纹。细胞长 29—30 μm，宽 26—27 μm，缢部宽 9—10 μm。

浮游或附着在水生植物上，pH 为 5.5—8.5。

产地：湖北(武昌东湖)。采自池塘、湖泊中。

分布：亚洲；欧洲；非洲；大洋洲(新西兰)；北美洲；南美洲；北极。

85d. 圆形角星鼓藻长方形变种　图版 XVI：9—11

Staurastrum orbiculare var. **quadratum** Schmidle, Ber. d Naturf. Ges. Freiburg i Br., 6: 23, fig. IV-1, 1893; Lütkemüller, Ann. Nat. Hofmuseums, 15: 124, pl. 6, figs. 34—36, 1900.

此变种与原变种不同为半细胞正面观近长圆形，顶角广圆。细胞长 21 μm，宽 21 μm，缢部宽 7 μm。接合孢子球形，孢壁具近直向小刺，无刺直径 21 μm，具刺直径 30 μm，刺长 5 μm。

产地：浙江(宁波)。采自池塘中。

分布：欧洲。

85e. 圆形角星鼓藻拉尔夫变种　图版 XVI：5—6，图版 LXIV: 1

Staurastrum orbiculare var. **ralfsii** West & West, Monogr. Brit. Desm. 4: 156—157, pl. 124, figs. 12—16, 1912; Prescott et al., North Amer. Desm., II, 4: 269, pl. 331, figs. 7，9, 1982; Jao, Bot. Bull. Cad. Sinica, 3: 68, fig. 4: 16, 1949.

此变种与原变种不同为半细胞正面观近三角形，顶角和基角圆，侧缘略凸起；细胞壁平滑。细胞长 32—37.5 μm，宽 25—27 μm，缢部宽 7—8 μm。

产地：吉林(白城)；湖北(武昌东湖)；广东(深圳)；广西(阳朔)。采自稻田、池塘、湖泊、水库中。

分布：亚洲；欧洲；大洋洲(澳大利亚)；北美洲；南美洲；北极。

86. 尖刺角星鼓藻　图版 XXX：7—8

Staurastrum oxyacanthum Archer, Proc. Dublin Nat. Hist. Soc., 2: 200, pl. 1, figs. 1—2, 1860; West & West & Carter, Monogr. Brit. Desm., V: 169—170, pl. 143, figs. 18—19, 1923; Prescott et al., North Amer. Desm., II, 4: 271, pl. 399, fig. 8, pl. 434, figs. 3—4, 7, 1982; Shi, Wei et al., Compilation of reports on the survey of algal resoures in south-western China, p. 339, pl. 11: 7—8, 1994.

细胞小到中等大小，宽约为长的 1.3 倍(包括突起)，缢缝深凹，向外宽张开；半细胞正面观近楔形到碗形，顶部略凸起，具一轮 6 个斜向上强壮的刺(每 2 个顶角间 2 个)，顶角水平方向或略向下延长形成较纤细的长突起，末端具 3 个刺，突起具 3—4 轮呈同心圆排列的小齿，侧缘下部略凸起并斜向上达突起腹缘基部；垂直面观二角形到四角形，通常 3 角形，侧缘直，缘内具 2 个强壮的刺，角延长形成较纤细的长突起，末端具 3 个刺，突起具 3—4 轮呈同心圆排列的小齿。细胞长 22—25 μm，宽 30—32 μm，缢部宽 6—7.5 μm。

产地：四川(道孚)。采自水坑中。

分布：亚洲；欧洲；北美洲；南美洲；北极。

87. 尖鼻角星鼓藻

Staurastrum oxyrhynchum Roy & Bissett, Jour. Bot., 24: 238, pl. 269, fig. 6, 1886; Hirose & Yamagishi, Illustrations of the Japanese Freshwater Algae. p. 696, pl. 210, fig. 11, 1977.

87a. 原变种

var. **oxyrhynchum**

细胞小到中等大小，长约等于宽，缢缝深凹，向外张开呈锐角；半细胞正面观近椭圆形，顶缘略凸起，背缘和腹缘近相同凸起，侧角平截，具 2 个纵向排列的刺，上端的刺很短，下端的刺较长，背缘具 4 个微凹的瘤，瘤下端具一列颗粒；垂直面观三角形，侧缘略凹入，缘内具一列微凹的瘤，侧缘与瘤之间具一列颗粒，顶部平滑。细胞长 25—36 μm，宽 25—34 μm，缢部宽 8—11 μm。

分布：亚洲；欧洲。

中国尚无报道。

87b. 尖鼻角星鼓藻发育变种　图版 XXIII：7—10

Staurastrum oxyrhynchum var. **evalutum** Wei, Arca Phytotax. Sinica, 33(6): 620, fig. 2: 4—7, 1995.

此变种与原变种不同为半细胞正面观菱形到椭圆形，顶缘近平截，背缘具 4 个具 2—3 齿的瘤，每个瘤下端具 1 纵列单个或双生的颗粒，侧角顶端具 2—3 个齿，下端的刺较长；垂直面观三角形，侧缘具 8 个波形，缘内具数列单个或双生的颗粒，颗粒内具一列 8 个具 2—3 齿的瘤。细胞长 31—38 μm，宽 29—38 μm，缢部宽 9—13 μm。

产地：湖北(武昌东湖)；广东(深圳)。采自池塘、湖泊、水库中。

仅分布在中国。

88. 全波缘角星鼓藻

Staurastrum perundulatum Grönblad, Acta Soc. Fauna Flora Fenn., 47(4)：71, pl. 3, figs. 95—97, 1920.

88a. 原变种
var. perundulatum

细胞小，长约等于宽(不包括突起)，缢缝中等深度凹入，顶端钝圆，向外张开呈锐角；半细胞正面长方形到宽楔形，顶缘平直，顶角斜向上延长形成长突起，突起缘边波状，末端具 4 个齿，半细胞体部中间具 1 个隆起；垂直面观纺锤形，角延长形成长突起，其缘边波状，末端具 4 个齿，两端中间具 1 个隆起。细胞长(包括突起)27 μm，(不包括突起)8 μm，宽(包括突起)29 μm，(不包括突起)8 μm，缢部宽 4 μm，厚 6 μm。

分布：亚洲(印度尼西亚)；欧洲。

中国尚无报道。

88b. 全波缘角星鼓藻尖齿变种　图版 XXVII：13—15
Staurastrum perundulatum var. **dentatum** Scott & Prescott, Hydrobiologia, 17: 101, pl. 52, fig. 10, 1961; Shi, Wei et al., Compilation of reports on the survey of algal resoures in south-western China，p. 339, pl. 10: 7—8, 1994.

此变种与原变种不同为半细胞的突起较长，末端具 2—3 个齿，基角具 1 个小刺，垂直面观突起略反曲。细胞长(包括突起)26—50 μm，长(不包括突起)10—12 μm，宽 23—50 μm，缢部宽 5—7 μm，厚 7.5—12.5 μm。

产地：浙江(杭州，宁波东钱湖)；四川(石棉)；云南(宁蒗，大理)。采自池塘、湖泊、河边的水沟中。

分布：亚洲(印度尼西亚等热带和亚热带地区)。

89. 肥壮角星鼓藻　图版 XXXIX：5—6

Staurastrum pingue Teiling, Bot. Notiser, 1942: 66, figs. 3—5, 1942; Prescott et al., North Amer. Desm., II, 4: 278, pl. 421, fig. 5, pl. 425, figs. 1, 4, 1982; Shi, Wei et al., Compilation of reports on the survey of algal resoures in south-western China, p. 340, pl. 12: 1—4, 1994.

细胞小到中等大小，长约等于宽(包括突起)，缢缝中等深度凹入，顶端钝圆，向外张开呈锐角；半细胞正面碗形，顶部平截，具一轮 6 个或 8 个具 2—3 齿的瘤(每 2 个顶角间 2 个)，顶角斜向上延长形成长突起，末端具 3 个齿，突起缘边波状和中轴具 1 列小颗粒，两侧缘下部近平行，上部略斜向上达突起腹缘的基部，基角广圆；垂直面观三或四角形，侧缘略凸起，缘内具 2 个 2—3 齿的瘤，角延长形成长突起，末端具 3 个齿，突起缘边波状和中轴具 1 列小颗粒。细胞长 22—39 μm，宽 21—40 μm，缢部宽 7—12 μm。

常生长在中营养的水体中，有时也存在于富营养的和含钙高的水体中，浮游，pH 为

5.2—9。

产地：湖南（岳阳洞庭湖）；贵州（沿河）；云南（滇池，大理）。采自池塘、湖泊、河流沿岸带中。

分布：亚洲；欧洲；大洋洲（澳大利亚，新西兰）；北美洲；南美洲；北极。

采于贵州沿河的个体与原变种不同为半细胞每一突起下、缢部的上端具 1 个小刺。

90. 羽状角星鼓藻

Staurastrum pinnatum Turner, Kongl. Svenska Vet.-Akad. Handl., 15（5）：115, pl. 13, figs. 27, 29, 1892; Prescott et al., North Amer. Desm., II, 4: 279, pl. 416, fig. 6, 1982.

90a. 原变种

var. pinnatum

细胞中等大小，长约等于宽（包括突起），缢缝浅凹入呈 V 型，向外张开呈锐角；半细胞正面观近方形到壶形，顶部略凸起，具一轮 10 个或 12 个明显的具 3 刺的瘤（每 2 个突起内之间 2 个），顶部中间具尖刺，顶角水平向延长形成强壮的短突起，末端具 3 个齿，突起缘边具数轮小圆齿，半细胞两侧缘近平行，基角膨大和凸起，半细胞体部具散生的颗粒；垂直面观六角形，侧缘略凹入，缘内具 2 个明显的具 3 刺的瘤，顶部中间具尖刺，角延长形成强壮的短突起，末端具 3 个齿，突起缘边具数轮小圆齿。细胞长 38 μm，宽 42 μm，缢部宽 12 μm，突起长 11 μm。

分布：亚洲；非洲；北美洲。

中国尚无报道。

90b. 羽状角星鼓藻近羽状变种　图版 XXXVIII：7—9

Staurastrum pinnatum var. **subpinnatum**（Schmidle）West & West, Trans. Linn. Soc. London, Bot., II, 6（3）：182, pl. 21, fig. 33, 1902; Prescott et al., North Amer. Desm., II, 4: 280, pl. 417, fig. 4, 1982; Jao, Bot. Bull. Acad. Sinica, 3: 68—69, fig. 4: 20, 1949; Li, Wei et al., The algae of the Xizang Plateau, p. 381, pl. 68, figs. 4—7, 1992.

Staurastrum subpinnatum Schmidle, Flora, 82: 311, pl. 9, fig. 20, 1896.

此变种与原变种不同为半细胞正面观宽碗形，顶部具一轮瘤或一轮附属的很短的突起（每 2 个突起内之间 2 个），其内具一轮（10 个或 12 个）颗粒，缢部上端具一轮颗粒；垂直面观五角形或六角形。细胞长 23.5—35 μm，宽 27—55 μm，缢部宽 8—10 μm。

产地：浙江（宁波的东钱湖和梅湖）；湖北（武昌东湖）；广西（修仁）；西藏（查隅，墨脱）。采自稻田、湖泊、沼泽中。

分布：亚洲；欧洲；非洲；大洋洲（澳大利亚）；北美洲：美国。

采于浙江宁波东钱湖和梅湖的个体与此变种不同为半细胞突起较长，顶部瘤内具一轮 20 个或 24 个颗粒。

91. 鱼形角星鼓藻　图版 LII：7—8

Staurastrum pisciforme Turner, Kongl. Svensk. Vet.-Akad. Handl., 25（5）：118, pl. 14, fig. 7,

1892.

细胞中等大小，长略小于宽(包括突起)，缢缝深凹，从顶端向外张开呈锐角；半细胞正面观长纺锤形，顶部具一轮 6 个斜向上伸长的附属短突起，末端二叉状，侧角水平向伸长形成 1 个强壮的短突起，末端具 2 个纵向叉开的长刺，缢部上端具 6 个微凹的瘤；垂直面观三角形，角伸长形成 1 个强壮的短突起，末端具 2 个纵向叉开的长刺，侧缘直或略凹入，缘内具 2 个附属的短突起，末端二叉状。细胞长(不包括刺)28—30 µm，宽(不包括刺)30—32 µm，缢部宽 9—10 µm，刺长 7—8 µm。

产地：广东(开平)。采自水库中。

分布：亚洲(印度，热带和亚热带地区)。

采于广东开平的个体与原变种不同为短突起具一轮数个小刺。

92. 浮游角星鼓藻　图版 XXXIX：3—4

Staurastrum planctonicum Teiling, Bot. Notiser, 1946(1)：77, figs. 30, 32, 1946; Prescott et al., North Amer. Desm., II, 4: 281, pl. 422, fig. 7, 1982; Shi, Wei et al., Compilation of reports on the survey of algal resoures in south-western China, p. 340, pl. 15: 3—4, 1994.

细胞中等大小，长约为宽的 2 倍(不包括突起)，缢缝 U 型浅凹入，向外张开呈锐角；半细胞正面观钟形或壶形，顶缘平、波状，顶部具一轮 6 个具双颗粒的瘤(2 顶角间 2 个)，顶角斜向上伸长形成长突起，末端具 3 个齿，突起缘边波状，侧缘略向上扩大达突起腹缘基部，基角圆；垂直面观三角形，侧缘直，缘内具一对双颗粒的瘤，角伸长形成长突起，末端具 3 个齿，突起缘边波状。细胞长(包括突起)60—73 µm，宽(包括突起)65—75 µm，缢部宽 7—7.5 µm。

通常生长在贫营养到弱富营养的水体中，浮游，有时附着在水生植物上或底栖习性，pH 为 4.9—8.6。

产地：云南(大理洱海)。采自湖泊中。

分布：亚洲；欧洲；大洋洲(澳大利亚，新西兰)；北美洲；南美洲。

93. 多形角星鼓藻

Staurastrum polymorphum Ralfs, Brit. Desm., p. 135, pl. 22, fig. 9, 1848; 2; West & West & Carter, Monogr. V: 125—127, pl. 143, figs. 1—3, 1923; Prescott et al., North Amer. Desm., II, 4: 282, pl. 401, figs. 1, 8—9, 1982; Hu & Wei, The Freshwater Algae of China, Systematics, Taxonomy and Ecology, p. 880, pl. XIV-77-3—4, 2006.

93a. 原变种　图版 XXVI：13—14

var. polymorphum

细胞小，宽约为长的 1.25 倍(包括突起)，缢缝中等深度凹入，向外张开呈锐角或近直角；半细胞正面观形状变化较大，近椭圆形、近纺锤形或近楔形，腹缘比顶缘较凸起，顶角向水平方向或略向下延长形成粗壮的短突起，具 3—4 轮细齿，末端具 3—4 个小刺，半细胞体部具颗粒，围绕角呈同心圆排列；垂直面观三角形到七角形，侧缘略凹入，顶部中央平滑，角延长形成粗壮的短突起，具 3—4 轮细齿，末端具 3—4 个小刺，同一个体两个半细胞的突起数目常不相同。细胞长21—34 µm,宽21—43 µm,缢部宽6—9.5 µm。

通常生长在贫营养到弱富营养的水体中,附着在水生植物或其他基质上,有时底栖习性,较少在小水体中浮游,pH为4.7—8.3。

产地:内蒙古(大兴安岭阿尔山地区);吉林(白城);黑龙江(哈尔滨);湖北(武昌东湖);重庆;四川(道孚,德格);贵州(印江,江口);云南(大理洱海,丽江);西藏(聂拉木);新疆(伊犁河大桥边)。采自水坑、池塘、湖泊、山溪、山泉、河流、沼泽中。

分布:世界广泛分布,也分布在北极。

93b. 多形角星鼓藻细小变种　图版 XXVI:15—16

Staurastrum polymorphum var. **pusillum** West, Proc. Roy. Irish Acad., 31(16): 23, 1912; West & West & Carter, Monogr. V: 127, pl. 143, fig. 4, 1923; Prescott et al., North Amer. Desm., II, 4: 282—283, pl. 401, fig. 4, 1982.

此变种与原变种不同为细胞较小,半细胞的突起较纤细和略反曲。细胞长21—25 µm,宽25—31 µm,缢部宽7—8 µm。

产地:浙江(菱湖)。采自鱼塘中。

分布:亚洲;欧洲;北美洲;南美洲。

94. 多毛角星鼓藻　图版 XXII:1—2

Staurastrum polytrichum (Perty) Rabenhorst, Flora Europ. Algar., p. 214, 1868; West & West & Carter, Monogr. Brit. Desm., V: 53—54, pl. 136, figs. 8—10, 1923; Prescott et al., North Amer. Desm., II, 4: 283, pl. 368, figs. 9—11, 1982; Shi, Wei et al., Compilation of reports on the survey of algal resoures in south-western China, p. 314—315, 1994.

Phycastrum polytrichum Perty, Kleinst. Lebensf., p. 210, pl. 16, fig. 24, 1852.

细胞中等大小到大形,长约为宽的1.25倍,缢缝深凹,向外张开呈锐角;半细胞正面观椭圆形或近椭圆形,顶缘宽凸起,细胞壁具较长的尖刺,围绕角略呈同心圆排列,半细胞体部的刺略呈纵向排列,近顶部中央的刺较短;垂直面观三角形,侧缘直或略凹入,角钝圆,顶部中央无刺。细胞长(不包括刺)40.5—80 µm,宽(不包括刺)33.5—65 µm,缢部宽10—25 µm,刺长5—7 µm。

产地:湖南(南岳);四川(道孚);云南(香格里拉,大理)。采自稻田、水坑、池塘、湖泊、山泉中,浮游。

分布:亚洲;欧洲;非洲;北美洲;南美洲;北极。

95. 锯齿状角星鼓藻　图版 XXXV:10—11

Staurastrum prionotum Scott & Prescott, Hydrobiologia, 17(1/2): 102—103, pl. 50, fig. 10, 1961.

细胞小到中等大小,长约为宽的2倍(不包括突起),缢缝中等深度凹入,向外张开呈锐角;半细胞正面观杯形,其上部宽张开,顶缘略高出和具一对2齿的瘤,顶角斜向上延长形成纤细的长突起,末端具3—4个齿,突起背缘和腹缘锯齿状,其背缘基部具一对小颗粒；垂直面观纺锤形，两端缘内各具一对 2 齿的瘤，角延长形成纤细的长突起，其背缘基部具一对小颗粒。细胞长(不包括突起)20—22 μm，(包括突起)32—35 μm，宽(不包括突起)11—13 μm，(包括突起)58—60 μm，缢部宽 5—5.5 μm，厚 10—10.5 μm。

产地：湖南(岳阳洞庭湖)。采自湖泊、沼泽中。

分布：亚洲(印度尼西亚，热带和亚热带地区)。

96. 象鼻状角星鼓藻　图版 XXVII：3—4

Staurastrum proboscideum (Ralfs) Archer, in Pritchard, Infusor., p. 742, 1861; West & West & Carter, Monogr. Brit. Desm., V: 129—131, pl. 143, figs. 14—16, 1923; Prescott et al., North Amer. Desm., II, 4: 285, pl. 439, figs. 2—3, 5, 1982; Shi, Wei et al., Compilation of reports on the survey of algal resoures in south-western China, p. 314—315, 1994.

Staurastrum asperum var. *proboscideum* Ralfs, Brit. Desm., p. 139, pl. 23, figs. 12, b, c, 1848.

细胞中等大小，长约等于或略长或略短于宽(包括突起)，缢缝深凹，顶端小而钝凹入，向外广张开呈锐角；半细胞正面观近椭圆形、近楔形，顶缘略凸起，顶角水平方向延长形成强壮的短突起，突起具 3—4 轮呈同心圆排列的颗粒，末端平截和具一轮小颗粒或小齿，细胞体部上端具数列纵向排列的颗粒，每列的最上端发育成微凹的瘤，腹缘略凸起，半细胞基部、缢部上端具一轮颗粒；垂直面观三角形，少数四角形，侧缘凹入，缘内具 1 列微凹的瘤，侧缘和缘内瘤之间具颗粒，角延长形成强壮的短突起，突起具 3—4 轮呈同心圆排列的颗粒，末端平截和具一轮小颗粒或小齿，半细胞顶部中央平滑。细胞长 27—42 μm，宽 29—50 μm，缢部宽 7—13 μm。

浮游或附着在水生植物上，有时底栖习性，pH 为 6.6—7.0。

产地：内蒙古(大兴安岭阿尔山地区)；四川(德格，南坪，理塘，冕宁)；云南(永宁)；西藏(仲巴)。采自池塘、湖泊、沼泽中。

分布：亚洲；欧洲；非洲；大洋洲(新西兰)；北美洲；南美洲；北极。

97. 似鱼形角星鼓藻

Staurastrum pseudopisciforme Eichler & Gutwinski, Rozpr. Wydz. Matem.-Przyr. Akad. Umiej. Krakowie, 28: 174, pl. 5, fig. 50, 1894.

97a. 原变种

var. pseudopisciforme

细胞小，长略小于宽(包括突起)，缢缝深凹，狭线形；半细胞正面观长圆形到椭圆形，背缘和腹缘相同凸起，顶部具一轮 6 个斜向上延长形成较短的附属突起，末端具 2 条叉开的刺，侧角略斜向上延长形成 1 个较长的突起，末端具 2 条纵向排列的较长的刺，叉开呈鱼尾状，突起的背缘基部具 1 个、腹缘具 2 个圆锥形的颗粒；垂直面观三角形，角略延长形成较长的突起，末端具 2 条纵向排列的较长的刺，侧缘直，缘内具 2 个较短的附属突起，末端具 2 条叉开的刺。细胞长(不包括刺)20 μm，宽(包括突起)38 μm，缢部宽 7 μm。

分布：欧洲。

中国尚无报道。

97b. 似鱼形角星鼓藻小齿变种　图版 LVI：5—6

Staurastrum pseudopisciforme var. **denticulatum** Lütkemüller, Ann. Nat. Hofmuseums, 15: 124, pl. 6, figs. 37—38, 1900.

此变种与原变种不同为半细胞的突起间具 2 个横向排列的纵向叉状齿，突起背缘平滑；垂直面观侧缘中间具 2 个叉状齿。细胞长（包括突起）42 μm，宽（包括突起）48 μm，缢部宽 10 μm。

产地：浙江（宁波）。采自池塘中。

仅产于中国。

98. 伪西博角星鼓藻

Staurastrum pseudosebaldi Wille, Christiania Vidensk. Selsk. Förhandl., 1880 (11)：45, pl. 2, fig. 30, 1880; West & West & Carter, Monogr. Brit. Desm., V: 113—114, pl. 166, fig. 4, 1923; Prescott et al., North Amer. Desm., II, 4: 290, pl. 442, fig. 3, 1982.

98a. 原变种

var. pseudosebaldi

细胞中等大小，宽约为长的 1.2 倍（包括突起），缢缝浅凹入，顶端尖凹陷；半细胞正面观杯形、宽碗形、楔形，基部略呈钟形，顶部宽凸起和具一轮双叉的刺或双齿的瘤，顶角水平向或略向下延长形成强壮的、较短的突起，末端具 3—4 个齿，突起具数轮颗粒，两突起间、半细胞的体部具一横列双叉的刺或双齿的瘤，半细胞基部、缢部上端具一轮 9 个颗粒；垂直面观三角形，侧缘凹入和具一列双叉的刺或双齿的瘤，缘内具一列双叉的刺或双齿的瘤，角延长形成强壮的、较短的突起，具数轮颗粒，末端具 3 个齿。细胞长 45—51（包括突起）μm，宽（包括突起）60—71 μm，缢部宽 12—13 μm。

分布：亚洲；欧洲；大洋洲（澳大利亚，新西兰）；北美洲；南美洲；北极。

中国尚无报道。

98b. 伪西博角星鼓藻密聚变种

Staurastrum pseudosebaldi var. **compactum** Scott & Gronblad, Acta Soc. Sci. Fennicae, II, B, 2 (8)：44, pl. 25, figs. 1—2, 1957; Prescott et al., North Amer. Desm., II, 4: 290, pl. 442, fig. 4, 1982.

此变种与原变种不同为半细胞正面观更近梯形，突起较短，垂直面观三角形，侧缘直。细胞长 32—48 μm，宽 45—54 μm，缢部宽 9—15 μm。

分布：欧洲；北美洲（美国）。

中国尚无报道。

98c. 伪西博角星鼓藻密聚变种退化变型　图版 XLIX：1—2

Staurastrum pseudosebaldi var. **compactum** f. **reductum** Wei, Acta Phytotax. Sinica, 31 (5)：485, fig. 5: 3—4, 1993.

此变型与此变种不同为半细胞正面观顶部瘤下端具一横列刺，突起末端具 5 个刺；

垂直面观侧缘及缘内的瘤之间具一列刺。细胞长 70—75 μm，宽 60—82 μm，缢部宽 18—20 μm。

产地：四川(理塘，德格，若尔盖)。采自水坑、湖泊、沼泽中。

仅分布在中国。

98d. 伪西博角星鼓藻简单变种　图版 XLIX：5—6

Staurastrum pseudosebaldi var. **simplicius** West, Jour. Roy. Microsc. Soc., 8: 733, pl. 9, fig. 37, 1892; West & West & Carter, Monogr. Brit. Desm., V: 114, pl. 149, fig. 13, 1923; Prescott et al., North Amer. Desm., II, 4: 290—291, pl. 442, fig. 2, 1982; Wei & Yu, Chin. Jour. Oceanol. Limnol., 23(2): 216, pl. III: 12—13, 2005.

此变种与原变种不同为半细胞顶部双叉的刺或双齿的瘤退化成为单个的短刺，顶角延长形成的突起较短，末端具 3 个长刺。细胞长 20—22 μm，宽 34—39 μm，缢部宽 5—5.5 m。

产地：湖北(武昌东湖)。采自湖泊、沼泽中。

分布：亚洲；欧洲；北美洲；北极。

99. 伪四角角星鼓藻　图版 XXVII：11—12

Staurastrum pseudotetracerum (Nordstedt) West & West, Trans. Linn. Soc. London Bot., II, 5(2): 79, pl. 8, fig. 39, 1895; West & West & Carter, Monogr. Brit. Desm., V: 122—123, pl. 149, fig. 11, 1923; Prescott et al., North Amer. Desm., II, 4: 291, pl. 413, fig. 8, 1982; Hu & Wei, The Freshwater Algae of China, Systematics, Taxonomy and Ecology, p. 882, pl. XIV-78-1—2, 2006.

Staurastrum contortum var. *pseudotetracerum* Nordstedt, Bot. Notiser, 1887: 157, 1887; Nordstedt, Kongl. Svenska Vet.-Akad. Handl., 22(8): 37, pl. 4, fig. 9, 1888.

细胞小，长约等于宽(包括突起)，缢缝中等深度凹入，向外张开呈近直角；半细胞正面观楔形或倒三角形，顶缘平直、略凸起或略凹入，顶角斜向上延长形成短突起，具数轮呈同心圆排列的尖颗粒，末端具 3 个小齿；垂直面观三角形或四角形，侧缘凹入，角延长形成短突起。细胞长(不包括突起)12—25 μm，包括突起 19—36 μm，包括突起宽 19—38 μm，缢部宽 4—10 μm。

生长在中营养或富营养的水体中，浮游，有时附着在水生植物或潮湿的岩石上，pH 为 5.8—8.9。

产地：内蒙古(大兴安岭阿尔山地区)；江苏(吴江，太湖)；湖北(武昌东湖)；重庆；贵州(黎平，雷山，清镇，威宁，毕节，独山，赤水，仁怀，遵义)；云南(昆明滇池)。采自稻田、池塘、湖泊的沿岸带、沼泽中。

分布：亚洲；欧洲；非洲；大洋洲(新西兰)；北美洲；南美洲；北极。

100. 颗粒角星鼓藻

Staurastrum punctulatum Ralfs, Brit. Desm., p. 133, pl. 22, fig. 1, 1848; West & West, Monogr. Brit. Desm., IV: 179—182, pl. 127, figs. 8—11, 14, 1912; Hu & Wei, The

Freshwater Algae of China, Systematics, Taxonomy and Ecology, p. 882, pl. XIV-77-17—18, 2006.

100a. 原变种　图版 XVIII：7—8

var. **punctulatum**

　　细胞小，长略大于宽，缢缝深凹，向外张开呈锐角；半细胞正面观椭圆形到近纺锤形，顶缘及腹缘几乎相同凸起，侧角略呈尖圆形；垂直面观三角形，少数四角形或五角形，侧缘中间略凹入，角略呈尖圆形；细胞壁具均匀的颗粒，围绕角呈同心圆排列，上下两个半细胞常交错排列。细胞长 21—43.5 μm，宽 18.5—38 μm，缢部宽 6—16 μm。

　　对各种水环境有较强的耐受能力，一般生长在贫营养和中营养的小水体中，浮游，有时附着在水生植物或其他藻类上，pH 为 5.4—8.5。

　　产地：内蒙古(大兴安岭阿尔山地区，扎兰屯)；吉林(长春)；黑龙江(哈尔滨)；江苏(南京)；福建(福州)；湖北(武昌东湖，洪湖)；湖南(吉首，凤凰，麻阳)；四川(冕宁，道孚，德格，若尔盖，理塘)；贵州(江口，松桃，铜仁)；云南(大理洱海，宁蒗，永胜，香格里拉，顺甯)；西藏(林芝，波密，察隅，八宿，错美，墨脱，聂拉木，乃东，亚东，普兰，日土，申扎)；陕西(城固)；宁夏(银川)。采自稻田、水坑、水沟、池塘、湖泊、水库、泉水、溪流、河流的沿岸带、沼泽中。

　　分布：世界广泛分布。

100b. 颗粒角星鼓藻杰尔变种　图版 XVIII：14—15

Staurastrum punctulatum var. **kjellmani** Wille, *in* Wille & Kolderup-Rosenvinge, Dijamphna-togtets Zool.-Bot. Udbytte. Kjöbenhavn, 1886: 86, 1886; West & West, Monogr. Brit. Desm., IV: 182—184, pl. 127, figs. 13，17—19, 21—22，1912; Prescott et al., North Amer. Desm., II, 4: 292—293, pl. 339, fig. 14, 1982; Li, Wei et al., The algae of the Xizang Plateau, p. 375, pl. 64, figs. 13—14, 1992.

　　此变种与原变种不同为缢缝宽张开呈近直角；半细胞正面观侧角较圆；垂直面观侧缘直或略凸起；细胞壁具较细小而稠密的颗粒。细胞长 27—35 μm，宽 23—29 μm，缢部宽 11—12 μm。

　　产地：黑龙江(哈尔滨)；福建(厦门)；贵州(松桃)；西藏(当雄)。采自水沟、河流、沼泽中。

100c. 颗粒角星鼓藻颗粒变种小型变型　图版 XVIII：11—12

Staurastrum punctulatum var. **punctulatum** f. **minor** (West & West) Hirano, Contrib. Biol. Lab. Kyoto Univ., 7: 299, pl. 38, fig. 14, 1959; Prescott et al., North Amer. Desm., II, 4: 292, pl. 339, fig. 12, 1982; Li, Wei et al., The algae of the Xizang Plateau, p. 375, pl. 64, figs. 15—16, 1992.

Staurastrum punctulatum f. West & West, Monogr. Brit. Desm., IV: 181, pl. 127, fig. 12, 1912.

此变型与原变种不同为细胞远比原变种小，半细胞正面观椭圆形。细胞长16—19 μm，宽16—17 μm，缢部宽6—7 μm。

产地：西藏(聂拉木)。采自小溪中的岩石上。

分布：亚洲；欧洲；非洲；北美洲(美国)；北极。

100d. 颗粒角星鼓藻矮小变种　图版 XVIII：9—10

Staurastrum punctulatum var. **pygmaeum** (Ralfs) West & West, Monogr. Brit. Desm., IV: 184—186, pl. 128, figs. 1—3, 1912; Prescott et al., North Amer. Desm., II, 4: 293, pl. 339, figs. 9, 11, 1982; Skuja, Algae, *in* Handel-Mazz. Symbol. Sinicae Wien., 1: 97, 1937.

Staurastrum pygmaeum Ralfs, Brit. Desm., p. 213, pl. 35, fig. 26, 1848.

此变种与原变种不同为缢部较宽；垂直面观侧缘直、略凹入或略凸起；细胞壁具较尖而小的颗粒。细胞长31—35 μm，宽29.5—36 μm，缢部宽11—16 μm。

浮游或附着在水生植物或其他藻类上，有时底栖习性。

产地：内蒙古(扎兰屯)；湖南(南岳)；云南(永宁)；西藏(八宿)。采自稻田、池塘、湖泊中。

分布：亚洲；欧洲；非洲；大洋洲(新西兰)；北美洲；南美洲；北极。

100e. 颗粒角星鼓藻条纹变种　图版 XVIII：13

Staurastrum punctulatum var. **striatum** West & West, Monogr. Brit. Desm., IV, p. 186, pl. 128, figs. 5—6, 1912; Prescott et al., North Amer. Desm., II, 4: 294, pl. 339, fig. 7, 1982; Jao, Sinensia, 11 (3 & 4)：336, 1940.

此变种与原变种不同为半细胞正面观比较明显的纺锤形，细胞壁具很小、数目少的颗粒，围绕角呈同心圆稀疏排列。细胞长 25—27 μm，宽 28.5—29.5 μm，缢部宽9—10 μm。

产地：湖南(南岳)；西藏(乃东)。采自稻田、水坑中。

分布：亚洲；欧洲；北美洲；北极。

100f. 颗粒角星鼓藻近纺锤形变种　图版 XVIII：3—4

Staurastrum punctulatum var. **subfusiforme** Jao, Bot. Bull. Acad. Sinica, 3: 69, fig. 4: 3, 1949.

此变种与原变种不同为半细胞正面观倒三角形到纺锤形，顶部略凸起，侧角近尖圆，垂直面观侧缘明显凹入。细胞长27 μm，宽33.5 μm，缢部宽9 μm。

产地：广西(修仁)。采自池塘中。

仅产于中国。

100g. 颗粒角星鼓藻近伸出变种　图版 XVIII：5—6

Staurastrum punctulatum var. **subproductum** West & West, Monogr. Brit. Desm., IV: 182, pl. 127, fig. 15, 1912; Prescott et al., North Amer. Desm., II, 4: 294, pl. 339, fig. 8, 1982;

Skuja, Algae, *in* Handel-Mazz. Symbol. Sinicae Wien., 1: 97, 1937.

此变种与原变种不同为细胞较宽，侧角略凸出；垂直面观侧缘略凸起，角狭圆和很轻微凸出。细胞长 31—37 μm，宽 31—37 μm，缢部宽 8.5—11 μm。

产地：湖北(武昌)；云南(香格里拉，大理)。采自池塘、湖泊、沼泽中。

分布：亚洲；欧洲；大洋洲(新西兰)；北美洲；北极。

100h. 颗粒角星鼓藻三角形变种　图版 XVIII：1—2

Staurastrum punctulatum var. triangulare Jao, Bot. Bull. Acad. Sinica, 3: 69, fig. 4: 2, 1949.

此变种与原变种不同为半细胞正面观倒三角形，顶部平截和中间略凸起，侧角圆，腹缘直的斜向达顶角；垂直面观侧缘略凹入，角圆。细胞长 30 μm，宽 29.5—31.5 μm，缢部宽 10 μm。

产地：湖北(武昌东湖)；广西(修仁)。采自池塘、湖泊中。

仅分布在中国。

101. 四棱角星鼓藻　图版 XX：13—14

Staurastrum quadrangulare Ralfs, Brit. Desm., p. 128, pl. 22, fig. 7, pl. 34, fig. 11, 1848; West & West, Monogr. Brit. Desm., V: 37—38, pl. 134, fig. 5, 1923; Prescott et al., North Amer. Desm., II, 4: 295, pl. 357, fig. 3, 1982; Jao, Sinensia, 11(3 & 4): 338—339, 1940.

细胞小，长约等于宽，缢缝较深凹入，向外略张开；半细胞正面观长方形，顶缘宽、平直，顶角各具一对水平方向叉开的刺，侧缘直或略凹入，腹缘略凸起，侧角各具一对纵向叉开的刺；垂直面观四角形，少数三角形或五角形，顶角各具一对水平向叉开的刺，侧缘直或略凹入，侧角狭圆和各具一对纵向叉开的刺。细胞长 25—27.5 μm，具刺宽 27.5—31.5 μm，无刺宽 20—26 μm，缢部宽 7—13 μm。

产地：内蒙古(扎兰屯，索伦)；黑龙江(哈尔滨)；湖南(南岳)；贵州(黎平，安龙，兴义，安顺)。采自稻田、池塘、湖泊中。

分布：亚洲；欧洲；非洲；北美洲；南美洲。

102. 四臂角星鼓藻

Staurastrum quadricornutum Roy & Bissett, Jour. Bot., 24: 240, pl. 268, fig. 4, 1886; Prescott et al., North Amer. Desm., II, 4: 296, pl. 386, fig. 3, 1982.

102a. 原变种　图版 LI：3—5

var. quadricornutum

细胞小到中等大小，宽略大于长(包括突起)，缢缝深凹，向外张开呈锐角；半细胞正面观卵圆形或近长方形，顶缘平和宽凸起，顶角在中间深裂并斜向上伸长和叉开形成 2 个附属的短突起，末端具 2 个齿，侧角在中间深裂并斜向上伸长和叉开形成 2 个短突起，末端具 2 个齿，顶角和侧角间具 1 个宽的 U 型凹陷，腹缘近基部略凸起，其后略凹入达侧角短突起的腹缘基部；垂直面观三角形或四角形，侧缘凹入，顶角和侧角均在中间深裂并向两侧叉开，各形成 2 个短突起，顶角的 2 个附属短突起位于侧角的 2 个短突起的上端。细胞长(包括突起)25—29 μm，宽(包括突起)25—30 μm，缢部宽 8—10 μm。

产地：江苏(无锡)。采自池塘中。

分布：亚洲；欧洲；非洲；北美洲；南美洲。

102b. 四臂角星鼓藻伸展变种　图版 LII：1—4

Staurastrum quadricornutum var. **patens** West & West, Trans. Linn. Soc. Bot. London, II, 6(3): 179, pl. 21, fig. 24, 1902; Wei, Acta Phytotax. Sinica, 34(6): 665, fig. 5: 5—6, 1996.

Staurastrum quadricornutum var. *patens* f. Jao, Bot. Bull. Acad. Sinica, 3: 69, fig. 4: 22, 1949.

此变种与原变种不同为半细胞的顶角和侧角均在中间深裂并各伸长形成 2 个圆锥形的较长突起，突起末端具 2—3 个齿。细胞长(不包括突起)25—30 μm，(包括突起)38.5—39.5 μm，宽(不包括突起)25—26 μm，(包括突起)41.5—49.5 μm，缢部宽 8.5—12.5 μm。

产地：湖北(武昌东湖)；广西(修仁)。采自池塘、湖泊中。

分布：亚洲(斯里兰卡等热带和亚热带地区)。

饶钦止在 1949 年建立的 *Staurastrum quadricornutum* var. *patens* f.，与此变种不同为细胞略大，垂直面观四角形，侧缘明显凹入，这些特征基本上与此变种相似，也未命名，现合并在此变种中。

103. 钝角角星鼓藻　图版 XVI：16—17，图版 LXV：1

Staurastrum retusum Turner, Kongl. Svenska Vet.-Akad. Handl., 25(5): 104, pl. 13, fig. 13, 1892; West & West, Monogr. Brit. Desm., IV: 160, pl. 125, figs. 6—7, 1912; Prescott et al., North Amer. Desm., II, 4: 300, pl. 335, fig. 7, 1982; Hu & Wei, The Freshwater Algae of China, Systematics, Taxonomy and Ecology, p. 882, pl. XIV-75-6—9, 2006.

Staurastrum retusum var. *punctulatum* Eichler & Gutwinski, Rozpr. Wydz. Matem.-Przyr. Akad. Umiej. Krakowie, 28: 174, pl. 5, fig. 45, 1894; Jao, Bot. Bull. Acad. Sinica, 3: 69—70, fig. 4: 14, 1949.

细胞小，长约等于宽，缢缝深凹，狭线形，顶端略膨大；半细胞正面观短截顶角锥形到梯形，顶缘中间略凹入，顶角略圆，侧缘平直、凸起或凹入，基角广圆；垂直面观三角形，侧缘中间凹入，角圆；细胞壁具点纹，每个角上的点纹较明显。细胞长 15.5—30 μm，宽 15.5—30 μm，缢部宽 4—10 μm。

产地：内蒙古(大兴安岭阿尔山地区，扎兰屯)；江苏(南京)；浙江(宁波东钱湖和梅湖)；福建(福州)；湖北(武昌东湖，洪湖)；广西(阳朔，修仁)；重庆；四川(若尔盖)；云南(香格里拉)。采自稻田、水坑、池塘、湖泊、泉水、河流、沼泽中。

分布：亚洲；欧洲；非洲；大洋洲(澳大利亚)；北美洲(加拿大)。

采自广西修仁的个体，半细胞每个角明显增厚。

104. 喙状角星鼓藻

Staurastrum rhynchoceps Krieger, Arch. f. Hydrobiol. Suppl., 11（3）：206, pl. 17,fig. 6, 1932.

104a. 原变种

var. rhynchoceps

细胞中等大小，长约等于宽（包括突起），缢缝中等深度凹入，顶端尖，向外略张开；半细胞正面观杯形，顶部具一轮 8 个 2 齿的瘤（每 2 个顶角之间 2 个），顶角斜向下伸长形成长突起，末端具 3—4 个刺，突起具 2 轮小齿，突起背缘基部具一对 2 齿的瘤，其两侧各具 1 个刺；垂直面观四角形，侧缘略凹入，缘内具 2 个 2 齿的瘤，角延长形成长突起，末端具 3—4 个刺，突起具 2 轮小齿，突起背缘基部具一对 2 齿的瘤，其两侧各具 1 个刺，顶部中央具点纹。细胞长 34 μm，宽 27 μm，缢部宽 8 μm。

分布：亚洲（印度尼西亚）。

中国尚无报道。

104b. 喙状角星鼓藻具瘤变种　　图版 XLIII：4—5

Staurastrum rhynchoceps var. **verrucosum** Wei & Yu, Chin. Jour. Oceanol. Limnol., 23（2）：212, pl. I: 6—7, 2005.

此变种与原变种不同为半细胞正面观方形，顶角略向下延长形成较短的突起，突起背缘基部两侧无刺，突起背缘近基部具一对 2 齿的瘤，每一突起基部下、缢部的上端具 1 个 2 齿的瘤。细胞长 47—49 μm，宽 49—52 μm，缢部宽 8—8.5 μm。

产地：湖北（武昌东湖）。采自池塘、湖泊中。

仅产于中国。

105. 玫瑰角星鼓藻

Staurastrum rosei Playfair, Proc. Linn. Soc. N. S. Wales, II, 32（1）：188, pl. 5, fig. 6, 1907.

105a. 原变种

var. rosei

细胞中等大小到大形，长约等于宽（包括突起），缢缝略凹入，顶端尖，向外宽张开；半细胞正面观碗形，顶部平或略凹入，顶角水平向伸长形成纤细的长突起，末端具二叉状的刺并与突起的长轴交错排列，长突起具一轮齿，其背缘基部向上伸长形成纤细的、较短的附属突起，末端具二叉状的刺；垂直面观三角形，侧缘直，角伸长形成纤细的长突起，末端具二叉状的刺，长突起具一轮齿，其背缘基部向上伸长形成纤细的、较短的附属突起，末端具二叉状的刺。细胞长 70—78 μm，宽（包括突起）84—87 μm，缢部宽 17.5—18 μm。

分布：亚洲（日本，印度尼西亚）；大洋洲（澳大利亚）。

中国尚无报道。

105b. 玫瑰角星鼓藻花冠变种　图版 LV：5—6

Staurastrum rosei var. **stemmatum** Scott & Prescott, Hydrobiol., 17(1/2)：105, pl. 58, fig. 3,
　　1961; Croasdale & Flint, Flora New Zealand, Fresh. Alg. Chlorophyta, Desm., III:
　　129—130, pl. 94, figs. 13—14, 1994; Wei, Acta Phytotax. Sinica, 35(4)：374, fig. 5:
　　6—7, 1997.

　　此变种与原变种不同为半细胞顶部高出、具一轮 6 个明显的齿(每 2 个顶角间具 2
个)，垂直面观侧缘内具 2 个齿。细胞长(不包括突起)28—29 μm，(包括突起)58—60 μm，
宽(不包括突起)15—16 μm，(包括突起)58—60 μm，缢部宽 8—8.5 μm。

　　产地：浙江(宁波东钱湖)。采自偏酸性的池塘、湖泊中，浮游。

　　分布：亚洲(印度尼西亚，热带和亚热带地区)；大洋洲(新西兰)。

106. 规律角星鼓藻　图版 XIX：3—4

Staurastrum rugulosum Ralfs, Brit. Desm., p. 214, pl. 35, fig. 19, 1848; West & West,
　　Monogr. Brit. Desm., IV: 178—179, pl. 126, fig. 3, 1912; Prescott et al., North Amer.
　　Desm., II, 4: 302, pl. 337, fig. 11, 1982.

Staurastrum rugulosum var. *rugulosum* f. *amoyensis* Skvortzow, China Jour. Sci. & Arts, 8(3)：
　　147, fig. 21, 1928.

　　细胞小，宽略大于长，缢缝深凹，向外略张开呈狭尖角；半细胞正面观长圆形到椭
圆形，顶缘较平，侧缘广圆；垂直面观三角形，侧缘略凹入，角圆；细胞壁具颗粒，略
不规则散生排列，在角上的颗粒比较明显，顶部平滑或具点纹；上下两个半细胞的角常
交错排列。细胞长 25.5—28 μm，宽 23.5—30 μm，缢部宽 10 μm。

　　产地：浙江(宁波东钱湖)；福建(厦门)。采自池塘、湖泊中。

　　分布：亚洲；欧洲；非洲；北美洲。

　　Skvortzow 在 1928 年建立的 *Staurastrum rugulosum* f. *amoyensis*，与原变种的特征基
本相同，现合并在原变种中。

107. 乡居角星鼓藻　图版 XL：10—11

Staurastrum rusticum Turner, Kongl. Svenska Vet.-Akad. Handl., 25(5)：121, pl. 16, fig. 27,
　　1892; Yamaguti, *in* Kawamura's Rep. Limn. Surv. of Kwantung and Manchoukuo, p. 491,
　　pl. III, fig. 6, 1940.

　　细胞小，宽大于长(包括突起)，缢缝中等深度凹入，顶端尖，向外张开呈锐角；半
细胞正面观楔形，顶部凸起，具一轮 6 个瘤(每 2 个顶角之间 2 个)，顶角略斜向下延长
形成长突起，末端具 3—4 个刺，突起具数轮小齿，突起背缘基部具 1 个直向 2 分叉的瘤；
垂直面观三角形，侧缘直，缘内具 2 个瘤，角延长形成长突起，末端具 3—4 个刺，突起
具数轮小齿，突起背缘基部具 1 个直向 2 分叉的瘤。细胞长 20—24 μm，宽 30—31 μm，
缢部宽 7—8 μm。

　　产地：黑龙江(哈尔滨，兴凯湖)。采自池塘、湖泊中。

　　分布：亚洲(印度，热带、亚热带地区)。

108. 舞角星鼓藻

Staurastrum saltans Joshua, Linn. Soc. Jour. Bot., 21(140): 641, pl. 23, fig. 21, 1886; West & West, Trans. Linn. Soc. London, Bot. II, 6: 188, pl. 22, figs. 13—14, 1902; Yamaguti, *in* Kawamura's Rep. Limn. Surv. of Kwantung and Manchoukuo, p. 491, pl. III, fig. 22, 1940.

108a. 原变种　图版 XXX：3—4

var. saltans

细胞中等大小，宽大于长(包括突起)，缢缝中等深度凹入，顶端尖，向外张开呈锐角；半细胞正面观碗形，顶部高出，其两侧各具 2 个近水平向伸出的强壮长刺，长刺的基部膨大，侧角水平向延长形成较长的突起，具数轮小齿，末端具 2 个刺，近突起背缘基部的 2—3 个中间明显凹入的齿，半细胞基部具一轮小刺；垂直面观纺锤形，两端缘内两侧各具 1 个近水平向伸出的强壮长刺，长刺的基部膨大，角向侧面延长形成较长的突起，具数轮小齿，末端具 2 个刺，近突起背缘基部的 2—3 个中间明显凹入的齿。细胞长 40—44.5 μm，宽 73—75 μm，缢部宽 11—12 μm，厚 22—24 μm。

产地：黑龙江(兴凯湖)；广东(开平)。采自湖泊、水库中。

分布：亚洲(日本，缅甸、斯里兰卡、孟加拉等热带和亚热带地区)。

Joshua(1886)在模式种的描述的中，半细胞基部具一轮小刺，顶部高出部分具 4 个凸起，West & West(1902)报道的此种基部也具一轮小刺，顶部高出部分具 4 个凸起。Yamaguti(1940)、Hirano(1950)和 Islan & Haroon(1980)报道此种半细胞的基部无一轮小刺，顶部高出部分无 4 个凸起，在中国发现的此种半细胞的基部无一轮小刺，顶部高出部分无 4 个凸起。

108b. 舞角星鼓藻加里曼丹变种　图版 XXX：5—6

Staurastrum saltans var. **kalimantanum** Scott & Prescott, Reinwardtia, 4(3): 7—8, fig. 12, 1958.

此变种与原变种不同为半细胞顶缘下近半细胞中部细胞壁明显的增厚，顶角形成的突起长，末端一对 2 叉的刺不等长，上端的刺长于下端的刺，近突起背缘基部的 3—4 对齿中间明显凹入；垂直面观两端明显膨大和增厚。细胞长 32—45 μm，宽 45—55 μm，缢部宽 7—10 μm，厚 16—22 μm。

产地：浙江(宁波东钱湖)。采自湖泊、沼泽中。

分布：亚洲(印度尼西亚，热带、亚热带地区)。

采自浙江宁波的标本与此变种不同为突起末端具 3—4 个刺。

108c. 舞角星鼓藻苏门答腊变种　图版 XXX：1—2

Staurastrum saltans var. **sumatranum** Scott & Prescott, Reinwardtia, 4(3): 6—7, figs. 8—10, 1958; Wei, Acta Phytotax. Sinica, 35(4): 374, fig. 6: 1—2, 1997.

此变种与原变种不同为半细胞顶缘下近半细胞中部细胞壁明显增厚，顶角形成的突起长，突起背缘具齿，突起背缘基部具 1 个向顶部反曲的长刺；垂直面观两端明显膨大和增厚。细胞长 43—45 µm，宽 98—100 µm，缢部宽 9—10 µm，厚 22 µm。

产地：浙江(宁波东钱湖)。采自湖泊、沼泽中。

分布：亚洲(印度尼西亚，热带、亚热带地区)。

109. 西博角星鼓藻

Staurastrum sebaldi Reinsch, Acta Soc. Senck. 6: 133, pl. 24 D-I, figs. 1—3, 1867; West &
West & Carter, Monogr. Brit. Desm., V: 166—167, pl. 148, figs. 5—6, 1923; Prescott et
al., North Amer. Desm., II, 4: 305—306, pl. 443, fig. 5, 1982; Li, Wei et al., The algae of
the Xizang Plateau, p. 380, pl. 67, figs. 5—6, 1992.

109a. 原变种　图版 XLV：1—2

var. sebaldi

细胞大形，长约为宽的 1.5 倍(不包括突起)，缢缝中等深度 V 型凹入，顶端尖，向
外张开呈锐角；半细胞正面观杯形，顶部凸起，具一轮大的、单一或 2 齿到 4 齿的瘤，
并延伸到短突起背缘基部，通常顶部下、两突起间、半细胞的体部具一列刺，但刺的大
小和特征有变化，任止是缺乏的，顶角略向下延长形成粗壮的、圆锥形的短突起，末端
具 3—4 个刺，短突起具数轮强壮的小齿，半细胞腹缘略凸起并斜向上达突起腹缘基部；
垂直面观三角形，侧缘直、有时略凸起或略凹入，缘边具一列刺或缺乏，缘内具一列单
一的或具 2 齿到 4 齿的瘤，角延长形成粗壮的、圆锥形的短突起，具数轮强壮的小齿。
细胞长 44—78 µm，宽(包括突起)40—87 µm，缢部宽 9—17.5 µm。

通常附着在水生植物上或底栖习性，很少浮游，pH 为 5.0—9.0。

产地：黑龙江(哈尔滨)；湖北(武昌东湖)；西藏(查隅)。采自池塘、湖泊、沼
泽中。

分布：亚洲；欧洲；大洋洲(澳大利亚，新西兰)；北美洲(加拿大，广泛分布在美国)；
南美洲；北极。

109b. 西博角星鼓藻肥壮变种　图版 XLV：5—6

Staurastrum sebaldi var. **corpulentum** Scott & Grönblad, Acta Soc. Sci. Fennicae, II. B.
2(8)：46, pl. 32, figs. 8—13, 1957; Prescott et al., North Amer. Desm., II, 4: 306, pl. 443,
fig. 3, 1982; Wei & Yu, Chin. Jour. Oceanol. Limnol., 23(2)：216, pl. III: 10—11, 2005.

此变种与原变种不同为细胞肥壮，半细胞顶角延长形成的突起较短。细胞长
34—35 µm，宽 43—45 µm，缢部宽 12—12.5 µm。

产地：湖北(武昌东湖)。采自池塘、湖泊中。

分布：北美洲(美国)。

109c. 西博角星鼓藻纹饰变种　图版 XLIV：8—9

Staurastrum sebaldi var. **ornatum** Nordstedt, Acta Univ. Lund., 9: 34, fig. 15, 1873; West &
West & Carter, Monogr. Brit. Desm., V: 167—168, pl. 148, fig. 7, 1923; Prescott et al.,
North Amer. Desm., II, 4: 307, pl. 444, figs. 1, 3, 1982; Wei, Algae, *in* Chen et al.,

Hydrobiology and resources exploitation in Honghu Lake, 33, 1995.

此变种与原变种不同为半细胞具水平方向或略向下弯的较细的长突起，突起腹缘基部具数个瘤，缝部上端、半细胞基部具颗粒；垂直面观三角形，侧缘平滑、宽凹入，角延长形成较细的长突起。细胞长 37—44 μm，宽(包括突起)40—49 μm，缝部宽 9—12 μm。

产地：江苏(无锡太湖)；湖北(洪湖)。采自湖泊中。

分布：亚洲；欧洲；非洲；大洋洲(澳大利亚)；北美洲，南美洲。

109d. 西博角星鼓藻纹饰变种高出变型　图版 XLVI：3—6

Staurastrum sebaldi var. **ornatum** f. **altum** Wei, Jour. Wuhan Bot. Research, 3(3)：250, fig. 1:1—4, 1985.

此变型与此变种不同为半细胞正面观顶部明显高出，半细胞基部膨大，每一突起下、缝部上端具 1 个由 3—8 个小齿组成的瘤；垂直面观三角形或四角形。细胞长 31—58 μm，宽(包括突起)35—75 μm，缝部宽 8—13 μm。

产地：河南(郑州)；湖北(武昌东湖，洪湖)；四川(西昌)；云南(宁蒗，大理洱海)；新疆(伊犁河大桥下)。采自水坑、池塘、湖泊、水库中。

仅分布在中国。

109e. 西博角星鼓藻纹饰变种具刺变型　图版 XLVI：1—2

Staurastrum sebaldi var. **ornatum** f. **spiniferum** Wei, Arca Phytotax. Sinica,.31(5)：485, fig. 6: 1—2, 1993.

此变型与此变种不同为半细胞正面观顶部瘤的下端具一横列小刺；垂直面观侧缘与缘内的瘤之间具一列小刺。细胞长 49—57 μm，宽 74—75 μm，缝部宽 12.5—13 μm。

产地：四川(炉霍)；云南(大理洱海)。采自湖泊中。

仅分布在中国。

109f. 西博角星鼓藻伸长变种　图版 XLV：3—4

Staurastrum sebaldi var. **productum** West & West, Trans. Roy. Soc. Edinburgh, 41(3)：504, pl. 7, fig. 24, 1905; West & West & Carter, Monogr. Brit. Desm., V: 168—169, pl. 149, fig. 17, 1923; Prescott et al., North Amer. Desm., II, 4: 307, pl. 446, fig. 7, 1982; Wei, Wuhan Bot. Research, 3(3)：247, 1985.

此变种与原变种不同为半细胞正面观顶缘略凸起，但在中间区域近平直，顶缘内具一列大约 6 个微凹的瘤，顶角延长形成长突起；垂直面观三角形，侧缘直，缘内具一列 6 个微凹的瘤。细胞长 34—46 μm，宽 43—65 μm，缝部宽 10—12.5 μm。

产地：湖北(武昌东湖)；云南(大理洱海)。采自池塘、湖泊、沼泽中。

分布：亚洲；欧洲；非洲；大洋洲(新西兰)；北美洲(加拿大)；北极。

109g. 西博角星鼓藻腹瘤变种　图版 XLV：7—8

Staurastrum sebaldi var. **ventriverrucosum** Scott & Prescott, Hydrobiologia, 17(1/2)：106, pl. 44. fig. 5, 1961; Wei, Acta Phytotax. Sinica, 34(6)：665, fig. 5: 7—8, 1996.

此变种与原变种不同为细胞宽约为长的 1.3 倍，缢缝深凹；半细胞正面观近椭圆形，顶角略向下延长形成强壮的短突起，半细胞背缘具一列约 8 个 2—4 齿的瘤并与突起背缘的瘤相连，半细胞腹缘到突起腹缘约具 6 个 2—4 齿的瘤；垂直面观三角形，侧缘凹入，缘内中间的 2 个 2—4 齿的瘤比其他的瘤略大。细胞长 34.5—43 μm，宽 34.5—51 μm，缢部宽 10—12.5 μm。

产地：湖北(武昌东湖)；广东(开平)。采自池塘、湖泊、水库中。

分布：亚洲(印度尼西亚等热带和亚热带地区)。

110. 六臂角星鼓藻　图版 LII：11—13

Staurastrum senarium Ralfs, Brit. Desm., p. 216, 1848; West & West & Carter, Monogr. Brit. Desm., V: 175—176, pl. 156, fig. 3, 1923; Prescott et al., North Amer. Desm., II, 4: 308, pl. 375, figs. 9—11, 1982; Hu & Wei, The Freshwater Algae of China, Systematics, Taxonomy and Ecology, p. 882—883, pl. XIV-79-9—14, 2006.

细胞小到中等大小，宽约为长的 1.3 倍(包括突起)，缢缝深凹，向外张开呈锐角；半细胞正面观椭圆形、近纺锤形，三个顶角的每个具 2 个斜向上的、较小的附属短突起，突起平滑，末端具 2—3 个刺，侧角水平向伸长形成短突起，其基部有时具一轮小齿，末端具 2—3 个刺，侧角的短突起间同一水平面上具 2 个较小的短突起，位于顶角 2 个附属短突起的下端；垂直面观三角形，侧缘略凹入，角略伸长形成短突起，短突起基部有时具一轮小齿，末端具 2—3 个刺，短突起间具 2 个较小的短突起，其缘内具 2 个斜向上的、较小的附属短突起，短突起平滑，末端具 2—3 个刺。细胞长(包括突起)35—57 μm，宽(包括突起)32—62 μm，缢部宽 9—15 μm。

产地：江苏(南京)；浙江(宁波东钱湖)；湖北(武昌东湖)；重庆；西藏(墨脱)。采自池塘、湖泊、泉水和沼泽中。

分布：亚洲；欧洲；非洲；大洋洲(澳大利亚)；北美洲；南美洲；北极。

111. 具刚毛角星鼓藻　图版 XXIII：1—2

Staurastrum setigerum Cleve, Öfv. Kongl. Vet.-Akad. Förhandl., 10(1863)：490, pl. 4, fig. 4, 1864; West & West & Carter, Monogr. Brit. Desm., V: 52—53, pl. 136, figs. 13—14, 1923; Prescott et al., North Amer. Desm., II, 4: 309, pl. 359, figs. 8—9，pl. 360, fig. 5, 1982; Wei, Acta Phytotax. Sinica, 35(4)：374, fig. 6: 5—6, 1997.

细胞中等大小，长略大于宽，缢缝深凹，向外张开呈锐角；半细胞正面观椭圆形，背缘宽凸起和具 5—6 个长刺，腹缘比背缘略凸起，侧角钝圆和具 2—5 个(通常 3 个)纵向排列的强壮长刺，或有时轮状排列，半细胞体部具长刺并围绕角略呈同心圆排列，侧角的长刺比体部的长刺强壮；垂直面观三角形，角尖圆和具 2—5 个(通常 3 个)强壮长刺，侧缘近平直和具 5—6 个长刺，缘内的长刺围绕角略呈同心圆排列。细胞长 35—37 μm，宽 32—34 μm，缢部宽 11—12 μm，刺长 10—11 μm。

产地：内蒙古(大兴安岭阿尔山地区)；浙江(宁波的东钱湖和梅湖)。采自湖泊、沼泽中。

分布：亚洲；欧洲；非洲；大洋洲(澳大利亚)；北美洲(美国和加拿大广泛分布)；

南美洲。

112. 六角角星鼓藻

Staurastrum sexangulare (Bulnheim) Lundell, Nova Acta Reg. Soc. Sci. Upsaliensis, III,
8(2): 71, pl. 4, fig. 9, 1871; West & West & Carter, Monogr. Brit. Desm., V: 194—195,
pl. 157, figs. 2—3, 1923; Prescott et al., North Amer. Desm., II, 4: 310—311, pl. 423, fig.
3, 1982; Hu & Wei, The Freshwater Algae of China, Systematics, Taxonomy and
Ecology, p. 883, pl. XIV-78-19—20, 2006.

Didymocladon sexangulare Bulnheim, Hedwigia, 1861(9): 51, pl. 9A, fig. 1, 1861.

112a. 原变种　图版 LVII: 1—2

var. **sexangulare**

细胞中等大小到大形，宽略大于长(包括突起)，缢缝 U 型浅凹入，向外张开呈锐角；
半细胞正面观椭圆形或近纺锤形，顶部中间略凸起，半细胞侧角水平向或略向下伸长形
成长突起，长突起背缘近基部具 1 个斜向上伸出的、稍短的附属突起，突起具 2—3 轮小
齿，末端具 3—4 个钝刺，腹缘略膨大；垂直面观五角形到七角形，少数四角形或八角形，
侧缘深凹陷，凹陷内具 1—2 对颗粒，角延长形成长突起，长突起背缘近基部具 1 个斜向
上的、稍短的附属突起，突起具 2—3 轮小齿，末端具 3—4 个钝刺，上下两个半细胞的
突起常互相交错排列。细胞长(不包括突起)42—44 μm，(包括突起)64—100 μm，宽(不
包括突起)36—47 μm，(包括突起)68—120 μm，缢部宽 10—22 μm。

生长在贫营养和中营养的水体中，浮游或附着在水生植物上，pH 为 5.3—8.0。

产地：浙江(宁波的东钱湖和梅湖)；湖北(武昌东湖)；广东(开平，深圳)；广西(修
仁)；重庆；西藏(查隅)。采自稻田、池塘、湖泊、水库和沼泽中。

分布：亚洲；欧洲；大洋洲(澳大利亚，新西兰)；北美洲；南美洲；北极。

112b. 六角角星鼓藻粗糙变种　图版 LVII: 3—4

Staurastrum sexangulare var. **asperum** Playfair, Prod. Linn. Soc. N. S. Wales, 35: 489, pl.
12, fig. 13, 1910; Krieger, Arch. f. Hydrobiol. Suppl., II(3): 206, pl. 17, fig. 2, 1932; Jao,
Bot. Bull. Acad. Sinica, 3: 70, fig. 6: 10, 1949.

此变种与原变种不同为半细胞七角形，少数六角形，一个半细胞的突起与另一半细
胞的突起交错排列，半细胞顶部具点纹；垂直面观侧缘凹陷内无 1—2 对颗粒。细胞长(不
包括突起)53—55 μm，(包括突起)88—90 μm，宽(不包括突起)50—54 μm，(包括突
起)108—115 μm，缢部宽 20—22 μm。

产地：广西(修仁)。采自池塘中。

分布：亚洲(印度尼西亚等热带和亚热带地区)；大洋洲(澳大利亚)。

113. 索塞角星鼓藻

Staurastrum sonthalianum Turner, Kongl. Svenska Vet.-Akad. Handl., 25(5): 124, pl. 14,
fig. 27, 1892; Prescott et al., North Amer. Desm., II, 4: 314, pl. 442, fig. 1, 1982; Jao, Bot.

Acad. Sinica, 3: 70, fig. 5: 10, 1949; Hu & Wei, The Freshwater Algae of China, Systematics, Taxonomy and Ecology, p. 883, pl. XIV-79-1—2, 2006.

113a. 原变种　图版 XLII：3—4
var. sonthalianum

细胞中等大小到大形，宽约为长的 1.5 倍(包括突起)，缢缝深凹，向外张开呈锐角；半细胞正面观纺锤形、碗形，顶缘略凸起、平滑，缘内具一列(4—6 个)2—3 齿的瘤，顶角斜向下延长形成长突起，末端具 3 个到 4 个刺，突起背缘约具 6 对瘤(近突起背缘基部的具 2—3 齿的瘤、近末端的具 1 个齿的瘤)与顶缘内 2—3 齿的瘤连成一列，腹缘略凸起和具数个微凹的瘤；垂直面观三角形，侧缘略凹入，缘内具一列 4—6 个 2—3 齿的瘤，角延长形成长突起，末端具 3 个到 4 个刺，突起背缘约具 6 对瘤，与侧缘内 2—3 齿的瘤连成一列。细胞长 37—40 μm，宽(包括突起)67—68 μm，缢部宽 13.5—14 μm。

一般生长在贫营养到中营养的水体中，浮游或附着在水生植物上，pH 为 5.3—8。

产地：湖北(武昌东湖)；广西(修仁)；重庆。采自稻田、池塘、湖泊和沼泽中。

分布：亚洲；欧洲；大洋洲(澳大利亚，新西兰)；北美洲；南美洲。

113b. 索塞角星鼓藻索塞变种具刺变型　图版 XLII：7—8
Staurastrum sonthalianum var. **sonthalianum** f. **spiniferum** Wei, Arca Phytotax. Sinica, 31(5)：485—486, fig. 6: 3—4, 1993.

此变型与此变种不同为半细胞正面观顶部瘤下端、两突起间具数列纵向排列的小刺；垂直面观侧缘具一列小刺和侧缘及缘内的瘤之间具一列小刺。细胞长 37—43 μm，宽 72—78 μm，缢部宽 11.5—13 μm。

产地：浙江(宁波的东钱湖和梅湖)；四川(冕宁)。采自池塘、湖泊中。

仅分布在中国。

114. 海绵状角星鼓藻
Staurastrum spongiosum Ralfs, Brit. Desm., p. 141, pl. 25, fig. 4, 1848; West & West & Carter, Monogr. Brit. Desm., V: 76—78, pl. 140, fig. 14, 1923; Prescott et al., North Amer. Desm., II, 4: 315—316, pl. 345, fig. 8, 1982; Shi, Wei et al., Compilation of reports on the survey of algal resoures in south-western China, p. 340, pl. 13: 1—3, 1994.

Staurastrum spongiosum var. *perbifidum* West, Linn. Soc. Jour. Bot., 29(199/200)：175, pl. 23, fig. 3, 1892; Skuja, Algae, *in* Handel-Mazz. Symbol. Sinicae Wien., 1: 97, 1937.

114a. 原变种　图版 XXIV：1—4
var. spongiosum

细胞中等大小，长略大于或约等于宽，缢缝深凹，近顶端狭线形，其后向外略张开；半细胞正面观近半圆形或截顶角锥形，顶角和基角各具 1 个 2—3 齿的瘤，缘边具 8—10 个 2—3 齿的瘤或刺状瘤，围绕角具 3 轮呈同心圆排列的、具 2—3 齿的瘤或刺状瘤；垂直面观三角形，侧缘略凸起和具 6—8 个 2—3 齿的瘤或刺状瘤，角顶具 1 个强壮的瘤，围绕角具 3 轮呈同心圆排列的 2—3 齿的瘤或刺状瘤,瘤向角顶逐渐变小,顶部中央平滑。细胞长 34—55 μm, 宽 30—50 μm, 缢部宽 14—18 μm。

产地:黑龙江(哈尔滨);四川(德格新路海);云南(香格里拉,永宁)。采自山泉集水坑、湖泊、沼泽中。

分布:亚洲;欧洲;非洲;北美洲;南美洲;北极。

West 在 1892 年建立的 *Staurastrum spongiosum* var. *perbifidum* 与原变种不同为半细胞具强壮的刺状瘤代替具 2—3 齿的瘤。在原变种中刺状瘤通常存在,原变种和变种之间的过度类型是经常存在的,Prescott 等(1982)不认为这个变种是合理的,现将此变种合并在原变种中。

114b. 海绵状角星鼓藻格里变种　　图版 XXIV: 5—6

Staurastrum spongiosum var. griffithsianum (Nägeli) Lagerheim, *in* Wittrock & Nordstedt, Alg. exsicc. No. 821, 1886; West & West & Carter, Monogr. Brit. Desm., V: 78, pl. 140, fig. 15, 1923; Prescott et al., North Amer. Desm., II, 4: 316, pl. 345, fig. 11, 1982; Li, Wei et al., The algae of the Xizang Plateau, p. 377, pl. 65, figs. 9—10, 1992.

Phycastrum griffithsianum Nägeli, Gattung. Einz. Algen., p. 128, pl. 8-C, fig. 2, 1849.

此变种与原变种不同为半细胞正面观缢缝从顶端向外张开呈锐角;垂直面观三角形,侧缘直或略凹入,侧缘缘边具 5 个或 6 个明显的瘤,侧缘中间的 2 个瘤之间具一深而明显的圆形凹陷。细胞长 45—47 μm, 宽 43—45 μm, 缢部宽 16—16.5 μm。

产地:西藏(林芝)。采自河滩渗水处沼泽化草地。

分布:亚洲;欧洲;北美洲;北极。

115. 条纹角星鼓藻

Staurastrum striolatum (Nägeli) Archer, *in* Pritchard, Infusor., p. 740, 1861; West & West, Monogr. Brit. Desm., IV: 177—178, pl. 127, figs. 1—5, 1912; Prescott et al., North Amer. Desm., II, 4: 317, pl. 337, fig. 6, pl. 338, fig. 15, 1982; Wei & Yu, Chin.Jour. Oceanol. Limnol., 23(1): 95, 2005.

Phycastrum striolatum Nägeli, Gattung. Einz. Algen, p. 126, pl. 8A, fig. 3, 1849.

Staurastrum striolatum f. Jao, Bot. Bull. Acad. Sinica, 3: 71, fig. 4: 4, 1949.

115a. 原变种　　图版 XVII: 10—13

var. **striolatum**

细胞小,长约等于宽,缢缝深凹,顶端 U 型凹陷,向外宽张开;半细胞正面观长圆形到椭圆形,顶缘平直或略凹入,顶角圆或近平圆,腹缘略凸起和在中间膨大;垂直面观三角形或四角形,侧缘凹入,角圆或近平圆;细胞壁具颗粒,围绕角呈同心圆排列,在体部略散生,在角上的颗粒比细胞其他部分的略大。细胞长 15—29 μm,宽 16—31 μm,缢部宽 4—11 μm。

生长在中营养到富营养的水体中,常附着在水生植物上,少数浮游,pH 为 6.1—8.3。

产地:湖北(武昌东湖);广西(阳朔);贵州(松桃)。采自稻田、池塘、湖泊和沼泽中。

分布：亚洲；欧洲；非洲；大洋洲(澳大利亚，新西兰)；北美洲；南美洲；北极。

饶钦止在 1949 年建立的 *Staurastrum striolatum* f.，与原变种不同为缢缝较狭，顶端钝，半细胞正面观长圆形，这些特征与原变种的相似，也未命名，现合并在原变种中。

115b. 条纹角星鼓藻叉开变种　图版 XVII：14—15，图版 LXIV：2

Staurastrum striolatum var. **divergens** West & West, Monogr. Brit. Desm., IV: 178, pl. 127, fig. 6, 1912; Croasdale & Flint, Flora New Zealand, Fresh. Alg. Chlorophyta, Desm., III: 136, pl. 82, fig. 15, 1994; Wei, Chin. Jour. Oceanol. Limnol., 9(3): 268, pl. 4, fig. 1, 1991; Wei, Acta Phytotax. Sinica, 35(4): 374, fig. 4: 8—9, 1997.

Staurastrum alternans var. *divergens* West & West, Trans. Linn. Soc. London, Bot., II, 6: 177, pl. 21, fig. 18, 1902.

此变种与原变种不同为半细胞顶部凹入，顶角斜向上伸出呈圆柱形，顶缘广圆，细胞壁的颗粒在顶角上比较明显，一个半细胞顶角与另一个半细胞顶角交错排列。细胞长 14—20 μm，宽 14—18 μm，缢部宽 5—6.5 μm。

产地：浙江(宁波东钱湖)。采自湖泊、沼泽中。

分布：亚洲(斯里兰卡，热带、亚热带地区)；大洋洲(新西兰)。

116. 近尖头形角星鼓藻

Staurastrum subapiculiferum Jao, Bot. Bull. Acad. Sinica, 3: 71, fig. 5: 3, 1949.

116a. 原变种　图版 XLIV：1—2

var. subapiculiferum

细胞中等大小到大形，宽约为长的 1.3 倍(包括突起)，缢缝中等深度凹入，从顶端向外略张开；半细胞正面观近杯形，顶部略凸起和具一轮 12 个具 2—3 个乳突的平瘤(每 2 个顶角之间 4 个)，顶角略斜向下延长形成长突起，末端具 4 个齿，突起背缘和腹缘各具 7 个节状瘤，突起背缘基部具 2 个具 2—3 个乳突的平瘤，半细胞基部膨大，每一突起下、缢部上端具 2 个具颗粒的瘤横向排列，每 2 突起间半细胞的体部具 4 个横向排列的刺；垂直面观三角形，侧缘直、增厚，缘边具 4 个刺，缘内具 4 个具 2—3 个乳突的平瘤，角延长形成长突起，末端具 4 个齿，突起背缘和腹缘各具 7 个节状瘤，突起背缘基部具 2 个 2—3 个乳突的平瘤。细胞长(不包括瘤)50—52 μm，(包括瘤)54—56 μm，宽(包括突起)81—92 μm，缢部宽 16—17 μm。

产地：广西(修仁)。采自池塘中。

仅产于中国。

116b. 近尖头形角星鼓藻波形变种　图版 XLIV：3

Staurastrum subapiculiferum var. **undulatum** Jao, Bot. Bull. Acad. Sinica, 3: 71, fig. 5: 4, 1949.

此变种与原变种不同为半细胞垂直面观侧缘不增厚、具 4 个波形，角延长形成的突起较短。细胞长(不包括瘤)50—52 μm，(包括瘤)55—56 μm，宽(包括突起)73—74 μm，缢部宽 14—14.5 μm。

产地：广西(阳朔)。采自稻田中。

仅产于中国。

117. 近阿维角星鼓藻　图版 XX：3—4

Staurastrum subavicula (West) West & West, Jour. Roy. Microsc. Soc. 1894: 12, 1894; West & West & Carter, Monogr. V：181, pl. 155, fig. 10; 1923; Prescott et al., North Amer. Desm., II, 4: 318—319, pl. 383, figs. 9—10, 1982; Qin, Wang & Wei, Jour. Wuhan Bot. Research, 25(6)：579, fig. 1: 17—18, 2006.

Staurastrum arcuatum var. *subavicula* West, Jour. Roy. Microsc. Soc. 1892: 732, pl. 9, fig. 25, 1892.

细胞中等大小，长约等于或略大于宽；缢缝深凹，从顶端向外 V 型张开；半细胞正面观近椭圆形或楔形，顶缘略凸起或近平直，顶角略凸出，角顶具 1 对纵向排列的刺，围绕顶角具 2 轮颗粒，半细胞顶部具一轮 6 个瘤状突起，末端具双叉的刺，侧缘略凸起或近平直；垂直面观三角形，角圆，角顶具 1 对纵向排列的刺，围绕角具 2 轮颗粒，侧缘略凹入，顶部具一轮 6 个瘤状突起，其末端具双叉的刺。细胞长 32 μm，宽 32—32.5 μm，缢部宽 9.5 μm。

产地：内蒙古(大兴安岭阿尔山地区的达尔滨湖)。采自湖泊中，浮游或附着在水草上。

分布：亚洲；欧洲；大洋洲(澳大利亚)；非洲；北美洲；北极。

118. 近十字形角星鼓藻　图版 XXI：11—12

Staurastrum subcruciatum Cooke & Wille, *in* Cooke, Brit. Desm., p. 148, pl. 51, fig. 3, 1887; West & West & Carter, Monogr. Brit. Desm., V: 42—43, pl. 133, figs. 6—7, 1923; Prescott et al., North Amer. Desm., II, 4: 320, pl. 383, figs. 5—6, 1982; Qin, Wang & Wei, Jour. Wuhan Bot. Research, 25(6)：579, fig. 1: 19—20, 2006.

细胞小到中等大小，宽略大于长，缢缝深凹，向外宽张开呈近直角；半细胞正面观近倒三角形或碗形，顶缘中部略凸起和在两侧略凹入，顶角略斜向上并略凸出，围绕角具呈同心圆排列的小颗粒，末端具 2 个纵向叉开的强壮的刺，腹缘略凸起呈近半月形；垂直面观三角形，侧缘凹入，角略凸出，围绕角具呈同心圆排列的小颗粒，末端具 2 个纵向排列的刺，顶部中间平滑。细胞长 31—35 μm(包括突起)，22.5—26 μm(不包括突起)，宽 35—42 μm(包括突起)，25—28 μm(不包括突起)，缢部宽 7—8 μm。

产地：内蒙古(大兴安岭阿尔山地区)；福建(福州)；广东(广州)。采自池塘、湖泊、水库、沼泽中，浮游或附着在水生植物及潮湿石上。

分布：亚洲；欧洲；非洲；大洋洲(新西兰)；北美洲；南美洲；北极。

119. 近环棘角星鼓藻

Staurastrum subcyclacanthum Jao, Bot. Bull. Acad. Sinica, 3: 71—72, fig. 5: 6, 1949; Hu &

Wei, The Freshwater Algae of China, Systematics, Taxonomy and Ecology, p. 883—884, pl. XIV-77-14—16, 2006.

119a. 原变种　图版 XLI：1—2
var. **subcyclacanthum**

细胞中等大小，宽约为长的 2 倍(包括突起)，缢缝中等深度凹入，向外张开呈锐角；半细胞正面观近半圆形，顶缘宽、略高出 5—7 μm，顶部具一轮 6 个具 3 齿的瘤(每 2 个顶角之间 2 个)，顶角水平方向或略向下延长形成长突起，末端具 4 个粗刺，突起具数轮小齿，突起背缘近基部具 2 个微凹的瘤，突起背缘基部的两侧各具 1 个 2 齿的瘤，缢部上端具一轮 12 个尖颗粒；垂直面观三角形，侧缘略凹入，缘内具 2 个具 3 齿的瘤，每个瘤的 2 个齿的基部相连，呈双叉形，另 1 个齿略远离，角延长形成长突起，末端具 4 个粗刺，突起具数轮小齿，突起背缘近基部具 2 个微凹的瘤，突起背缘基部的两侧各具 1 个 2 齿的瘤。细胞长 31—33 μm，宽(包括突起)65.5—69 μm，缢部宽 8.5—9 μm。

产地：湖北(武昌东湖)；广西(修仁)；重庆。采自池塘、湖泊、沼泽中。

仅分布在中国。

119b. 近环棘角星鼓藻杯状变种　图版 XL：1—5
Staurastrum subcyclacanthum var. **cyathodes** Wei, Arca Phytotax. Sinica, 33(6)：620, fig. 3：3—4, 1995.

此变种与原变种不同为细胞宽为长的 1.2—1.3 倍(包括突起)，缢缝浅凹入，向外张开呈钝角；半细胞正面观杯形，突起背缘基部两侧各具 1 个具 2—6 齿的瘤。细胞长 29—35 μm，宽(包括突起)36—45 μm，缢部宽 7—8 μm。

产地：浙江(宁波梅湖)；湖北(武昌东湖)。采自湖泊、沼泽中。

仅分布在中国。

119c. 近环棘角星鼓藻奇异变种　图版 XLI：3—6
Staurastrum subcyclacanthum var. **mirificum** Jao, Bot. Bull. Acad. Sinica, 3: 72, fig. 5: 8, 1949.

此变种与原变种不同为半细胞正面观杯形，顶角略向上延长形成的突起较短，突起背缘基部两侧各具 1 个具 3 齿的瘤，半细胞基部膨大，每一突起下、缢部上端具 1 个由小颗粒组成的瘤。细胞长 28.5—29 μm，宽(包括突起)50—54 μm，缢部宽 6.5 μm。

产地：湖北(武汉)；广西(修仁)。采自池塘中。

仅分布在中国。

119d. 近环棘角星鼓藻奇异变种具齿变型　图版 XLI：8—9
Staurastrum subcyclacanthum var. **mirificum** f. **denticulatum** Wei, Arca Phytotax. Sinica, 33(6)：620—622, fig. 3: 1—2, 1995.

此变型与此变种不同为半细胞每一突起基部的腹缘具 2 个双齿的瘤，每一突起下、缢部上端的基部膨大处具 3 横列齿，每列 2—3 个。细胞长 41—42 μm，宽(包括突起)67—68 μm，缢部宽 10—10.5 μm。

产地：江苏（南京）；浙江（宁波梅湖）；湖北（武昌东湖）。采自湖泊、泉水、沼泽中。

仅分布在中国。

119e. 近环棘角星鼓藻近环棘变种四齿变型　图版 XLI：7

Staurastrum subcyclacanthum var. **subcyclacanthum** f. **quadridentatum** Jao, Bot. Bull. Acad. Sinica, 3: 72, fig. 5: 7, 1949.

此变型与原变种不同为半细胞正面观顶部具一轮 6 个具 4 齿的瘤（每 2 个顶角之间 2 个），垂直面观侧缘内具 2 个具 4 齿的瘤。细胞长 33 μm，宽（包括突起）69 μm，缢部宽 8.5 μm。

产地：广西（修仁）。采自池塘中。

仅产于中国。

120. 近雅致角星鼓藻　图版 L：3—6

Staurastrum subelegantissimum Wei, Arca Phytotax. Sinica, 33 (6)：622, fig. 3: 5—8, 1995.

细胞中等大小，宽为长的 1.2—1.3 倍（包括突起），缢缝中等深度凹入，向外张开呈 U 型；半细胞正面观杯形，顶部中间高出和具一轮具 2—4 齿的瘤，顶角向水平方向延长形成长突起，末端具 3 个刺，突起背缘和侧缘各具一横列 2—4 齿的瘤，并通过半细胞的体部延伸到另一突起，突起腹缘基部具 1—2 个 2 齿的瘤，半细胞基部膨大，每一突起下、缢部上端具 1 个方形瘤，方形瘤的 4 个角的角顶各具 2 个齿，方形瘤之间具 2 个齿；垂直面观三角形或四角形，侧缘凹入，侧缘和缘内各具一列具 2—4 齿的瘤，缘内一列瘤内的中央具 1 个具 2 齿的瘤，角延长形成长突起，末端具 3 个刺，突起背缘和侧缘各具一横列 2—4 齿的瘤。细胞长 39—43 μm，宽（包括突起）50—58 μm，缢部宽 10—12.5 μm。

产地：湖北（武昌东湖）；云南（大理洱海）。采自湖泊、沼泽中。

仅分布在中国。

121. 近纤细角星鼓藻　图版 XXIX：13—14

Staurastrum subgracillimum West & West, Trans. Linn. Soc. London Bot., II, 5 (5)：263, pl. 17, figs. 3—4, 1896; West & West, & Carter, Monogr. Brit. Desm., V: 118, pl. 144, figs. 1—2, 1923; Prescott et al., North Amer. Desm., II, 4: 322—323, pl. 404, fig. 12, 1982; Wei, Acta Phytotax. Sinica, 34 (6)：665, fig. 6: 13—14, 1996.

细胞小，宽约等于长（不包括突起），缢缝浅，呈 U 型凹陷；半细胞正面观宽楔形，顶部明显凹入，顶角向水平方向延长形成纤细的长突起，整个突起的宽度近相同，其缘边波状和具小齿，末端具 3—4 个强壮的齿，侧缘斜向上扩大达长突起腹缘基部，细胞常在缢部扭转，使上下两半细胞的长突起交错排列；垂直面观三角形或四角形，侧缘直或略凹入，角延长形成具齿的长突起，末端具 3—4 个强壮的齿。细胞长 11—12.5 μm，宽 32—33 μm，缢部宽 6—6.5 μm。

较稀少的种类，浮游或附着在水生植物上，pH 为 5.2—7.6。

产地：湖北(武昌东湖)。采自湖泊、沼泽中。

分布：亚洲；欧洲；大洋洲(澳大利亚，新西兰)；北美洲。

122. 近曼弗角星鼓藻　图版 XLIII：1—3

Staurastrum submanfeldtii West & West, Trans. Linn. Soc. London Bot., II, 6(3)：188, pl. 22, fig. 16, 1902; Prescott et al., North Amer. Desm., II, 4: 324, pl. 417, fig. 8, 1982; Shi, Wei et al., Compilation of reports on the survey of algal resoures in south-western China, p. 340—341, pl. 14: 1—5, 1994.

细胞中等大小到大形，宽约为长的 1.25 倍(包括突起)，缢缝浅，呈宽 U 型凹陷；半细胞正面观杯形，顶缘平和凸起，顶部具一轮 12 个或 16 个微凹的瘤(每 2 个顶角之间 4 个)，顶角向水平方向延长形成长突起，末端具 4 个齿，长突起背缘和腹缘具一列刺，每一突起腹缘基部具 1 个微凹的瘤，半细胞侧缘逐渐略斜向上扩大达长突起腹缘基部，半细胞基部膨大，每个突起下、缢部上端具 1 个微凹的瘤；垂直面观三角形或四角形，侧缘宽、凹入，缘内具一列 4 个微凹的瘤，角延长形成长突起，末端具 4 个齿。细胞长 47.5—52 μm，宽(包括突起)63—71 μm，缢部宽 10—11 μm。

产地：湖北(武昌东湖)；四川(若尔盖，会东江，西昌邛海，茂汶，理县)；贵州(赤水，江口，六枝，安顺，清镇)；云南(大理洱海)。采自池塘、湖泊、水库、山溪、河流的沿岸带和沼泽中。

分布：亚洲；非州；北美洲(美国)；南美洲。

123. 近高山角星鼓藻　图版 XXIII：5—6

Staurastrum submonticulosum Roy & Bissett, Jour. Bot. 24: 238, pl. 268, fig. 7, 1886; Wei, Acta Phytotax. Sinica, 34(6)：665—667, fig. 6: 9—10, 1996.

细胞小到中等大小，长略大于宽，缢缝深凹，近顶端狭线形，其后略向外张开；半细胞正面观椭圆形到肾形，顶部平、具一轮 6 个微凹的瘤(每 2 个顶角之间 2 个)，侧角略凸出，末端具 3 个齿，半细胞背缘中间偏下具 1 个微凹的瘤，腹缘向上扩大斜向侧角，基角钝圆；垂直面观三角形，角略凸出，末端具 3 个齿，侧缘直，缘内近角处具 1 对微凹的瘤，顶部具一轮 6 个微凹的瘤。细胞长 29.5—31 μm，宽 27—29 μm，缢部宽 13—14 μm。

产地：湖北(武昌东湖)。采自池塘、湖泊中。

分布：亚洲(日本)；欧洲。

采于湖北武昌的个体与原变种不同为半细胞基角及角内具齿。

124. 泰勒角星鼓藻　图版 XXIX：7—10

Staurastrum taylorii Grönblad, *in* Croasdale & Grönblad, Trans. Amer. Microsc. Soc., 83(2)：206, pl. 19, fig. 16, 1964; Prescott et al., North Amer. Desm., II, 4: 329, pl. 403, figs. 1, 4, 1982; Shi, Wei et al., Compilation of reports on the survey of algal resoures in south-western China, p. 341, pl. 11: 3—6, 1994.

细胞中等大小，长略大于宽(包括突起)，缢缝浅、呈 V 型凹入；半细胞正面观碗形，顶缘平，顶角斜向上延长形成长突起，突起缘边波形，波顶具小齿，突起末端具 2—4 个齿，侧缘斜向上扩大达长突起腹缘基部；垂直面观纺锤形，角延长形成长突起，其缘边具小齿及缘内具一列小齿或尖颗粒，末端具 2—4 个齿。细胞长 30—48 μm，宽（包括突起）32.5—50 μm，缢部宽 5—7 μm，厚 6.5—7.5 μm。

产地：内蒙古（扎兰屯）；黑龙江（哈尔滨，五大连池）；河南（南湾水库）；浙江（新昌）；江西（铅山）；湖北（武昌洪湖）；四川（冕宁彝海子）；贵州（贵阳，印江，沿河）；云南（抚仙湖，大理洱海）。采自池塘、湖泊、水库、山溪、山泉中。

分布：亚洲；北美洲。

产自中国的此种两个半细胞常在缢部扭转，一个半细胞的突起与另一半细胞的突起互相交错排列。

125. 蛛网状角星鼓藻　图版 XXII：5—6

Staurastrum telifeum Ralfs, Brit. Desm., p. 128, pl. 22, fig. 4, 1848; West & West & Carter, Monogr. Brit. Desm., V: 58—60, pl. 136, figs. 2—6, 1923; Prescott et al., North Amer. Desm., II, 4: 330, pl. 362, fig. 8, 1982; Skvortzow, Jour. Bot., 64: 130, 1926.

细胞中等大小，长约为宽的 1.2 倍，缢缝深凹，向外张开呈锐角；半细胞正面观椭圆形，顶缘略凸起，侧角广圆，腹缘略凸起，细胞壁具强壮的短刺，主要围绕侧角排列，半细胞体部的刺稀疏，散生排列；垂直面观三角形，角广圆，侧缘直或略凹入，刺围绕角排列，其他部分的刺比角上的刺稀疏。细胞长 36—38 μm，宽 30—35 μm，缢部宽 8—10 μm，刺长 3—4 μm。

产地：内蒙古（扎兰屯）；黑龙江（哈尔滨）；浙江（宁波东钱湖）。采自沼泽化池塘、湖泊、沼泽中。

分布：亚洲；欧洲；非洲；北美洲；南美洲；北极。

126. 四角角星鼓藻

Staurastrum tetracerum Ralfs, Brit. Desm., p. 137, pl. 23, fig. 7, 1848; West, West & Carter, Monogr. Brit. Desm., V: 118—120, pl. 149, figs. 2—4, 1923; Prescott et al., North Amer. Desm., II, 4: 331, pl. 402, figs. 5, 7—9, 1982; Hu & Wei, The Freshwater Algae of China, Systematics, Taxonomy and Ecology, p. 884, pl. XIV-78-3—4, 2006.

Staurastrum tetracerum var. *manschuricum* Skvortzow, Jour. Bot. 64: 130, fig. 13, 1926.

Staurastrum tetracerum var. *tortum* (Teiling) Borge, Sjön Takerna Fauna och Flora utgiven av Kongl. Svenska Vet.-Akad. Stockholm, 1921 (4): 22, pl. 2, fig. 22, 1921; Shi, Wei et al., Compilation of reports on the survey of algal resoures in south-western China, p. 395, 1994.

Staurastrum iotanum var. *tortum* Teiling, Svensk Bot. Tidskr., 10 (1): 506, 1916.

126a. 原变种　图版 XXVIII：5—8

var. **tetracerum**

细胞小，长约等于宽或约为宽的 1.2 倍（包括突起），缢缝 V 型深凹入，向外张开呈锐角；半细胞正面观倒三角形，顶缘平直或略凹入，顶角明显斜向上延长形成长突起，缘边具 4—5 个波纹，末端微凹入；垂直面观纺锤形，角延长形成长突起，细胞常在缢部扭转，一个半细胞的突起与另一半细胞的突起互相交错排列。细胞长 18—58 μm，宽 17—67 μm，缢部宽 3.5—11 μm；厚 5—9 μm。

生长在贫营养、中营养或富营养的水体中，浮游或附着在水生植物上，pH 为 4.1—8.9。

产地：北京；内蒙古(大兴安岭阿尔山地区)；黑龙江(哈尔滨，兴凯湖)；山西(太原)；黑龙江(兴凯湖)；浙江(杭州，宁波，千岛湖)；江西(进贤，铅山)；湖北(武昌东湖，洪湖)；湖南(南岳)；重庆；四川(西昌，若尔盖)；贵州(江口，松桃，铜仁，清镇，绥阳，思南，延河，仁怀，遵义，毕节，赫章，石阡)；云南(昆明滇池，大理洱海，抚仙湖)；台湾(台南，淡水，南仁湖)。采自稻田、池塘、湖泊、水库、河流的沿岸带、沼泽中。

分布：世界广泛分布。

Skvortzow 在 1926 年建立的 *St. tetracerum* var. *manschuricum*，与原变种不同为细胞较大和突起较长，这些特征与原变种的相似，现合并在原变种中。

126b. 四角角星鼓藻四角变种四角形变型　图版 XXVIII：11—12

Staurastrum tetracerum var. **tetracerum** f. **tetragona** West & West, Jour. Roy. Microsc. Soc., 1897: 495, 1897; West, West & Carter, Monogr. Brit. Desm., V: 120—121, 1923; Prescott et al., North Amer. Desm., II, 4: 331, pl. 402, fig. 6, 1982; Wei, Algae, *in* Chen et al., Hydrobiology and resources exploilation in Honghu Lake, p. 33, 1995.

此变型与原变种不同为半细胞具 4 个突起，垂直面观 4 角形。细胞长 21—24 μm，宽 19—20 μm，缢部宽 4—8 μm。

产地：湖北(洪湖)。采自湖泊中。

分布：欧洲；北美洲。

126c. 四角角星鼓藻四角变种三角形变型　图版 XXVIII：9—10

Staurastrum tetracerum var. **tetracerum** f. **trigona** Lundell, Nova Acta Reg. Soc. Sci. Upsaliensis, III, 8(2)：69, 1871; West, West & Carter, Monogr. Brit. Desm., V: 120, pl. 149, fig. 4, 1923; Prescott et al., North Amer. Desm., II, 4: 331, pl. 402, fig. 4, 1982.

此变型与原变种不同为细胞比较强壮，突起的缘边锯齿状，垂直面观三角形。细胞长(不包括突起)10—11 μm，(包括突起)22.5—25 μm，宽(不包括突起)8—8.5 μm，(包括突起)20—28.5 μm，缢部宽 4—5.5 μm。

产地：浙江(宁波东钱湖)；广东(开平)。采自湖泊、水库中。

分布：亚洲；欧洲；非洲；北美洲；南美洲。

127. 托霍角星鼓藻

Staurastrum tohopekaligense Wolle, Bull. Torr. Bot. Club, 12(12)：128, pl. 51, figs. 4—5, 1885; West, West & Carter, Monogr. Brit. Desm., V: 178—179, pl. 155, fig. 12, 1923; Prescott et al., North Amer. Desm., II, 4: 333, pl. 384, figs. 1, 3, pl. 385, fig. 5, 1982; Jao,

Sinensia, 11(3 & 4)：339, 1940.

127a. 原变种　图版 LV：1—4

var. **tohopekaligense**

　　细胞中等大小到大形，长约为宽的 1.5 倍(不包括突起)，缢缝中等深度凹入，顶端 V 型凹陷，向外张开呈锐角；半细胞正面观广椭圆形到近圆形，顶部略凸起，侧角水平方向或略斜向上伸长形成 1 个平滑而纤细的长突起，末端具 2 叉或 3 叉的刺，半细胞的顶部、侧角长突起上端斜向上伸出 2 个平滑而纤细的附属长突起，其形状与侧角的长突起相似，末端具 2 叉或 3 叉的刺，腹缘凸起和斜向上扩大达侧角长突起腹缘的基部；垂直面观三角形或四角形，侧缘平直，角伸长形成平滑而纤细的长突起，末端具 2 叉或 3 叉的刺，侧缘内具 2 个与侧角的长突起相似、平滑而纤细的附属长突起，末端具 2 叉或 3 叉的刺。细胞长(不包括突起)27—46 μm，(包括突起)45—68 μm，宽(不包括突起)20—30 μm，(包括突起)40—80 μm，缢部宽 12—18 μm，刺长 4—8 μm。

　　生长在贫营养到富营养的大、小水体中。浮游或附着在水生植物上，pH 为 5.3—8.6。

　　产地：江西(进贤)；湖南(南岳)；广东(广州，开平)；云南(佛海)。采自稻田、池塘、湖泊、水库、小河、沼泽中。

　　分布：亚洲；欧洲；非洲；大洋洲(澳大利亚，新西兰)；北美洲(加拿大，广泛分布于美国)；南美洲；北极。

　　产于广东开平的个体，细胞垂直面观三角形，侧缘的中间略凹入。

127b. 托霍角星鼓藻不矮小变种　图版 LV：7—8

Staurastrum tohopekaligense var. **nonanam**(Turner)Schmidle, Engler's Bot. Jahrb., 26(1)：52, 1898; Croasdale & Flint, Flora New Zealand, Fresh. Alg. Chlorophyta, Desm., III：143, pl. 89, figs. 7—9, 1994.

Staurastrum nonanam Turner, Kongl. Svenska Vet.-Akad. Handl., 25(5)：119, pl. 15, fig. 14, 1892.

Staurastrum tohopekaligense var. *trifurcatum* West & West, Trans. Linn. Soc. London, Bot., II, 5：80, pl. 9, fig. 8, 1895; Yamaguti, *in* Kawamura's Rep. Limn. Surv. of Kwantung and Manchoukuo, p. 492, pl. III, fig. 28, 1940.

　　此变种与原变种不同为半细胞正面观圆形，顶部凸起，突起较短和强壮；垂直面观三角形，少数四角形。细胞长(不包括突起)38—46 μm，(包括突起)51—88 μm，宽(不包括突起)26—30 μm，(包括突起)40.5—80 μm，缢部宽 12—18 μm。

　　生长在大、小水体中，浮游或附着在水生植物上，pH 为 5.5—7.3。

　　产地：内蒙古(扎兰屯)；黑龙江(兴凯湖)。采自池塘、湖泊中。

　　分布：亚洲；欧洲；非洲；大洋洲(澳大利亚，新西兰)；北美洲(美国)。

128. 三浅裂角星鼓藻　图版 XX：5—6

Staurastrum trifidum Nordstedt, Vid. Medd. Naturh. Foren. Kjöbenh., 1869(14/15)：226, pl. 4, fig. 51, 1870; Prescott et al., North Amer. Desm., II, 4：335—336, pl. 366, fig. 7, 1982;

Yamaguti, *in* Kawamura's Rep. Limn. Surv. of Kwantung and Manchoukuo, p. 492, pl. II, fig. 66, 1940.

细胞小，长约等于宽，缢缝深凹，顶端 U 型凹入；半细胞正面观近楔形，顶缘宽凸起，顶角常水平向略突出或不突出，末端具 3 个弯短刺，腹缘略凸起；垂直面观三角形，侧缘直或略凹入，角平截和具 3 个弯短刺，2 个刺位于第三个刺的上方。细胞长 29—31 μm，宽 30—33.5 μm，缢部宽 10—11 μm。

产地：黑龙江(哈尔滨，兴凯湖)。采自池塘、湖泊中。

分布：北美洲。

129. 三角状角星鼓藻　图版 XVI：12—15

Staurastrum trihedrale Wolle, Bull. Torr. Bot. Club, 10(2)：20, pl. 27, fig. 20, 1883; Prescott et al., North Amer. Desm., II, 4: 336—337, pl. 336, fig. 10, 1982; Wei, Acta Phytotax. Sinica, 34(6)：667, fig. 6: 3—4, 1996.

细胞小到中等大小，长约为宽的 1.5 倍，缢缝深凹，狭线形；半细胞正面观三角形，顶部狭，顶缘凸起，顶角广圆，侧缘上部略凹入和向顶部辐合，基角广圆；垂直面观三角形，侧缘凹入，角广圆；细胞壁具点纹到颗粒。细胞长 24.5—42 μm，宽 22—29 μm，缢部宽 6—9 μm。

生长在偏酸性的水体中，浮游，pH 为 4.5—5.5。

产地：湖北(武昌东湖)；云南(宁蒗)。采自池塘、湖泊、沼泽中。

分布：亚洲；大洋洲：新西兰；北美洲(美国)；南美洲。

130. 膨大角星鼓藻　图版 XVII：16—17

Staurastrum turgescens De Notaris, Desm. Ital., p. 51, pl. 4, fig. 43, 1867; West & West, Monogr. Brit. Desm., IV: 167—169, pl. 126, figs. 5—6, 1912; Prescott et al., North Amer. Desm., II, 4: 339, pl. 338, fig. 12, 1982; Wei & Yu, Chin.Jour. Oceanol. Limnol., 23(1)：95, 2005.

细胞小到中等大小，长略大于宽，缢缝深 V 型凹陷，向外张开呈锐角；半细胞正面观椭圆形或椭圆形到长圆形，顶缘宽凸起，侧角广圆，腹缘凸起；垂直面观三角形，少数四角形，侧缘略凹入，角广圆；细胞壁具密集、不规则排列的精致颗粒。细胞长 27—35 μm，宽 25—31 μm，缢部宽 9.5—12 μm。

产地：黑龙江(兴凯湖)；江西(庐山)；湖北(武昌东湖)；四川(西昌)；云南(大理的洱海和永宁)。采自池塘、湖泊、沼泽中。

分布：亚洲；欧洲；非洲；大洋洲(澳大利亚)；北美洲(美国)；南美洲；北极。

131. 具瘤角星鼓藻　图版 XLII：1—2

Staurastrum verruciferum Jao, Bot. Bull. Acad. Sinica, 3: 73, fig. 4: 21, 1949.

细胞中等大小，长略大于宽(包括突起)，缢缝中等深度凹入，向外略张开呈锐角；半细胞正面观长方形，顶缘平和略高出，顶部具一轮 8 个具 3 个平颗粒的大瘤(每 2 个角之间 2 个)，侧角水平向延长形成强壮的短突起，末端平截和具 4 齿，突起具 2—3 轮微凹的瘤，每一突起下、缢部上端具 2 个钝齿；垂直面观 4 角形，侧缘凹入，缘内具 2 个具 3 个平颗粒的大瘤，角延长形成强壮的短突起，末端平截和具 4 齿，突起具 2—3 轮微凹的瘤。细胞长 50—51 μm，宽（包括突起）52—53 μm，缢部宽 13.5 μm。

产地：广西（阳朔）。采自池塘中。

仅产于中国。

132. 装饰角星鼓藻　图版 XLVII：5—6

Staurastrum vestitum Ralfs, Brit. Desm., p. 142, pl. 23, fig. 1, 1848; West, West & Carter, Monogr. Brit. Desm., V: 158—159, pl. 151, figs. 9—11, pl. 152, figs. 5—6, 1923; Prescott et al., North Amer. Desm., II, 4: 342, pl. 414, fig. 9, 1982; Hu & Wei, The Freshwater Algae of China, Systematics, Taxonomy and Ecology, p. 884, pl. XIV-77-21—22, 2006.

细胞中等大小，宽为长的 1.5—2 倍（包括突起），缢缝深凹，向外张开呈锐角；半细胞正面观近纺锤形或宽碗形，顶缘略凸起，具一列约 6 个微凹的瘤，两突起间、顶缘下体部的中间具 2 个横向排列的微凹的瘤，顶角水平向或略向下延长形成长突起，末端具 3—4 个粗刺，突起具数轮齿和缘边呈波状；垂直面观三角形，侧缘略凹入，缘边中间具 2 个微凹的瘤，缘内约具 6 个微凹的瘤，其中间的 2 个与缘边的 2 个微凹的瘤并列排列，角延长形成长突起，末端具 3—4 个粗刺，突起具数轮齿和缘边呈波状。细胞长 26—29 μm，宽（包括突起）39—49 μm，缢部宽 7—10 μm。

产地：浙江（宁波的东钱湖和梅湖）；湖北（武昌东湖）；西藏（波密）。采自池塘、湖泊和沼泽中。

分布：世界广泛分布。

133. 沃利克角星鼓藻

Staurastrum wallichii Turner, Kongl. Svenska Vet.-Akad. Handl., 25 (5): 117, pl. 13, fig. 34, 1892.

133a. 原变种
var. **wallichii**

细胞中等大小，长略大于宽（包括突起），缢缝深凹，向外张开呈锐角；半细胞正面观长方形到六角形，顶部略凸起呈圆形，6 个顶角各斜向上伸长形成 1 个中等长度的附属突起，末端具 3—4 个叉开的刺，6 个侧角各水平向略伸长形成 1 个短突起，末端具 3—6 个齿；垂直面观六角形，侧缘凹入，6 个顶角各斜向上伸长形成 1 个中等长度的附属突起，6 个侧角各水平向略伸长形成 1 个短突起，末端具 3—6 个叉开的刺。细胞长 40 μm，宽（包括突起）38 μm，缢部宽 10 μm。

分布：亚洲（印度）。

中国尚无报道。

133b. 沃利克角星鼓藻相等变种　图版 LII：9—10

Staurastrum wallichii var. **aequale** Carter, Rac. Bot. Surv. India, 9 (4): 294, pl. 11, figs.

9—10, 1926; Wei, Acta Phytotax. Sinica, 34(6): 667, fig. 6: 1—2, 1996.

此变种与原变种不同为缢部较宽，半细胞顶角形成的突起短，与侧角形成的短突起约等长，垂直面观五角形或六角形。细胞长 42—45 μm，宽 37—41 μm，缢部宽 17—18.5 μm。

产地：湖北(武昌东湖)。采自池塘、湖泊中。

分布：亚洲(热带和亚热带地区)。

134. 威尔角星鼓藻　图版 XXXIX：1—2

Staurastrum willsii Turner, Kongl. Svenska Vet.-Akad. Handl., 25(5): 114, pl. 13, fig. 25, 1892; Hu & Wei, The Freshwater Algae of China, Systematics, Taxonomy and Ecology, p. 886, pl. XIV-78-17—18, 2006.

细胞中等大小，长略小于宽(包括突起)，缢缝中等深度凹入，顶端尖圆，向外张开呈锐角；半细胞正面观宽楔形，顶缘近平直或平圆形，顶部具一轮 12 个连生的颗粒，顶角水平向延长形成中等长度的突起，具数轮颗粒，末端平，具 6 个刺，突起背缘基部两侧各具 1 个 3 齿的瘤，半细胞基角近直角，缢部上端具一轮 12 个颗粒；垂直面观六角形，侧缘凹入，角延长形成中等长度的突起，具数轮颗粒，末端平，具 6 个刺，突起基部两侧各具 1 个 3 齿的瘤，瘤内具一对连生的颗粒与瘤并行排列。细胞长 36—45 μm，宽(包括突起)40—47 μm，缢部宽 12.5—13.5 μm。

产地：浙江(宁波)；湖北(武昌东湖)；广东(开平)；重庆。采自池塘、湖泊、水库和沼泽中。

分布：亚洲(热带、亚热带地区)。

135. 武汉角星鼓藻　图版 XLIX：3—4

Staurastrum wuhanense Wei, Arca Phytotax. Sinica, 33(6): 623, fig. 2: 8—9, 1995.

细胞中等大小，宽约为长的 1.2 倍(包括突起)，缢缝中等深度凹入，U 型向外张开；半细胞正面观杯形，顶部中间高出，顶缘近平截，顶缘内具 2 个 3 齿的瘤，顶角斜向上伸长形成长突起，末端具 3 个刺，突起背缘基部两侧各具 1 个 2 齿的瘤，半细胞体部上端具 4 个 2 齿的瘤横向排列，每个瘤的 2 个齿呈纵向排列，缢部上端具 4 个横向排列的 2 齿的瘤，每个瘤的 2 个齿呈纵向排列；垂直面观纺锤形，两端中部缘边具 2 个 2 齿的瘤，缘内具 2 个 3 齿的瘤，角延长形成长突起，末端具 3 个刺，突起基部两侧各具 1 个 2 齿的瘤。细胞长 46—50 μm，宽(包括突起)55—60 μm，缢部宽 8.5—9 μm，厚 15—15.5 μm。

产地：湖北(武昌东湖)。采自池塘、湖泊、沼泽中。

仅产于中国。

136. 赞布角星鼓藻

Staurastrum zahlbruckneri Lütkemüller, Ann. Nat. Hofmuseums, 15: 125, pl. 6, figs. 41—43, 1900; Hu & Wei, The Freshwater Algae of China, Systematics, Taxonomy and Ecology, p. 886, pl. XIV-76-1—2, 2006.

136a. 原变种 图版 XV：9—10

var. zahlbruckneri

细胞大形，椭圆形，长约为宽的 1.3 倍，缢缝深凹，狭线形，外端略扩大；半细胞正面观半圆形，顶部平圆形，侧缘上部广圆，下部近平直，基角近直角，基角中间深裂并凹入，分成二等分；垂直面观三角形，侧缘略凸起，角平圆形，其中间深裂并凹入，分成二等分；细胞壁厚，具小点纹，角略增厚。细胞长 104—115 μm，宽 77—87.5 μm，缢部宽 31—37.5 μm。

产地：浙江（宁波）；湖北（武昌东湖）；贵州（江口）。采自池塘、湖泊、水库、沼泽中。

分布：亚洲（日本）。

136b. 赞布角星鼓藻赞布变种湖南变型 图版 XV：11—12

Staurastrum zahlbruckneri var. zahlbruckneri f. hunanense Jao, Sinensia, 11（3 & 4）：335, pl. 5, fig. 9, 1940.

此变型与原变种不同为细胞比原变种较大，缢缝近线形和向外略张开；半细胞基角的中间明显深凹入；垂直面观三角形的侧缘略凹入，每个角的中间略凹入。细胞长 122 μm，宽 95 μm，缢部宽 37.5 μm。

产地：湖南（南岳）。采自池塘中。

仅产于中国。

137. 成带角星鼓藻

Staurastrum zonatum Börgesen, Vid. Medd. Naturh. Foren. Kjöbenh., 1890：951, pl. 5, fig. 48, 1890; Prescott et al., North Amer. Desm., II, 4：346, pl. 422, figs. 1, 3, 1982.

137a. 原变种

var. zonatum

细胞中等大小，长略大于宽（包括突起），缢缝浅凹入，U 型向外张开；半细胞正面观杯形到近方形，顶部明显凸起，具一轮 5 个微凹的瘤或 5 对颗粒，顶角斜向上延长形成较短的突起，末端平和具 5 个刺，突起具 3 轮颗粒，侧缘上端斜向突起腹缘基部，侧缘下端近平行，基部略膨大，基角略圆，缢部上端具一轮尖颗粒；垂直面观五角形，侧缘凹入，缘内具一轮 5 个微凹的瘤或 5 对颗粒，角延长形成较短的突起，末端平和具 5 个刺。细胞长 32 μm，宽 25 μm，缢部宽 9 μm。

分布：亚洲；非洲；大洋洲（澳大利亚）；北美洲；南美洲。

中国尚无报道。

137b. 成带角星鼓藻斯里兰卡变种 图版 XXXVIII：5—6

Staurastrum zonatum var. ceylankum West & West, Trans. Linn. Soc. London, Bot. II, 6：181, pl. 21, figs. 31—32, 1902; Wei, Acta Phytotax. Sinica, 34（6）：667, fig. 6：11—12, 1996.

此变种与原变种不同为半细胞正面观圆柱形，两侧缘近平行，垂直面观四角形到六角形。细胞长 32—33 μm，宽 28—29 μm，缢部宽 7—7.5 μm。

产地：湖北(武昌东湖)。采自池塘、湖泊中。

分布：亚洲(斯里兰卡、印度尼西亚等热带、亚热带地区)。

(十七)叉星鼓藻属 Staurodesmus Teiling

Teiling, Bot. Notiser 1948(1)：49, 1948.

植物体为单细胞，一般长略大于宽(不包括刺或凸起)，绝大多数种类辐射对称，少数种类两侧对称及细胞侧扁，多数种类缢缝深凹，从内向外张开呈锐角、直角、钝角，有的种类缢部伸长呈短圆柱形；半细胞正面观半圆形、近圆形、椭圆形、圆柱形、倒三角形、三角形、四角形、梯形、碗形、杯形、楔形、纺锤形等，半细胞顶角或侧角尖圆、广圆、圆形，并向水平向、略向上或略向下形成乳突、刺或小尖头，有的角细胞壁增厚；垂直面观多数三角形到五角形，少数近圆形、椭圆形，角顶具乳突、刺或小尖头，有的角细胞壁增厚；细胞壁平滑或具穿孔纹；半细胞一般具 1 个轴生的色素体，具 1 到数个蛋白核，少数种类色素体周生，具数个蛋白核。

接合孢子很少发现，通常呈球形或卵形，孢壁平滑或具刺。

此属是鼓藻类中主要的浮游种类之一，有的种类半细胞的顶角或侧角延长形成各种长度的刺，适合于浮游习性。多生长在各种贫营养、偏酸性的水体中。

此属由 Teiling 在 1948 年建立，属中包含单一的刺和平滑细胞壁的种类，8 个种从四棘鼓藻属 Arthrodesmus 和 3 个种从角星鼓藻属 Staurastrum 中分别移出组成新组合。1967 年在他的 Staurodesmus 专著中共包括 250 多个分类单位，此属的许多新组合是从 Arthrodesmus 和 Staurastrum 中移出而归入的，少数从鼓藻属 Cosmurium 中移来的。Teiling 的专著中未指出此属模式标本(Type)的种名，Compère 在 1977 年将 Staurodesmus triangularis(Lagerheim)Teiling 作为主模式标本(Holotype)。

在种类的特征描述中，细胞分小、中等大小两种类型，这两种类型的细胞大小有一个幅度范围。中国的辐射鼓藻属的种类，细胞小的一般长(不包括刺)12—30 μm，宽(不包括刺)11—31 μm，中等大小的细胞一般长(不包括刺)32—50 μm，宽(不包括刺)32—60 μm。

我国叉星鼓藻属(Staurodesmus)有 28 个种，13 个变种，1 个变型。

分种检索表

1. 芒状叉星鼓藻

Staurodesmus aristiferus (Ralfs) Thomasson, Nova Acta Reg. Soc. Sci. Upsaliensis, IV,
17(12), 3, fig. 10: 17, 1960; Teiling, Ark. f. Bot., II, 6(11): 560—561, pl. 16, fig. 3,
1967; Hu & Wei, The Freshwater Algae of China, Systematics, Taxonomy and Ecology,
p. 887, pl. XIV-76-15—16, 2006.

Staurastrum aristiferum Ralfs, Brit. Desm., p. 123, pl. 21, fig. 3, 1848; Prescott et al., North
Amer. Desm., II, 4: 132, pl. 352, figs. 2, 3, 5, 1982.

1a. 原变种　图版 XII：1—2
var. **aristiferus**

细胞小，长略大于宽(不包括刺)，缢缝深凹，从顶端向外宽张开呈钝角；半细胞正面观倒三角形，顶缘平直或在中间略凸起，顶角斜向上和略膨大，角顶具一长刺，侧缘近缢部略凸起、中间略凹入和近顶角略凸出而形成 2 个微波；垂直面观常为四角形，侧缘明显凹入，少数三角形，侧缘凹入而在中间略凸起，角略膨大，角顶具 1 长刺。细胞长(不包括刺)26—38 μm，宽(不包括刺)24—31 μm，缢部宽 6—14 μm，刺长 6.5—19 μm。

产地：湖北(武昌)；重庆。采自池塘、湖泊中。

分布：亚洲；欧洲；大洋洲(澳大利亚)；北美洲；南美洲。

1b. 芒状叉星鼓藻凸出变种　图版 XII：3—4

Staurodesmus aristiferus var. **projectus** (Jao) Wei, comb. nov.

Staurastrum aristiferum var. *projectum* Jao, Bot. Bull. Acad. Sinica, 3: 63, fig. 4: 8, 1949.

此变种与原变种不同为缢缝从顶端向外广张开呈近直角，半细胞正面观近楔形，顶缘略凸起，顶角斜向上张开和较长凸出，顶角的刺长和强壮，侧缘中间凹入，基部略圆和膨大。细胞长(不包括刺)45—63 μm，长(包括刺)62—88 μm，宽(不包括刺)47—50 μm，(包括刺)55—58 μm，缢部宽 15.5—16 μm，刺长 12.5—13.5 μm。

产地：广西(修仁)。采自池塘中。

仅产于中国。

2. 弯背叉星鼓藻　图版 IX：3—4

Staurodesmus aversus (Lundell) Lillieroth, Acta Limnol., 3: 264, 1950; Teiling, Ark. f. Bot.,
II, 6(11): 582, pl. 23, fig. 1, 1967.

Staurastrum aversum Lundell, Nova Acta Reg. Soc. Sci. Upsaliensis, III, 8(2): 59, pl. 3, fig.
27, 1871; West & West, Monogr. Brit. Desm., IV: 144—145, pl. 120, figs. 9—13, 1912;

Prescott et al., North Amer. Desm., II, 4: 135, pl. 349, figs. 4, 7, 1982; Skvortzow, Jour. Bot., 64: 129, 1926.

细胞中等大小，长约为宽的 1.25 倍，缢缝深凹，从顶端向外宽张开呈锐角；半细胞正面观椭圆形到倒半圆形，顶缘平直或略凹入，少数略凸起，顶角广圆，角顶具 1 小乳突，侧缘明显凸起；垂直面观三角形，侧缘略凹入，角广圆，角顶具 1 小乳突。细胞长 33—35 μm，宽 29—31 μm，缢部宽 10—11 μm。

产地：黑龙江(哈尔滨)。采自沼泽中。

分布：亚洲；欧洲；北美洲。

3. 短棘叉星鼓藻　图版 IX：7—8

Staurodesmus brevispina (Ralfs) Croasdale, Trans. Amer. Microsc. Soc., 76: 122, pl. 3, figs. 47—48, 1957; Teiling, Ark. f. Bot., II, 6(11): 579—580, pl. 22, figs. 2—3, 1967; Hu & Wei, The Freshwater Algae of China, Systematics, Taxonomy and Ecology, p. 887, pl. XIV-76-19—20, 2006.

Staurastrum brevispinum Ralfs, Brit. Desm. p. 124, pl. 34, fig. 7, 1848.

细胞小到中等大小，长约等于宽，缢缝深凹，向外张开呈锐角；半细胞正面观长圆形到椭圆形，顶缘略凸起、近平直或在中间略凹入，腹缘比顶缘略凸起，侧角圆，角顶具一小乳突或小尖头；垂直面观三角形，侧缘凹入，角圆，角顶具一小乳突或小尖头；细胞壁平滑。细胞长 25.5—50 μm，宽 24—49 μm，缢部宽 7—17 μm。

生长在池塘、湖泊、沼泽中，pH 为 6.7—8.3，常为兼性浮游，有时附着于水生植物和苔藓上，有时为底栖习性。

产地：内蒙古(大兴安岭阿尔山地区)；黑龙江(兴凯湖，达尔滨湖)；湖北(武昌东湖)；湖南(南岳)；重庆。采自池塘、湖泊、沼泽中。

分布：亚洲；欧洲；非洲；大洋洲(新西兰)；北美洲(在美国普遍分布)；南美洲；北极。

4. 布尔叉星鼓藻

Staurodesmus bulnheimii (Raciborski) Brook, *in* Round & Brook, Proc. Roy. Irish Acad., 60b, 167—191, 1959; Teiling, Ark. f. Bot., II, 6(11): 565, pl. 17, fig. 4, 1967.

Arthrodesmus bulnheimii Raciborski, Pamiet. Wydz. III. Akad. Umiej. w Krakowie, 17: 95, pl. 16, fig. 17, 1889; West & West, Monogr. Brit. Desm., IV: 105, pl. 116, figs. 1—2, 1912; Prescott et al., North Amer. Desm., II, 4: 8—9, pl. 300, fig. 5, pl. 301, figs. 3, 6, 8, 11, 1982.

4a. 原变种

var. **bulnheimii**

细胞中等大小，长略大于宽(不包括刺)，缢缝深凹，狭线形，顶端略膨大；半细胞正面观近长方形，有时从基部到顶部略加宽呈楔形，顶缘略凸起，顶角近方圆形或钝圆，角顶具 1 条斜向上伸出的、强壮的长刺，侧缘略凸起，基角方圆形或钝圆；半细胞侧面观近椭圆形到纺锤形；垂直面观椭圆形，侧角具 1 条强壮的长刺；细胞壁平滑、具点纹，很少具少数不规则的圆孔纹。细胞长（不包括刺）32—42 μm，宽（不包括刺）30—40 μm，缢部宽 7—9 μm，厚 16—20 μm，刺长 18—27。

分布：亚洲；欧洲；北美洲；北极。

中国尚无报道。

4b. 布尔叉星鼓藻近英克斯变种　图版 XII：13

Staurodesmus bulnheimii var. **subincus** (West & West) Thomasson, Hydrobiol. Survey of the Lake Bangweulu-Luapula river basin, 4 (2): 2, pl. 14, fig. 9, 1966; Teiling, Ark. f. Bot., II, 6 (11): 565—566, pl. 17, fig. 6, 1967.

Arthrodesmus bulnheimii var. *subincus* West & West, Monogr. Brit. Desm., IV: 105—106, pl. 116, fig. 3, 1912; Prescott et al., North Amer. Desm., II, 4: 9, pl. 301, fig. 7, 1982; Li, Bull. Fan Mem. Inst. Biol. Bot., 9 (4): 225, 1939.

此变种与原变种不同为半细胞正面观近倒半圆形，基角广圆。细胞长（不包括刺）24—26 μm，（包括刺）39—47 μm，宽（不包括刺）26—28 μm，（包括刺）58—62 μm，缢部宽 6—8 μm。

产地：云南（大理，思茅）。采自池塘中。

分布：亚洲；欧洲；非洲；大洋洲（澳大利亚）；北美洲；南美洲；北极。

5. 克莱叉星鼓藻　图版 IX：5—6

Staurodesmus clepsydra (Nordstedt) Teiling, Bot. Notiser, 1948 (1): 76, 1948; Teiling, Ark. f. Bot., II, 6 (11): 495, pl. 2, fig. 8, pl. 3, fig. 1, 1967.

Staurastrum clepsydra Nordstedt, Vid. Medd. Naturh. Foren. Kjöbenh., 1869 (14/15): 224, 1870; West & West, Monogr. Brit. Desm., IV: 152, pl. 122, fig. 6, 1912; Prescott et al., North Amer. Desm., II, 4: 159—160, pl. 335, figs. 1, 6, 1982; Li, Wei et al., The algae of the Xizang Plateau, p. 374, pl. 64, figs. 1—2, 1992.

细胞小，宽约等于长或宽略大于长，缢缝深凹，向外广张开呈锐角或近于直角；半细胞正面观近倒三角形，顶缘平直或略凸起，顶角略突出或有时形成小短尖头，腹缘凸起；垂直面观三角形，侧缘略凹入，角略圆，角顶略突出或有时呈小短尖头；细胞壁平滑。细胞长 25—34 μm，宽 21—35 μm，缢部宽 7—10 μm。

通常生长在中营养型水体中，浮游，pH 为 5.3—7.0。

产地：西藏（波密，林芝，亚东）。采自冰川湖边小水坑、湖泊、沼泽中。

分布：亚洲；欧洲；北美洲；南美洲；北极。

6. 近缘叉星鼓藻　图版 XI：1—4

Staurodesmus connatus (Lundell) Thomasson, Nova Acta Reg. Soc. Sci. Upsaliensis, IV, 17 (12): 34, pl. 11, fig. 16, 1960; Teiling, Ark. f. Bot., II, 6 (11): 541—542, pl. 11, figs. 13—15, pl. 3, fig. 1, 1967; Hu & Wei, The Freshwater Algae of China, Systematics, Taxonomy and Ecology, p. 887—888, pl. XIV-76-11—12, 2006.

Staurastrum connatum (Lundle) Roy & Bissett, Jour. Bot., 24: 237, 1886; West, West & Carter, Monogr. Brit. Desm., V: 15—16, pl. 130, figs. 6—8, 1923; Prescott et al., North Amer. Desm., II, 4: 163, pl. 354, fig. 9, 1982.

Staurastrum dejectum var. *connatum* Lundell, Nova Acta Reg. Soc. Sci. Upsaliensis, III, 8 (2): 60, pl. 3, fig. 28, 1871.

Staurastrum connatum var. *rectangulum* Roy & Bissett, Jour. Bot., 24: 237, pl. 268, fig. 12, 1886.

Staurastrum connatum var. *rectangulum* f. Jao, Bot. Bull. Acad. Sinica, 3: 64, fig. 4: 17, 1949.

细胞小，长约等于宽或长为宽的 1.25 倍(不包括刺)，缢缝深凹，顶端尖，向外宽张开呈近直角；半细胞正面观近倒半圆形或碗形，顶缘平直或略凸起，顶角尖圆，角顶具一条强壮的、斜向上的长直刺，腹缘凸起和斜向上；垂直面观三角形，侧缘略凹入，角狭圆，角顶具一个强壮的、较长的直刺；细胞壁平滑。细胞长(不包括刺) 19—38 μm，宽(不包括刺) 18—28 μm，缢部宽 6—12 μm，刺长 5.5—13 μm。

通常生长在小水体中，附生，有时浮游，pH 为 5.5—8.2。

产地：内蒙古(大兴安岭阿尔山地区)；黑龙江(兴凯湖，穆棱河，阿尔木)；浙江(宁波东钱湖)；湖北(武昌东湖)；广西(修仁)；重庆；四川(理塘，若尔盖)。采自水坑、池塘、湖泊、沼泽中。

分布：亚洲；欧洲；非洲；大洋洲(澳大利亚，新西兰)；北美洲；南美洲；北极。

饶钦止在 1949 年建立的 *Staurastrum. connatum* var. *rectangulum* f. Jao，与原变种特征相近似，未命名，现合并入原变种中。

7. 凑合叉星鼓藻　图版 X：6—8

Staurodesmus convergens (Ralfs) Teiling, Bot. Notiser, 1948 (1): 57, 1948; Teiling, Ark. f. Bot., II, 6 (11): 587, pl. 24, fig. 12, pl. 25, figs. 1, 9，1967; Croasdale & Flint, Flora of New Zealand, Fresh. Alg. Chlorophyta, Desm., III: 42, pl. 75, figs. 1—8, 1994; Hu & Wei, The Freshwater Algae of China, Systematics, Taxonomy and Ecology, p. 891—892, pl. XIV-85-8—10, 2006.

Arthrodesmus convergens Ralfs, Brit. Desm., p. 118, pl. 20, fig. 3d, 1848; West, West, Monogr. Brit. Desm., IV: 106—109, pl. 116, figs. 4—13, 1912.

Arthrodesmus leptodermus Lütkemüller, Ann. Nat. Hofmuseums, 15: 120—121, pl. 6, figs. 17—19, 1900.

细胞中等大小，宽约为长的 1.2—1.3 倍(不包括刺)，缢缝深凹，近顶端狭线形，其后向外广张开呈锐角；半细胞正面观近椭圆形或纺锤形，顶缘常比腹缘凸起，侧角圆形到圆锥形，角顶具 1 条略向下弯曲的较长的刺，腹缘广圆；半细胞侧面观圆形到近圆形；垂直面观狭椭圆形，侧缘中间的角具 1 较长的刺；细胞壁平滑。细胞长 26—58 μm，宽(不包括刺) 24—64 μm，(包括刺) 44—84 μm，缢部宽 7.5—20 μm，厚 13—26 μm，刺长 3—18 μm。

多生长在偏酸性的贫营养到中营养的水体中，浮游，pH 为 6.3—7.6。

产地：黑龙江(哈尔滨，兴凯湖)；浙江(宁波的东钱湖和梅湖)；江西(吉安，临川，石门楼)；湖北(武昌东湖)；湖南(南岳)；广东(开平)；四川(理塘)；重庆；贵州(清镇)；云南(思茅)。采自池塘、湖泊、水库、沼泽中。

分布：世界广泛分布。

Lütkemüller 在 1900 年建立的 *Arthrodesmus leptodermus*，与此种的区别仅为侧角角顶的刺较短，现归于此种。

8. 具小角叉星鼓藻

Staurodesmus corniculatus (Lundell) Teiling, Bot. Notiser, 1948 (1)：76, 1948; Teiling, Ark. f. Bot., II, 6 (11)：548—549, pl. 13, 1, 1967.

Staurastrum corniculatum Lundell, Nova Acta Reg. Soc. Sci. Upsaliensis, III, 8 (2)：57, pl. 3, fig. 23, 1871; West, West, Monogr. Brit. Desm., IV：163—164, pl. 125, figs. 17—18, 1912; Prescott et al., North Amer. Desm., II, 4：165, pl. 336, fig. 1, 1982; Yamaguti, *in* Kawamura's Rep. Limn. Surv. of Kwantung and Manchoukuo, p. 490, pl. III, fig. 17, 1940.

Staurastrum corniculatum var. *variabile* Nordestedt, Bot. Notiser, 1887：158, 1887; Yamaguti, *in* Kawamura's Rep. Limn. Surv. of Kwantung and Manchoukuo, p. 490, pl. III, fig. 16, 1940.

8a. 原变种　图版 XIII：11—13

var. **corniculatus**

细胞中等大小，长为宽的 1.2—1.3 倍，缢缝略凹入，呈钝凹陷，向外广张开呈钝角；半细胞正面观宽楔形或倒三角形，顶缘平或略凹入，顶角略凸出、钝圆和略斜向上，顶端具 1 短刺，顶端短刺有的退化，腹缘凸起，其后斜向上达顶角；垂直面观三角形，侧缘略凹入，角狭圆；细胞壁平滑。细胞长 37.5—49 μm，宽 32—45.5 μm，缢部宽 15—16 μm。

产地：黑龙江(哈尔滨，兴凯湖)。采自池塘、湖泊中。

分布：欧洲；大洋洲(澳大利亚)；北美洲；北极。

8b. 具小角叉星鼓藻近具刺变种　图版 XIII：14—17

Staurodesmus corniculatus var. **subspinigerum** (Förster) Teiling, Ark. f. Bot., II, 6 (11)：549—550, pl. 13, fig. 3, 1967.

Staurastrum corniculatus var. *subspinigerum* Förster, Hydrobiologia, 23 (3/4)：416—417, pl. 33, figs. 9—10, Tab. 49, phot. 11, 1964.

此变种与原变种不同为细胞比较强壮，缢部宽，顶部略凸起；垂直面观三角形或四角形；细胞壁具较大的点纹。细胞长 23—25 μm，宽 16—17 μm，缢部宽 10—12 μm，刺长 1—2 μm。

产地：广东(开平)。采自水库中。

分布：南美洲(巴西)。

9. 弯曲叉星鼓藻

Staurodesmus curvatus (Turner) Thomasson, Nova Acta Reg. Soc. Upsaliensis, IV, 19(1): 22, 1965.

Arthrodesmus curvatus Turner, Kongl. Svenska Vet.-Akad. Handl. 25(5): 135, pl. 11, figs. 31 33, pl. 12, figs. 2, 7, 11, 13, 15, 1892; Prescott et al., North Amer. Desm., II, 4: 13, pl. 301, figs. 2, 5, 1982.

9a. 原变种

var. curvatus

细胞中等大小，长约等于宽或长约为宽的 1.2 倍（不包括刺），缢缝深凹，从顶端向外张开；半细胞正面观椭圆形到近楔形，顶缘略凸起和在中间通常平，顶角具 1 条略斜向下弯的强壮长刺，侧缘略凸起和斜向上，基角钝圆；垂直面观椭圆形，侧缘圆，侧角具 1 条强壮的长刺。细胞长 30—64 μm，宽（不包括刺）29—62 μm，（包括刺）41—94 μm，缢部宽 8—16 μm，厚 15—27 μm。

分布：亚洲；非洲；大洋洲（澳大利亚）；北美洲；南美洲。

中国尚无报道。

9b. 弯曲叉星鼓藻似苍耳变种　图版 I：13—14

Staurodesmus curvatus var. **xanthidioides** (Jao) Wei, emend.

Arthrodesmus curvatus var. *xanthidioides* Jao, Bot. Bull. Acad. Sinica, 3: 60, fig. 3: 4, 1949.

此变种与原变种不同为细胞宽略大于长（不包括刺），缢缝近顶端狭线先形和其后向外略张开，半细胞中部区域的细胞壁略增厚和具明显的小圆孔纹；垂直面观两端中间的细胞壁略增厚和具明显的小圆孔纹。细胞长 37—38 μm，宽（不包括刺）39.5—42.5 μm，（包括刺）76.5—85 μm，缢部宽 10—11 μm，厚 17.5—20.5 μm；刺长 18—23 μm。

产地：广西（修仁）。采自池塘中。

仅产于中国。

饶钦止于 1949 年建立的 *Arthrodesmus curvatus* var. *xanthidioides* Jao，其原变种 *Arthrodesmus curvatus* Turner(1892) 已被 Thomasson 在 1965 年移入弯曲叉星鼓藻 *Staurodesmus curvatus* (Turner) Thomasson 中。半细胞中部区域细胞壁增厚这个特征在叉星鼓藻属中未描述过。

10. 钩刺叉星鼓藻　图版 XIV：15—18

Staurodesmus curvirostris (Turner) Teiling, Ark. f. Bot., II, 6(11): 531, pl. 9, fig. 8, 1967.

Staurastrum curvirostroum Turner, Kongl. Svenska Vet.-Akad. Handl., 25(5): 107, pl. 17, fig. 12, 1892; Prescott et al., North Amer. Desm., II, 4: 172—173, pl. 353, figs. 10, 13, 1982; Skuja, Algae, *in* Hand.-Mazz. Symbol. Sinicae, 1: 94, pl. 12, figs. 30—33, 1937.

细胞中等大小，长约等于宽（不包括刺），缢缝深凹，向外广张开；半细胞正面观宽楔形或倒三角形，顶缘宽平直，在中间略凹入，顶角角顶具一个斜向上或斜向下弯的、长的钩状刺，腹缘凸起；垂直面观三角形，侧缘略凹入，顶角膨大，具 1 个钩状长刺；

细胞壁平滑。细胞长 32—37 μm，宽(不包括刺)32—33 μm，(包括刺)46—54 μm，缢部宽 8—9 μm。

　　产地：云南(永宁)。采自池塘中。

　　分布：亚洲；北美洲(美国)。

11. 尖头叉星鼓藻　图版 XIV：5—9

Staurodesmus cuspidatus (Ralfs) Teiling, Bot. Notiser, 1948(1)：60, 1948; Teiling, Ark. f. Bot., II, 6(11)：534, pl. 9, figs. 10—11, 13—14, 19, 1967; Croasdale & Flint, Flora of New Zealand, Fresh. Alg. Chlorophyta, Desm., III: 44, pl. 66, figs. 15—18, 1994; Hu & Wei, The Freshwater Algae of China, Systematics, Taxonomy and Ecology, p. 888, pl. XIV-75-12—13, 2006.

Staurastrum cuspidatum Ralfs, Brit. Desm., p. 122, pl. 33, fig. 10, 1848; West & West & Carter, Monogr. Brit. Desm., V: 23—24, pl. 132, figs. 13—15, 1923.

Staurastrum cuspidatum var. *divergens* Nordstedt, Vid. Medd. Naturh. Foren. Kjöbenh., 1869(14/15)：225, pl. 4, fig. 49, 1870; Prescott et al., North Amer. Desm., II, 4: 174—175, pl. 348, figs. 5—6, 11, 1982; Li, Wei et al., The algae of the Xizang Plateau，p. 375—376，pl. 65, figs. 3—4，1992.

　　细胞小，长约等于或大于宽(不包括刺)，缢缝浅、V 型凹入，顶端宽、钝，向外张开，缢部伸长呈圆柱形；半细胞正面观倒三角形或纺锤形，顶缘平或略凸起，腹缘比顶缘略凸起，顶角角顶具一水平向、略向上或略下的刺，刺的长度有变化；垂直面观三角形、少数四角形，侧缘略凹入，顶角角顶具 1 个长度有变化的刺；细胞壁平滑。细胞长(不包括刺)17—35 μm，宽(不包括刺)11—30 μm，缢部宽 4—7.5 μm，刺长 2—12 μm。

　　生长在贫营养到弱富营养的水体中，浮游，有时附着于水生植物如藓类、狸藻上，pH 为 6—9。

　　产地：内蒙古(大兴安岭阿尔山地区)；黑龙江(哈尔滨)；江苏(南京)；浙江(杭州，宁波东钱湖)；湖北(武昌东湖，洪湖)；湖南(南岳)；广东(开平)；重庆；四川(理塘，冕宁，康定，德格，若尔盖)；贵州(威宁，桐梓)；云南(腾冲)；西藏(波密)。采自稻田、水坑、池塘、湖泊、水库、泉水、河流、沼泽中。

　　分布：世界上所有陆地均有分布。

12. 平卧叉星鼓藻

Staurodesmus dejectus (Ralfs) Teiling, Compt. Rend. VIII-e Congr. Intern. Bot. Paris Sec. 17: 128, 1954; Teiling, Ark. f. Bot., II, 6(11)：529—530, pl. 9, figs. 1—5, 7, 1967; Croasdale & Flint, Flora New of Zealand, Fresh. Alg. Chlorophyta, Desm., III: 45, pl. 66, figs. 3—9, 1994; Hu & Wei, The Freshwater Algae of China, Systematics, Taxonomy and Ecology, p. 888, pl. XIV-76-3—4, 2006.

Staurastrum dejectum Ralfs, Brit. Desm., p. 121, pl. 20, fig. 5a, 1848.

Staurastrum dejectum f. Jao, Bot. Bull. Acad. Sinica, 3: 65, 1949.

12a. 原变种 图版 XII：7—8

var. dejectus

　　细胞小到中等大小，长约等于宽(不包括刺)，缢缝深凹，缢部狭，其顶端广圆或钝圆，向外张开呈近直角；半细胞正面观倒三角形、碗形，顶缘略凸起，少数近平直，顶角狭圆和具 1 个斜向上、少数直向上或水平方向伸出的长刺，腹缘直或略凸起；垂直面观三角形，少数 4 角形，缘边略凹入，角钝圆或狭圆，角顶具 1 个钝长刺。细胞长 18—30 μm，宽(不包括刺)17—38.5 μm，(包括刺)50—57 μm，缢部宽 6—8 μm，刺长 2—11 μm。

　　生长在贫营养到弱富营养的水体中，浮游，有时附着于狸藻、藓类和其他水生植物上，有时底栖习性，pH 为 5.5—7.8。

　　产地：内蒙古(大兴安岭阿尔山地区)；黑龙江(哈尔滨，兴凯湖)；湖北(武汉东湖)；香港(大屿岛)；广西(修仁)；重庆。采自水坑、池塘、湖泊、沼泽中。

　　分布：世界性分布的种类，在美国和加拿大普遍分布。

　　饶钦止在 1949 建立的 *Staurastrum dejectum* f. 与原变种不同为个体比原变种略大，未命名也无图，细胞大小不能作为一个分类特征，现合并在原变种中。

12b. 平卧叉星鼓藻尖刺变种 图版 XII：5—6

Staurodesmus dejectus var. **apiculatus** (Brébisson) Teiling, Compt. Rend. VIII-e Congr. Intern. Bot., 17: 128—129, fig. 2, 1954; Teiling, Ark. f. Bot., II, 6(11): 529—530, pl. 9, fig. 6, 1967; Croasdale & Flint, Flora of New Zealand, Fresh. Alg. Chlorophyta, Desm., III: 45, pl. 66, figs. 10—13, 1994; Hu & Wei, The Freshwater Algae of China, Systematics, Taxonomy and Ecology, p. 888—889, pl. XIV-76-23—24, 2006.

Staurastrum apiculatum Brébisson, Mem. Soc. Sci. Nat. Cherbourg, 4: 142, pl. 1, fig. 23, 1856; West & West & Carter, Monogr. Brit. Desm., V: 6, pl. 129, figs. 6—8, 1923.

　　此变种与原变种不同为半细胞较扁，缢缝较狭，侧缘膨大，顶角角顶的刺短，从顶端近垂直向伸出。细胞长(不包括刺)18—32.5 μm，宽 18—37.5 μm，缢部宽 5.5—12 μm，刺长 4—6 μm。

　　适应各种变化的生态环境，浮游或附着在水生植物上，有时底栖习性，pH 为 5.4—8.0。

　　产地：内蒙古(扎兰屯，大兴安岭阿尔山地区)；黑龙江(兴凯湖)；浙江(宁波东钱湖)；湖北(武昌东湖，洪湖)；湖南(南岳，吉首)；广西(阳朔)；四川(德格)；贵州(松桃，江口，印江，威宁，赤水，仁怀，遵义，道真，务川，雷山，都均)；云南(大理洱海，丽江)；西藏(林芝)。采自稻田、水坑、水沟、池塘、湖泊、水库和河流的沿岸带、沼泽中。

　　分布：亚洲；欧洲；非洲；大洋洲(澳大利亚，新西兰)；北美洲；南美洲；北极。

13. 迪基叉星鼓藻

Staurodesmus dickiei (Ralfs) Lillieroth, Acta Limnol., 3: 264, 1950; Teiling, Ark. f. Bot., II, 6(11): 598—599, pl. 29, figs. 2—3, pl. 30, figs. 12—13, 1967; Croasdale & Flint, Flora of New Zealand, Freshw. Alg. Chlorophyta Desm., III: 45—46, pl. 76, figs. 1—5, 1994;

Hu & Wei, The Freshwater Algae of China, Systematics, Taxonomy and Ecology, p. 889, pl. XIV-76-13—14, 2006.

Staurastrum dickiei Ralfs, Brit. Desm., p. 123, pl. 21, fig. 3, 1848.

Staurastrum dickiei var. *dickiei* f. *punctatum* West, Linn. Soc. Jour. Bot., 29: 198, 1892; Jao, Sinensia, 11 (3 & 4): 338, 1940.

13a. 原变种　图版 X：4—5

var. dickiei

细胞小到中等大小，长约等于宽(不包括刺)，缢缝深凹，向外张开呈锐角；半细胞正面观椭圆形，背缘和腹缘相同凸起或腹缘比背缘略凸起，侧角圆，角顶具 1 个略向下弯的强壮短刺；垂直面观三角形，少数四角形，侧缘略凹入，角圆，角顶具 1 个强壮的短刺；细胞壁平滑或具点纹。细胞长 24—44 μm，宽(不包括刺)25—45 μm，缢部宽 5—12 μm。

多生长在贫营养的小水体中，附着在水生植物上，有时浮游，pH 为 5.1—8.4。

产地：浙江(宁波)；湖北(武昌东湖)；湖南(南岳)；贵州(江口，印江)；四川(道孚，若尔盖)；陕西(城固)。采自稻田、水坑、水沟、沼泽中。

分布：世界广泛分布。

13b. 迪基叉星鼓藻圆变种　图版 X：14—16

Staurodesmus dickiei var. **circularis** (Turner) Croasdale, Trans. Amer. Microsc. Soc., 76: 130, pl. 3, figs. 41—42, 1957; Teiling, Ark. f. Bot., II, 6 (11): 601, pl. 29, figs. 7—9, 1967; Croasdale & Flint, Flora of New Zealand, Freshw. Alg. Chlorophyta Desm., III: 46, pl. 76, figs 6—7, 1994.

Staurastrum dickiei var. *circularis* Turner, Kongl. Svenska Akad. Handl., 25 (5): 105, pl. 16, fig. 5f, 1892; Prescott et al., North Amer. Desm., II, 4: 186, pl. 347, fig. 10, 1982.

Staurastrum dickiei var. *circularis* f. Jao, Bot. Buu. Acad. Sinica, 3: 65, fig. 4: 5, 1949.

此变种与原变种不同为半细胞正面观半圆形，缢缝近顶端狭线形和其后向外张开呈锐角，顶缘宽凸起，腹缘凸起，基角具 1 个斜向下的钝或尖的齿状短刺。细胞长 30—39 μm，宽(不包括刺)29—34 μm，(包括刺)30—36 μm，缢部宽 8.5—10 μm，刺长 2.5—3 μm。

产地：黑龙江(兴凯湖)；湖北(武昌东湖)；湖南(南岳)；广西(阳朔)。采自稻田、池塘、湖泊沿岸带中，附着在水生植物上，有时浮游。

分布：亚洲；欧洲；非洲；大洋洲(新西兰)；北美洲；北极。

饶钦止在 1949 年建立的 *Staurastrum dickiei* var. *circularis* f.，其特征为缢缝近顶端狭线形，其后向外略张开，半细胞正面观近角锥形到半圆形，细胞壁具点纹，未命名，这些特征与此变种相似，现合并在此变种中。

13c. 迪基叉星鼓藻伸长变种　图版 X：13

Staurodesmus dickiei var. **productus** Förster, Nova Hedwigia, 23 (2/3): 567, pl. 22, fig. 14, 1972.

Staurastrum dickiei var. *productum*(Förster)Prescott, *in* Prescott et al., North Amer. Desm., II, 4: 187, pl. 348, fig.12, 1982; Wei, Acta Phytotax. Sinica, 34(6): 663, fig. 4: 2, 1996.

此变种与原变种不同为细胞大，长约为宽的 1.5 倍(不包括刺)，缢缝顶端狭圆，近顶端狭线形和其后向外广张开呈锐角，半细胞正面观扁圆到三角形，顶部高出和较狭圆，侧角具 1 条斜向下的强壮的长刺。细胞长 85.5—100 μm，宽 76—92 μm，缢部宽 21—25 μm，刺长 15 μm。

产地：湖北(武昌东湖)。采自池塘、湖泊中。

分布：北美洲(美国)。

采于湖北武昌的标本与此变种不同为半细胞正面观顶部高出处的顶缘近平直。

14. 伸长叉星鼓藻　图版 XIV：12—14

Staurodesmus extensus(Borge)Teiling, Bot. Notiser, 1948(1): 67, fig. 11, 1948; Teiling, Ark. f. Bot., II, 6(11): 514—515, pl. 5, figs. 17—18, 21, pl. 31, fig. 19, 1967.

Arthrodesmus extensus(Borge)Hirano, Contrib. Biol. Lab. Kyoto Univ., 5: 210, pl. 29, figs. 16—17, 1957; Prescott et al., North Amer. Desm., II, 4: 15, pl. 299, figs. 3, 7, 8, 13—15, 20, 1982; Shi, Wei et al., Compilation of reports on the survey of algal resoures in south-western China, p. 341，pl. 4: 11—12, 1994.

Arthrodesmus extensus Borge, Bot. Notiser, 1913: 15, pl. 2, fig. 23, 1913.

Arthrodesmus incus var. *extensus* Andersson, Bih. Kongl. Svenska Vet.-Akad. Handl., 16(5): 13, pl. 1, fig. 7, 1890; Li, Wei et al., The algae of the Xizang Plateau, p. 382, pl. 68, figs. 10—11, 1992.

细胞小到中等大小，长约等于宽(不包括刺)，缢缝深凹，向外广张开近半圆形，缢部伸长呈近圆柱形；半细胞正面观近楔形，顶部宽、直或略凹入，顶角较尖，具 1 个斜向上伸出的直长刺，上部侧缘直或略凸起，略斜向上，下部侧缘直或略凸起或略凹入，基角钝圆；半细胞侧面观近椭圆形到纺锤形；垂直面观椭圆形到纺锤形，侧角具 1 长刺。细胞长(不包括刺)16—48 μm，宽(不包括刺)14—48 μm，缢部宽 3—14 μm，厚 5—25 μm，刺长 5—39。接合孢子球形，具多条刺，刺的基部略膨大呈圆锥形、呈乳突状。直径 18—19 μm，刺长 8—10 μm。

通常生长在贫、中营养的水体中，附着在水生植物上，有时浮游，pH 为 5.2—8.5。

产地：内蒙古(大兴安岭阿尔山地区)；湖北(武昌东湖)；四川(若尔盖，德格新路海)；西藏(亚东)。采自池塘、湖泊、沼泽中。

分布：亚洲；欧洲；非洲；大洋洲(新西兰)；北美洲；南美洲；北极。

15. 平滑叉星鼓藻

Staurodesmus glaber(Ralfs)Teiling, Ark. f. Bot., II, 6(11): 557—558, pl. 13, figs. 14—16, 18，pl. 14, fig. 1, 1967.

Staurastrum glabrum Ralfs, Brit. Desm., p. 217, 1848; West & West & Carter, Monogr. Brit. Desm., V: 2, pl. 129, figs. 2—5, 1923.

15a. 原变种 图版 XIII：1—2

var. glaber

　　细胞小，长约等于宽或有时宽略大于长(不包括刺)，缢缝深凹，向外宽张开呈近直角；半细胞正面观楔形，顶缘直或略微凹入，侧缘直或略微凸起，顶角圆，角顶具 1 个斜向下弯曲的强壮长刺；垂直面观三角形或四角形，侧缘略凹入，角圆，角顶具 1 个强壮的长刺，少数垂直面观椭圆形。细胞长 15—33 μm，宽 13—25 μm，缢部宽 5—10 μm，刺长 4—9 μm。

　　产地：内蒙古(扎兰屯)。采自池塘中。

　　分布：亚洲；欧洲；大洋洲(新西兰)；北美洲。

15b. 平滑叉星鼓藻德巴变种 图版 XIII：3—6

Staurodesmus glaber var. debaryanus (Nordstedt) Teiling, Ark. f. Bot., II, 6(11)：558, pl. 14, figs. 2—3, 1967; Croasdale & Flint, Flora of New Zealand, Freshw. Alg. Chlorophyta Desm., III: 48, pl. 72, figs. 1—6, 1994.

Staurastrum dejectum var. *debaryanum* Nordstedt, excicc. No 557, 1889; Lütkemüller, Ann. Nat. Hofmuseums, 15: 123, 1900.

　　此变种与原变种不同为半细胞正面观顶缘和侧缘凸起，垂直面观纺锤形或三角形。细胞长 17—24 μm，宽(不包括刺)17—24 μm，(包括刺)26—34 μm，缢部宽 5—8 μm。

　　生长在小水体中，通常附着在水生植物上，有时浮游，pH 在 5.2—7.2。

　　产地：浙江(宁波)；湖南(岳阳)。采自池塘、湖泊中。

　　分布：欧洲；大洋洲(新西兰)。

16. 英克斯叉星鼓藻

Staurodesmus incus (Ralfs) Teiling, Ark. f. Bot., II, 6(11)：511, pl. 5, fig. 9, 1967; Hu & Wei, The Freshwater Algae of China, Systematics, Taxonomy and Ecology, p. 892, pl. XIV-84-21—22, 2006.

Arthrodesmus incus Ralfs, Brit. Desm., p. 118, pl. 20, fig. 4, 1848; West & West, Monogr. Brit. Desm., IV: 90—92, pl. 113, figs. 13—15, 1912; Prescott et al., North Amer. Desm., II, 4: 19—20, pl. 299, fig. 10b, 1982.

16a. 原变种 图版 XI：17—18

var. incus

　　细胞小，长略大于宽(不包括刺)，缢缝深凹，从顶端向外张开呈近直角或钝角；半细胞正面观倒三角形到近楔形，顶缘平直，少数略凹入，侧缘直或略凸起，顶角尖或尖圆，顶角角顶具 1 斜向上的粗长刺；半细胞侧面观倒卵形或纵向椭圆形；垂直面观椭圆形，侧缘中间的侧角具 1 长粗刺；细胞壁平滑。细胞长(包括刺)22—58 μm，(不包括刺)12.5—48 μm，宽(包括刺)22.5—58 μm，(不包括刺)12.5—48 μm，缢部宽 3—14 μm，厚 5—25 μm，刺长 5—39。

　　多生长在偏酸性的贫营养和中营养水体中，浮游，也附着在水生植物上，有时底栖习性，pH 在 5.8—6.9。

产地：贵州(印江)；四川(理塘)。采自沼泽中。

分布：世界广泛分布。

16b. 英克斯叉星鼓藻拉尔夫变种　图版 XI：15—16
Staurodesmus incus var. **ralfsii**(West & West)Teiling, Ark. f. Bot., II, 6(11)：512—513, pl. 5, figs. 10—11, 1967.

Arthrodesmus incus var. *ralfsii* West & West, Bot. Trans Yorkshire Nat. Union, 5(25)：109, 1901; West & West, Monogr. Brit. Desm., IV：95—96, pl. 114, figs. 2—4, 1912; Li, Bull. Fan Mem. Inst. Biol. Bot., 9(4)：226, 1939.

此变种与原变种不同为缢缝小的圆形凹陷，半细胞正面观倒梯形，顶缘平直或略凹入，侧缘直到略凸起和略斜向上扩大，顶角角顶具 1 条略向下或略向上的中等长度的刺。接合孢子球形，孢壁具多条长刺。细胞长 33—54 μm，宽(不包括刺)17—19 μm，(包括刺)46—50 μm，缢部宽 8.5—12 μm。

通常生长在小水体中，附着在水生植物上，有时浮游，pH 为 4.5—7.4。

产地：云南(车里，大理)。采自池塘中。

分布：亚洲；欧洲；非洲；北美洲；北极。

17. 超凡叉星鼓藻　图版 X：9—10
Staurodesmus insignis(Lundell)Teiling, Ark. f. Bot., II, 6(11)：499, pl. 3, figs. 7—8, 1967; Lenzenweger, Desmid. Österr. 2: 32. pl. 23, figs. 21—22, 1997; Qin, Wang & Wei, Jour. Wuhan Bot. Research, 25(6)：579, fig. 1: 21—22, 2006.

Staurastrum insigne Lundell, Nova Acta Reg. Soc. Sci. Upsaliensis, III, 8(2)：58, pl. 3, fig. 25, 1871.

细胞小，长约为宽的 1.5 倍，缢缝浅，呈 U 型凹入，向外宽张开；半细胞正面观具 3 个分叶、顶叶短、呈近长方形、近梯形或近截顶三角形，顶缘平直、略增厚，侧叶近三角形，侧角突出，角顶圆、略增厚，顶叶和侧叶间呈钝角凹入；垂直面观 4—6 角形，角圆、略增厚，侧缘凹入；细胞壁平滑。细胞长 26—30 μm，宽 23 μm，缢部宽 13 μm。

此种分布在高山、寒冷地区，为高山、冷水性种类。

产地：内蒙古(大兴安岭阿尔山地区)。采自达尔滨湖边泥炭藓沼泽。

分布：亚洲(日本)；欧洲(瑞士的高山地区)；北美洲(美国的蒙大拿和阿拉斯加，加拿大的不列颠哥伦比亚和拉布拉多)；北极：(Eurasia 的寒温带)。

18. 薄皮叉星鼓藻
Staurodesmus leptodermus(Lundell)Teiling, Bot. Notiser, 1948(1)：76, 1948; Teiling, Ark. f. Bot., II, 6(11)：547, pl. 12, fig. 11, pl. 13, fig. 4, 1967; Croasdale & Flint, Flora of New Zealand, Freshw. Alg. Chlorophyta Desm., III：51, pl. 69, figs. 7—9, 1994; Hu & Wei, The Freshwater Algae of China, Systematics, Taxonomy and Ecology, p. 889, pl. XIV-76-5—6, 2006.

Staurastrum leptodermum Lundell, Nova Acta Reg. Soc. Sci. Upsaliensis, III, 8(2): 58, pl. 3,
fig. 26, 1871; West & West & Carter, Monogr. Brit. Desm., V: 27, pl. 132, fig. 20, 1923;
Li, Wei et al., The algae of the Xizang Plateau, p. 376, pl. 64, figs. 5—6, 1992.

Staurastrum leptodermum f. *minor* Lütkemüller, Ann. Nat. Hofmuseums, 15: 123, pl. 6, figs.
30—31, 1900.

18a. 原变种 图版 XIV：1—2

var. leptodermus

细胞中等大小，长约等于宽(不包括刺)，缢缝中等深度凹入，从顶端向外宽张开呈近直角；半细胞正面观楔形或倒三角形，顶缘平和中间略凸起，顶角尖圆，角顶具 1 斜向上的小刺，侧缘近平直，其中间略凹入而呈 2 个不明显的微波；垂直面观三角形，侧缘平直或略凹入，角尖圆，角顶具 1 小刺，少数垂直面观椭圆形；细胞壁薄。细胞长(不包括刺)32—60 μm，宽(不包括刺)25—60 μm，缢部宽 10—22 μm，刺长 1.5—4 μm。

通常生长在贫营养的小水体中，浮游，也附着在水生植物上，pH 为 5.4—8.3。

产地：内蒙古(大兴安岭阿尔山地区)；浙江(宁波的东钱湖和梅湖)；湖北(武昌东湖)；广西(修仁)；重庆；西藏(墨脱)。采自池塘、湖泊、沼泽中。

分布：亚洲；欧洲；非洲；大洋洲(新西兰)。

18b. 薄皮叉星鼓藻伊卡普变种 图版 XIV：3—4

Staurodesmus leptodermus var. **ikapoae** (Schmidle) Thomasson, Hydrobiol. Survey of the
Lake Bangweulu-Luapula River basin, 4(2): 28, 1966; Teiling, Ark. f. Bot., II, 6(11):
548, pl. 12, figs. 14—16, 1967; Wei & Yu, Chin. Jour. Oceanol. Limnol., 23(2): 214, pl.
III: 1—2, 2005.

Staurastrum ikapoae Schmidle, Engler's Bot. Jahrb., 32(1): 74, pl. 2, fig. 11, 1902.

Staurastrum leptodermus var. *ikapoae* West & West, Ann. Roy. Bot. Gard. Calcutta, 6(2):
213, pl. 16, fig. 8, 1907.

此变种与原变种不同为顶角直向上延伸成短突起，角顶具较长的刺。接合孢子球形，孢壁具长刺，长刺基部略膨大、顶端水平向分叉。细胞长 49—51 μm，宽 32—34 μm，缢部宽 20—21 μm。

产地：湖北(武昌东湖)。采自池塘、湖泊中，浮游，有时附着在水生植物上。

分布：亚洲；欧洲；非洲；南美洲。

19. 短尖头叉星鼓藻

Staurodesmus mucronatus (Brébisson) Croasdale, Trans. Amer. Microsc. Soc., 76(2): 132,
pl. 3, figs. 35—36, 1957; Teiling, Ark. f. Bot., II, 6(11): 568—569, pl. 18, figs. 2—4,
1967.

Staurastrum mucronatum Brébisson, Mém. Soc. Sci. Nat. Cherbourg, 4: 142, 1856.

Staurastrum mucronatum var. *major* Jao, Bot. Bull. Acad. Sinica, 3: 67—68, fig. 4: 1, 1949.

19a. 原变种 图版 XI：5—6

var. mucronatus

细胞小，长约等于宽，缢缝深凹，顶端尖圆，向外张开呈锐角；半细胞正面观椭圆形，背缘凸起，腹缘比背缘更为凸起，侧角广圆，角顶具 1 个水平向、少数略向下伸出的短刺；垂直面观三角形或四角形，侧缘略凹入，角广圆，角顶具 1 个短刺；细胞壁平滑。细胞长 30—35 μm，宽 33—37 μm，缢部宽 6—9 μm，刺长 1—3 μm。

在池塘、浅水湖泊中兼性浮游，有时附着在水生植物上，pH 为 5.5—7.4。

产地：湖南(岳阳)；广西(修仁)。采自稻田、湖泊中。

分布：亚洲；欧洲；非洲；大洋洲(澳大利亚，新西兰)；北美洲；北极。

饶钦止在 1949 年建立的 *Staurastrum mucronatum* var. *major* Jao，与原变种不同为细胞较大，半细胞正面观侧角尖圆形，刺短，细胞大小不能作为一个分类的特征，其他特征与原变种近似，现合并在原变种中。

19b. 短尖头叉星鼓藻平行变种 图版 XI：7—8

Staurodesmus mucronatus var. **parallelus** (Nordstedt) Teiling, Ark. f. Bot., II, 6(11)：570, pl. 18, fig. 11, 1967; Croasdale & Flint, Flora of New Zealand, Freshw. Alg. Chlorophyta Desm., III: 54, pl. 73, figs. 8—11, 1994.

Staurastrum dickiei var. *parallelum* Nordstedt, Bot. Notiser, 1887: 158, 1887; Nordstedt, Kongl. Svenska Vet.-Akad. Handl., 22(8)：39, pl. 4, fig. 15, fac. 3, 4, 1888; Skvortzow, Jour. Bot., 64: 129, 1926.

此变种与原变种不同为缢缝较狭张开，半细胞角顶刺很小。细胞长 21—27 μm，宽(不包括刺)22—26 μm，缢部宽 5—7 μm。

产地：黑龙江(哈尔滨)。采自池塘、湖泊中。

分布：亚洲；欧洲；大洋洲(新西兰)。

19c. 短尖头叉星鼓藻近三角形变种 图版 XI：9—10

Staurodesmus mucronatus var. **subtriangularis** (West & West) Croasdale, Trans. Amer. Microsc. Soc., 76(2): 132, pl. 3, figs. 35—36, 1957; Teiling, Ark. f. Bot., II, 6(11)：569—570, pl. 18, figs. 7—8, 13, 16, 1967.

Staurastrum mucronatum var. *subtriangulare* West & West, Linn. Soc. Jour. Bot., 35: 545, pl. 17, fig. 11, 1903; Prescott et al., North Amer. Desm., II, 4: 256—257, pl. 368, figs. 1—3, 1982; Shi, Wei et al., Compilation of reports on the survey of algal resoures in south-western China, p. 339, pl. 10: 3—4, 1994.

此变种与原变种不同为细胞缢缝张开较大；半细胞正面观倒三角形，顶缘直或略凸起，腹缘比顶缘较凸起，刺从侧缘上方伸出。细胞长 22—31 μm，宽(不包括刺)25—37 μm，缢部宽 6—8 m，刺长 3.5—4.5 μm。

生长在贫营养和中营养水体中，浮游，有时附着在水生植物上，pH 为 5.2—7.0。

产地：湖北(武昌东湖)；广东(开平)；四川(冕宁彝海子)；贵州(松桃)。采自稻田、湖泊、水库中。

分布：亚洲；欧洲；非洲；北美洲；南美洲；北极。

20. 具厚缘叉星鼓藻　图版 X：1—3

Staurodesmus pachyrhynchus (Nordstedt) Teiling, Ark. f. Bot., II, 6(11)：499—500, pl. 3, figs. 9—11, 13, 1967; Croasdale & Flint, Flora of New Zealand, Freshw. Alg. Chlorophyta Desm., III: 56, pl. 63, figs. 1—4, 1994.

Staurastrum pachyrhynchum Nordstedt, Öfv. Kongl. Vet.-Akad. Förhandl., 1875(6)：32, pl. 8, fig. 34, 1875; West & West, Monogr. Brit. Desm., IV: 151—152, pl. 121, figs. 8—9, 1912; Prescott et al., North Amer. Desm., II, 4: 272, pl. 334, figs. 14—15, 1982; Skvortzow, China Jour. Sci. & Arts, 8(3)：147, figs. 18—19, 1928.

细胞小到中等大小，长约等于宽，缢缝深凹，从尖的顶端向外张开呈锐角或近直角；半细胞正面观近椭圆形或椭圆形到倒三角形，顶缘宽、凸起或明显凸起，侧角略突出、钝圆，角顶细胞壁增厚，腹缘凸起；垂直面观三角形到五角形，侧缘凹入，角钝圆和角顶细胞壁增厚；细胞壁平滑或具精致点纹。细胞长 22.5—40 μm，宽 18.5—40 μm，缢部宽 7—15 μm。

产地：湖北(武昌东湖)；福建(福州，厦门)。采自池塘、溪流、湖泊、沼泽中，pH 为 5.3—8.0。

分布：亚洲；欧洲；非洲；大洋洲(澳大利亚，新西兰)；北美洲；南美洲；北极。

21. 伸展叉星鼓藻

Staurodesmus patens (Nordstedt) Croasdale, Trans. Amer. Micr. Soc., 76(2)：134, pl. 2, figs. 32—34, 1957; Teiling, Ark. f. Bot., II, 6(11)：543—544, pl. 11, figs. 20—24, 1967; Croasdale & Flint, Flora of New Zealand, Freshw. Alg. Chlorophyta Desm., III: 57, pl. 72, figs. 14—18, 1994; Wei & Yu, Chin. Jour. Oceanol. Limnol., 23(2)：214—216, pl. II, figs. 12—13, 2005.

Staurastrum dejectum var. *patens* Nordstedt, Kongl. Svenska Vet.-Akad. Handl., 22(8)：39, pl. 4, fig. 16, 1888; Prescott et al., North Amer. Desm., II, 4: 181, pl. 350, figs. 8, 9, 11, 12, pl. 355, fig. 11, 1982.

21a. 原变种　图版 XI：11—12

var. **patens**

细胞小，长约等于宽，缢缝深凹，向外张开呈锐角；半细胞正面观杯形，顶缘略凸起，腹缘明显凸起，顶角具 1 条斜向上的短刺，刺直或弯；垂直面观三角形，少数四角形，侧缘略凹入。接合孢子球形，具密而强壮的刺。细胞长 17—19 μm，宽 22—24 μm，缢部宽 6—7 μm。

通常附着在水生植物上，有时浮游，pH 为 4.5—7.4。

产地：湖北(武昌东湖)。采自湖泊、沼泽中。

分布：亚洲；欧洲；非洲；大洋洲(澳大利亚，新西兰)；北美洲；南美洲；北极。

21b. 伸展叉星鼓藻伸展变种膨胀变型　图版 XI：13—14

Staurodesmus patens var. **patens** f. **inflatus** (West) Teiling, Ark. f. Bot., II, 6(11)：544, pl. 11, fig. 25, 1967.

Staurastrum dejectums var. *inflatum* West, Linn. Soc. Jour. Bot., 29(199/200)：170, pl. 22, fig. 11, 1892; Yamaguti, *in* Kawamura's Rep. Limn. Surv. of Kwantung and Manchoukuo, p. 490, pl. III, fig. 9, 1940.

此变型与原变种不同为缢缝狭，半细胞正面观腹缘明显膨大，顶角角顶的刺较短、斜向上张开。细胞长 17—31 μm，宽 22—30 μm，缢部宽 6—10 μm。

产地：黑龙江(哈尔滨，兴凯湖)。采自池塘、湖泊中。

分布：亚洲；欧洲；非洲；北美洲；南美洲；北极。

22. 翼孢叉星鼓藻　图版 XII：11—12

Staurodesmus pterosporus (Lundell) Bourrelly, Les Algues d'eau douce Initiation à la systématique. Tome 1: Les Algues Vertes., p. 434, pl. 101, figs. 7—8, 1966; Teiling, Ark. f. Bot., II, 6(11)：546—547, pl. 12, figs. 8—10, 1967; Croasdale & Flint, Flora of New Zealand, Freshw. Alg. Chlorophyta Desm., III: 58, pl. 69, figs. 4—6, 1994.

Staurastrum pterosporum Lundell, Nova Acta Reg. Soc. Upsaliensis, III, 8: 60, pl. 3, fig. 29, 1871; Li, Wei et al., The algae of the Xizang Plateau, p. 376, pl. 64, figs. 7—8, 1992.

细胞小，长约等于宽，缢缝 U 型浅凹入，向外宽张开；半细胞正面观楔形，顶缘宽、平直，顶角具 1 条斜向上的小刺，腹缘平直或略凸起并宽斜向顶角；垂直面观三角形或四角形，侧缘直或在中间略凹入，角圆，角顶具 1 条小刺，极少数二辐射状。细胞长(不包括刺)16—18 μm，宽(不包括刺)16—17 μm，缢部宽 5—7 μm，刺长 2—2.5 μm。

通常生长在贫营养的、pH 略偏酸性的水体中。

产地：贵州(安龙)；西藏(察隅，仲巴)。采自稻田、水坑、池塘中。

分布：亚洲；欧洲；大洋洲(澳大利亚，新西兰)；北美洲(美国)；南美洲；北极。

23. 斯匹次叉星鼓藻

Staurodesmus spetsbergensis (Nordestedt) Teiling, Ark. f. Bot., II, 6(1)：496, pl. 2: 10—14, 1967; Croasdale & Flint, Flora of New Zealand, Freshw. Alg. Chlorophyta Desm., III: 60—61, pl. 62, figs. 5—9, 1994.

Staurastrum bieneanum f. *spetsbergensis* Nordestedt, Öfv. Kongl. Vet.-Akad. Förhandl., 1875(6)：32, pl. 8, fig. 35, 1875; Prescott et al., North Amer. Desm., II, 4: 142, pl. 333, figs. 3—4, 1982; Wei, Acta Phytotax. Sinica, 34(6)：663, fig. 4: 9—10, 1996.

23a. 原变种　图版 IX：11—15

var. **spetsbergensis**

细胞中等大小，长略大于宽，缢缝深凹，从顶端向外张开呈锐角；半细胞正面观宽杯形，顶缘凸起，侧角尖圆或有时具小尖头，腹缘比顶缘略凸起；垂直面观三角形，少数四角形、椭圆形，侧缘直或略凹入，角尖圆或有时具小尖头；细胞壁平滑或具点纹。细胞长 34—35 μm，宽 32—34 μm，缢部宽 12—13 μm。

通常浮游，有时附着在其他藻类、苔藓或水生植物上，pH 为 5.8—7.6。

产地：内蒙古(大兴安岭阿尔山地区)；湖北(武昌东湖)。采自池塘、湖泊中。

分布：欧洲；非洲；大洋洲(新西兰)；北美洲；南美洲；北极。主要分布在北欧、北美、北极的山地地区，少数在非洲、南美洲。

23b. 斯匹次叉星鼓藻弗洛林变种　图版 IX：9—10

Staurodesmus spetsbergensis var. **florinae** Teiling, Ark. f. Bot., II, 6(1): 496, pl. 3: 2, 1967;
Croasdale & Flint, Flora of New Zealand, Freshw. Alg. Chlorophyta Desm., III: 61, pl. 62, figs. 10—11, 1994.

Staurodesmus bieneanus (Rabenhorst) Florin, Acta Phytogeorg. Suecica, 37: 138, pl. 35, fig. 4, 1957.

Staurastrum bieneanum Rabenhorst, Algen Europ. No. 1410, 1862; West & West, Monogr. Brit. Desm., IV: 135, pl. 120, figs. 4—6, 1912; Wei, Acta Phytotax. Sinica, 34(6): 671, 1996.

此变种与原变种不同为细胞宽略大于长，缢缝更深凹入，半细胞正面观椭圆形，垂直面观角尖圆，角顶无刺。细胞长 26—45 μm，宽 28—45 μm，缢部宽 8—10 μm。

通常生长在贫营养的水体中，pH 为 6.5—8.6。

产地：内蒙古(大兴安岭阿尔山地区的达尔滨湖和仙鹤湖)；黑龙江(兴凯湖附近当壁镇)；湖北(武昌东湖)；云南(永宁)。采自池塘、湖泊、沼泽、湿地中。

分布：亚洲；欧洲；非洲；大洋洲(新西兰)；北美洲。

Yamaguti 在 1940 年(Kawamura's Rep. Limn. Surv. of Kwantung and Manchoukuo, p. 489, pl. II, fig. 61)鉴定的 *Staurastrum bieneanum* var. *ellipticum* Wille，无特征的描述，从图上看，应属于此变种。

24. 近矮形叉星鼓藻　图版 X：11—12

Staurodesmus subpygmaeum (West) Croasdale, Trans. Amer. Microsc. Soc., 81(1): 34, pl. 6, fig. 113, 1962; Teiling, Ark. f. Bot., II, 6(1): 501, pl. 4: 3, 1967.

Staurastrum subpygmaeum West, Linn. Soc. Jour. Bot., 29(199/200): 178, pl. 23, fig. 8, 1892; West & West, Monogr. Brit. Desm., IV: 162—163, pl. 125, figs. 13—16, 1912; Li, Lingnan Sci, Jour., p. 468, 1935.

细胞中等大小，长约等于宽，缢缝深凹，从顶端向外张开近直角；半细胞正面观宽楔形，顶缘凸起，侧角凸出形成 1 个中空的乳突，腹缘略凸起；垂直面观三角形或四角形，侧缘略凸起，角凸出形成 1 个中空的乳突；细胞壁平滑或具点纹。细胞长 42—50 μm，宽 40—46 μm，缢部宽 16—22.5 μm。

产地：内蒙古(大兴安岭阿尔山地区的达尔滨湖)；香港(大屿岛)。采自池塘、湖泊中。

分布：亚洲；欧洲；非洲；北美洲。

25. 锥形刺叉星鼓藻 图版 XII: 9—10

Staurodesmus subulatus (Kützing) Thomasson, Nova Acta Soc. Sci. Upsaliensis, IV, 17(12):
35, 1960; Teiling, Ark. f. Bot., II, 6(1): 572, pl. 19: 1—2, 1967; Hu & Wei, The
Freshwater Algae of China, Systematics, Taxonomy and Ecology, p. 889—891, pl.
XIV-86-20—21, 2006.

Arthrodesmus subulatus Kützing, Spec. Algar., p. 176, 1849; Prescott et al., North Amer.
Desm., II, 4: 31—32, pl. 307, figs. 2—3, pl. 308, figs. 3—4, 6, 9, 11—14, 1982.

细胞中等大小，长约等于宽(不包括刺)，缢缝深凹，从顶端向外张开呈锐角；半细
胞正面观倒三角形到椭圆形或椭圆形，顶缘略凸起，腹缘比顶缘更凸起，顶角水平向、
少数略向上伸出 1 条长的粗直刺；垂直面观椭圆形，侧缘中间具 1 条长的粗直刺。细胞
长 27—50 μm，宽(不包括刺)27—54 μm，缢部宽 6—15 μm，厚 15—20 μm，刺长
12—23 μm。

产地：湖北(武昌东湖)。采自湖泊、池塘中。

分布：亚洲；欧洲；非洲；大洋洲(澳大利亚)；北美洲；南美洲。

26. 叉星鼓藻 图版 XIV: 10—11

Staurodesmus triangularis (Lagerheim) Teiling, Bot. Notiser, 1948(1): 62, figs. 63—64,
1948; Teiling, Ark. f. Bot., II, 6(1): 517—518, pl. 6, figs. 4—6, 1967; Croasdale & Flint,
Flora of New Zealand, Freshw. Alg. Chlorophyta Desm., III: 61—62, pl. 65, figs. 4—7,
1994.

Arthrodesmus triangularis Lagerheim, Öfv. af Kongl. Vet.-Akad. Förhandl., 42(7): 244, pl.
27, fig. 22, 1885; Li, Bull. Fan Mem. Inst. Biol. Bot., 10(1): 63, 1940.

Arthrodesmus ralfsii var. *brebissonii* (Raciborski.) G.M.Smith, Wisconsin Geol. Nat. Hist.
Surv. Bull., 57(2): 130, pl. 85, figs. 13—17, 1924; Jao, Sinensia, 11(3 & 4): 340—341,
pl. 5, fig. 8, 1940.

Arthrodesmus incus var. *brebissonii* Raciborski, Pamiet. Wydz. III. Akad. Umiej. w Krakowie,
17: 96, pl. 6, fig. 15, 1889.

细胞小到中等大小，长略大于宽(不包括刺)，缢缝深凹，从半圆形顶端向外宽张开
呈锐角，缢部大多数略伸长；半细胞正面观倒三角形，顶缘略高出和凸起，而常在中间
部分凹入，顶角尖圆，角顶具 1 条水平向、少数略向上或略向下伸出的较长的直刺，腹
缘略凸起；垂直面观椭圆形到纺锤形，少数三角形，角顶具 1 条水平向伸出的较长直刺。
细胞长 13—26 μm，宽(具刺)14—45 μm，(无刺)10—24 μm，缢部宽 4.5—6 μm，厚
12.5 μm，刺长 7—8 μm。

在贫营养到中营养的表层或比较深的水体中浮游，有时附着在水生植物上，pH 为
7.1—7.6。

产地：湖南(南岳)；云南(缅甯)；台湾(南仁湖)。采自于池塘、湖泊中。

分布：亚洲；欧洲；非洲；大洋洲(新西兰)；北美洲；南美洲；北极。

Staurodesmus triangularis (Lagerheim) Teiling 是由 Teiling 在 1948 年建立的新组合，

Compère 在 1977 年将 *Staurodesmus triangularis* 作为主模式标本。

    Arthrodesmus triangularis var. *latiusculus*(West & West)Hirano 与 *Arthrodesmus triangularis* 不同为半细胞侧缘具 2 个波形，Yamagishi(1990)采于台湾南仁湖并鉴定为 *Arthrodesmus triangularis* var. *latiusculus*，但从图上看侧缘无波形，应归入 *Staurodesmus triangularis* 中。

27. 具爪叉星鼓藻　图版 XIII：7—10

Staurodesmus unguiferus(Turner)Thomasson, *in* Teiling, Ark. f. Bot., II, 6(11)：550, pl. 13,
    figs. 6—7, 1967.

Staurastrum unguiferum Turner, Kongl. Svenska Vet.-Akad. Handl., 25(5)：130, pl. 15, fig.
    18, 1892; Li, Bull. Fan Mem. Inst. Biol. Bot., 9(4)：237, 1939.

Staurastrum unguiferum var. major Turner, Kongl. Svenska Vet.-Akad. Handl., 25(5)：131, pl.
    15, fig. 19, 1892.

Staurastrum unguiferum var. *extensum* Grönblad, Bot. Notiser, 1938：49—66, pl. 2, fig. 10,
    1938; Wei, Acta Phytotax. Sinica, 35(4)：374, fig. 6：7—8, 1997.

    细胞中等大小，长约为宽的 2 倍，缢缝浅凹入，顶端尖圆，向外广张开呈钝角；半细胞正面观楔形到方形，顶缘凹入，顶角向上延长呈三角形的突起，角顶具 1 条直向上或略向内弯的短刺，侧缘凸起；垂直面观三角形，侧缘略凹入，角狭圆，角顶具 1 条向上或略向内弯的短刺。细胞长 53—80 μm，宽 26—37 μm，缢部宽 15—19 μm。

    产地：浙江(宁波东钱湖)；广东(矾石山)；云南(思茅)。采自池塘、湖泊、水库中。

    分布：亚洲(日本，印度，缅甸，马来西亚)；欧洲(芬兰)。

28. 单角叉星鼓藻　图版 XV：1—6

Staurodesmus unicornis(Turner)Thomasson, Bot. Notiser, 113(3)：243, 1960; Teiling, Ark.
    f. Bot., II, 6(11)：539—540, pl. 11, figs. 7，11, 1967; Croasdale & Flint, Flora of New
    Zealand, Freshw. Alg. Chlorophyta Desm., III：62, pl. 68, figs. 1—5, 1994; Hu & Wei,
    The Freshwater Algae of China, Systematics, Taxonomy and Ecology, p. 891, pl.
    XIV-75-2—5, 2006.

Staurastrum unicorne Turner, Kongl. Svenska Vet.-Akad. Handl., 25(5)：107, pl. 15, fig. 16,
    1892.

    细胞小，长约等于宽(不包括刺)，缢缝深凹入，宽、钝，从 U 型顶端向外张开，缢部伸长呈圆柱形；半细胞正面观楔形或近倒三角形，顶缘略凸起，顶角水平向、略向下或略向上膨大呈头状，角顶具 1 条水平向、斜向下或斜向上弯曲的短刺，腹缘凸起；垂直面观三角形或四角形，侧缘略凹入、凸出或平直，角膨大呈头状，角顶具 1 条弯曲的长粗刺。细胞长(不包括刺)22—30 μm，宽(不包括刺)18—31 μm，缢部宽 5—8 μm，刺长 7—10 μm。

    产地：内蒙古(扎兰屯)；浙江(宁波)；湖北(武昌东湖，洪湖)；贵州(毕节，威宁)；云南(剑川)。采自池塘、湖泊、沼泽中。

分布：亚洲(孟加拉、印度、泰国等热带和亚热带地区)；大洋洲(澳大利亚)；北美洲(美国)。

(十八)顶接鼓藻属 Spondylosium Kützing

Kützing, Spec. Alg., p. 189, 1849.

　　植物体为不分枝的丝状体，藻丝长，有时缠绕，常具胶被，有时以基部短的胶质垫附着在基质上；细胞小或中等大小，侧扁，有的辐射对称，缝缝深凹或中等深度凹入，狭线形或从顶端向外张开；半细胞正面观椭圆形、长方形或三角形，顶缘平直，略凸起或略凹入，每个半细胞的顶部与相邻半细胞的顶部互相连接形成不分枝的丝状体；半细胞侧面观圆形或近三角形；垂直面观椭圆形、三角形或四角形；细胞壁平滑或具点纹；每个半细胞具 1 个轴生的色素体，具 1 个或数个蛋白核。

　　接合孢子通常球形，壁常平滑，有的具刺。

　　我国顶接鼓藻属(Spondylosium)有 6 个种，1 个变种。

分种检索表

1. 半细胞正面观顶部中间明显凹入 ························· 7. 裂开顶接鼓藻 S. secedens
1. 半细胞正面观顶部中间不凹入 ·· 2
　2. 半细胞正面观三角形、长圆形，肾形 ··· 3
　2. 半细胞正面观椭圆形、宽椭圆形 ··· 5
3. 半细胞正面观三角形 ····························· 1. 项圈顶接鼓藻 S. moniliforme
3. 半细胞正面观长圆形，肾形 ·· 4
　4. 半细胞正面观长圆形 ························· 4. 平顶顶接鼓藻 S. planum
　4. 半细胞正面观肾形 ····························· 6. 肾形顶接鼓藻 S. reniforme
5. 半细胞正面观宽椭圆形 ··························· 2. 光泽顶接鼓藻 S. nitens
5. 半细胞正面观椭圆形 ·· 6
　6. 半细胞正面观侧缘具 3 个小颗粒 ············· 3. 乳突顶接鼓藻 S. papillosum
　6. 半细胞正面观侧缘平滑 ····················· 5. 矮型顶接鼓藻 S. pygmaeum

1. 项圈顶接鼓藻　图版 LIX：1—2

Spondylosium moniliforme Lundell, Nova Acta Reg. Soc. Sci. Upsaliensis, III, 8(2)：92, pl. 5, fig. 16, 1871; Croasdale et al., North Amer. Desm., II, 5: 20, pl. 457, figs. 1—4, 1983; Hu & Wei, The Freshwater Algae of China, Systematics, Taxonomy and Ecology, p. 899, pl. XIV-86-14, 2006.

　　藻丝有时缠绕，有时具透明的胶被；细胞小到中等大小，长约为宽的 1.5 倍，缝缝深凹，顶端圆形，向外张开呈锐角，缝部短，有时略长；半细胞正面观近三角形，顶部略高出，顶缘圆，侧缘广圆，每个半细胞的顶缘与相邻半细胞的顶缘互相连接形成不分枝的丝状体；半细胞侧面观近三角形；垂直面观三角形，角广圆，侧缘中间凹入；色素体轴生，片状。细胞长 29—35 μm，宽 20—33 μm，缝部宽 6—10 μm。

　　产地：浙江(宁波的东钱湖和梅湖)；湖北(武昌东湖)。采自水坑、池塘、湖泊沿岸带、沼泽中。

分布：亚洲；欧洲；北美洲；南美洲。

2. 光泽顶接鼓藻

Spondylosium nitens (Wallich) Archer, Quart. Jour. Microsc. Sci., II, 6: 120, 1866; Croasdale et al., North Amer. Desm., II, 5: 20, pl. 458, figs. 1—3, 1983.

Leuronema nitens Wallich, Ann. Mag. Nat. Hist., III, 5: 193, pl. 7, figs. 10—11, 1860.

2a. 原变种

var. nitens

藻丝有时缠绕，无胶被；细胞中等大小，长约等于宽，缢缝深凹，顶端宽圆、向外张开；半细胞正面观宽椭圆形，顶部平圆或高出，顶部高出的顶缘平，侧缘广圆，丝体半细胞的顶缘与相邻半细胞顶缘的连接区平直，每个半细胞的顶缘与相邻半细胞的顶缘互相连接形成不分枝的丝状体；半细胞侧面观近圆形；垂直面观扁平。细胞长 20—36.5 μm，宽 18—46 μm，缢部宽 5—10 μm。

分布：亚洲；非洲；北美洲。

中国尚无报道。

2b. 光泽顶接鼓藻三角形变种　　图版 LVIII：14

Spondylosium nitens var. **triangular** Turner, Kongl. Svenska Vet.-Akad. Handl., 25 (5)：44, pl. 18, figs. 17a, c, 1892; Croasdale et al., North Amer. Desm., II, 5: 21, pl. 458, figs. 4—5, 1983; Wei & Yu, Chin. Jour. Oceanol. Limnol., 23 (1)：95, 2005.

此变种与原变种不同为半细胞具 3 叶，顶部高出部分或顶部高出的中间略平直；垂直面观三角形。细胞长 15—29 μm，宽 12.5—22.5 μm，缢部宽 3—7 μm。

产地：浙江(宁波的东钱湖和梅湖)；湖北(武昌东湖)。采自湖泊、沼泽中。

分布：亚洲；北美洲(加拿大)。

3. 乳突顶接鼓藻　　图版 LVIII：10—11

Spondylosium papillosum West & West, Trans. Linn. Soc. London, Bot., II, 5 (2)：43, pl. 9, fig. 19, 1895; West & West & Carter, Monogr. Brit. Desm., V: 223—224, pl. 161, figs. 6—7, 1923; Croasdale et al., North Amer. Desm., II, 5: 21, pl. 455, figs. 10—11, 1983; Hu & Wei, The Freshwater Algae of China, Systematics, Taxonomy and Ecology, p. 899—900, pl. XIV-86-7, 2006.

藻丝缠绕，不具胶被；细胞小，长约等于或略大于宽，缢缝中等深度凹入，顶端钝圆和向外张开；半细胞正面观椭圆形，顶缘平直，侧缘圆，具 3 个小颗粒，每个半细胞的顶缘与相邻半细胞的顶缘互相连接形成不分枝的丝状体；半细胞侧面观近圆形；中间具 3 个小颗粒等距离纵向排列；垂直面观椭圆形。细胞长 8—10.5 μm，宽 7—10 μm，缢部宽 4—5.5 μm，厚 4—5 μm。

生长在贫营养的水体中，浮游或与水生植物混生。

产地：内蒙古(大兴安岭阿尔山地区)；黑龙江(哈尔滨)；江苏(无锡)；湖北(武昌东湖)；重庆；贵州(威宁，安顺，毕节，都匀)。采自池塘、湖泊、水库、沼泽中。

分布：亚洲；欧洲；非洲；大洋洲(澳大利亚)；北美洲；南美洲；北极。

4. 平顶顶接鼓藻 图版 LIX：4—5

Spondylosium planum (Wolle) West & West, Linn. Soc. Jour. Bot., 40: 430, pl. 19, figs. 5—8, 1912; West & West & Carter, Monogr. Brit. Desm., V: 222—223, pl. 160, figs. 23—25, 1923; Croasdale et al., North Amer. Desm., II, 5: 21—22, pl. 456, figs. 6, 6a, 7, 1983; Hu & Wei, The Freshwater Algae of China, Systematics, Taxonomy and Ecology, p. 900, pl. XIV-86-8—9, 2006.

Sphaerozosma pulchrum var. *planum* Wolle, Desm. U. S., p. 29, pl. 4, figs. 3—4, 1884.

藻丝常不缠绕，不具胶被；细胞中等大小，宽约为长的 1.2 倍，缢缝深凹，顶端钝圆和向外张开；半细胞正面观长圆形，顶缘宽、平直，侧缘广圆，每个半细胞的顶部与相邻半细胞的顶部互相连接形成不分枝的丝状体；半细胞侧面观近圆形；垂直面观长圆形，角广圆；细胞壁平滑。细胞长 9—19.5 μm，宽 9.5—25 μm，缢部宽 5.5—11.5 μm，厚 6—11 μm。

生长在贫营养或中营养的水体中，常浮游或与水生植物混生，pH 为 4.0—7.0，极少数达 9。

产地：内蒙古(大兴安岭阿尔山地区)；江苏(无锡)；湖北(武昌东湖)；重庆；贵州(贵阳，威宁)；新疆(布尔津)。采自池塘、湖泊、水库、沼泽中。

分布：亚洲；欧洲；非洲；北美洲(美国和加拿大广泛分布)；南美洲。

5. 矮型顶接鼓藻 图版 LVIII：12

Spondylosium pygmaeum (Cooke) West, Linn. Soc. Jour. Bot., 29: 116, 1892; West, West & Carter, Monogr. Brit. Desm., V: 220—221, pl. 160, figs. 18—19, 1923; Croasdale et al., North Amer. Desm., II, 5: 24, pl. 456, figs. 1—4, 1983; Hu & Wei, The Freshwater Algae of China, Systematics, Taxonomy and Ecology, p. 900, pl. XIV-86-16, 2006.

Sphaerozosma pygmaeum Cooke, Brit. Desm., p. 5, pl. 2, fig. 5, 1887.

藻丝常具胶被；细胞小，长约等于宽，有时长略小于宽，缢缝深凹，近狭线形；半细胞正面观椭圆形，顶缘略凸起，侧缘广圆，每个半细胞顶缘的中间部分与相邻半细胞顶缘的中间部分互相连接形成不分枝的丝状体；半细胞侧面观近圆形；垂直面观近椭圆形；细胞壁平滑。细胞长 5—8 μm，宽 5—8 μm，缢部宽 2—4 μm，厚 3—5.5 μm。

产地：黑龙江(兴凯湖)；江西(宜丰)；湖北(武昌东湖)；重庆；云南(车里)。采自池塘、湖泊、沼泽中。

分布：亚洲；欧洲；非洲(南非)；北美洲；南美洲。

6. 肾形顶接鼓藻 图版 LIX：3

Spondylosium reniforme Turner, Kongl. Svenska Vet.-Akad. Handl., 25(5)：46, pl. 19, fig. 6, 1892; Li, Bull. Fan Mem. Inst. Biol., 8(1)：21, 1937.

藻丝常具胶被；细胞中等大小，宽略大于长，缢缝深凹，顶端钝和逐渐向外略狭窄；半细胞正面观肾形，顶缘略凸起和中间近平直，每个半细胞顶缘的中间部分与相邻半细胞顶缘的中间部分互相连接形成不分枝的丝状体；半细胞侧面观近圆形；垂直面观扁卵形；细胞壁平滑。细胞长 25—28 μm，宽 27—30 μm，缢部宽 10—14 μm；厚 11—13 μm。

产地：湖北(武昌东湖)。采自池塘、湖泊中。

分布：亚洲(印度，热带、亚热带地区)。

7. 裂开顶接鼓藻 图版 LVIII：13

Spondylosium secedens (De Bary) Archer, *in* Pritchard's Infusoria, 1861, p. 724, 1861; West, West & Carter, Monogr. Brit. Desm., V: 225—226, pl. 161, figs. 8—11, 1923; Croasdale et al., North Amer. Desm., II, 5: 25—26, pl. 459, figs. 3—9, 1983; Li, Wei et al., The algae of the Xizang Plateau, p. 383—384, pl. 68, fig. 13, 1992.

Sphaerozosma secedens De Bary, Untersuch. Fam. Conjug., p. 76, pl. 4, figs. 35—37, 1858.

藻丝不具胶被；细胞小，长约等于宽，有时略长或略短于宽，缢缝中等深度凹入，顶端钝圆和向外张开；半细胞正面观近椭圆形，顶部中间明显凹入，背缘明显凸起，腹缘略凸起，侧角圆，每个半细胞顶缘的略凸起部分与相邻半细胞顶缘的略凸起部分互相连接形成不分枝的丝状体；半细胞侧面观近圆形；垂直面观椭圆形。细胞长 16—18 μm，宽 15.5—16 μm，缢部宽 7—9 μm，厚 8—9 μm。

产地：西藏(查隅)。采自稻田中。

分布：亚洲；欧洲；非洲；大洋洲(澳大利亚)；北美洲；南美洲；北极。

(十九) 棘接鼓藻属 Onychonema Wallich

Wallich, Ann. Mag. Nat. Hist., III, 5: 186, 194, 1860.

植物体为不分枝的丝状体，通常缠绕，有时具胶被；细胞小，侧扁，缢缝深凹，狭线形或从顶端向外张开；半细胞正面观椭圆形或肾形，顶部具 2 个彼此远离前后交错排列的、较长的头状突起伸入相邻半细胞的顶部互相插入，彼此连成不分枝的丝状体，有时侧缘具粗刺；半细胞侧面观圆形；垂直面观椭圆形；细胞壁平滑；每个半细胞具 1 个轴生的色素体，其中央具 1 个蛋白核。

我国棘接鼓藻属 (*Onychonema*) 有 2 个种，1 个变种。

分种检索表

1. 半细胞正面观侧缘无刺 ·· 1. **丝状棘接鼓藻** *O. filiforme*
1. 半细胞正面观侧缘具 1 条刺 ·· 2. **光滑棘接鼓藻** *O. laeve*

1. 丝状棘接鼓藻 图版 LIX：6—7

Onychonema filiforme Roy & Bissett, Jour. Bot., 24: 242, (sep. p. 10), 1886; Croasdale et al., North Amer. Desm., II, 5: 13, pl. 452, figs. 1—5, 1983; Hu & Wei, The Freshwater Algae of China, Systematics, Taxonomy and Ecology, p. 898, pl. XIV-86-13, 2006.

藻丝长，常缠绕；细胞小，长约等于宽，缢缝深凹，狭线形；半细胞正面观椭圆形或近肾形，背缘广圆，腹缘几乎直，每个顶角具 1 个约等于半细胞长度的头状突起，并伸入相邻半细胞顶角的长头状突起互相插入，彼此连成不分枝的丝状体，1 个顶角的长头状突起与另 1 个顶角的长头状突起交错排列，在半细胞的正面观仅看到 1 个长头状突起；半细胞侧面观近圆形；垂直面观椭圆形。细胞长 9—12.5 μm，宽 10—15 μm，缢部宽 3—4 μm，厚 5—7 μm。

常生长在有泥碳藓及其他藓类的沼泽、池塘、湖泊沿岸带等水体中，pH 为 5.5—8.8。

产地：湖北(武昌东湖)；重庆。采自水坑、池塘、湖泊沿岸带、沼泽中。

分布：亚洲；欧洲；非洲；大洋洲(澳大利亚，新西兰)；北美洲(美国和加拿大广泛分布)；南美洲。

2. 光滑棘接鼓藻

Onychonema laeve Nordstedt, Vid. Medd. Naturh. Foren. Kjöbenh., 1869(14/15): 206, pl. 3, fig. 34, 1870; West & West & Carter, Monogr. Brit. Desmid., V: 218—219, pl. 160, figs. 15—16, 1923; Croasdale et al., North Amer. Desm., II, 5: 13—14, pl. 452, figs. 6—10, 1983; Hu & Wei, The Freshwater Algae of China, Systematics, Taxonomy and Ecology, p. 898, pl. XIV-86-15, 2006.

2a. 原变种 图版 LIX：9—10，图版 LXVI：3

var. laeve

藻丝长，常缠绕，常具胶被；细胞小，长略小于宽，缢缝深凹，狭线形，外端张开；半细胞正面观长圆形或近肾形，顶缘平，每个顶角具 1 个长的头状突起，并与相邻细胞顶角的长头状突起互相插入，彼此连成不分枝的丝状体，1 个顶角的长头状突起与另 1 个顶角的长头状突起交错排列，在半细胞的正面观仅看到 1 个长头状突起，侧角尖，角顶具 1 条略斜向下的长刺；垂直面观椭圆形，侧角具 1 条长刺。细胞长 12.5—17 μm，宽(不包括刺)13—26 μm，缢部宽 3—6 μm，厚 7—10 μm。接合孢子球形，具许多单一的短刺，直径 18—20 μm，刺长 2—3 μm。

产地：黑龙江(兴凯湖)；浙江(宁波东钱湖)；湖北(武昌东湖)；重庆。采自水坑、池塘、湖泊沿岸带、沼泽中。

分布：亚洲；欧洲；非洲；北美洲；南美洲。

2b. 光滑棘接鼓藻宽变种 图版 LIX：8

Onychonema laeve var. **latum** West & West, Trans. Linn. Soc. London Bot., II, 5(5): 232, pl. 12, fig. 18, 1896; Croasdale et al., North Amer. Desm., II, 5: 14, pl. 453, figs. 1—6, 1983.

此变种与原变种不同为细胞较宽和较扁，宽约为长的 2 倍，半细胞正面观顶部的中间(约为顶部的 1/4 或 1/3)略高出和平直，垂直面观扁椭圆形，两端近直，细胞壁具点纹。细胞长 15—16 μm，宽(不包括刺)16—24 μm，缢部宽 3.5—4 μm，厚 7—10 μm。

刺长 5—6 μm

产地：浙江(宁波东钱湖)；湖北(武昌东湖)。采自池塘、湖泊、沼泽中。

分布：亚洲；大洋洲(澳大利亚)；北美洲(美国)；南美洲。

(二十) 泰林鼓藻属 Teilingia Bourrelly

Bourrelly, Rev. Algol., II, 7(2)：190, 1964.

　　植物体为不分枝的丝状体，直或略缠绕，具或不具胶被；细胞小，椭圆形或方角形，侧扁，缢缝深凹或中等深度凹入，狭线形或从内向外张开；半细胞正面观椭圆形、近长方形或长圆形，顶部具 4 个小颗粒或小圆瘤与相邻半细胞顶部的 4 个小颗粒或小圆瘤互相连接形成丝状体，侧缘圆、凹入或平截，侧缘或缘内具颗粒或刺；半细胞侧面观近圆形；垂直面观椭圆形；细胞壁平滑或具小颗粒；每个半细胞具 1 个轴生的色素体，其中央具 1 个蛋白核。

　　我国泰林鼓藻属(Teilingia)有 3 个种，2 个变种。

分种检索表

1. 半细胞正面观狭长圆形，侧缘平直或近平直 ···3. 沃利克泰林鼓藻 T. wallichii
1. 半细胞正面观宽椭圆形、椭圆形到长圆形，侧缘圆 ···2
　　2. 半细胞正面观宽椭圆形，侧缘不具颗粒 ···································1. 外穴泰林鼓藻 T. excavata
　　2. 半细胞正面观椭圆形到长圆形，侧缘具颗粒 ·························2. 颗粒泰林鼓藻 T. granulata

1. 外穴泰林鼓藻

Teilingia excavata (Ralfs) Bourrelly ex Compére, Bourrelly，Rev. Algol., II, 7(2)：190, fig. 10, 1964, Compére, Bull. Jard. Bot. Nat. Belgique. 37(2)：244, 1967; Croasdale et al., North Amer. Desm., II, 5: 7—8, pl. 450, figs. 1—5, 1983; Croasdale & Flint, Flora New Zealand, Fresh. Alg. Chlorophyta, Desm., III: 168—169, pl. 130, figs. 1—4, 1994.

Sphaerozosma excavatum Ralfs, Brit. Desm., p. 67, pl. 6, fig. 2, 1848; Li, Lingnan Sci. Jour., 14(2)：470, 1935.

1a. 原变种　图版 LX：4—5

var. excavata

　　藻丝不缠绕，具或不具胶被；细胞小，通常长略大于宽，有时长 2 倍于宽，缢缝中等深度凹入，顶端钝圆，向外宽张开，缢部略伸长；半细胞正面观宽椭圆形，顶部平，侧缘广圆，顶部具 4 个颗粒并彼此相距较宽，与相邻半细胞的顶部互相连接形成丝状体，在顶部外缘仅见 4 个颗粒中的 2 个；细胞侧面观长圆形到椭圆形，侧缘中间略凹入；垂直面观长圆形，侧缘圆，两端各具 2 个颗粒；细胞壁平滑或具 3 横列小点纹。细胞长 9—11 μm，宽 9—11.5 μm，缢部宽 4—5 μm，厚 3—4 μm。

　　常生长在中营养的水体中，常与水生植物混生或浮游，pH 为 5.3—8.5，少数达 9.0。

　　产地：黑龙江(哈尔滨)；香港(大屿山)；贵州(黎平，安顺，清镇，都匀，兴义，黎波)。采自池塘、水库、沼泽中。

　　分布：亚洲；欧洲；大洋洲(新西兰)；北美洲。

1b. 外穴泰林鼓藻近方形变种 图版 LX：6—7

Teilingia excavata var. **subquadrata**（West & West）Stein, Syesis, 8: 142, 1975; Croasdale et al., North Amer. Desm., II, 5: 8, pl. 450, figs. 6—10, 1983.

Sphaerozosma excavatum var. *subquadratum* West & West, *in* West & West & Carter, Monogr. Brit. Desmid., V: 212—213, pl. 160, figs. 4—5, 1923; Wei & Yu, Chin. Jour. Oceanol. Limnol., 23（1）: 95, 2005.

此变种与原变种不同为细胞较宽，缢缝较深凹入和较狭张开，半细胞正面观长圆形，顶角比基角更为广圆；垂直面观狭椭圆形。细胞长 7.5—8 μm，宽 8.5—9 μm，缢部宽 3.5 μm，厚 5.5 μm。

产地：湖北（武昌东湖）。采自池塘、湖泊、沼泽中。

分布：亚洲；欧洲；北美洲。

2. 颗粒泰林鼓藻 图版 LX：8—9，图版 LXVI：4

Teilingia granulata（Roy & Bissett）Bourrelly ex Compére, Bourrelly, Rev. Algol., II, 7（2）: 190, fig. 9，1964，Compére, Bull. Jard. Bot. Nat. Belgique. 37（2）: 244, 1967; Croasdale et al., North Amer. Desm., II, 5: 9, pl. 451, figs. 3—5, 1983; Croasdale & Flint, Flora New Zealand, Fresh. Alg. Chlorophyta, Desm., III: 169, pl. 130, figs. 5—8, 1994; Hu & Wei, The Freshwater Algae of China, Systematics, Taxonomy and Ecology, p. 898—899, pl. XIV-86-11—12, 2006.

Sphaerozosma granulatum Roy & Bissett, Jour. Bot., 24: 242（sep. p. 10），pl. 268, fig. 17, 1886; West & West & Carter, Monogr. Brit. Desm., V: 213—214, pl. 160, figs. 6—7, 1923.

丝状较少缠绕，有时具胶被；细胞小，长约等于宽，缢缝深凹，从圆的顶部向外宽张开；半细胞正面观椭圆形、长圆形，顶缘平圆形，侧缘广圆，通常具 3 个小颗粒，缘内具 1 个或 2 个小颗粒，顶部具 4 个颗粒并彼此相距较宽，与相邻半细胞的顶部互相连接形成丝状体，在顶部外缘仅见 4 个颗粒中的 2 个；半细胞侧面观近圆形，中央具 1 个小颗粒围绕周围约 6 个小颗粒；垂直面观椭圆形。细胞长 7—12 μm，宽 6—15 μm，缢部宽.3.5—6 μm，厚 5—9 μm。

生长在贫营养的水体中，有时也存在于富营养的水体，常与苔藓和水生植物混生，pH 为 5.0—7.6，少数达 9.0。

产地：内蒙古（大兴安岭阿尔山地区，扎兰屯）；辽宁（关东州）；黑龙江（哈尔滨，兴凯湖）；浙江（宁波的东钱湖和梅湖）；江西（上饶）；湖北（武昌东湖，洪湖）；湖南（南岳）；广西（修仁）；重庆；四川（德格，道孚，若尔盖）；贵州（印江，威宁，赤水，习水，仁怀，遵义）；云南（昆明滇池，宁蒗，永宁）；西藏（拉萨，查隅，芒康，亚东）；台湾（埔里，南仁湖）。采自稻田、水坑、水沟、池塘、湖泊沿岸带、沼泽中。

分布：亚洲；欧洲；大洋洲（澳大利亚，新西兰）；北美洲（美国和加拿大广泛分布）；南美洲。

3. 沃利克泰林鼓藻

Teilingia wallichii(Jacobsen)Bourrelly, Rev. Algol., II, 7(2): 190, 1964; Croasdale et al.,
    North Amer. Desm., II, 5: 10, pl. 451, fig. 8, 1983.

Sphaerozosma wallichii Jacobsen, Bot. Tidsskr., 8, II, 4: 211, 1876; West & West & Carter,
    Monogr. Brit. Desmid., V: 214—215, pl. 160, fig. 9, 1923.

3a. 原变种　图版 LX：1

var. wallichii

    藻丝常具胶被；细胞小，宽略大于长，缢缝较深卵形凹入；半细胞正面观狭长圆形，顶部略凸起，侧缘平直或近平直，侧角和基角各具 1 个颗粒，体部具 2 个横向对称排列的颗粒，半细胞顶部具彼此相距较宽的 2 个(可能 4 个)颗粒与相邻半细胞的顶部彼此互相连接形成丝状体；细胞侧面观中部略收缢，半细胞圆形，中部具 2 个纵向排列的颗粒；垂直面观椭圆形。细胞长 13—16 μm，宽 14—17 μm，缢部宽 5—7 μm，厚 6—8 μm。

    产地：湖北(洪湖)。采自湖泊中。

    分布：亚洲；欧洲；大洋洲(澳大利亚)；北美洲(美国)；南美洲。

3b. 沃利克泰林鼓藻角状变种　图版 LX：2—3

Teilingia wallichii var. anglica(West & West)Förster, Nova Hedwigia, 23(2/3): 579, pl. 27,
    fig. 9, 1972; Croasdale et al., North Amer. Desm., II, 5: 10—11, pl. 451, figs. 9—11,
    1983.

Sphaerozosma wallichii var. *anglicum* West & West, Jour. Roy. Microsc. Soc., 1897: 497, pl.
    6, fig. 6, 1897; West & West & Carte, Monogr. Brit. Desmid., V: 215, pl. 160, figs.
    10—11, 1923; Wei, Acta Phytotax. Sinica, 34(6): 670, 1996.

    此变种与原变种不同为缢缝较小和 U 型凹入，半细胞正面观侧缘具 2 个或 3 个颗粒，体部具 3—8 个散生、不规则排列的颗粒。细胞长 7.5—10 μm，宽 7.5—11 μm，缢部宽 5—5.5 μm，厚 6—7 μm。

    产地：湖北(武昌东湖，洪湖)。采自池塘、湖泊、沼泽中。

    分布：亚洲；欧洲；北美洲(美国)；北极。

(二十一)瘤接鼓藻属 Sphaerozosma Ralfs

Ralfs, Brit. Desm., p. 65, 1848.

    植物体为不分枝的丝状体，有时缠绕，常具胶被；细胞小，侧扁，缢缝深凹，狭线形或从内向外张开；半细胞正面观椭圆形、长圆形或近长方形，顶部中间具 2 个略斜向前后交错排列的短杆状突起与相邻半细胞顶部中间的 2 个前后交错排列的短杆状突起互相连接形成缠绕的丝状体；半细胞侧面观近圆形；垂直面观椭圆形；细胞壁平滑，或每个半细胞具 2 列或多列水平或近水平排列的孔，从孔中渗出的胶质，看似颗粒；每个半细胞具 1 个轴生的色素体，其中央具 1 个蛋白核。接合孢子球形、长方形或长圆形，壁平滑或具单一的刺。

我国瘤接鼓藻属(*Sphaerozosma*)有 2 个种。

分种检索表

1. 半细胞中部具 2 横列孔 ·· 1. 奥伯瘤接鼓藻 *S. aubertianum*
2. 半细胞中部无 2 横列孔 ··· 2. 连接瘤接鼓藻 *S. vertebratum*

1. 奥伯瘤接鼓藻 图版 LX：12—13

Sphaerozosma aubertianum West, Jour. Bot., 27: 206, pl. 291, fig. 17, 1889; West & West & Carter, Monogr. Brit. Desmid., V: 207—208, pl. 159, fig. 13, 1923; Croasdale et al., North Amer. Desm., II, 5: 2, pl. 448, figs. 1—5, 1983; Shi, Wei et al., Compilation of reports on the survey of algal resoures in south-western China, p. 310, 1994.

藻丝常具胶被；细胞小，宽约等于或略大于长，缢缝深凹，近顶端狭线形，然后向外张开呈锐角；半细胞正面观狭椭圆形或椭圆形到长圆形，顶部和侧缘略圆，半细胞中部从一侧到另一侧具 2 横列水平或近水平排列的孔，从孔中渗出胶质，看似颗粒，半细胞顶部中间具 2 个略斜向前后交错排列的短杆状突起与相邻半细胞顶部的 2 个前后交错排列的短杆状突起彼此互相连接形成丝状体；半细胞侧面观近圆形，顶部每一侧具 1 个短杆突起与相邻半细胞顶部每一侧的 1 个短杆突起彼此互相连接形成丝状体；垂直面观长圆状椭圆形。细胞长 15—19 μm，宽 18—30 μm，缢部宽 5—8 μm，厚 8—10 μm。

生长在贫营养和中营养的水体中，浮游或与水生植物混生，pH 为 6.0—8.2。

产地：内蒙古(大兴安岭阿尔山地区)；四川(道孚，若尔盖)；云南(南桥，宁蒗，香格里拉)。采自水坑、池塘、湖泊、沼泽中。

分布：亚洲；欧洲；非洲；大洋洲(澳大利亚，新西兰)；北美洲；南美洲；北极。

2. 连接瘤接鼓藻 图版 LX：10—11

Sphaerozosma vertebratum Ralfs, Brit. Desm., p. 65, pl. 6, fig. 1, pl. 32, fig. 2, 1848; West & West & Carter, Monogr. Brit. Desmid., V: 209—210, pl. 159, figs. 9—10, 1923; Croasdale et al., North Amer. Desm., II, 5: 3, pl. 448, figs. 6—9, pl. 449, fig. 1, 1983; Skvortzow, Jour. Bot., 64: 131, 1926.

藻丝常缠绕和具宽胶被；细胞小，宽约等于或略大于长，缢缝深凹或中等深度凹入，狭线形或略张开，顶端钝；半细胞正面观近长圆形或近肾形，顶部平，侧缘上部圆，侧缘下部近直，半细胞顶部中间具 2 个互相靠近和前后交错排列的短杆状突起与相邻半细胞顶部中间的 2 个互相靠近和前后交错排列的短杆状突起彼此互相连接形成丝状体；半细胞侧面观近圆形或卵形，顶部每一侧具 1 个短杆状突起与相邻半细胞顶部每一侧的 1 个短杆状突起彼此互相连接形成丝状体；垂直面观长圆状椭圆形。细胞长 12—22.5 μm，宽 14—23 μm，缢部宽 6—10 μm，厚 9—11 μm。

浮游或与水生植物混生，pH 为 6.6—8.0。

产地：黑龙江(哈尔滨)；江苏(南京)。采自湖泊、泉水中。

分布：亚洲；欧洲；北美洲；南美洲；北极。

（二十二）圆丝鼓藻属 Hyalotheca Ralfs

Ralfs, Brit. Desm., p. 51, 1848.

植物体为不分枝的丝状体，藻丝有时缠绕，具较厚的胶被；细胞近圆柱形，长略大于或略短于宽，缢缝很浅，略凹入；半细胞正面观梯形、近长方形、长圆形、长圆形到圆柱状盘形，顶缘宽、平直，侧缘平直或略凸起，1 个半细胞的顶部与相邻半细胞的顶部彼此互相连接形成丝状体；垂直面观圆形；细胞壁平滑、具孔，从孔中渗出的胶质，看似颗粒，半细胞近顶部有时具 1—2 轮横脊；每个半细胞具 1 个轴生的色素体，具数个辐射状的纵脊，垂直面观星状，具 1 个中央的蛋白核。

生殖：细胞分裂增加细胞数目，分裂开始由连接两个半细胞的细胞壁内侧发育成一轮水平的圆柱形的薄膜状的线，细胞核分裂并被横向侵入的薄膜状的线分隔形成 2 个子核，叶绿体和蛋白核在中间分裂，两子核分别移到已分裂的色素体和蛋白核中间，从这条薄膜状的线向内生长的隔片通过细胞的中部而将细胞分成两半，每个原有的半细胞逐渐延长形成一个与原有的半细胞相同大小的新的半细胞。丝体断裂增加个体数目。此属的 2 个种已报道产生静孢子。

圆丝鼓藻属（Hyalotheca）是丝状鼓藻类中最普通的属之一，常大量存在。我国此属有 2 个种，1 个变种，2 个变型。

分种检索表

1. 半细胞正面观长圆形到圆柱状盘形，顶缘下无 1 到 6 轮水平排列的孔 ·· 1. **裂开圆丝鼓藻 H. dissiliens**
1. 半细胞正面观近长方形，顶缘下具 1 到 6 轮水平排列的孔 ···················· 2. **粘质圆丝鼓藻 H. mucosa**

1. 裂开圆丝鼓藻

Hyalotheca dissiliens Ralfs, Brit. Desm., p. 51, pl. 1, fig. 1, 1848; Croasdale et al., North Amer. Desm., II, 5: 28, pl. 460, figs. 6—12, 1983; Hu & Wei, The Freshwater Algae of China, Systematics, Taxonomy and Ecology, p. 897, pl. XIV-86-10, 2006.

Hyalotheca dissiliens var. *dissiliens* f. *circularis* Jacobsen, Bot. Tidsskr., 8, II, 4: 212, 1876; Jao, Bot. Bull. Acad. Sinica, 3: 84, 1949.

1a. 原变种 图版 LXI：1—3

var. dissiliens

藻丝常具胶被，其厚度约等于藻丝的厚度；细胞小到中等大小，宽约为长的 1.25 倍，缢缝极浅凹入，细胞宽度仅略大于缢部；半细胞正面观长圆形到圆柱状盘形，顶缘宽、平直，顶缘的宽度约等于缢部的宽度，侧缘略凸起，基部略膨大，1 个半细胞的顶部与相邻半细胞的顶部彼此互相连接形成丝状体，两细胞连接的横壁收缢；垂直面观圆形；每个半细胞具 1 个轴生的色素体，具数个辐射状的纵脊，具 1 个中央的蛋白核。细胞长 10—30 μm，宽 12—34 μm，缢部宽 7—33 μm。接合孢子在丝体分解成单细胞后形成，包含在膨大的接合管中，圆形或圆状长圆形，壁平滑；直径 23—33.5 μm。

常生长在贫营养和中营养的小水体中，特别是有狸藻、莎草科等水生植物的水体，很少存在于富营养的水体中。此种是此属中最普通的种类，常大量存在，pH 为 4.3—8.6。

产地：内蒙古(大兴安岭阿尔山地区)；黑龙江(哈尔滨，兴凯湖，阿木尔)；江苏(南京)；浙江(宁波)；福建(福州)；江西(九江庐山，乐平，石门楼，戈阳)；山东(青岛)；湖北(武昌东湖)；湖南(南岳)；广东(乐昌)；香港(大屿岛)；广西(阳朔，修仁)；重庆；四川(巴县，龙日坝，理塘，道孚，德格，若尔盖，红原，泸水，壁山，邻水)；贵州(松桃，江口，印江，黎平，安顺)；云南(德宏，芒市，丽江，香格里拉，永宁，蒙化，顺甯，缅甯，剑川，云州，佛海)；西藏(拉萨，察隅，墨脱，林芝)；台湾(南仁湖)。采自稻田、水坑、水沟、池塘、湖泊沿岸带、泉水、河流、沼泽中。

分布：世界广泛分布。

1b. 裂开圆丝鼓藻裂开变种二乳突变型 图版 LXI：4—5

Hyalotheca dissiliens var. **dissiliens** f. **bidentula** (Nordstedt) Boldt, Bih. Kongl. Svenska Vet.-Akad. Handl., 13, III(5)：43, 1888; Croasdale et al., North Amer. Desm., II, 5: 28, pl. 460, fig. 13, 1983.

Hyalotheca dissiliens var. *bidentula* Nordstedt, Acta Univ. Lund., 9: 48, pl. 1, fig. 22, 1873.

此变型与原变种不同为半细胞基部略膨大，垂直面观 2 个小乳突在圆形的周边相对排列。细胞长 13—15 μm，宽 12—14 μm，缢部宽 11—12 μm。

产地：福建(福州)；湖北(武昌)；广东(深圳)；四川(理塘，道孚，德格，若尔盖)。采自池塘、湖泊沿岸带、水库中。

分布：亚洲；欧洲；大洋洲(新西兰)；北美洲；南美洲；北极。

1c. 裂开圆丝鼓藻裂开变种三乳突变型 图版 LXI：10—11

Hyalotheca dissiliens var. **dissiliens** f. **tridentula** (Nordstedt) Boldt, Bih. Kongl. Svenska Vet.-Akad. Handl., 13, III(5)：43, 1888; Croasdale et al., North Amer. Desm., II, 5: 28—29, pl. 461, fig. 1, 1983; Skuja, Algae, *in* Handel-Mazz. Symbol. Sinicae Wien., 1: 97, 1937.

Hyalotheca dissiliens var. *tridentula* Nordstedt, Acta Univ. Lund., 9: 48, pl. 1, fig. 23, 1873.

此变型与原变种不同为半细胞基部具 3 个小乳突，垂直面观 3 个小乳突围绕圆形的周边等距离排列。细胞长 13—23 μm，宽 20—30 μm，缢部宽 12—28.5 μm。

产地：云南(香格里拉，永宁)。采自池塘、湖泊沿岸带。

分布：亚洲；欧洲；大洋洲(新西兰)；北美洲；北极。

1d. 裂开圆丝鼓藻裂口变种 图版 LXI：9

Hyalotheca dissiliens var. **hians** Wolle, Bull. Torrey Bot. Club., 12(1): 1, 1885; Wolle, Freshw. Algae U. S., p. 21, pl. 54, figs. 14—16, 1887; West & West & Carter, Monogr. Brit. Desmid., V: 234, pl. 162, figs. 16—18, 1923; Croasdale et al., North Amer. Desm., II, 5: 29, pl. 461, figs. 2—3, 1983; Li, Wei et al., The algae of the Xizang Plateau, p. 384—385, pl. 66, fig. 12, 1992.

此变种与原变种不同为丝体两细胞互相连接的横壁明显收缢，细胞通常宽较大于长，缢缝尖凹入或凹陷；半细胞正面观侧缘明显凸起。细胞长 13—19 μm，宽 12—39 μm，缢部宽 11—37 μm，顶部宽 9—35 μm。

生长在偏酸性的水体中，与其他水生植物混生，pH 为 4.2—5.8。

产地：广东(深圳)；福建(福清)；江西(庐山)；西藏(当雄，林芝)。采自水沟、水库。溪流、沼泽中。

分布：亚洲；欧洲；非洲；大洋洲(新西兰)；北美洲；北极。

2. 粘质圆丝鼓藻 图版 LXI：8

Hyalotheca mucosa Ralfs, Brit. Desm., p. 53, pl. 1, fig. 2,1848; Croasdale et al., North Amer. Desm., II, 5: 30, pl. 461, figs. 6—8, 1983; Yamagishi, Plankton Algae in Taiwan, p. 159, pl. 69, figs. 9—10, 1990.

Hyalotheca mucosa var. *minor* Roy & Bissett, Ann. Scott. Nat. Hist., 1893 (7)：170, (sep. p. 9), 1893; Li, Lingnan Sci. Jour., 14 (2)：470, 1935.

藻丝具宽和厚的胶被；细胞圆柱形，小到中等大小，长约等于或略大于宽，缢缝不凹入或极浅不明显凹入，细胞宽度仅略大于缢部；半细胞正面观近长方形，顶缘宽、平直，侧缘直或近直，顶角广圆，顶缘下具 1—6 轮水平排列的孔，从孔中渗出胶质，看似颗粒，1 个半细胞的顶部与相邻半细胞的顶部彼此互相连接形成丝状体，两细胞连接的横壁略收缢或不明显收缢；垂直面观圆形；每个半细胞具 1 个轴生的色素体，具数个辐射状的纵脊，具 1 个中央的蛋白核。细胞长 12—22 μm，宽 9—13 μm，缢部宽 8—12 μm，顶部宽 8—10 μm。

通常生长在中营养的水体中，浮游，常与苔藓和水生植物等混生。

产地：湖北(武昌东湖)；广东(开平，深圳)；香港(大屿山)；重庆；台湾(台北，南仁湖)。采自池塘、湖泊、水库、沼泽中。

分布：世界广泛分布。

(二十三)似竹鼓藻属 **Bambusina** Kützing

Kützing, Spec. Alg., p. 188, nom. cons. 1849.

植物体为不分枝的丝状体，藻丝直，略螺旋状缠绕，常具胶被；细胞圆柱形或桶形，长为宽的 1.5—2 倍，缢缝很浅缢入；半细胞正面观顶缘宽、平直，侧缘直或略凹入，并逐渐向顶部辐合，基部或多或少膨大，每个半细胞的顶部与相邻半细胞的顶部彼此互相连接形成丝状体；垂直面观圆形，常具 2 个(或 3 个)对生排列的乳突；细胞壁平滑，或近半细胞顶部及膨大的基部常具细的纵线纹；半细胞具 1 个轴生的色素体，具数个辐射状的纵脊，具 1 个中央的蛋白核。

生殖：细胞分裂增加细胞数目，细胞分裂开始时，连接两个半细胞的细胞壁内侧发育成一个折叠的隔片，连接两个半细胞的壁发育成一轮圆柱形的环状的线，随着细胞的扩大和发育，细胞核、色素体和蛋白核在中间分裂，从这条环状的线向内生长通过细胞中部而将细胞分成两半，每个原有的半细胞逐渐延长形成一个与原有半细胞相同大小的新的半细胞。丝体断裂增加个体数目。静孢子很少发现。有性生殖产生的接合孢子呈球形，壁平滑。

我国似竹鼓藻属(*Bambusina*)有 1 个种。

似竹鼓藻　图版 LXI：12

Bambusina brebissonii Kützing, Spec. Alg., p. 188, 1849; Croasdale et al., North Amer. Desm., II, 5: 55, pl. 470, figs. 1—11, 1983; Hu & Wei, The Freshwater Algae of China, Systematics, Taxonomy and Ecology, p. 895, pl. XIV-86-1, 2006.

Gymnozyga moniliformis var. *gracilescens* Nordstedt, Forsch. S.M.S. "Gazelle" Expedit. IV. Botanik, p. 4, 1888; Li, Bull. Fan Mem. Inst. Biol. Bot., 9(4)：232, 1939.

藻丝直，常具胶被；细胞桶形，长为宽的 1.2—1.7 倍，缢缝很浅，略凹入；半细胞正面观顶缘宽、平直，两侧缘的上部近平行，近基部略膨大，每个半细胞的顶部与相邻半细胞的顶部彼此互相连接形成丝状体；垂直面观圆形，常具 2 个(或 3 个)对生排列的乳突；细胞壁平滑或近半细胞顶部常具致密的纵线纹。细胞长 17—30 μm，宽 17—22.5 μm，缢部宽 14—17 μm。

通常生长在贫营养的水体中，浮游或附着在水生植物上，pH 为 4.2—8.6。

产地：内蒙古(大兴安岭阿尔山地区)；辽宁(旅顺)；黑龙江(兴凯湖)；福建(福清)；湖北(武汉东湖)；重庆；云南(蒙化，顺甯，车里，思茅)。采自池塘、湖泊、沼泽中。

分布：世界普遍分布；美国和加拿大广泛分布。

(二十四)瘤丝鼓藻属 Phymatodocis Nordstedt

Nordstedt, Öfv. Kongl. Vet.-Akad. Förhandl., 1877(3)：18, 1877.

植物体为不分枝的丝状体，直或螺旋状缠绕，有时具胶被；细胞正面观四角形，缢缝深凹入，狭线形或向外略张开；半细胞正面观长方形到近六角形，顶部平或波状，1 个半细胞的顶部与相邻半细胞的顶部彼此互相连接形成丝状体；垂直面观规则或不规则的四角形，少数三角形或五角形，每个角具 1 个裂片，细胞四角形的个体的 1 个半细胞的裂片位于另 1 个半细胞的裂片上部或相互交错排列；半细胞具 1 个轴生的色素体，从中间辐射状伸展到每个臂状突起内，每个臂状突起内具 2 个脊片，具 1 个或 2 个蛋白核。

丝体断裂增加个体数目。接合孢子不规则四角形，孢壁具不规则厚壁。单性孢子四角形。

此属与角丝鼓藻属 *Desmidium* 的主要不同为细胞分裂的方式，此属在细胞分裂时连接两半细胞的细胞壁内侧不发育成一个折叠的隔片，而角丝鼓藻属 *Desmidium* 及似竹鼓藻属 *Bambusina* 和扭丝鼓藻属 *Streptonema* 则同水绵属中的一些种类那样发育成一个折叠的隔片。

瘤丝鼓藻属(*Phymatodocis*)在我国报道了 1 个种。

不对称瘤丝鼓藻　图版 LXIII：8—10

Phymatodocis irregularis Schmidle, Engler's Bot. Jahrb., 26(1)：13, pl. 1, figs. 3—9, 1898; Wei, Acta Phytotax. Sinica, 35(4)：368, fig. 3: 8—10, 1997.

藻丝常略缠绕，细胞中等大小，近方形，缢缝深凹入，狭线形，外端略张开；半细胞正面观长方形，顶缘平，一侧缘直，另一侧缘中间明显凸出，另一半细胞侧缘的形状则正相反；半细胞侧面观长方形，侧缘广圆，每一侧缘内具一个裂片；垂直面观不对称的四角形，每个角具 1 个广圆形的裂片，一侧的两个角各具 1 个较短的、顶端近平直的裂片，其间半圆形凹入，另一侧的两个角各具 1 较长的、顶部近圆形的裂片，其间深凹入。细胞长 25—30 μm，正面观宽 28—38 μm，侧面观宽 44—50 μm，缢部宽 14—16 μm。

通常生长在热带和亚热带地区偏酸性、贫营养的湖泊、池塘、沼泽中。

产地：浙江(宁波东钱湖)。采自湖泊、沼泽中。

分布：亚洲(印度，缅甸)；非洲。

(二十五) 角丝鼓藻属 Desmidium Ralfs

Ralfs, Brit. Desm., p. 60, 1848.

植物体为不分枝的丝状体，常螺旋状缠绕，少数直，有时具厚的胶被；细胞宽常大于长，缢缝浅或中等深度凹入；半细胞正面观长方形、狭长圆形、长圆到半椭圆形、梯形、截顶角锥形或桶形，顶部平直或凹入，每个半细胞的顶部与相邻半细胞的顶部彼此互相连接形成的丝状体，相邻两半细胞间无空隙，每个半细胞的顶角的连接突起与相邻半细胞的顶角的连接突起彼此互相连接形成的丝状体，相邻两半细胞顶部间具一个大小变化的空隙；垂直面观椭圆形，通常两侧中间具乳突或三角形到五角形，角广圆，侧缘中间略凹入；每个半细胞具 1 个轴生的色素体，具辐射状脊片从中央辐射到每个角或有时辐射到每一侧缘内，每个大的片状脊片具 1 个蛋白核，垂直面观为椭圆形的种类，蛋白核的数目有较多的变化。

此属的细胞分裂方式与似竹鼓藻属的相似，细胞分裂开始时，连接两半细胞的细胞壁内侧发育成一个折叠的隔片。丝体断裂增加个体数目。接合孢子球形或椭圆形，孢壁平滑或有时具圆锥形的乳突。

我国角丝鼓藻属(Desmidiums)有 8 个种，2 个变种。

分种检索表

1. 扭联角丝鼓藻

Desmidium aptogonum Kützing, Spec. Alg., p. 190, 1849; West & West & carter, Monogr.

Brit. Desmid., V: 242—243, pl. 164, figs. 1—3, 1923; Croasdale et al., North Amer. Desm., II, 5: 39, pl. 463, figs. 7—8, 1983; Hu & Wei, The Freshwater Algae of China, Systematics, Taxonomy and Ecology, p. 896, pl. XIV-86-2—3, 2006.

1a. 原变种　图版 LXII：5
var. **aptogonum**

　　丝体细胞螺旋状扭转缠绕，有时具胶被；细胞中等大小，宽约为长的 2 倍，缢缝中等深度凹入，顶端尖，向外张开呈锐角；半细胞正面观狭长圆形，顶部宽和中间凹入，侧角广圆，基部膨大，半细胞每个顶角具 1 个较长的连接突起与相邻半细胞每个顶角的 1 个较长的连接突起彼此相连形成丝状体，相邻两半细胞间具一个较大的近椭圆形空隙；垂直面观三角形，有时四角形，角广圆，侧缘略凹入；每个半细胞具 1 个轴生的色素体，具辐射状脊片从中央辐射到每个角内，每个辐射状脊片具 1 个蛋白核。细胞长 13—31 μm，宽 13.5—42 μm，缢部宽 12—32 μm。

　　生长在贫营养和有时为富营养的水体中，常存在于有狸藻等水生植物的水环境中，pH 为 5.5—8.0。

　　产地：内蒙古（大兴安岭阿尔山地区，扎兰屯）；黑龙江（哈尔滨，兴凯湖）；安徽（九华山）；江西（庐山）；山东（青岛）；湖北（武昌）；湖南（长沙南岳，长宁）；广西（修仁）；重庆；四川（巴县，邻水，德格，若尔盖）；贵州（江口，威宁，黎平，安顺）；云南（宁蒗）；陕西（城固）；新疆（伊犁河南岸，雅玛渡水电站附近）。采自水坑、稻田、沟渠、池塘、湖泊沿岸带、沼泽中。

　　分布：亚洲；欧洲；非洲；大洋洲（澳大利亚，新西兰）；北美洲（美国和加拿大广泛分布）；南美洲；北极。

1b. 扭联角丝鼓藻锐角变种　图版 LXII：6
Desmidium aptogonum var. **acutius** Nordstedt, Minn. Utg. Kongl. Fysiogr. Sällsk. Lund. med anledn. hundraärsfest, 1878: 11, pl. 1, figs. 21—22, 1878; West & West & carter, Monogr. Brit. Desmid., V: 244, pl. 164, fig. 6, 1923; Croasdale et al., North Amer. Desm., II, 5: 39, pl. 464, figs. 1—3, 1983; Li, Wei et al., The algae of the Xizang Plateau, p. 383，1992.

　　此变种与原变种不同为半细胞正面观侧角不广圆，侧角上部略凹入和角顶近尖形并斜向半细胞顶部。细胞长 16—36 μm，宽 39—45 μm，缢部宽 20—33 μm，顶部宽 31—36 μm。

　　产地：黑龙江（黑河）；广西（修仁）；西藏（查隅）。采自水坑、池塘中。

　　分布：亚洲；欧洲；非洲；大洋洲（澳大利亚）；北美洲；南美洲。

2. 距形角丝鼓藻
Desmidium baileyi（Ralfs）Nordstedt, Acta Univ. Lund., 16: 4, 1880; Croasdale et al., North Amer. Desm., II, 5: 41, pl. 464, figs. 8—9, 1983; Hu & Wei, The Freshwater Algae of China, Systematics, Taxonomy and Ecology, p. 896, pl. XIV-86-5—6, 2006.

Aptogonum baileyi Ralfs, Brit. Desm., p. 208, pl. 35, fig. 1, 1848.

2a. 原变种　图版 LXIII：2—3

var. baileyi

丝体直，藻丝细胞不螺旋状扭转缠绕，无胶被；细胞中等大小，长约等于宽、近方形，缢缝很浅，几乎呈波形；半细胞正面观长方形，顶缘中间具 1 个宽的、半椭圆形的凹入，两侧缘近平行，近缢部略凸起，半细胞每个顶角具 1 个较长的连接突起与相邻半细胞每个顶角的 1 个较长的连接突起彼此互相连接形成丝状体，相邻两半细胞间具一个较大的、近椭圆形的空隙；垂直面观三角形或四角形，角圆，侧缘直或略凸起。细胞长 19—26 μm，宽 15—30 μm，缢部宽 18—28.5 μm。接合孢子球形或卵形，壁平滑；长 27.5—30 μm，宽 19—20 μm。

常生长在偏酸性的小水体中，存在于常长有丝状藻类或狸藻等水生植物的池塘、湖泊沿岸带和沼泽中，pH 为 5.4—8.4。

产地：内蒙古(扎兰屯)；浙江(宁波东钱湖)；江苏(南京)；江西(石门楼)；湖北(武昌东湖)；重庆；贵州(黎平，安龙)；云南(大理，佛海)；西藏(查隅，墨脱)；台湾(南仁湖)。采自稻田、水沟、池塘、湖泊、沼泽中。

分布：亚洲；欧洲；非洲；大洋洲(澳大利亚，新西兰)；北美洲(美国和加拿大广泛分布)；南美洲。

2b. 距形角丝鼓藻空腔变种　图版 LXIII：1

Desmidium baileyi var. **coelatum** (Kirchner) Nordstedt, Kongl. Svenska Vet.-Akad. Handl., 22(8)：27, pl. 2, figs. 6—7, 1888; Croasdale & Flint, Flora New Zealand Freshwater algae, Chlorophyta, Desm., III: 151—152, pl. 140, figs. 6—7, 1994; Jao, Bot. Bull. Acad. Sinica, 3: 84, 1949.

Desmidium coelatum Kirchner, *in* Cohn, Kryptogamenflora von Schlesien, 2: 133, 1878.

Desmidium baileyi var. *coelatum* f., Jao, Sinensia, 11(3 & 4)：342—343, 1940.

此变种与原变种类的不同为细胞长方形，缢缝很浅凹入，而形成浅波形，近缢部略膨大，半细胞每个顶角的 1 个短连接突起与相邻半细胞每个顶角的 1 个短连接突起彼此互相连接形成丝状体，其间具 1 个狭的卵形空隙；细胞壁平滑。细胞长 15—18 μm，宽 21—28 μm，缢部宽 20—27 μm。

生长在 pH 为 6.5—7.3 的水体中。

产地：浙江(宁波)；湖南(南岳)；广西(修仁)。采自稻田、池塘、湖泊中。

分布：亚洲；欧洲；非洲；大洋洲(新西兰)。

饶钦止在 1940 年报道湖南南岳的 *Desmidium baileyi* var. *coelatum* f.，在描述中除幼体细胞壁具横列的小颗粒这个特征与此变种不同外，其他特征与此变种一致，因细胞特征应以成熟的个体为标准，变型未命名也无图，现合并入此变种中。

3. 密聚角丝鼓藻　图版 LXIII：6—7

Desmidium coarctatum Nordstedt, Bot. Notiser, 1887: 155, 1887; West & West & carter, Monogr. Brit. Desmid., V: 252, pl. 165, figs. 1—2, 1923; Croasdale et al., North Amer. Desm., II, 5: 42—43, pl. 465, figs. 2—4, 1983.

丝体细胞螺旋状缠绕，无胶被；细胞中等大小，椭圆形，宽约为长的 1.5 倍，缢缝浅凹入，线形或略张开呈尖角；半细胞正面观近椭圆形，顶部平直，其宽度约为细胞宽度的 1/3，侧缘略呈波状和明显向顶部辐合，基角尖圆，每个半细胞的顶部与相邻细胞顶部彼此互相连接形成丝状体；细胞侧面观四角形，中间略缢缩；垂直面观狭椭圆形，两侧缘中间各具 1 个明显的圆形乳突；细胞壁具纵向排列的小点纹；每个半细胞具 1 个轴生的色素体，具 1 个中央的蛋白核。细胞长 18—20 μm，宽 22—26 μm，缢部宽 19—21 μm，厚 17—18 μm。

　　常在小水体中与藓类及水生植物如狸藻等混生。pH 为 4.4—6.5，少数达 8。

　　产地：湖北(武汉)；江西(遂川)。采自池塘、沼泽中。

　　分布：亚洲；欧洲；非洲；大洋洲(澳大利亚，新西兰)；北美洲；南美洲。

4. 格雷维角丝鼓藻　图版 LXI：6—7，图版 LXVI：2

Desmidium grevillii(Ralfs) De Bary, Untersuch. Fam. Conjugat. p. 76, pl. 4, figs. 30—32, 1858; Croasdale et al., North Amer. Desm., II, 5: 45, pl. 465, figs. 11—14, 1983.

Didymoprium grevillii Ralfs, Brit. Desm., p. 57, pl. 3, 1848.

　　丝体细胞略螺旋状缠绕，通常具胶被；细胞中等大小到大形，宽约为长的 2—2.5 倍，缢缝略凹入，略张开呈尖角或近线形；半细胞正面观短的平截角锥形，顶部宽、平直，侧缘具 2 个很揉弱的波形，基角尖圆，每个半细胞的顶部与相邻半细胞的顶部彼此互相连接形成丝状体；垂直面观椭圆形，两侧缘的中间各具 1 个圆的乳突；每个半细胞具 1 个轴生的色素体，具 4 个大的辐射状脊片，每个脊片具 1 个蛋白核；扫描电镜观察半细胞细胞壁具三横列小孔，从孔中渗出的胶质，在光学显微镜下观察看似颗粒。细胞长 26—30 μm，宽 41—56 μm，顶部宽 26—40 μm，缢部宽 34—46 μm，厚 25—38 μm。接合孢子位于雌配子囊中，球形或近球形，壁平滑，在中国未发现。

　　生长在贫、中营养的水体中，少数在沼泽、湿地中。

　　产地：浙江(宁波东钱湖)；福建(福州)。采自池塘、湖泊、沼泽中。

　　分布：亚洲；欧洲；非洲；大洋洲(澳大利亚)；北美洲(广泛分布在美国和加拿大)；南美洲。

　　West & West & Carter(1923)报道 Raciborski 曾经见到此种的垂直面观为三角形，其缘边等距里排列 3 个圆的乳突。

5. 西方角丝鼓藻　图版 LXII：7—8

Desmidium occidentale West & West, Trans. Roy. Soc. Edinbergh, 41(3): 505, pl. 6, figs. 3—4, 1905; West & West & Carter, Monogr. Brit. Desmid., V: 245—246, pl. 164, fig. 11, 1923; Croasdale et al., North Amer. Desm., II, 5: 46—47, pl. 467, fig. 1, 1983.

　　丝体细胞螺旋状缠绕，有时具胶被；细胞中等大小，宽约为长的 1.25 倍，缢缝略凹入，近线形或略张开呈尖角；半细胞正面观长圆状半椭圆形，顶缘平直到略凸起，侧缘略具 2 个不明显的波形，基角尖圆，每个半细胞的顶角具 1 个很短的连接突起与相邻半细胞顶角的 1 个很短的连接突起彼此互相连接形成丝状体，相邻两半细胞间具一个很狭的空隙或无；垂直面观三角形，侧缘直或略凸起，角略凸出和圆；每个半细胞具 1 个轴生的色素体，具 1 个中央的蛋白核。细胞长 16—22.5 μm，宽 20—25 μm，缢部宽 17—17.5 μm。

产地：广东(中山)。采自水库中。

分布：亚洲；欧洲；北美洲(美国)；南美洲；北极。

6. 似扭丝角丝鼓藻　图版 LXII：1—4

Desmidium pseudostreptonema West & West, Trans. Linn. Soc. London Bot., II, 6(3): 193, pl. 22, figs. 35—37, 1902; West & West & carter, Monogr. Brit. Desmid., V: 244—245, pl. 165, figs. 5—6, 1923; Croasdale et al., North Amer. Desm., II, 5: 47, pl. 466, figs. 12—16, 1983; Shi, Wei et al., Compilation of reports on the survey of algal resoures in south-western China, p. 308, 1994.

丝体细胞螺旋状缠绕；细胞中等大小，宽为长的 1.5—2 倍，缢缝中等深度凹入，狭，向外略张开呈尖角；半细胞正面观狭长圆形，顶缘略凸起，侧缘圆，每个半细胞的顶角具 1 个很短的连接突起与相邻半细胞顶角的 1 个很短的连接突起彼此互相连接形成丝状体，相邻两半细胞间的空隙小；垂直面观二角形到四角形，侧缘直或略凸起，角圆和略凸出，角与侧缘间略收缢。细胞长 17—21 μm，宽 27—33 μm，缢部宽 15—20 μm，厚 16—17 μm

产地：黑龙江(兴凯湖)；四川(德格)。采自湖泊中。

分布：亚洲；欧洲；北美洲；南美洲。

7. 四角角丝鼓藻　图版 LXIII：4—5

Desmidium quadrangulatum Ralfs, Brit. Desm., p. 62, pl. 5, 1848; Croasdale et al., North Amer. Desm., II, 5: 47, pl. 467, figs. 2—3, 1983; Skvortzow, Jour. Bot., 64: 131, 1926.

Desmidium swartzii var. *quadrangulatum* (Ralfs) Roy & Bissett, Ann. Scott. Nat. Hist., 1893(7) 170, 1893.

丝体细胞螺旋状扭转缠绕；细胞大形，宽为长的 2.5—4 倍，缢缝浅凹入，从顶端向外张开呈尖角；半细胞正面观很短的平截角锥形，顶部宽、平直，侧缘具 2 个波形，基角近直角状圆形，每个半细胞的顶部与相邻半细胞的顶部彼此互相连接形成丝状体；垂直面观四角形，角圆，侧缘中间略凹入。细胞长 16—19 μm，宽 40—55 μm，缢部宽 31—47 μm。

产地：黑龙江(哈尔滨)。采自池塘、沼泽中。

分布：亚洲；欧洲；非洲；大洋洲(澳大利亚)；北美洲；南美洲。

8. 角丝鼓藻　图版 LXII：9—10

Desmidium swartzii Ralfs, Brit. Desm., p. 61, pl. 4: a—f, 1848; West & West & carter, Monogr. Brit. Desmid., V: 246—248, pl. 163, figs. 5—8, 1923; Croasdale et al., North Amer. Desm., II, 5: 48—49, pl. 467, fig. 9, pl. 468, figs. 1—2, 1983; Hu & Wei, The Freshwater Algae of China, Systematics, Taxonomy and Ecology, p. 896—897, pl. XIV-86-4, 2006.

丝体细胞螺旋状扭转缠绕，常无明显的胶被；细胞大形，宽约为长的 2.5 倍或更宽，缢缝中等深度凹入，顶端线形，向外较宽张开；半细胞正面观狭长圆形，顶部宽、平直，中间略凹入，侧缘上部斜截向顶部辐合，下部斜向基部辐合，基角直角状圆形，半细胞的每个顶角具 1 个很短连接突起与相邻半细胞每个顶角的 1 个很短连接突起彼此互相连接形成丝状体，相邻两半细胞间的空隙很小，常难以辨认；垂直面观三角形，角尖圆，侧缘中间略凹入；每个半细胞具1个轴生的色素体，从中央辐射到每个角内具2个辐射状脊片，每一侧缘内具1个蛋白核。细胞长12—28 μm，宽24—58 μm，缢部宽20—41 μm，顶部宽30—43 μm。接合孢子卵形，壁平滑；长28.5—30 μm，宽20.5—22.5 μm。

对各种水环境的耐受能力强，但在贫营养的酸性水体比富营养水体更适宜此种的生长，有时大量存在，pH为5.3—8.6。

产地：内蒙古（大兴安岭阿尔山地区）；黑龙江（兴凯湖）；江苏（南京）；福建（福清）；江西（庐山，遂川）；山东（青岛）；湖北（武昌）；湖南（南岳）；广东（深圳）；香港（大屿岛）；广西（修仁）；重庆；四川（若尔盖）；云南（丽江，香格里拉，德宏，芒市）；西藏（查隅）；陕西（城固）。采自稻田、水坑、水沟、池塘、湖泊、水库、泉水、沼泽中。

分布：世界性分布；美国和加拿大广泛分布。

（二十六）扭丝鼓藻属 Streptonema Wallich

Wallich, Ann. Mag. Nat. Hist., III, 5: 196, pl. 8, figs. 1—6, 1860.

植物体为不分枝的丝状体，略缠绕，常具胶被；细胞小或中等大小，辐射对称，缢缝深凹入，狭线形或顶端钝圆向外略张开；半细胞正面观长圆形、长椭圆形，顶缘平直或略凸起，顶部具3个或4个乳头状突起，每个半细胞顶部的3个或4个乳头状突起与相邻半细胞顶部的3个或4个乳头状突起互相连接形成丝状体；半细胞侧面观长圆形、长椭圆形；垂直面观三角形或四角形；细胞壁平滑或具点纹；半细胞具1个轴生的色素体，放射状裂片从中央辐射到每个角，每个裂片具1个蛋白核。

此属的细胞分裂方式与似竹鼓藻属和角丝鼓藻属的相似，细胞分裂开始时，连接两半细胞的细胞壁内侧发育成一个折叠的隔片。丝体断裂增加个体数目。

我国扭丝鼓藻属（Streptonema）有1个种。

扭丝鼓藻 图版 LX：14—15

Streptonema trilobatum Wallich, Ann. Mag. Nat. Hist., III, 5: 196, pl. 8, figs. 1—6, 1860; Scott & Prescott, Hydrobiologia, 17(1/2)：125—126, pl. 63, figs. 10—16, 1961.

植物体为不分枝的丝状体，略缠绕，常具胶被；细胞中等大小，辐射对称，缢缝深凹，顶端钝圆、向外略张开；半细胞正面观长圆形、长椭圆形，顶缘平直或略凸起，顶部3个角的每个角顶具1个乳头状突起，侧缘广圆，每个半细胞顶部的3个乳头状突起与相邻半细胞顶部的3个乳头状突起互相连接形成单列丝状体；半细胞侧面观长圆形、长椭圆形；垂直面观三角形，侧缘中间深凹入，每个角呈裂片状，角顶尖圆，3个裂片略不对称，略向顺时针方向偏转；细胞壁平滑或具点纹。细胞长26—30 μm，宽45—48 μm，缢部宽15—17.5 μm。

产地：广东（中山，深圳）。采自水库中

分布：亚洲（日本，孟加拉国，印度尼西亚）。

增 补

1. 冠毛多棘鼓藻钩刺变种波兰变型　图 3—5

Xanthidium cristatum var. **uncinatum** f. **polonicum** Gutwinski, Rozpr. Wydz. Matem.-przyr.
Akad. Umiej. w Krakowie 33: 44, pl. 7, fig. 67, 1896; Prescott et al., North Amer. Desm., II, 4:
67, pl. 322, figs. 4—5, 1982; Coesel & Meesters, Desmids of the Lowlands. p. 155, pl. 82, fig.
8, 2007; Li et al., Acta Bot. Boreal.-Occident. Sin. 32 (11): 2361, pl. 1, figs. 11—13, 2012.

此变型与钩刺变种不同为半细胞顶角和基角的刺较小和退化，半细胞基角具数个小刺。细胞长（不包括刺）60—65 μm，（包括刺）72—73 μm，宽（不包括刺）57—58 μm，（包括刺）68—69 μm，缢部宽 14—16 μm，厚 25—28 μm，刺长 6—7 μm。

产地：黑龙江（扎龙国家自然保护区）。采自池塘、沼泽中，水体的 pH 为 7.64—8.26。

分布：欧洲；北美洲。

2. 双臂角星鼓藻优美变种　图 1—2

Staurastrum bibrachiatum var. **elegans**（W. West & G. S. West）Prescott, *in* Prescott et al.,
North Amer. Desm. II, 4: 139, pl. 386, fig. 6, 1982; Li et al., Acta Bot. Boreal.-Occident.
Sin. 32 (11): 2361, pl. 1, figs. 9—10, 2012.

Dichotomum bibrachiatum var. *elegans* W. West & G. S. West, Trans. Linn. Soc. London,
Bot., 11, 5 (5): 270, pl. 16, fig. 33, 1896.

此变种与原变种不同为细胞小，长约等于宽（不包括突起）；半细胞顶角延伸形成较短的突起，突起缘边平滑和顶端具二叉的刺；半细胞正面观平滑；垂直面观纺锤形，两侧中间延伸形成较短突起，突起顶端具二叉的刺。细胞长（包括突起）42—43 μm，（不包括突起）16—19 μm，宽（包括突起）40—41 μm，（不包括突起）15—16 μm，缢部宽 10—11.5 μm，厚 8—9 μm。

产地：黑龙江（扎龙国家自然保护区）。采自扎龙湖中，水体的 pH 为 6.6。

分布：北美洲。

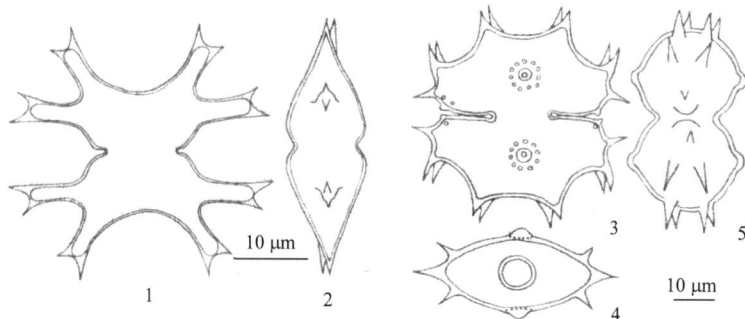

图 1—2. 双臂角星鼓藻优美变种 *Staurastrum bibrachiatum* var. *elegans*（West & West）Prescott;
图 3—5. 冠毛多棘鼓藻钩刺变种波兰变型 *Xanthidium cristatum* var. *uncinatum* f. *polonicum* Gutwinsk

附录 I 英文双星藻纲的目、亚目、科、属和种的检索表

KEY TO THE ORDERS, SUB-ORDERS, FAMILIES, GENERA AND SPECIES OF ZYGNEMAPHYCEAE

Key to the Orders of Zygnemaphyceae

1. Cell walls consisting of one piece, without pores, divisible cell not forming a new semicell, without suture line after cell division ··1. **Zygnematales**
1. Cell walls consisting of two or several pieces, with pores, divisible cell forming a new semicell, with suture line between old semicell and new forming semicell after cell division ································2. **Desmidiales**

Key to the Sub-orders of Desmidiales

1. Cell without or with only an indistinct median constriction, circular in cross section (omniradiate)，cell walls consisting of more than two segments, pore only present in the outer cell wall layer ········**Closteriinea**
1. Cell usually with median constriction, vertical view compressed (biradiate)，three to multi angular (three to pluriradiate)，or circular (omniradiate)，cell walls consisting of two segments, pore penetrating all cell wall layer ·· **Desmidiineae**

Key to the Families of Closteriinea

1. Segmentation of the cell wall usually not visible in light microscope, cell walls sculpturing is not interrupted in the contact zones between the segments ··**Gonatozygaceae**
1. Segmentation of the cell wall well to be distinguished at empty cells, ornamentation pattern interrupted where the separate segments contact each other ·· 2
   2. Cells straight, cell walls sculpturing consisting of ridges, granules or spinules, terminal vacuoles always wanting ·· **Peniaceae**
   2. Cells usually curved, cell walls sculpturing, if present, in the form of longitudinal striate, terminal vacuoles always present ·· **Closteriaceae**

Key to the Genera of Desmidiaceae reported so far from China

1. Unicellular or sometimes adjoined end to end temporarily after division ··· 2
1. Simple, unbranched filaments or amorphous colonies ·· 15
   2. Cells elongate-cylindric, more than 5 times longer than broad ··· 3
   2. Cells not elongate-cylindric, less than 5 times longer than broad ··· 7
3. Poles of cell lobed, the lobes bearing spines or long teeth ·· 4
3. Poles of cell smooth, bearing papilatae or denticulate verrucae, or tubes ······································ 5
   4. Cells without whorls of spines or toothed protiberances ·······························7. ***Triplastrum***
   4. Cells with whorls of spines or toothed protiberances ······························· 8. ***Triploceras***
5. Apex of semicells with a deep notch ··9. ***Tetmemorus***
5. Apex of semicells without a deep notch ·· 6
   6. Base of semicell without a whorl of longitudinal folds ······················5. ***Pleurotaenium***

6. Base of semicells with a whorl of longitudinal folds ·· 6. *Docidium*

7. Cells not strongly compressed; round or radiate, triangular or polyangular in vertical view ························· 8

7. Cells compressed; ellipsoid, fusiform or ovate in vertical view ·· 10

   8. Cells no radiate; round in vertical view ··· 12. *Actinotaenium*

   8. Cells radiate; triangular or polyangular in vertical view ··· 9

9. Cell wall with various sculptures ··· 16. *Staurastrum*

9. Cell wall without various sculptures ·· 17. *Staurodesmus*

   10. Cells obviously compressed, bearing radiating lobes or lobules ························ 11. *Micrasterius*

   10. Cells compressed, without radiating lobes or lobules ·· 11

11. Apex of semicells with a median notch or invagination ······································ 10. *Euastrum*

11. Apex of semicells without a median notch or invagination ·· 12

   12. Angles of semicells extented into arms ·· 13

   12. Angles of semicells not extended into arms ··· 14

13. Cell wall with various sculptures ··· 16. *Staurastrum*

13. Cell wall without various sculptures ··· 17. *Staurodesmus*

   14. Angles of semicells without obvious long spines ·· 13. *Cosmarium*

   14. Angles of semicells with long spines ··· 15. *Xanthidium*

15. Colonies, cells enclosed by a mucilaginous sheath ·································· 14. *Cosmocladium*

15. Filaments of a series of cells ·· 16

   16. Cell adjoined by processes at apex ·· 17

   16. Cell adjoined along all or part of apical walls ·· 21

17. Cell adjoined by interlocking hooks on apical processes ································ 11. *Micrasterius*

17. Cell adjoined in other manner ·· 18

   18. Cell adjoined by papillary processes at apex; triangular in vertical view ·············· 26. *Streptonema*

   18. Cell adjoined by granules, capitate or rod-like processes at apex; elliptical in vertical view ············· 19

19. Cells adjoined by capitate processe ··· 19. *Onychonema*

19. Cells adjoined by granules or rod-like processes ·· 20

   20. Cells adjoined by 4 granules at apex ··· 20. *Teilingia*

   20. Cells adjoined by rod-like processes at apex ·· 21. *Sphaerozosma*

21. Cells round in vertical view ·· 22

21. Cells other shapes in vertical view ·· 23

   22. Base of semicells not inflated, cell walls without longitudial striations ·················· 22. *Hyalotheca*

   22. Base of semicells inflated, cell walls with longitudial striations ····················· 24. *Bambusina*

23. Cells elliptsoid or fusiform in vertical view ··· 18. *Spondylosium*

23. Cells triangular or quadrangular in vertical view ·· 24

   24. Cells with a deep sinus in the midregion ·· 23. *Phymatodocis*

   24. Cells with a shallow sinus in the midregion ··· 25. *Desmidium*

15. Key to the species of *Xanthidium* reported from China

1. Cells very small, small or medium size with minute and short spines ··· 2

1. Cells larger with coarse and longer spines ·· 5

   2. Midregion of semicells without a papilla or protuberance ·· 3

   2. Midregion of semicells with a papilla or protuberance ··· 4

3. Apical angles of semicells with a short spine ··· 4. *X. apiculatus*

3. Apical angles of semicells widely emarginate-bifid ··· 5. *X. bifidum*

4. Midregion of semicells with a small papilla ···································· **7. *X. concinnum***

4. Midregion of semicells with a protuberance tipped by a pair of vertically divergent spines ·····················

··· **13. *X. johnsonii***

5. Semicells with 2 single spines or a pair of spines on either side ······························· 6

5. Semicells with more than 2 single spines or more than a pair of spines on either side······························· 8

  6. Semicells trapezoid to rectangular in front view································· **14. *X. octocorne***

  6. Semicells ellipsoid to hexagonall, ellipsoid or oblong in front view ·· 7

7. Semicells ellipsoid to hexagonall in front view, not or slightjy thickened in midregion ···· **8. *X. controversum***

7. Semicells ellipsoid or oblong in front view, with a small thickened area in midregion ···· **21. *X. subhastiferum***

  8. Semicells with 3 single long spines on either side ································ **18. *X. sexmamilatum***

  8. Semicells with 2 single long spines and a pair of shord spines, 2 pairs or more than 2 pairs of spines on

    either side ·· 9

9. Semicells with 2 single long spines and a pair of shord spines, or 2 pairs of spines on either side ············· 10

9. Semicells with more than 2 pair of spines on either side ································ 15

  10. Semicells with 2 single long spines and a pair of shord spines on either side··············· **12. *X. hastiferum***

  10. Semicells with 2 pairs of spines on either side ································· 11

11. Margins of semicells bearing a series of bidentate warts································ **17. *X. sansibarense***

11. Margins of semicells without a series of bidentate warts ··································· 12

  12. Semicells trapezoid to subhexagonal, subrectangular to trapezoid in face view······· 13

  12. Semicells ellipsoid to hexagonal, irregularly hexagonal in face view ·················· 14

13. Semicells trapezoid to subhexagonal in front view, cell wall with granules ················ **16. *X. raciborskii***

13. Semicells subrectangular to trapezoid in front view, cell wall without granules·············· **19. *X. smithii***

  14. Semicells ellipsoid to hexagonal in front view, a pair of long spines of lateral angle not alternate

    arrengement ·· **3. *X. antilopaeum***

  14. Semicells irregularly hexagonal in front view, a pair of long spines of lateral angle alternate

    arrengement ·· **6. *X. burkillii***

15. Semicells with 1 single spines and 2 pairs of spines on either side ························· 16

15. Semicells with 3 pairs or more than 3 pairs of spines on either side ······················· 17

  16. Semicells trapezoid to subsemicircular in front view ····························· **9. *X. cristatum***

  16. Semicells subtrigonal and with 3 lobes in front view ··························· **22. *X. subtrilobum***

17. Semicells with 3 pairs of spines on either side ································· **10. *X. fasciculatum***

17. Semicells with more than 3 pairs of spines on either side ······························· 18

  18. Semicells with 4 pairs of spines on either side ····························· **1. *X. acanthophorum***

  18. Semicells with more than 4 pairs of spines or scattered spines on either side ······················ 19

19. Semicells with about 5~7 pairs of long spines on either side ···················· **23. *X. superbum***

19. Semicells with 6~10 pairs of spines or scattered spines on either side·························· 20

  20. Upper isthmus of semicells with 1 or 2~4 series of small scrobiculations·························· 21

  20. Upper isthmus of semicells without scrobiculations ································ 22

21. Semicells ellipsoid in front view, upper isthmus with a series of small scrobiculations ····· **15. *X. pulchrum***

21. Semicells trapezoid to semicircular in front view, upper isthmus with 2~4 series of small scrobiculations····

··· **20. *X. spinosum***

  22. Semicells depressed semicircular in front view, lateral margin and intermargin with 3 longitudinal

    series of spines ··· **11. *X. freemanii***

  22. Semicells ellipsoid to subsemicircular, trapezoid to ellipsoid in front view, lateral margin and

    intremargin with 2 longitudinal series of spines ····································· 23

23. Semicells ellipsoid to subsemicircular in front view, thickened mediregion without triangular incisions ······
······ 2. *X. aculeatum*
23. Semicells trapezoid to ellipsoid in front view, thickened mediregion with triangular incisions ············
······ 24. *X. zhejiangense*

16. Key to the species of *Staurastrum* reported from China

1. Angles of semicells not produced into processes ······ Division I
1. Angles of semicells produced into processes ······ Division II

Division I   Angles of semicells not produced into processes
According to the cell wall smooth or bearing ornamentations, Division I has been divided into 4 Sections.

1. Cell wall smooth, punctate, granules ······ 2
1. Cell wall with spines, granules sometimes also present; cell wall with verrucae, spines and granules sometimes also present ······ 3
   2. Cell wall smooth, punctate ······ Section I-1
   2. Cell wall with granules ······ Section I-2
3. Cell wall with spines, granules sometimes also present ······ Section I-3
3. Cell wall with verrucae, spines and granules sometimes also present ······ Section 1-4

Section I-1. Cell wall smooth or punctuate

1. Basel angles of semicells deeply concave in the median ······ 136. *S. zahlbruckneri*
1. Basel angles of semicells not concave in the median ······ 2
   2. Sinus open and acute-angled ······ 3
   2. Sinus closed and linear ······ 4
3. Semicells oblong in front view, apical margin slightlt retuse ······ 27. *S. coarctatum*
3. Semicells elliptic, elliptic-semicircular, subreniform in front view, apical margin slightlt convex ············
······ 81. *S. muticum*
   4. Semicells subsemicircular in front view ······ 85. *S. orbiculare*
   4. Semicells shortly truncate-subpyramidate to trapeziform in front view ······ 103. *S. retusum*

Section I-2. Cell wall only with granules

1. Semicells elliptic, elliptic to subfusiform, oblong to elliptic in front view ······ 2
1. Semicells semicircular to conical, obversely semicircular, triangular, broad cuneiform, truncate-pyramidal in front view ······ 9
   2. Semicells elliptic, elliptic to subfusiform in front view ······ 3
   2. Semicells oblong to elliptic in front view ······ 7
3. Semicells elliptic in front view ······ 4
3. Semicells elliptic to subfusiform in front view ······ 5
   4. Granules of cell wall arranged in concentric rings around the angles ······ 67. *S. lapponicum*
   4. Granules of cell wall arranged in irregular disposition ······ 130. *S. turgescens*
5. Lateral angles of semicells rounded or rounded-truncate and slightly convex ······ 34. *S. dilatatum*
5. Lateral angles of semicells acutely rounded and without slightly convex ······ 6
   6. Dorsal margin of semicells more convex than the ventral ······ 36. *S. dispar*
   6. Dorsal and ventral margins of semicells about equally convex ······ 100. *S. punctulatum*
7. Sinus U-form concave, outward opening obtuse-angled ······ 115. *S. striolatum*

7. Sinus outward opening acute-angled ·· 8
   8. Fine granules of cell wall arranged in concentric rings around the angles ························· 2. *S. alternans*
   8. Granules of cell wall arranged in irregularly scattered disposition, and more prominent at the angles ·······
   ·· 106. *S. rugulosum*
9. Semicells semicircular to conical, obversely semicircular in front view ······································· 10
9. Semicells triangular, broad cuneiform, truncate-pyramidate in front view ····································· 11
   10. Semicells obversely semicircular in front view, lateral angles with a mucro ············ 51. *S. granulosum*
   10. Semicells semicircular to conical in front view, lateral angles without a mucro ·········· 53. *S. handelii*
11. Semicells triangular in front view ··· 129. *S. trihedrale*
11. Semicells truncate-pyramidal, broad cuneiform in front view ·· 12
   12. Semicells truncate-pyramidate in front view ····································· 18. *S. botrophilum*
   12. Semicells broad cuneiform in front view ·· 37. *S. disputatum*

Section I-3. Cell wall with spines, granules sometimes also present

1. Semicells furnished with spines at the the angles only ··· 2
1. Semicells furnished with numerous spines, either clothing the whole surface of the semicells, or restricted to
   the vicinity of the angles ··· 12
   2. Semicells having a single spines at the each angles ································· 76. *S. lunatum*
   2. Semicells with more than one spines at the each angles ··· 3
3. Surface of semicells smooth or punctulate ··· 4
3. Surface of semicells with granules ··· 8
   4. Semicells elliptic, subelliptic or obversely triangular in front view ····································· 5
   4. Semicells rectangular, cuneiform or subcuneiform in front view ······································ 6
5. Two spines of apical angles lie in the same horizontal plane ································· 15. *S. bifidum*
5. Two spines of apical angles lie in the same vertical plane ····························· 74. *S. longispinum*
   6. Semicells rectangular in front view ·· 101. *S. quadrangulare*
   6. Semicells cuneiform or subcuneiform in front view ·· 7
7. Apical angles of semicells with 2 long spines ································· 41. *S. ensiferum*
7. Apical angles of semicells with 3 short spines ····································· 128. *S. trifidum*
   8. Apex of Semicells with a circle of 6 verrucose processes ························ 117. *S. subavicula*
   8. Apex of Semicells without a circle of 6 verrucose processes ··································· 9
9. Semicells cuneiform in front view ··· 83. *S. navigiolum*
9. Semicells subelliptic or obversely subtriangular, obversely subtriangular or bowl-shaped, subelliptic or
   fusiform in front view ··· 10
   10. Semicells subelliptic or fusiform in front view ································· 33. *S. denticulatum*
   10. Semicells subelliptic or obversely subtriangular, obversely subtriangular or bowl-shaped in front view ···· 11
11. Semicells subelliptic or obversely subtriangular in front view ··································· 10. *S. avicula*
11. Semicells obversely subtriangular or bowl-shaped in front view ··············· 118. *S. subcruciatum*
   12. Spines of semicells restricted to the vicinity of the angles ······················· 31. *S. cristatum*
   12. Spines clothing the whole or most of surface of the semicells ······································ 13
13. A few spines at angles considerabl stouter than the rest ··································· 111. *S. setigerum*
13. All spines similar, or gradually longer towards the angles ····································· 14
   14. Semicells truncate-subpyramidate, subreniform or subsemicircular in front view ·········· 56. *S. hirsutum*
   14. Semicells elliptic, depressed-elliptic, elliptic to fusiform, elliptic to reniform in front view ················ 15
15. Semicells elliptic, depressed-elliptic in front view ··· 16

Section I-4. Cell wall with verrucae, spines or granules sometimes also present

Division II Angles of semicells produced into processes

    According to the different structures of semicell processes, and whether the processes bearing accessory processes or not, Division II has been divided into 7 Sections.

Section II-1. Processes smooth, but usually with spines or bifurcate at the extremity; semicells without accessory processes

vertical view ·· 4
  4. Semicells cuneiform to bowl-shaped in front view, apical and lateral angles with bifurcate at the extremity ··· 29. *S. contectum*
  4. Semicells subcuneiform or obversely triangular in front view, apical angles with bifurcate at the extremity ··· 35. *S. diptilum*
5. Semicells elliptic or subsemicircular in front view, each apical angle produced to form 2 short processes ····· ·· 66. *S. laeve*
5. Semicells elliptic to fusiform in front view, each apical angle produced to form 1 slender process ··············· ·· 82. *S. nanum*

Section II-2 Processes rough, with denticulate or spines along the whole length; processes only feebly developed, short; semicells without or with prominent accessory spines on the body; semicells without accessory processes

1. Semicells with prominent accessory spines on the body ··································· 1. *S. aculeatum*
1. Semicells without prominent accessory spines on the body ·· 2
  2. Apical angles produced to form diverging short processes ·· 3
  2. Apical angles produced to form horizontal or slightly inflexed and incurved short processes ················· 4
3. Semicells obversely semicircular or bowl-shaped in front view ························· 79. *S. micron*
3. Semicells cuneiform or obversely triangular in front view············· 99. *S. pseudotetracerum*
  4. Apex of semicells with a circle of emarginate verrucae ····················· 96. *S. proboscideum*
  4. Apex of semicells without a circle of emarginate verrucae ··· 5
5. Sinus shallow ··· 78. *S. margaritaceum*
5. Sinus moderately deep or deep·· 6
  6. Sinus moderately deep, ventral margins more strongly convex than the dorsal··········· 93. *S. polymorphum*
  6. Sinus deep, ventral and dorsal margins almost equally convex ·· 7
7. Semicells elliptic to fusiform in front view ·· 52. S. *haaboliense*
7. Semicells fusiform or obversely broad-subtriangular in front view ···················55. *S. hexacerum*

Section II-3 Processes rough, with denticulate or spines along the whole length; processes well developed, at least as long as broad of the cell body; apex and processes of semicells without verrucae; semicells without prominent accessory spines or verrucae on the body; semicells without accessory processes

1. Semicells fusiform in vertical view·· 2
1. Semicells 3−7 radiate in vertical view·· 10
  2. With a tumor on medium of the semicell body·······································88. *S. perundulatum*
  2. Without a tumor on medium of the semicell body·· 3
3. With single or a pair of spines in apical intramargin of semicells ······································ 4
3. Without single or a pair of spines in apical intramargin of semicells ······································ 5
  4. With a curved spine arising from a swollen base in apical intramargin of semicells······ 69. *S. leptocladum*
  4. With a pair of recurved long-spines in apical intramargin of semicells······················108. *S. saltans*
5. Apical margin of semicells concave··· 43. *S. excavatum*
5. Apical margin of semicells straight or slightly concave ··· 6
  6. Semicells obversely triangular, rectangular, obversely triangular or cuneiform in front view················· 7
  6. Semicells truncate-pyramidate, bowl-shaped in front view ··· 9
7. Semicells with scattered granules in the apex, and with a transverse row of granules above isthmus···········

· 173 ·

Section II-4 Processes rough, with denticulate or spines along the whole length, processes well developed, at least as long as broad of the cell body, apex of semicells with verrucae and processes without verrucae, or apex without verrucae and processes with verrucae, or apex and processes with verrucae, semicells without prominent accessory spines on the body, semicells without accessory processes

5. Apical intramargin of semicells with transverse series of granules ·················· 19. *S. brachioprominens*

5. Apical intramargin of semicells with transverse series of teeth ·················· 62. *S. iversenii*

  6. Semicells subquadrate in front view ·················· 16. *S. bioculatum*

  6. Semicells cup-shaped in front view ·················· 7

7. Base of semicells inflated ·················· 40. *S. elaticeps*

7. Base of semicells not inflated ·················· 95. *S. prionotum*

  8. Semicells fusiform, oval or subfusiform, subcylindrical in front view ·················· 9

  8. Semicells other shapes in front view ·················· 11

9. Semicells subcylindrical in front view ·················· 4. *S. ankyroides*

9. Semicells fusiform, oval or subfusiform in front view ·················· 10

  10. Semicells broadly oval or subfusiform in front view, sometimes with 2 verrucae between 2 apical angles ·················· 30. *S. crenulatum*

  10. Semicells fusiform in front view, with 6—8 verrucae between 2 apical angles ·················· 39. *S. dybowskii*

11. Semicells 3—4 radiate in vertical view ·················· 12

11. Semicells 5—6 radiate in vertical view ·················· 18

  12. Semicells cup-shaped, subcuneiform or cup-shaped, campanulate or urn-shaped in front view ·················· 13

  12. Semicells bowl-shaped or semicircular in front view ·················· 17

13. Semicells cup-shaped in front view ·················· 14

13. Semicells subcuneiform or cup-shaped, campanulate or urn-shaped in front view ·················· 15

  14. Apex of semicells with 6 bigranules or verrucae between 2 apical angles ·················· 5. *S. approximatum*

  14. Apex of semicells with 2 verrucae between 2 apical angles ·················· 75. *S. luetkemuelleri*

15. Semicells subcuneiform or cup-shaped in front view ·················· 77. *S. manfeldtii*

15. Semicells campanulate or urn-shaped in front view ·················· 16

  16. Base of semicells inflated ·················· 72. *S. longiradiatum*

  16. Base of semicells not inflated ·················· 92. *S. planctonicum*

17. Semicells bowl-shaped or semicircular in front view, lateral margins concav in vertical view ·················· 21. *S. bullardii*

17. Semicells bowl-shaped in front view, lateral margins slightly convex in vertical view ·················· 89. *S. pingue*

  18. Semicells subquadrate to urn-shaped in front view, apex with a circle of 12 verrucae ·················· 90. *S. pinnatum*

  18. Semicells cyathform to subquadrate in front view, apex with a circle of 5 verrucae or 5 pairs of granules ·················· 137. *S. zonatum*

19. Apex of semicells without verrucae, and processes with verrucae ·················· 20

19. Apex of semicells and processes with verrucae ·················· 21

  20. Semicells 3 radiate in vertical view, apical margin with denticulate ·················· 11. *S bellum*

  20. Semicells 6 radiate in vertical view, apex with a circle of 12 bigranules ·················· 134. *S. willsii*

21. Semicells fusiform in vertical view ·················· 22

21. Semicells 3 – 4 radiate in vertical view ·················· 23

  22. Semicells bowl-shaped to subsemicircular in front view, apical margin with 2 verrucae ·················· 57. *S. hubeiense*

  22. Semicells cup-shaped in front view, apical margin with 4 verrucae ·················· 59. *S. indentatum*

23. Semicells cup-shaped, cup-shaped to bowl-shaped, fusiform or bowl-shaped, cup-shaped to cuneiform, cuneiform in front view ·················· 24

23. Semicells subsemicircular, urn-shaped, rectangular in front view ·················· 29

  24. Semicells cup-shaped in front view ·················· 25

  24. Semicells cup-shaped to bowl-shaped, fusiform or bowl-shaped, cup-shaped to cuneiform, cuneiform in

Section II-5 Processes rough, with denticulate or spines along the whole length; processes well developed, at least as long as broad of the cell body; apex of semicells and processes with verrucae; semicells with prominent accessory spines on the body; semicells without accessory processes

Section II-6 Processes rough, with denticulate or spines along the whole length; processes well developed, at least as long as broad of the cell body; apex of semicells with verrucae and processes without verrucae, or apex of semicells without verrucae and processes with verrucae, or apex and processes of semicells with verrucae; semicells with prominent spines, verrucae or tumour on the body; semicells without accessory processes

6. Base of semicells not inflated ··· 7

7. With a circular of 11—13 denticulations in the base of semicells ································· 17. *S. boreale*

7. With a circle of 9 granules in the base of semicells ·· 98. *S. pseudosebaldii*

    8. Apex of semicells not elevated, base not inflated ··································· 22. *S. cerastes*

    8. Apex of semicells elevated, base inflated ····································· 120. *S. subelegantissimum*

Section II-7   Semicells with accessory processes

1. Processes smooth ·· 2

1. Processes rough, with granules, denticulate or spines ··· 12

    2. Semicells 3—4 radiate in vertical view ·· 3

    2. Semicells 6 radiate in vertical view ·· 10

3. With 2 short accessory processes between short processes of each lateral angles of semicells ················· 4

3. Without 2 short accessory processes between short processes of each lateral angles of semicells ············· 5

    4. Semicells broadly oval to pentangonal in front view, apex with a circle of 6 short accessory processes ·····
    ··· 54. *S. hantzschii*

    4. Semicells elliptical, subfusiform in front view, apex with a circle of 6 littler and short accessory
    processes ·· 110. *S. senarium*

5. Apex of semicells with 3 accessory processes ··· 26. *S. clevei*

5. Apex of semicells with 6 accessory processes ··· 6

    6. Each lateral angles of semicells produced to form 1 processes ······························ 7

    6. Each lateral angles of semicells produced to form 2 processes ······························ 9

7. Semicells long fusiform in front view ··· 91. *S. pisciforme*

7. Semicells subelliptical or subcircule, broadly elliptical to subcircule in front view ······· 8

    8. Semicells subelliptical or subcircule in face view, processes short ············· 46. *S. furcatum*

    8. Semicells broadly elliptical to subcircule in face view, processes slender and long ················
    ··· 127. *S. tohopekaligense*

9. Semicells subelliptical in front view ·· 48. *S. gemelliparum*

9. Semicells broadly oval or subrectangular in front view ·· 102. *S. quadricornutum*

    10. Near apical end of lateral angles of semicells produced to form 2 short processes ······· 23. *S. ceylanicum*

    10. Near apical end of lateral angles of semicells not produced to form 2 short processes ··················· 11

11. Semicells subcircule to hexagonal in front view, apex with a circle of 4 processes ······· 68. *S. leptacanthum*

11. Semicells rectangular to hexagonal in front view, apex with a circle of 6 processes ··········· 133. *S. wallichii*

    12. Dorsal base or near dorsal base of processes with accessory processes ·················· 13

    12. Dorsal base or near dorsal base of processes without accessory processes ·············· 16

13. Lateral angles produced to form processes, near dorsal base of processes with 1 short accessory process ·····
··· 112. *S. sexangulare*

13. Apical angles produced to form processes, dorsal base of processes with 1 or a pair of short accessory
    processes ··· 14

    14. Dorsal base of processes of apical angles with a pair of short accessory processes ····· 14. *S. bicoronatum*

    14. Dorsal base of processes of apical angles with 1 short accessory process ·················· 15

15. Semicells cup-shaped in front view, apex with a circle of 6 verrucae ······························· 65. *S. laceratum*

15. Semicells bowl-shaped in front view, apex without a circle of 6 verrucae ························ 105. *S. rosei*

    16. Median of semicell body with a whorl of 9 processes ···································· 7. *S. arctiscon*

    16. Median of semicell body without a whorl of 9 processes ·································· 17

17. Body of semicells between processes of two lateral angles with 2 fork spine or 2 short processes ··············

··· 45. *S. forficulatum*

17. Body of semicells between processes of two lateral angles without 2 fork spine or 2 short processes ······ 18

  18. Processes number of apical angles in semicells is as same as processes number of lateral angles ············
··· 47. *S. furcigerum*

  18. Processes number of apical angles in semicells is not as same as processes number of lateral angles ··· 19

19. With concentric series of granules around processes of lateral angles to body ····················· 8. *S. arcuatum*

19. Without concentric series of granules around processes of lateral angles to body ··· 97. *S. pseudopisciforme*

17. Key to the species of *Staurodesmus* reported from China

1. Isthmus not elongate ··· 2

1. Isthmus elongate·· 25

  2. Angles ending of semicell with papilla, mamilla, mucro, thickened wall······································ 3

  2. Angles ending of semicell with spine ·· 9

3. Angles ending of semicell with papilla, mamilla, mucro ·· 4

3. Lateral angles of semicell slightly produced and ending with thickened wall·· 8

  4. Semicells ellipsoid to obversely semicircular, oblong to ellipsoid in face view ························· 5

  4. Semicells obversely subtriangular, broadly cup-shaped, broadly cuneate in face view ················· 6

5. Semicells ellipsoid to obversely semicircular in front view, apical angles ending with a small papilla ···········
···2. *S. aversus*

5. Semicells oblong to ellipsoid in front view, lateral angles ending with a small papilla or mucro ············
···3. *S. brevispina*

  6. Semicells broadly cuneate in front view ····························· 24. *S. subpygmaeum*

  6. Semicells obversely subtriangular, broadly cup-shaped in front view ······························· 7

7. Semicells obversely subtriangular in front view, apical angles slightly produced·····················5. *S. clepsydra*

7. Semicells broadly cup-shaped in front view, lateral angles acute rounded····················23. *S. spetsbergensis*

  8. Semicells with three lobes ··· 17. *S. insignis*

  8. Semicells without three lobes ······································· 20. *S. pachyrhynchus*

9. Semicells ellipsoid, subellipsoid or fusiform, obversely subsemicircular or bowl, cup-shaped in front view ····· 10

9. Semicells broad ellipsoid to trapezoid, obversely triangular, obversely triangular or bowl-shaped, obversely
triangular to ellipsoid, ellipsoid to subcuneate, cuneate, obversely triangular or cuneate, cuneate to quadrate,
cuneate or subrectangular in front view··· 14

  10. Semicells ellipsoid, subellipsoid or fusiform in front view··· 11

  10. Semicells obversely subsemicircular or bowl-shaped, cup-shaped in front view ························· 13

11. Semicells subellipsoid or fusiform in front view, apical angles with a slightly convergent longer spine········
··· 7. *S. convergens*

11. Semicells ellipsoid in front view, lateral angles with a horizontal or slightly convergent short pine ········· 12

  12. Dorsal and ventral margins of semicells almost equally convex, or ventral margins slightly convex,
lateral angules with a slightly convergent stout short spine ································· 13. *S. dickiei*

  12. Dorsal margin of semicells convex, ventral margin more convex than dorsal, lateral angles with a
horizontal or rarely slightly convergent short spine ································· 19. *S. mucronatus*

13. Semicells obversely subsemicircular or bowl-shaped in front view, apical angles with a stout, divergent,
long erect spine·· 6. *S. connatus*

13. Semicells cup-shaped in front view, apical angles with a divergent short spine ····················· 21. *S. patens*

  14. Semicells broad ellipsoid to trapezoid, obversely triangular, obversely triangular or bowl-shaped,
obversely triangular to ellipsoid in front view ··· 15

18. Key to the species of *Spondylosium* reported from China

6. Lateral margins of semicell with 3 small granules in front view ································3. *S. papillosum*
6. Lateral margins of semicell smooth in front view ································5. *S. pygmaeum*

19. Key to the species of *Onychonema* reported from China

1. Lateral margin of semicells without a spine in front view ································1. *O. filiforme*
1. Lateral margin of semicells with a spine in front view ································2. *O. laeve*

20. Key to the species of *Teilingia* reported from China

1. Semicells narrowly oblong in front view, lateral margins truncate or subtruncate ················3. *T. wallichii*
1. Semicells broadly elliptical or elliptical to oblong in front view, lateral margins rounded ················2
   2. Semicells broad-elliptical in front view, lateral margins without granules ················ **1. *T. excavata***
   2. Semicells elliptical to oblong in front view, lateral margins with granules ················ **2. *T. granulata***

21. Key to the species of *Sphaerozosma* reported from China

1. Median of semicell with 2 transeverse rows of pore ································1. *S. aubertianum*
1. Median of semicell without 2 transeverse rows of pore ································2. *S. vertebratum*

22. Key to the species of *Hyalotheca* reported from China

1. Semicells oblong to cylindrical-discoidal in front view, without 1 to 6 horizontal row of pores beneath apical margin ································1. *H. dissiliens*
1. Semicells subrectangular in front view, with 1 to 6 horizontal row of pores beneath apical   Margin ············
································2. *H. mucosa*

25. Key to the species of *Desmidium* reported from China

1. Cells attached to each other by connecting processes of apical angles································2
1. Cells attached to each other by apices ································6
   2. Space between each two adjacent cells large································3
   2. Space between each two adjacent cells small ································4
3. Semicells narrowly oblong in front view ································1. *D. aptogonum*
3. Semicells rectangular in front view································2. *D. baileyi*
   4. Cells 2.5 times or more than 2.5 times broader than long································8. *D. swartzii*
   4. Cells 1.25—2 times broader than long ································5
5. Semicells oblong-semielliptical in front view ································5. *D. occidentale*
5. Semicells narrowly oblong in front view ································6. *D. pseudostreptonema*
   6. Semicells subelliptical in front view································3. *D. coarctatum*
   6. Semicells short truncate-pyramidal in front view ································7
7. Cells 2 to 2.5 times broader than long, vertical view elliptical································4. *D. grevillii*
7. Cells 2.5 to 4 times broader than long, vertical view quadrangular································7. *D. quadrangulare*

附录 II 鼓藻类汉英术语对照表

藻类学 Phycology

鼓藻类 desmids

生物地理学 Biogeography

系统发育的 phylogenetic

系统发育 phylogeny

单系 monophyly

原植体 thallus（复数 thalli）

属 genus（复数 genera）

种 species

多形性 polymorphism

地方性的，特有的 endemic

全皮鼓藻类 saccodermae

扁皮鼓藻类 placodermae

二形类型 dichotypic form

对称 symmetry

不对称 asymmetry

辐射 radiation

二辐射状 biradiate

三辐射状 triradiate

四辐射状 quadriradiate

五辐射状 pentaradiate

多辐射状 pluriradiate

辐射的 radial

丝状的 filamentous

丝状体 filament

营养细胞 vegetative cell

半细胞 semicell

球形的 spheroidal, globose, spherical

球形，球状体 sphere, globe

近球形的 subglobose

圆形的 circular

圆形 circularity

圆锥形的 conical

倒卵形的 oboval, obovate, obovoid, oboviform

卵形的 ovate, ovoid, oval, ovaliform, oviform

椭圆形的 elliptical, elliptic, ellipsoid, ellipticum

钟形的 campanulate

圆柱形的 cylindrical

纺锤形的，梭形的 fusiform

纺锤形 spindle

碗形 bowl-shape

角锥形的 pyramidal

截顶角锥形的 truncate-pyramidal

三角形的 triangular, trigonal

三角形 trigon

五角形的 pentagonal, pentagonous

六角形的 hexagonal

六角形 hexagon

多角形的 polygonal

多角形 polygon

肾形 reniform

梯形 trapeziform, trapezium

梯形的 trapezoid

楔形的 sphenoidal, cuneate,

楔形 cuneiform

长圆形的 oblong

长方形的 rectangular

方形的 quadrate

菱形的 rhombic, rhomboid, rhomboidal

菱形 rhombus

月形的 lunate

伸长的 elongated, elongate

伸长 elongation

延伸的 prolonged

不规则的 irregular

侧面的 lateral

侧叶 lateral lobe

顶部的 apical

顶部 apex（复数 apices）

顶叶 apical lobe, polar lobe

基部的 basal

基叶 basal lobe

小叶 lobule

平截的 truncate

缢部 isthmus

缢缝 sinus

环带 girdle band

中间环带 median girdle

中央区 midregion

缝线 suture

隔片 septum

折叠的 replicate

折叠的隔片 replicate septum

平滑的 smooth

膨大的 inflated, dilated, swollen

膨大 swell

膨胀，扩大 expansion

窝孔纹的 foveolate

窝孔纹 foveole（复数 foveolae）

点纹的，穿孔纹的 punctulate, punctate

点纹，穿孔纹，小穿孔 puncta, punctum, punctation

颗粒状的 granulate

颗粒 granule

孔 pore

圆孔纹的 scrobiculate

圆孔纹 scrobiculus（复数 scrobiculi）

瘤 wart

瘤 verruca（复数 verrucae）

具瘤的 verrucose

微凹的 emerginate

微凹 emergination

钝齿的，圆齿的 crenate

钝齿状，圆齿状 crenation

圆齿 crena（复数 crenae）

圆齿 crenel

细圆齿状的 crenulate

小圆齿的，小圆齿状的 crenellate

小圆齿 crenule

齿状的 dentate

齿状 dentation

小齿的 denticulate

小齿 denticle, denticulation

齿状的 tooth like

刺 spine

小刺 spinule

小结节的 nodulose, nodulous, nodular

小结节 nodule

小结节，小瘤 tubercle

小结节状的，小瘤状的 tubercular

具肋纹的 costate

肋纹 costa（复数 costae）

具线纹的 striate

线纹 striation, stria（复数 striae）

管 tube

小孔 pit

胶质孔 mucilage pore

具孔的 perforate

乳头状突起 mammilla

乳头状突起的 mammillary, mammilate

乳头状突起的 mammilliform

乳头状突起 papilla（复数 papillae）

乳头状突起的 papillary

小尖头，尖突，钝突，端节 mucro（复数 mucrones）

突起 process

附属突起 accessory process

突出 protrusion

拱形隆起 protuberance

肿大，隆起 tumor, tumour, bulge

膨胀，肿胀 turgor

膨大的 inflated

膨大 inflation

唇瓣 lip

二叉的 bifurcate

二裂的 bifid

细尖的 apiculate

细尖 apicule, apiculus（复数 apiculi）

微凹的 retuse

曲刻，凹陷，凹口 notch

钝的 blunt

钝的 obtuse

凸的，凸起的 convex

凹陷，凹入 incision

中间环带 median girdle

胶群体 palmella

胶状的 gelatinous

胶质 mucilage

细胞壁 cell wall

缘边，边缘 margin

波状的 undulate

被壳 incrastation

色素体 chromatoplast

叶绿体 chloroplast

叶绿素 chlorophyll

散生的 scattered

带状的 band shaped

丝带状的 ribbon like

盘状的 disc-shaped, discoid

辐射星状的 asteroid, asteriate

辐射纵脊星状的 stelloid, stellate

片状的 laminate

轴生的 axile, axial

周生的 parietal

板状的 plated-like

辐射纵脊状 radiate longitudinal ridge

螺旋带状 spiral band, spiroid-band

螺旋脊状 spiroid-ridge

分叉片状的 laminate-furcoid

网状的 reticulate

类囊体 thylakoid

胡萝卜素 carotene

叶黄素 xanthophyll

藻紫素 phycoporphyrin

三羟胡萝卜素 tri-hydroxy carotene

乙二醇氧化酶 glycolate oxidase

基粒 grana

退还的基粒 rudimentary grana

蛋白核 pyrenoid

基质 ground substance

核仁的 nucleolar

核仁 nucleolus（复数 nucleoli）

核的 nuclear

细胞核，核 nucleus（复数 nuclei）

染色体 chromosome

成膜体 phragmoplast

藻质体 phycoplast

分裂沟 furrowing

液泡 vacuole

淀粉包被 starch envelope

生态系统 ecosystem

气生的 aerial

亚气生的 subaerial

沉水生生长 submerging growth

水生的 aquatic

附生的 epiphytic

附着的 attached

寄生的 parasitic

浮游生物 plankton

浮游生物的 planktonic

浮游藻类 phytoplankton

浮游藻类的 phytoplanktonic

真性浮游生物 euplankton

暂时性的，偶然性的浮游生物 tychoplankton

底栖生物的 benthic

底栖生物 benthon

湖沼带 limnetic zone

贫营养的 oligotrophic, dystrophic

贫营养水体 oligotrophic body, dystrophic body

中营养的 mesotrophic

中营养水体 mesotrophic body

易亲和 accessibility

周期 periodicity

高光强反应 high-intensity response

低光强反应 low-intensity response

广泛分布 widespread

无性系 clone

营养繁殖 vegetative multiplication

断裂 fragmentation

细胞分裂 cell division

无性生殖 asexual reproduction

有性生殖 sexual reproduction

接合生殖 conjugation

接合管 conjugate canal, conjugate tube

接合囊 conjugation vesicle

接合孢子囊 zygogonium, zygosporangium,

接合孢子 zygospore

合子 zygote

有丝分裂 mitosis

减数分裂 meiosis

纺锤体 spindle

同宗配合 homothallism

异宗配合 heterothallism

静孢子 aplanospore

休眠孢子 resting spore

单性孢子 parthenospore

厚壁孢子 akinete

配子囊 gametangium

配子 gamete

同配生殖 isogamy

异配生殖 anisogamy

附　录　III

作者在编写此志书的过程中，查阅到下列的 12 个分类单位曾在中国报道过，其中有的种类在中国的其他地区再未被发现，有的种类有误或是可疑的，因此本志书没有收入这些种类。

1. *Xanthidium manschuricum* Skvortzow, Jour. Bot., 64: 129, figs. 9, 12, 1926.

Skvortzow 描述此种的特征很简单，没有说明此种具有 *Xanthidium* 的特征，图也画得差。细胞长（包括刺）21 μm，宽（包括刺）17 μm，缢部宽 5 μm，厚 2 μm。

产地：黑龙江(哈尔滨)。采自池塘、湖泊、沼泽中。

2. *Staurastrum asteroideum* var. *nanum* Grönblad，钟肇新等，北碚缙云山黛湖水域的鼓藻类植物初报，西南师范学院学报，1：9，fig. 130, 1982.

钟肇新等在 1982 年报道产自重庆采于湖泊中的此变种，无细胞的大小，图是引用 Fott(Algenkunde, 1971)的图。

3. *Staurastrum candianum* Delponte, Skvortzow, Jour. Bot., 64: 130, 1926.

Skvortzow 报道产自黑龙江哈尔滨采于湖泊中的此种，大概书写有错误，可能是 *Cosmarium candianum* Delponte。细胞长 25 μm，宽 25 μm。

4. *Staurastrum opimum* Turner, Kongl. Svenska. Vet.-Akad. Handl. 25(5): 129, pl. 16, fig. 35, 1892; Skuja, Algae, *in* Handel-Mazzetti's, Symbolae Sinicae, I: 96, 1937.

Skuja 在云南报道的此种，无种的特征描述，也无图。细胞长 33—37 μm，宽 35—40 μm，缢部宽 9—11 μm。

产地：云南(永宁)。

分布：亚洲(印度)。

Turner 在 1892 年建立的此种，描述的特征：细胞中等大小，长约等于宽，缢缝浅凹入，向外略张开呈锐角；半细胞正面观楔形，顶缘平截和中间微凹入，顶角水平向或略向下伸长形成中等长度的突起，具数轮齿，末端平截和具 3—4 个短尖头，腹缘略凸出；垂直面观三角形，侧缘略凹入，顶部中央三角状微凹入，角伸长形成中等长度的突起，具数轮齿，末端平截和具 3—4 个短尖头。细胞长 33 μm，宽 35 μm，缢部宽 9 μm。细胞正面观的图画得很简单，无垂直面观的图。

5. *Staurastrum paradoxum* f. *parvum* West, Linn. Soc. Jour. Bot., 29(199/200): 182, pl. 23, fig. 12, 1892; Li, Lingnan Sci. Jour., 14(2): 468, 1935; Li, Bull. Fan Mem. Inst. Biol., VII: 69，1936.

Li 报道的此变型，无特征描述，也无图。细胞长(不包括突起)16—22 μm，(包括突起)25—48 μm，宽(不包括突起)14—19 μm，(包括突起)42—52 μm，缢部宽 5—6 μm。

产地：山东(青岛)；香港(大屿岛)。

分布：北美洲。

6. *Staurastrum proboscideum* var. *furcatum* Istvanffi; Skvortzow, Jour. Bot., 64: 130,

1926.

Skvortzow 报道产自黑龙江哈尔滨采于湖泊中的此变种，无特征描述，也无图。细胞长 23—28 μm，宽 23.5—30 μm，缢部宽 8 μm。

7. *Staurastrum sexangulare* var. *intermedium* Turner, Kongl. Svenska Vet.-Akad. Handl., 25(5), pl. 15, fig. 2, 1892; Lütkemüller, Ann. Nat. Hofmuseums, 15: 124, 1900; Li, Bull. Fan Mem. Inst. Biol. Bot., 9(4): 237, 1939.

Lütkemüller 和 Li 报道的此变种，无特征描述，也无图。细胞长（不包括突起）32—34 μm，（包括突起）52—58 μm，宽（包括突起）57—70 μm，缢部宽 9—14 μm。

产地：浙江（宁波）；云南（思茅）。

分布：亚洲（印度）。

Turner 描述此变种与原变种不同为缢缝深凹入，向外张开呈锐角；半细胞顶部无一轮颗粒，垂直面观侧缘凹陷内无 1—2 对颗粒。

8. *Staurastrum subcruciatum* var. *subcruciatum* f. *nana* Lütkemüller, Skvortzow, Jour. Bot., 64: 130, 1926.

Skvortzow 报道产自黑龙江哈尔滨采于湖泊中的此变型，无特征描述，也无图。细胞长 20 μm，宽 20 μm。

9. *Staurastrum subdilatatum* West, *in* West & West, Algae from Central Africa. Jour. Bot., pg. 377—384, pl. 361, fig. 16, 1896; Lütkemüller, Ann. Des Nat. Hofmuseums, 15: 124, 1900.

Lütkemüller 报道产自浙江宁波的此种，无特征描述，也无图。细胞长 27 μm，宽 25 μm，缢部宽 10 μm。

10. *Staurastrum telifeum* var. *horridum* Lütkemüller, Ann. Nat. Hofmuseums, 15: 124, 1900.

Lütkemüller 报道产自浙江宁波的此变种，无特征的描述也无图。细胞长（不包括刺）36 μm，（包括刺）42 μm，宽（不包括刺）31 μm，（包括刺）42 μm，缢部宽 11 μm。

分布：亚洲；欧洲。

Lütkemüller 在 1900 年发表在 Verh. Zool.-Bot. Ges., *in* Wien, 50: 82, pl. I, figs. 57—58 杂志中的此变种有特征描述也有图，描述此变种的特征：此变种与原变种不同为半细胞正面观缢缝向外张开，垂直面观侧缘略凹入；细胞壁具毛状短刺。这些特征基本上与原变种的相似。

11. *Staurastrum torsum* Turner, Kongl. Svenska Vet.-Akad. Handl., 25(5): 115, pl. 13, fig. 28, 1892; Lütkemüller, Ann. Nat. Hofmuseums, 15: 124, 1900.

Lütkemüller 报道产自浙江宁波的此种，无特征描述，也无图。细胞长 22 μm，具突起宽 30 μm，缢部宽 9 μm。

分布：亚洲（印度）。

Turner 在 1892 年建立的此种，描述的特征：细胞小，宽略大于长，缢缝 U 型或圆形浅凹入；半细胞正面观楔形，顶部略凸起，顶部和近突起背缘基部具一轮 10—12 个冠状小瘤，小瘤基部具尖颗粒，顶角略斜向下伸长形成中等长度的突起，突起具数轮小颗粒，半细胞侧缘略膨大；垂直面观五角形，侧缘圆形凹入，缘内（近突起背缘基部）具一轮 10—12 个冠状小瘤，瘤内具一轮尖颗粒，角延长形成中等长度的突起，突起具数轮小颗粒。

12. *Desmidium swartzii* var. *silesiacum* Lemmerman, Skvortzow, Jour. Bot., 64: 131, 1926.

Skvortzow 报道的产自黑龙江哈尔滨的此变种，无特征描述，也无图。细胞长 37—37.5 μm，宽 16—17 μm。

参 考 文 献

Andersson D. Fr. 1890. Bidrag till kannedomen om Sveriges Chlorophyllophycéer, I. Chlorophyceer fran Roslagen. Bih. Kongl. Svenska Vet.-Akad. Handl., 16, Afd. III(5): 1–20, 1 pl.

Archer W. 1859. Description of two new species of *Staurastrum*. Proc. Dublin Nat. Hist. Soc. 2: 199–201. pl. 1, figs. 1–4; Proc. Nat. Hist. Rev., 1859: 461–463. pl. 33; Quart. Jour. Microsc. Sci., 75–79, pl. 7

Archer W. 1860. Description of a new species of *Cosmarium*, and of a new *Xanthidium*. Proc. Dublin Nat. Hist. Soc., 3: 49–52. pl. 1; Proc. Nat. Hist. Rev., 7: 403–406. pl. 13; Quart. Jour. Microsc. Sci., 8: 235–239, pl. 11

Archer W. 1866. *Staurastrum oligacanthum* (Breb.) and *Staurastrum cristatum*. Proc. Dublin Nat. Hist. Soc., 6: 189; Quart. Jour. Microsc. Sci., 6: 191

Archer W. 1883. *Xanthidium concinnum* n. sp. Archer, a minute form of *Cosmarium* aspect. Ann. & Mag. Nat. Hist. V., 64: 285

Bailey J. W. 1851. Microscopical observations made in South Carolina, Georgia and Florida. Smithson. Contrib. Knowledge, 2 (Art. 8): 1–48, pls. 1–3

Bernard C. 1908. Protococcacées et Desmidiées d'eau douce rècoltèes à Java. Dèpt. de I'Agric. aux Indes-Néerland. 230 pp. pls. I–XVI

Boldt R. 1885. Studier öfver sötvatterisalger och deras utbredninrig. I. Bidrag. till kännedomen om Sibiriens Chlorophyllophycéer. Öfv. Kongl. Vet.-Akad. Förhandl., 1885 (2): 91–128, pls. 5–6

Boldt R. 1888. Desmidieer från Grönland. Bih. Kongl. Svenska Vet.-Akad. Handl., 13, III(5): 1–49, pls. 1–2

Borge O. 1913. Beiträge zur Algenflora von Schweden. 2. Die Algenflora um den Torne-Tråskee in Schwedisch-Lappland. Bot. Notiser, 1913: 1–110, pl. 1–3, Textfigs.

Borge O. 1921. Die Algenflora des Tákernsees. Sjön Takerns Fauna och Flora utgiven av Kongl. Svenska Vet.-Akad. Stockholm, 1921 (4): 3–48, 2 pls.

Börgesen F. 1890. Symbolae ad floram Brasiliae centralis cognoscendam. (Edit. Eug. Warming, Particula XXXVI). Vid. Medd. Naturh. Foren. Kjöbenh., 1890: 929–958, pls. 2–5. Textfigs. 1–3

Bourrelly P. 1964. Une nouvelle coupure générique dans la famille des Desmidiées: le genre Teilingia. Rev. Algol. N. S., II, 7 (2): 187–191, 11 figs.

Bourrelly P. 1966. Les algues d'eau douce. Vol. I, Les algues vertes. Boubée et Cie, Paris. 511 pp.

Brébisson A. de 1849. *In*: Dictionnaire universelle d'histoire naturelle (Chas. d'Orbigny). Vol. 13

Brébisson A. de 1856. Liste des Desmidiées observées en Basse-Normandie. Additions à la liste et explications des planches. Mém. Soc. Sci. Nat. Cherbourg, 4: 113–166, 6 pls.; 301–304, 2 pls.

Brook A. J. 1958. The Naturalist, 1958: 95

Brook A J. 1959. The phytoplankton of some Irish loughs and an assessment of their trophic status. *in* Round & Brook, Proc. Roy. Irish. Acad., 60B (4): 167–191

Brook A. J. 1981. The Biology of Desmids. Botanical Monographs Vol. 16, Blackwall Scientific Publications, 276 pp., figs. 1–80

Bulnheim O. 1861. Beiträge zur Flora der Desmidieen Sachsens. I, Hedwigia, 1861 (9): 50–52, pl. 9

Carter N. 1926. Freshwateralge algae from India. Rac. Bot. Surv. India, 9 (4): 263–302, 2 pls.

Cleve P. T. 1864. Bidrag till kännedomen om Sveriges sötvattensalger af fammiljen desmidieae. Öfv. Kongl. Vet.-Akad. Förhandl., 10 (1863): 481–497, pl. 4

Coesel P. F. M. 1982, 1983, 1985, 1991, 1994, 1997. De Desmidiaceeën van Nederland: 1982. Deel 1, Fam. Mesotaeniaceae, Gonatozygaceae, Peniaceae, Nr. 153, 31 pp.; 1983. Deel 2, Fam. Closteraceae, Nr. 157, 49 pp.; 1985. Deel 3, Fam. *Actinotaernium, Docidium, Pleurotaenium, Tetmemorus, Euastrum, Micrasterias*, Nr. 170, 70 pp.; 1991. Deel 4, *Cosmarium*,

Nr. 202, 88 pp.; 1994. Deer 5. Colonial genera, *Xanthidium*, *Staurodesmus*, Nr. 210, 55 pp.; 1997. Deel 6, *Staurastrum*. Nr. 220, 93 pp. Wetensch. Meded. KNNV, Utrecht

Coesel P. F. M. 1996. Biogeography of desmids. Hydrobiologia, 336: 41–53. *In*: Kristiansen (ed.) Biogeography of Freshwater Algae. Kluwer Academic Publishers. Printed in Belgium

Coesel P. F. M. & Meesters K. 2007. Desmids of the Lowlands—Mesotaniaceae and Desmidiaceae of the European Lowlands. KNNV Publishing, The Netherlands, 351 pp. 123 pls.

Compère P. 1967. Algues du Sahara et de la région du lac Tchad. Bull. Jard. Bot. Nat. Belgique, 37 (2) : 109–288, pls. 1–20

Compère P. 1976. Observations taxonomiques et nomenclaturales sur quelques Desmidiées (Chlorophycophyta) de la région du lac Tchad (Afrique centrale). Bull. Jard. Bot. Nat. Belgique, 46 (3/4) : 455–470, figs. 1–17

Cooke M. C. 1881. Notes on British desmids. Grevillea, 9: 89–92, 3 pls.

Cooke M. C. 1887. British Desmids. A Supplement to British Fresh-water algae., Nos. 1–6: 1–96. pls. 1–48; Nos. 7–10: 97–205 + I-xiv, pls. 49–66

Croasdale H. T. 1957. Freshwater algae of Alaska. I. Some desmids from the Interior. Part 3. Cosmarieae concluded. Trans. Amer. Microsc. Soc., 76 (2) : 116–158, pls. 1–10

Croasdale H. T. 1962. Freshwater algae of Alaska. III. Some desmids from the Cape Thompson area. Part 2. *Actinotaenium*, *Micrasterias* and *Cosmarium*. Trans. Amer. Microsc. Soc., 81 (1) : 12–42, pls. 1–8

Croasdale H. T. & Grönblad R. 1964. Desmids of Labrador. I. Desmids of the south-eastern coastal plain., Trans. Amer. Microsc. Soc., 83 (2) : 142–212, pls. 1–21

Croasdale H. T. Bicudo C. E. de M. & Prescott G. W. 1983. A Synopsis of North American Desmids. II, Desmidiaceae: Placodermae Section 5. Univ. Nebraska Press, Lincoln and London 117 pp., 448–470 pls.

Croasdale H. T. & Flint E. A. 1986, 1988. Flora of New Zealand, Freshwater algae, Chlorophyta, Desmids, with ecological comments on their habitats I V. R.Ward, Government Printer, Wellington, pp. 1–138, pls. 1–27; II Botany Division, D.S.I.R., Christchurch, pp. 1–147, pls. 28–61

Croasdale H. T. Flint E. A. & Racine M. M. 1994. Flora of New Zealand, Freshwater algae, Chlorophyta, Desmids, with ecological comments on their habitats III Lincoln, Canterbury, pp. 1–218, pls. 62–146

De Bary A. 1858. Untersuchungen über die Familie der Conjugaten. (Zygnemaceen und Desmidieen) . 91 , 8 pls., Leipzig

Delponte J. B. 1873, 1876 , 1977,1878. Specimen desmidiacearum subalpinarum. Augustae taurinorum 1873, 16 pp., pls. 1–5; Mém. Reale Acad. Sci. Torino II, 28 (1876) : 1–93, pls. 1–5, 19–108, pls. 1–5; Pars altere, Ibid. (1877) : 97–283, pls. 7–23; 30 (1878) : 1–186, pls. 7–23

De Notaris G. 1867. Elementi per lo Studio delle Desmidiaceae Italiche. 84 pp., 9 pls., Genova

Eichler B. & Gutwinski R. 1894. De nonnullis speciebus algarum novarum Krakowie. Rozpr. Wydz. Matem.-Przyr. Akad. Umiej. Krakowie, 28: 162–178, pls. 4–5

Eichler B. & Raciborski M. 1893. Nowe gatunki zielenic. Rozpr. Akad. Umiej. Wydz. Matem.-Przyr. Krakowie II, 26: 116–126,pl. 3

Elfving F. 1881. Antechningar om finska desmidiéer. Acta Soc. Fauna Flora Fennica, 2 (2) : 1–18, pl. 1

Florin Maj-Britt. 1957. Plankton of fresh and brackish waters in Södertälje area. Acta Phytogeogr. Suecica, 37: 1–144, 20 pls.

Förster K. 1964. Desmidiaceen aus Brasilien. 2: Bahia, Goyaz, Piauhy und Nord-Brasilien. Hydrobiologia, 23 (3/4) : 321–505, pl. 1–51

Förster K. 1969. Amazonische Desmidiaceen. 1, Teil: Areal Santarém. Amazoniana, 2 (1/2) : 5–116, pls. 1–56

Förster K. 1972. Desmidiaeen aus dem Südosten der vereinigten Staaten von Amerika. Nova Hedwigia, 23 (2/3) : 515–644, pls. 1–29

Förster K. 1982. Conjugatophyceae, Zygnematales und Desmidiales (excl. Zygnemataceae). *In*: Huber-Pestalozzi. Das Phytoplankton des Süsswassers, Systematik und Biologia, 16: 8 (I) : 1–543, E. Schweizerbart. Stuttgart

Gerrath J. F. 1993. The biology of desmids: A decade of progress in Phycological Research. 9: 79–192

Grönblad R. 1920. Finnländische Desmidiaceen aus Keuru. Acta Soc. Fauna Flora Fennica, 47 (4) : 1–98, 6 pls.

Grönblad R. 1926. Beitrag zur Kenntnis der Desmidiaceen Schlesiens. Soc. Sci. Fennica Commen. Biol., 2 (5) : 1–39, 3 pls.

Grönblad R. 1938. Neue und seltene Desmidiaceen. Bot. Notiser 1938: 48–66, 4 figs.

Grönblad R. 1945. De algis Brasiliensibus, praecipue Desmidiaceis in regione inferiore fluminis Amazonas a Professore August Ginzberger (Wien) anno 1927 collectis. Acta Soc. Sci. Fennicae, II, B, 2 (6): 1–43, pls. 1–16, 1 Carte. 9 figs.

Grönblad R. 1960. Contributions to the knowledge of the freshwater algae of Italy. Soc. Sci. Fennica Commen. Biol., 22 (4): 5–85, pls. 1–4

Grönblad R. & Scott A. M. 1955. On the variation of *Staurastrum bibrachiatum* Reinsch as an example of variablity in a desmid species. Acta Soc. Fauna Flora Fennica, 72 (6): 1–11, pls. 1–3

Gutwinski R. 1902. De algis a Dre M. Raciborski anno 1899 in insula Java collectis. Bull. Acad. Sci. de Cracovie, Classe Sci. Math. et Nat. 1902 (9): 575–617, pls. 36–40

Hauptfleisch P. 1888. Zellmembran und Hüllgallerte der "Desmidiaceen." Mitt. Natur. ver F. Neuer-pommem. u. Rügen, 20: 59–136, pls. 1–3

Hirano M. 1951. Some new or noteworthy Desmids from Japan. III. Acta Phytotax. Geobot., 14 (3): 69–71, figs. 1–9

Hirano M. 1957. Flora Desmidiarum Japonicarum. 4. Contrib. Biol. Lab. Kyoto Univ., 5: 166–225, figs. 26–30

Hirano M. 1959. Flora Desmidiarum Japonicarum. 5. Contrib. Biol. Lab. Kyoto Univ., 7: 226–301, pls. 31–38；ibid. 6, ibid. 9: 302–386, pls. 39–52

Hirose H. (广濑弘幸) & Yamagish T. (山岸高旺) (eds.). 1977. Illustrations of the Japanese Freshwater Algae. Uchida Rokakuho, Tokyo. 933 pp., 255 pls.

Hoshaw R. W, McCourt R. M. & Wang J.C. 1990. Phylum Conjugaphyta. *In*: Margulis L *et al.* (eds.) Handbook of Protoctista. Jones and Bartlett Publishers, Inc., Boston, Massachusetts.: 119–131

Hu H. J. (胡鸿钧), Wei Y. X. (魏印心). 2006. Freshwater Algae of China, Systematics, Taxonomy and Ecology (中国淡水藻类—系统、分类及生态). Beijing (北京): Science Press (科学出版社): 1–1023

Insam J. & Krieger W. 1936. Zur Verbreitung der Gattung Cosmarium in Südtirol. Hedwigia, 76 (3): 95–113, pls. 1–6

Islan A. K. M. N. & Haroon A. K. Y. 1980. Desmids of Bangladesh. Int. Revue ges. Hydrobiol., 65 (4): 551–604

Jao C. C. 1940. Studies on the freshwater algae of China IV, Subareal and aquatic algae from Nanyoh, Hunan. Sinensia, 11 (3 & 4): 241–361, 7 pls.

Jao C. C. 1948. Studies on the freshwater algae of China, XVIII, Some freshwater algae from ChengKu, Shensi. Bot. Bull. Acad. Sinica, 2: 39–58

Jao C. C. 1949. Studies on the freshwater algae of China, XIX, Desmidiaceae from Kwangsi. Bot. Bull. Acad. Sinica, 3: 37–95, 8 pls.

Jao C. C. (饶钦止). 1964. Some fresh-water algae from Southern Tibet. (西藏南部地区的藻类). Ocean. Limnol. Sinica (海洋与湖沼), 6 (2): 170–189, 2 pls.

Jao C. C. (饶钦止), Zhu H. Z. (朱蕙忠), Li Y. Y. (李尧英) .1974. Algae of Zhumulangma Peak Region, Science Exploration Report of Zhumulangma Peak Region, Xizang (Tibet), 1966–1968，Biology and Alpine Physiology (珠穆朗玛峰地区的藻类 西藏珠穆朗玛峰地区科学考察报告，1966–1968，生物与高山生理). Beijing (北京)：Science Press (科学出版社): 92–126

Jacobsen J. P. 1876. Apercu systématique et critique sur les Desmidiacées du Danemark. Bot. Tidsskr., 8, II, 4: 143–215, pls. 7, 8

Johnson L. N. 1894. Some new and rare desmids of the United States. 1. Bull. Torr. Bot. Club, 21 (2): 285–291, pl. 211

Joshua W. 1886. Burmese Desmidieae, with descriptions of new species occurring in the neighbourhood of Rangoon. Linn. Soc. Jour. Bot., 21 (140): 634–655, pls. 22–25

Kirchner O. 1878. Algenflora von Schlesien. *In*: Cohn F. Kryptogamenflora von Schlesien., 2 (1): Algen. iv + 284 pp. Breslau

Krieger W. 1932. Die Desmidiaceen der Deutschen Limnologischen Sunda-Expedition. Arch. f. Hydrobiol. Suppl., 11 (3): 122–230, pls. 3–26

Kützing F. T. 1849. Species algarum., 6 + 922 pp. (Leipzig)

Lagerheim G. 1885. Bidrag till Amerikas desmidié-Flora. Öfv. Kongl. Vet.-Akad. Förhandl. 42 (7): 225–255, pl. 27

Lenzenweger R. 1996, 1997, 1999, 2003. Desmidiaceenflora von Österreich Teil 1, 1996 (Bibl. Phycol. Band 101), Teil 2,1997 (Bibl. Phycol. Band 102), Teil 3,1999 (Bibl. Phycol. Band 104), Teil 4, 2003 (Bibl. Phycol. Band 111), J. Cramer, Berlin, Stuttgart

Ley S. H. 1947. Heleoplanktonic algae of north Kwangtung. Bot. Bull. Acad. Sinica, 1: 270–282

Li L. C. 1935. Freshwater algae of Nantau and Honam Islands, Kwangtung, South China. Lingnan Sci. Jour., 14(2): 457–475

Li L. C. 1937. Freshwater algae from Anhwei, Kiangsi and Hupeh. Bull. Fan Mem. Inst. Biol. Bot., 8(1): 1–30

Li L. C. 1938. A contribution to the freshwater algae of Kiangsi. Bull. Fan Mem. Inst. Biol. Bot. 8(2): 65–112, pls. 2–3

Li L. C. 1939. Freshwater algae of the Yunnan expedition 1935─1937. part. 11. Bull. Fan Mem. Inst. Biol. Bot., 9(4): 206–244, pls. 27–29

Li L. C. 1940. Additions to the freshwater algae of Yunnan. Bull. Fan Mem. Inst. Biol. Bot., 10(1): 49–67, pl. 1

Li Y. Y.(李尧英), Wei Y. X.(魏印心), Shi Z. X.(施之新), Hu H. J.(胡鸿钧).1992. The algae of the Xizang Plateau(西藏藻类). Beijing(北京): Science Press(科学出版社): 1–509，pls. 1–86

Lillieroth S. 1950. Über Folgen kulturbedingter Wässerstandssenkungen für Makrophyten und Planktongemeinschaften in seichten Seen des südschwedischen Oligotrophiegebietes. Acta Limnol., 3: 1–288, 62 figs, 18 Tabls

Lundell P. M. 1871. De Desmidiaceis, quae in Suecia inventae sunt observationes criticae. Nova Acta Reg. Soc. Sci. Upsaliensis, III, 8(2): 1–100, 5 pls.

Lütkemüller J. 1900. Desmidiaceen aus den Ningpo-Mountains in Centralchina. Ann. Nat. Hofmuseums, 15: 115–126, pl. 6

McCourt R. M., et al. 2000. Phylogeny of the conjugating green algae(Zygnemophyceae) based on rbcL sequences. J. Phycol., 36: 747–758

McNeill J. et al. 2006. International Code of Botanical Nomenclature(Vienna Code) adopted by the Seventeenth International Botanical Congress Vienna. Austria. July 2005.─Regnum Veg. 146, A.R.G. Ganther Verlag. Ruggell/Liechtenstein, 568 pp.

Messikommer E. 1942. Beitrag zur Kenntnis der Algenflora und Algenvegetations des Hochgebirges um Davos. Beit. Geobot. Landes. Schweiz., 24: 1–452, pls. 1–19, 2 Textfigs. 1 Map

Nägeli C. 1849. Gattungen Einzelliger Algen Physiologisch und Systematisch Bearbeitet. 8 + 139 pp., 8 pls, Zürich

Nordstedt C. F. O. 1870. Fam. Desmidiaceae. In: Warming E, Symbolae ad floram Brasiliae centralis cognoscendam, Part. 5. Vid. Medd. Naturh. Foren. Kjöbenh., 1869(14/15): 195–234, pls. 2–4

Nordstedt C. F. O. 1873. Bidrag till Kannedomen om sydligare Norges Desmidiéer. Acta Univ. Lund., 9: 1–51, pl. 1

Nordstedt C. F. O. 1875. Desmidieae arctoae. Öfv. Kongl. Vet.-Akad. Förhandl., 1875(6): 13–43, pls. 6–8

Nordstedt C. F. O. 1877. Nonnuliae aquae dulcis brasilienses. Öfv. Kongl. Vet.-Akad. Förhandl., 1877(3): 1–28, pl. 2, Textfigs. I–IV

Nordstedt C. F. O. 1878. Des algis aquae dulcis et de Characeis ex insulis Sandvicensibus a Sv. Berggren 1875 reportatis, Minn. Utg. Kongl. Fysiogr. Sällsk. Lund med anledn. hundraårsfest. 1878: 1–24, pls. 1, 2

Nordstedt C. F. O. 1880. De Algis et Characeis. 1. De Algis nonnullis, praecipue Desmidieis, inter Utricularias Musei Lugduno-Batavi. Acta Univ. Lund., 16: 1–14,1 pl.

Nordstedt C. F. O. 1887. Algologiska smasaker. 4 Utdrag ur ett arbete öfver de af Dr. S. Berggren på Nya Seland och i Australien samlade sötvattensalgerna. Bot. Notiser, 1887: 153–164

Nordstedt C. F. O. 1888. Freshwater algae, collected by Dr. S. Berggren in New Zealand and Australia. Kongl. Svenska Vet.-Akad. Handl., 22(8): 1–198. 7 pls.

Nordstedt C. F. O. 1888a. Conjugatae(et Characeae) Forschungsreise S.M.S. "Gazelle", Part IV. Botanik. Algen von E. Askenasy. pp. 3, 4, pl. 1, exp.

Nygaard G. 1949. Hydrobiological studies of some Danish ponds and organisms. Part II. The quotient hypothesis and some new or little known organisms. Det. Kongl. Danske Vid. Selsk. Biol. Skrift., 7(1): 1–293, 126 figs.

Perty M. 1852. Zür Kenntniss Kleinster Lebensformen nach Bau, Funktionen, Systematik, mit Specialverzeichniss der in der Schweiz beobachtetenen., vi + 228 pp., 17 pls.

Playfair G. I. 1907. Some new or less known desmids found in New South Wales. Proc. Linn. Soc. N. S. Wales II, 32(1): 160–201. pls. 2–5

Playfair G. I. 1910. Polymorphism and life-history in the Desmidiaceae. Proc. Linn. Soc. N. S. Wales., 35: 459–495. pls. 11–14

Prescott G. W. Croasdale H. T & Vinyard W. C. 1972. Desmidiales, Part 1 Sacodermae, Mesotaeniaceae. North American Flora. II,

6 New York Botanical Garden Press, 84 pp., 8 pls.

Prescott G. W. Croasdale H. T. & Vinyard W. C. 1975. A Synopsis of North American Desmids. II, Desmidiaceae: Placodermae Section 1. Univ. Nebraska Press, Lincoln, Nebraska, 275 pp., 9–57 pls.

Prescott G. W. Croasdale H. T. & Vinyard W. C. 1977. A Synopsis of North American Desmids. II, Desmidiaceae: Placodermae Section 2. Univ. Nebraska Press, Lincoln, Nebraska 413 pp., 58–147 pls.

Prescott G. W. Croasdale, H. T. Vinyard W. C. & Bicudo, C. E. de M. 1981. A Synopsis of North American Desmids. II, Desmidiaceae: Placodermae Section 3. Univ. Nebraska Press, Lincoln, Nebraska 720 pp., 148–293 pls.

Prescott G. W. Bicudo C. E. de M. & Vinyard W. C.1982. A Synopsis of North American Desmids II. Desmidiaceae: Placodermae Section 4. Univ. Nebraska Press, Lincoln, Nebraska 700 pp. 294–447, pls.

Pritchard A. 1861. A history of Infusoria, including the Desmidiaceae and Diatomaceae, British and Foreign, Ed. 4, London

Qin N.(钦娜）Wang Q.(王全喜）& Wei Y.(魏印心）. 2006. New records of Desmids from Arshan, China（大兴安岭阿尔山沼泽鼓藻类中国新记录）. Jour. Wuhan Bot. Research（武汉植物学研究）, 25(6)：576–580, fig. 1

Rabenhorst L. 1861—1879. Die Algen Europas. Dec. 1–259

Rabenhorst L. 1868. Flora Europaea Algarum, aquae dulcis et submarinae. III. Algae Chlorophyllophyceas. Melanophyceas et Rhodophyceas complectens., xx + 461 pp. Textfigs.

Raciborski M. 1889. Desmidye nowe(Desmidiaceae novae). Pamiet. Wydz. III. Akad. Umiej. w Krakowie, 17: 73–113, pls. 5–7(1–3 reprint)

Ralfs J. 1848. The British Desmidieae. Reeve, Benham & Reeve, London, 226 pp., 35 pls.

Reinsch P. F. 1867. De speciebus generibusque nonnullis novis ex algarum et fungorum classe. Acta Soc. Senck., 6: 111–144, pls. 20–25

Round F. E. 1971. The Taxonomy of the Chlorophyta II. Brit. Phycol. J., 6: 235–264

Roy J & Bissett J. P. 1886. Notes on Japanese desmids. I. Jour. Bot., 24: 193–196, 237—242, pl. 268

Roy J & Bissett J. P. 1893. On Scottish Desmidieae. Ann. Scott. Nat. Hist., 1893(6)：106–110;(7)：170–180, pl. 1;(8)：237–245

Růžička J. 1977, 1981. Die Desmidiaceen Mitteleuropas. 1977. Band I, Lief. 1. 292 pp.; 1981. Band I, Lief. 2. 544 pp., E. Schweizerbart'sche Verlagsbuchhandlung, Stuttgart

Schmidle W. 1893. Beiträge zur Algenflora.des Schwarzwaldes und der Reinebene. Ber. d. Naturf. Ges. Freiberg i Br., 7(1)：68–112, pls. 1–5(2–6)

Schmidle W. 1895, 1896. Beiträge zur alpinen Algenflora. Österr. Bot. Zeitsch., 1895(7)：1–40; 249–253; 1895(8)：305–311, pl. 14; 1895(9)：346–350, pl. 15; 1895(10)：387–391, 454–459, pls. 16, 17; 1896: 20–25, 59–65, 91–94

Schmidle W. 1898. Die von Professor Dr. Volkens und Dr. Stuhlmann in Ost-Afrika gesammelten Desmidiaceen, bearbeitet unter Benützung der Vorarbeiten von Prof. G. Hieronymus. In: Engler, A. Beiträge zur Flora von Afrika. XVI, Engler's Bot. Jahrb., 26(1)：1–59, pls. 1–4

Schmidle W. 1898a. Ueber einige von Knut Bohlin in Pite Lappmark und Vesterbotten gesammelte Süusswasseralgen. Bih. Kongl. Svenska Vet.-Akad. Handl., 24, III(8)：2–71, pls. 1–3

Schmidle W. 1902. Algen, insbesondere solche des Planktons aus dem Nyassa-See und seiner Umgebung, gesammelt von Dr. Fülleborn. Engler's Bot. Jahrb., 32(1)：56–88, pls.1–3

Scott A. M. & Grönblad R. 1957. New and interesting desmids from the southeastern United States. Acta Soc. Sci. Fennicae, II, B, 2(8)：1–62, pls. 1–37

Scott A. M. & Prescott G. W. 1958. Notes on Indonesian freshwater algae III new varieties of some little-knows *Staurastra*(Desmidiaceae). Reinwardtia, 4(3)：311–324, 3 pls.

Scott A. M. & Prescott G. W. 1961. Indonesian Desmids. Hydrobiologia, 17(1/2): 1–132, pls. 1–63

Shi Z. X.(施之新), Wei Y. X.(魏印心), Chen J. Y.(陈嘉佑), *et al.* 1994. Compilation of reports on the survey of algal resources in south-western China（西南地区藻类资源考察专集）. Beijing(北京）：Science Press(科学出版社）: 1–405

Skuja H. 1937. Algae. In: Handel—Mazzetti's, Symbolae Sinicae Wien, 1: 1–105, pls. 1–3

Skuja H. 1949. Zur Süsswasseralgen-flora Burmas. Nova Acta Reg. Soc. Sci. Upsaliensis, IV, 14(5)：1–188, pls. 1–37

Skvortzow B. W. 1926. A contribution to the Desmids of Manchuria. Jour. Bot., 64(761): 121–132, figs. 1–13

Skvortzow B. W. 1928. On some Desmids from Amoy, South China. China Jour. Sc. & Arts, 8(3): 145–147, pl. 1

Smith G. M. 1922. The phytoplankton of the Muskcoka Region, Ontario, Canada. Trans. Wisconsin Acad. Sci. Arts & Lettr., 20(1921): 323–362, pls. 8–13

Smith G. M. 1924. Phytoplankton of the Inland Lakes of Wisconsin. II. Desmidiaceae. Wisconsin Geol. Nat. Hist. Surv. Bull., 57(2): 1–227, 17 Textfigs., 36 pls.

Stein J. R. 1975. Freshwater algae of British Columbia: the lower Fraser Valley. Syesis, 8: 119–184, figs 1–203

Taylor W. R. 1935. The freshwater algae of Newfoundland. Part 2. Pap. Michigan Acad. Sci., Arts & Lettr., 20(1934): 185–230, Pls. 33–49

Teiling E. 1916. En Kaledonisk Phytoplankton-formation. Svensk Bot. Tidskr., 10(1): 506–519

Teiling E. 1942. Schwedische Planktonalgen 3. Neue oder wenig bekannte Formen. Bot. Notiser, 1942: 63–68

Teiling E. 1946. Zur Phytoplanktonflora Schwedens. Bot. Notiser, 1946(1): 61–88, 38 figs.

Teiling E. 1948. *Staurodesmus*, genus novum. Containing monospinous desmids. Bot. Notiser, 1948(1): 49–83, 72 figs.

Teiling E. 1954. L'authentique *Staurodesmus dejectum* (Bréb.). Compt. Rend. VIII-e Congr. Intern. Bot., 17: 128–129

Teiling E. 1967. The desmid genus *Staurodesmus*. A taxonomic study. Ark. f. Bot. II, 6(11): 467–629. pls. 1–31

Thomasson K. 1960. Notes on the plankton of Lake Bangweulu. Part 2. Nova Acta Reg. Soc. Sci. Upsaliensis, IV, 17(12): 1–43, 14 figs.

Thomasson K. 1960a. Some planktic Staurastra from New Zealand. Bot. Notiser, 113(3): 225–245, 37 figs.

Thomasson K. 1966. Phytoplankton of Lake Shiwa, Ngandu. Explor. Hydrobiol. Survey of the Lake Bangweulu-Luapula River. Bassin du Lac Bangweulu et du Luapula, 4(2): 1–90, pls. 1–21. Bruxelles

Tseng C. K. et al. 1982. A preliminary report on Prochloron from China. Kexue Tongbao. 27(7): 778–781

Turner W. B. 1885. On some new and rare desmids. Jour. Roy. Microsc. Soc., II, 5(6): 933–940, pls. 15–16

Turner W. B. 1892. Algae aquae dulcis Indiae orientalis. The freshwater algae (principally Desmidieae) of East India. Kongl. Svenska Vet.-Akad. Handl., 25(5): 1–187. pls. 1–23

Wallich G. C. 1860. Description of Desmidiaceae from lower Bengal. Ann. Mag. Nat. Hist. III., 5: 184–197, pl. 7; 8: 273–285, pls. 13, 14

Wei Y. X. (魏印心). 1984. Some new green algae from Xizang (Tibet) (西藏新绿藻). Acta Phytotax. Sinica (植物分类学报), 22(4): 321–336

Wei Y. X. (魏印心). 1985. Phytoplanktonic chlorophyta, Pyrrophyta and Cryptophyta From Dong Hu (East Lake), Wuhan, Hubei Province (武汉东湖浮游绿藻、甲藻和隐藻). Jour. Wuhan Bot. Research (武汉植物学研究), 3(3): 243–254

Wei Y. X. 1991. SEM study of Cell Walls of 24 Desmids (Desmidiaceae, Chlorophyta) From China. Chin. Jour. Oceanol. Limnol., 9(3): 263–272, 4 pls.

Wei Y. X. (魏印心). 1993. Some new taxa of Desmidiaceae from the Hengduan Mountains region of China (横断山脉鼓藻科新分类群). Acta Phytotax. Sinica (植物分类学报), 31(5): 477–486.

Wei Y. X. (魏印心). 1995. Some new desmids from Wuhan, China (武汉鼓藻类新分类群). Acta Phytotax. Sinica (植物分类学报), 33(6): 616–623

Wei Y X. (魏印心) 1996. Desmids from southern bays of the Donghu Lake, Wuhan, China (武汉东湖南部湖汊的鼓藻类). Acta Phytotax. Sinica (植物分类学报), 34(6): 653–671

Wei Y. X. (魏印心). 1997. New material of Desmidiales from China (中国鼓藻目新资料). Acta Phytotax. Sinica (植物分类学报), 35(4): 362–374

Wei Y. (魏印心) & Yu M. (俞敏娟). 2005. Phytoplanktonic desmids community in Donghu Lake, Wuhan, China. Chin. Jour. Oceanol. Limnol., 23(1): 91–98

Wei Y. (魏印心) & Yu M. (俞敏娟). 2005. New desmids material from Donghu Lake, Wuhan, China. Chin. Jour. Oceanol. Limnol., 23(2): 210–217, pls. 1–3

Wei Y. (魏印心). 1995. Algae (藻类). *in* Chen et al. Hydrobiology and resources exploitation in Honghu Lake (在陈宜瑜等主编的

"洪湖水生生物及其资源开发"). Beijing(北京)：Science Press(科学出版社)：24–43

Wei Y.(魏印心). 2003. Flora Algarum Sinicarum Aquae Dulcis, Tomus VII, Chlorophyta Zygnematales Mesotaeniaceae Desmidiales Desmidiaceae, Sectio I(中国淡水藻志 第七卷 绿藻门 双星藻目中带鼓藻科鼓藻目鼓藻科第 1 册). Beijing(北京)：Science Press(科学出版社)：1–200，pls. 1–52

West W. 1889. The freshwater algae of Maine. Jour. Bot., 27: 205–207

West W. 1892. A contribution to the freshwater algae of West Ireland. Linn. Soc. Jour. Bot., 29(199/200)：103–216. pls. 18–24

West W. 1892a. Algae of the English Lake District. Jour. Roy. Microsc. Soc., 8: 713–748, pls. 9–10

West W. 1912. Freshwater algae. Clare Island Survey. Proc. Roy. Irish Acad., 31(16)：1–62, pls 1–2

West W. & West G. S. 1894. New British freshwater algae. Jour. Roy. Microsc. Soc., 1894: 1–17, pls. 1–2

West W. & West G. S. 1895. A contribution to our knowledge of the freshwater algae of Madagascar. Trans. Linn. Soc. London Bot., II., 5(2)：41–90, pls. 5–9

West W. & West G. S. 1896. On some North American Desmidiaceae. Trans. Linn. Soc. London Bot., II., 5(5)：229–274, pls. 12–18

West W. & West G. S. 1896a. On some new and interesting freshwater algae. Jour. Roy. Microsc. Soc., 1896: 149–165, pls. 3–4

West W. & West G. S. 1897. Welwitsch's African freshwater algae. Jour. Bot., 35: 1–7, 33–42, 77–89, 113–189, 235–243, 246–272, 297–304, pls. 365–370

West W. & West G. S. 1897a. A contribution to the freshwater algae of the south coast of England. Jour. Roy. Microsc. Soc., 1897: 467–511, pls. 6, 7

West W. & West G. S. 1898. On some desmids of the United States. Linn. Soc. Jour. Bot., 33: 279–332, pls 16–18, 7 Textfigs.

West W. & West G. S. 1900-1901. The alga-flora of Yorkshire: a complete account of the known freshwater algae of the county, with many notes on their affinities and distribution. Bot. Trans. Yorkshire Nat. Union, 5(22)：5–52; 5(23)：53–100; 5(25)：101–164; 5(27)：165–239

West W. & West G. S. 1901. Freshwater Chlorophyceae. In: Jos. Schmidt's Flora of Koh Chang. Contributions to the knowledge of the vegetation in the Gulf of Siam. pp. 73–102. Preliminary report on the botanical results of the Danish expedition to Siam(1899 1900). IV. Bot. Tidsskr., 24: 157–186, pls. 2–4

West W. & West G. S. 1902. A contribution to the freshwater algae of Ceylon. Trans. Linn. Soc. London, Bot., II., 6(3)：123–215. pls 17–22

West W. & West G. S. 1902a. A contribution to the freshwater algae of the north of Ireland. Trans. Roy. Irish. Acad., 32 B(1)：1–100, Pls. 1–3

West W. & West G. S. 1903. Scottish freshwater plankton. No. 1. Linn. Soc. Jour. Bot., 35: 519–556, pls. 14–18

West W. & West G. S. 1904. A Monograph of the British Desmidiaceae. I. 224 pp. 32 pls., Ray Soc., London

West W. & West G. S. 1905. A Monograph of the British Desmidiaceae. II. 204 pp., 32 pls. Ray Soc., London

West W. & West G. S. 1905a. A further contribution to the freshwater plankton of the Scotish Lochs. Trans. Roy. Soc. Edinburgh, 41(3)：477–518, pls. 1–7

West W. & West G. S. 1905b. Freshwater algae from the Orkneys and Shetlands. Trans. & Proc. Bot. Soc. Edinburgh, 23: 3–41, pls. 1, 2

West W. & West G. S. 1907. Freshwater algae from Burma-including a few from Bengal and Madras. Ann. Roy. Bot. Gard. Calcutta , 6(2)：175–260. pls 10–16

West W. & West G. S. 1908. A Monograph of the British Desmidiaceae. III. 274 pp. 30 pls. Ray Soc., London

West W. & West G. S. 1909. The algae of the Yan Yean Reservoir, Victoria; a biological and ecological study. Linn. Soc. Jour. Bot., 39: 1–88, pls. 1–6, 10 figs.

West W. & West G. S. 1912. On the periodicity of the phytoplankton of some british lakes. Linn. Soc. Jour. Bot., 40: 395–432, pls. 19, 4 Textfigs

West W. & West G. S. 1912. A Monograph of the British Desmidiaceae. IV. 191 pp. 33 pls. Ray Soc., London

West W. West G. S. & Carter N. 1923. A Monograph of the British Desmidiaceae. V. 300 pp., 39 pls. Ray Soc., London

Wille N. 1880. Bidrag til Kundskaben om Norges Ferskvandsalger 1. Smaalenes Chlorophyllophyceer. Christiania Vidensk.-Selsk, Förhandl., 1880(11): 1–72. pls. 1–3

Wille N. 1884. Bidrag til Sydamerikas Algflora. I－III. Bih. Kongl. Svenska Vet.-Akad. Handl., 8(18): 1–64, 3 pls. 1–3

Wille N. 1922. Algen aus Zentralasien. *In*: Sven Hedin. Southern Tibet. V. Stockholm. P. 155–193, pl. 11

Wille N. & Kolderup-Rosenvinge L. 1886. Algae fra Novaija-Zemlia og Kara-Havet, samlede paa Dijaphna-Expedition 1882－1883 af Th. Holm. Dijmaphna-Togtets Zool.-Bot. Udbytte, Kjöbenhavn 1886: 86–96, pls. 13, 14

Withrock V. B. 1869. Anteckningar om Skandnaviens Desmidiacéer. Nova Acta Reg. Soc. Sci. Upsaliensis, III., 7(3): 1–28. pl. 1

Withrock V. B. 1872. Om Gotlands och Ölands sötvattensalger. Bih. Kongl. Vet.-Akad. Handl. 1(1): 1–72. pls. 1–4

Withrock V. B. & Nordstedt C. F. O. 1877-1903. Algae aquae dulcis exsiccatae praecipue Scandinavicae quas adjectis algis marinis chlorophyllaceis et phycochromaceis distribuerunt. Fasc.: 1－35

Wolle F. 1880. Fresh-water algae. IV. Bull. Torr. Bot. Club, 7(4): 43–48, 91, pl. 5

Wolle F. 1881. Fresh-water algae. V. Bull. Torr. Bot. Club, 8(4): 37–40

Wolle F. 1882. Fresh-water algae. VI. Bull. Torr. Bot. Club, 9(3): 25–30, pl. 13

Wolle F. 1883. Fresh-water algae. VII. Bull. Torr. Bot. Club, 10(2): 13–21, pl. 27

Wolle F. 1884. Fresh-water algae. VIII. Bull. Torr. Bot. Club, 11(2): 13–17, pl. 44

Wolle F. 1884a. Desmids of the United States and list of American Pediastrums with eleven hundred illustrations on fifty-three colored plates. 168 pp., pls. 1–53, Bethlehem, Pennsylvania

Wolle F. 1885. Fresh-water algae. IX. Bull. Torr. Bot. Club, 12(1): 1–6, pl. 47

Wolle F. 1885a. Fresh-water algae. X. Bull. Torr. Bot. Club, 12(12): 125–129

Wolle F. 1887. Fresh-water algae of the United States (exclusive of the Diatomaceae) complemental to Desmids of the United States. Vol. I. xi + 364 pp. 64 pls. Bethlehem. Pennsylvania

Woloszyńska J. 1919. Przyczynek do znajomosci glonów Litwy. (II. Beitrag zur Kenntnis der Algenflora Litauens.) Rospr. Wydz. Matem.-Przyr. Akad. Umiej. w Krakowie. B., 57: 1–65, pl. III

Xiong Y. & Lo Y. (熊源新 & 罗应春) 1992. The commonly-found desmidiaceae of Guizhou. (贵州常见鼓藻科植物). Coll. Guizhou Agr. College. Tol. (贵州农学院丛刊，第 20 集), 20: 45–72, pls. 1–12

Yamagishi T. (山岸高旺) 1992. Plankton Algae in Taiwan. Uchida Rokakuho, Tokyo. 178 pp., 73 pls.

Yamaguti H. (山口久直) 1940. Desmids of Manchoukuo. *in* Kawamura's Report of The Limnobiological Survey of Kwantung & Manchoukuo. p. 477–503, 3 pls.

Zacharias O. 1898. Untersuchungen über das Plankton der Teichgewässer. Ber. Biol. Stat. Plön, 6(2): 89–139

中　文　索　引

学 名 索 引

Z

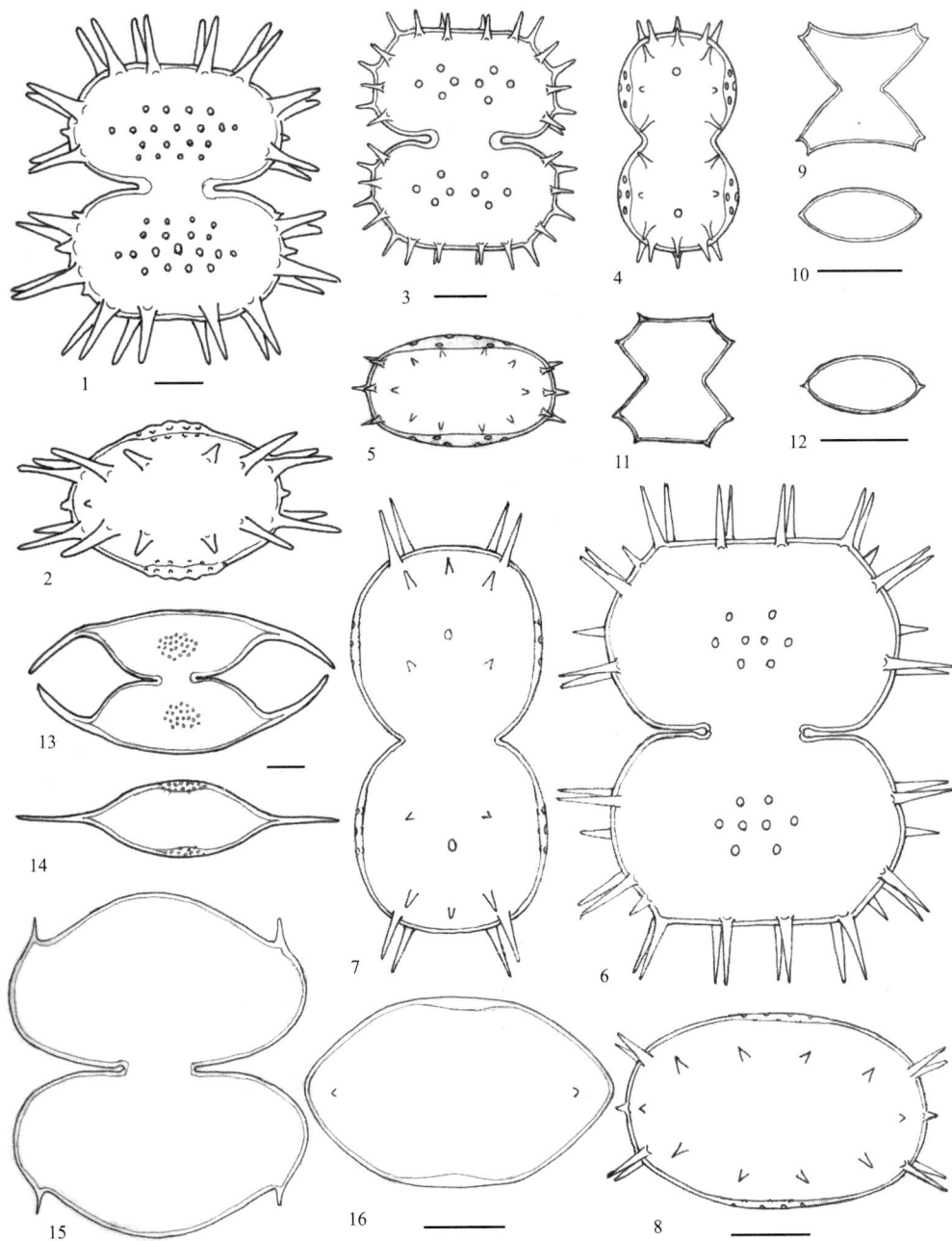

1—8. 多刺多棘鼓藻 *Xanthidium acanthophorum* Nordstedt; 9—10. 二裂多棘鼓藻 *Xanthidium bifidum*（Brébisson）Deflandre; 11—12. 二裂多棘鼓藻截形变种 *Xanthidium bifidum* var. *truncatum*（West）Wei, emend.; 13—14. 弯曲叉星鼓藻似苍耳变种 *Staurodesmus curvatus* var. *xanthidioides*（Jao）Wei, emend（仿Jao）; 15—16. 尖顶多棘鼓藻 *Xanthidium apiculatum*（Joshua）Hirano

scale = 10 μm

图版II

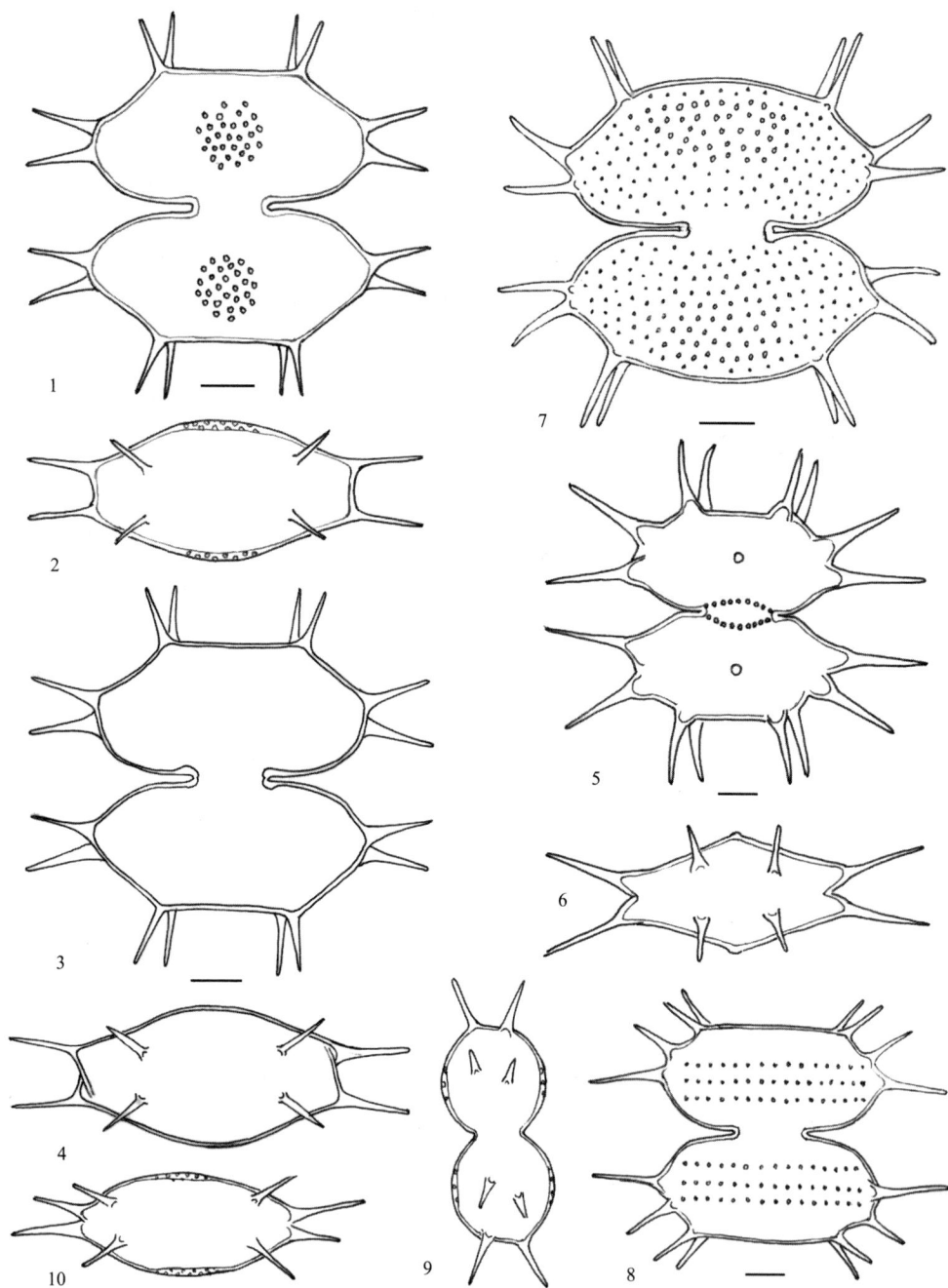

1—2. 对称多棘鼓藻 *Xanthidium antilopaeum* Kützing; 3—4. 对称多棘鼓藻平滑变种 *Xanthidium antilopaeum* var. *laeve* Schmidle; 5—6. 对称多棘鼓藻基纹变种 *Xanthidium antilopaeum* var. *basiornatum* Eichler & Raciborski; 7—10. 对称多棘鼓藻多孔变种 *Xanthidium antilopaeum* var. *poriferous* Prescott　scale = 10 μm

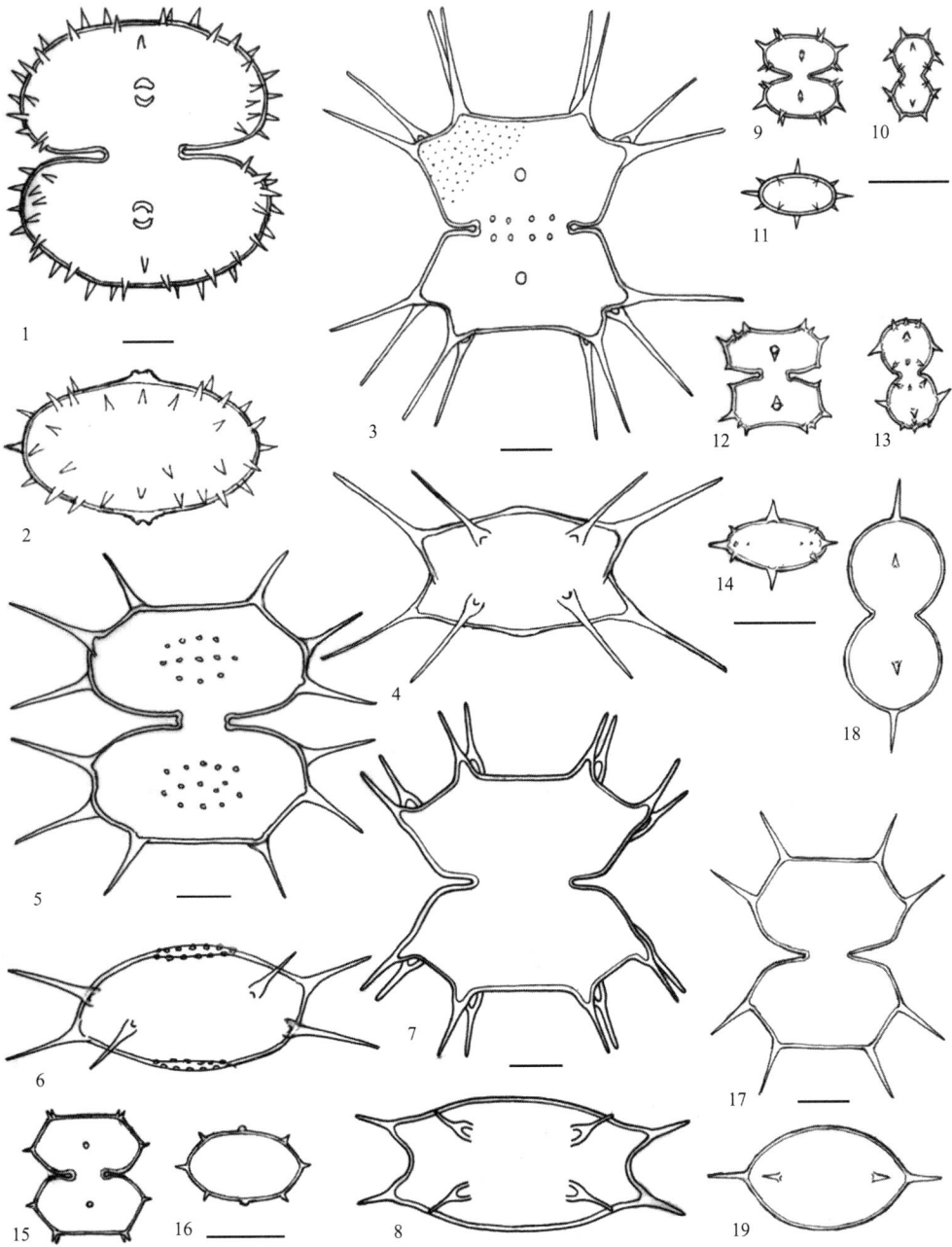

1—2. 具锐刺多棘鼓藻Xanthidium aculeatum Ralfs; 3—4. 伯基多棘鼓藻Xanthidium burkillii West & West; 5—6. 伯基多棘鼓藻互生变种Xanthidium burkillii var. alternans Skuja; 7—8. 对称多棘鼓藻乳突变种中间变型Xanthidium antilopaeum var. mamillosum f. mediolaeve Grönblad; 9—11. 约翰逊多棘鼓藻Xanthidium johnsonii West & West; 12—14. 约翰逊多棘鼓藻约翰逊变种微凹变型Xanthidium johnsonii var. johnsonii f. retusum Scott; 15—16. 精巧多棘鼓藻Xanthidium concinnum Archer; 17—19. 对生多棘鼓藻Xanthidium controversum West & West   scale = 10 μm

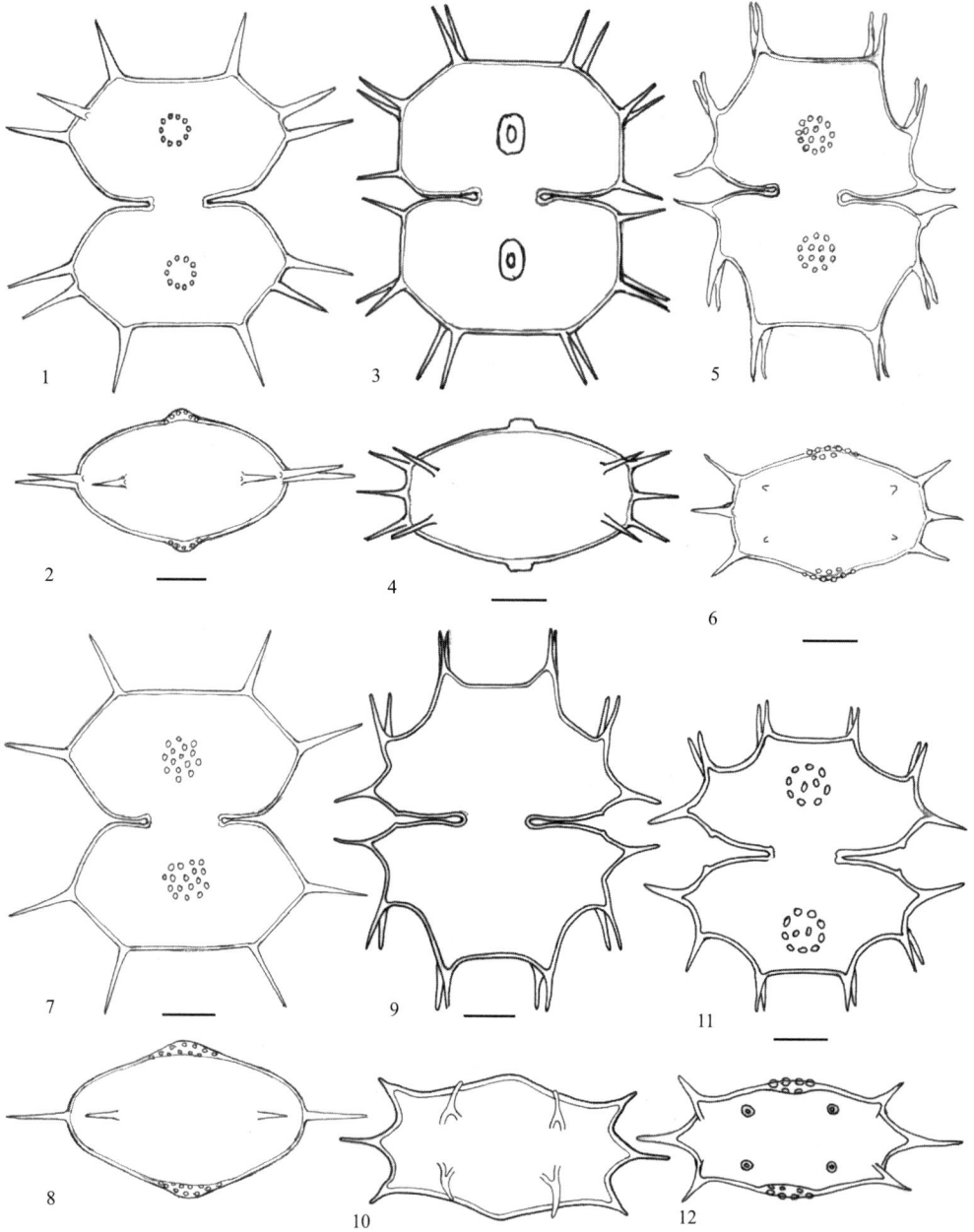

1—2. 对称多棘鼓藻哈布里变种*Xanthidium antilopaeum* var. *hebridarum* West & West; 3—4. 冠毛多棘鼓藻*Xanthidium cristatum* Ralfs; 5—6. 冠毛多棘鼓藻钩刺变种*Xanthidium cristatum* var. *unicinatum* Ralfs; 7—8. 对生多棘鼓藻浮游变种*Xanthidium controversum* var. *planctonicum* West & West; 9—10. 冠毛多棘鼓藻平滑变种*Xanthidium cristatum* var. *leiodermum*（Roy & Bissett）Turner; 11—12. 冠毛多棘鼓藻德尔变种*Xanthidium cristatum* var. *delpontei* Roy & Bissett scale = 10 μm

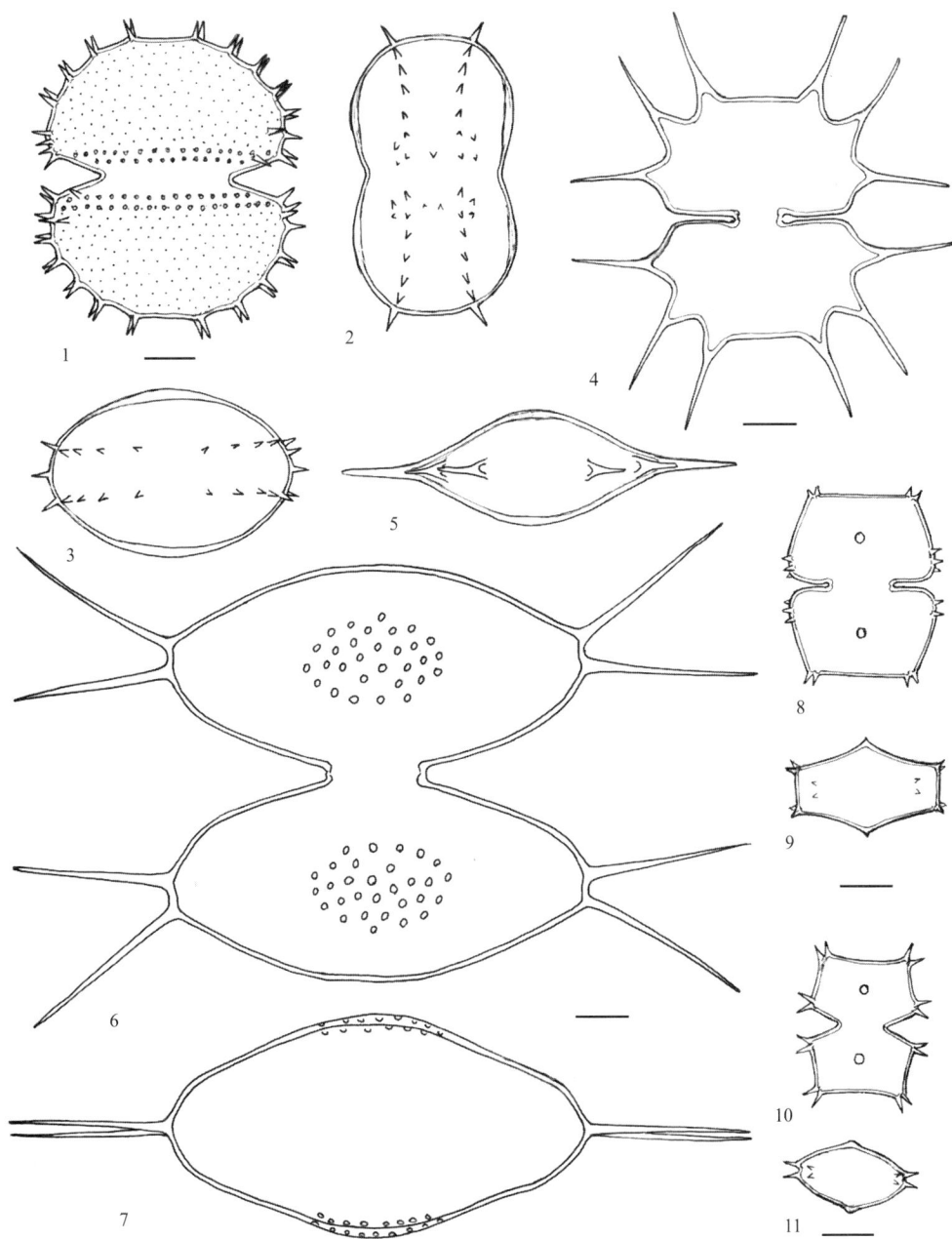

1—3. 具刺多棘鼓藻*Xanthidium spinosum*(Joshua) West & West; 4—5. 六乳突多棘鼓藻*Xanthidium sexmamilatum* West & West; 6—7. 近戟形多棘鼓藻*Xanthidium subhastiferum* West; 8—9. 史密斯多棘鼓藻变异变种*Xanthidium smithii* var. *variabile* Nordstedt; 10—11. 史密斯多棘鼓藻*Xanthidium smithii* Archer　scale = 10 μm

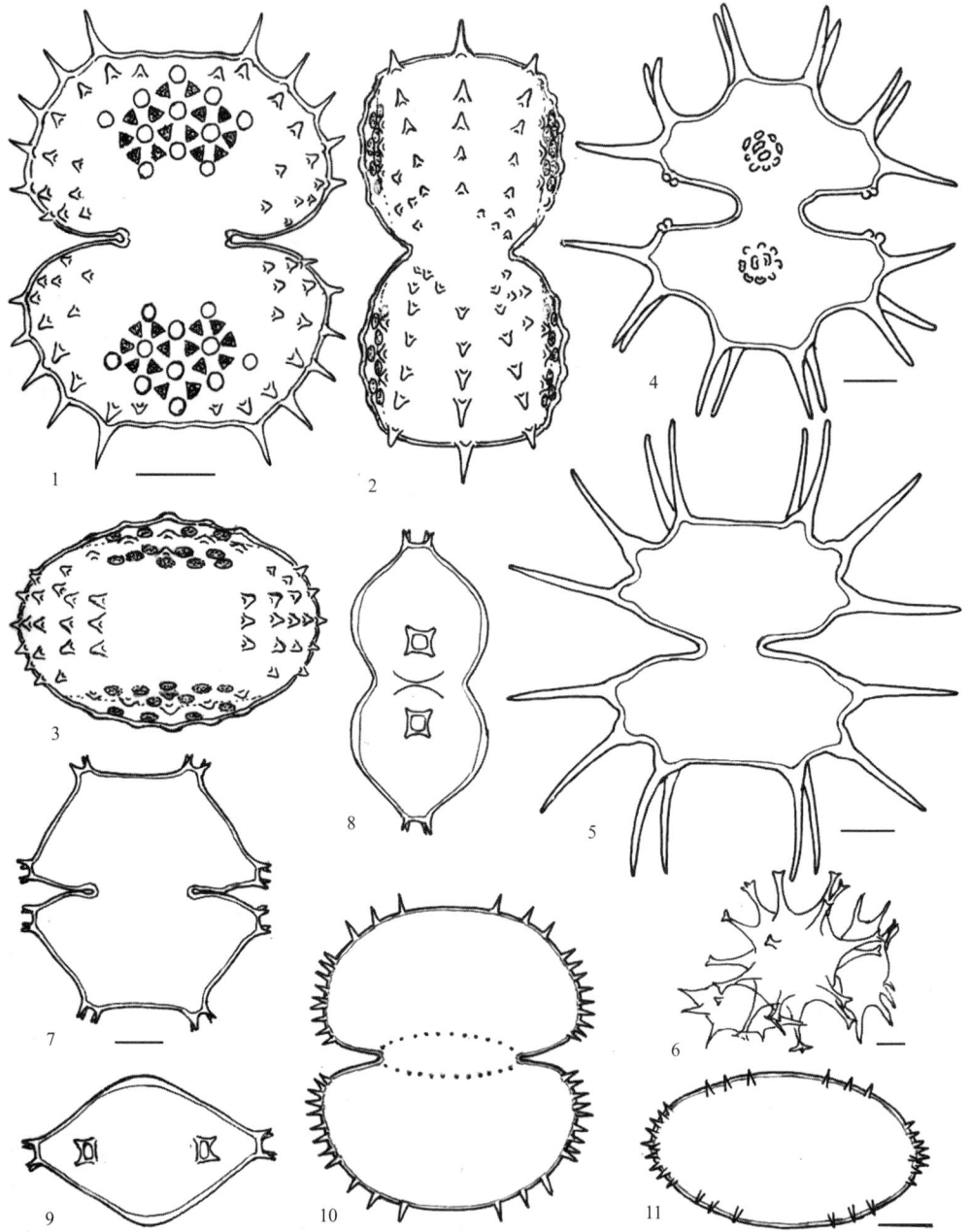

1—3. 浙江多棘鼓藻Xanthidium zhejiangense Wei; 4. 近三裂多棘鼓藻克里格变种Xanthidium subtrilobum var. kriegerii Jao（仿 Jao）；5—6. 戟形多棘鼓藻爪哇变种Xanthidium hastiferum var. javanicum (Nordstedt) Turner，6. 接合孢子（仿Lütkemüller）；7—9. 雷切多棘鼓藻平滑变种Xanthidium raciborskii var. glabrum Jao（仿Jao）；10—11. 美丽多棘鼓藻Xanthidium pulchrum Turner scale = 10 μm

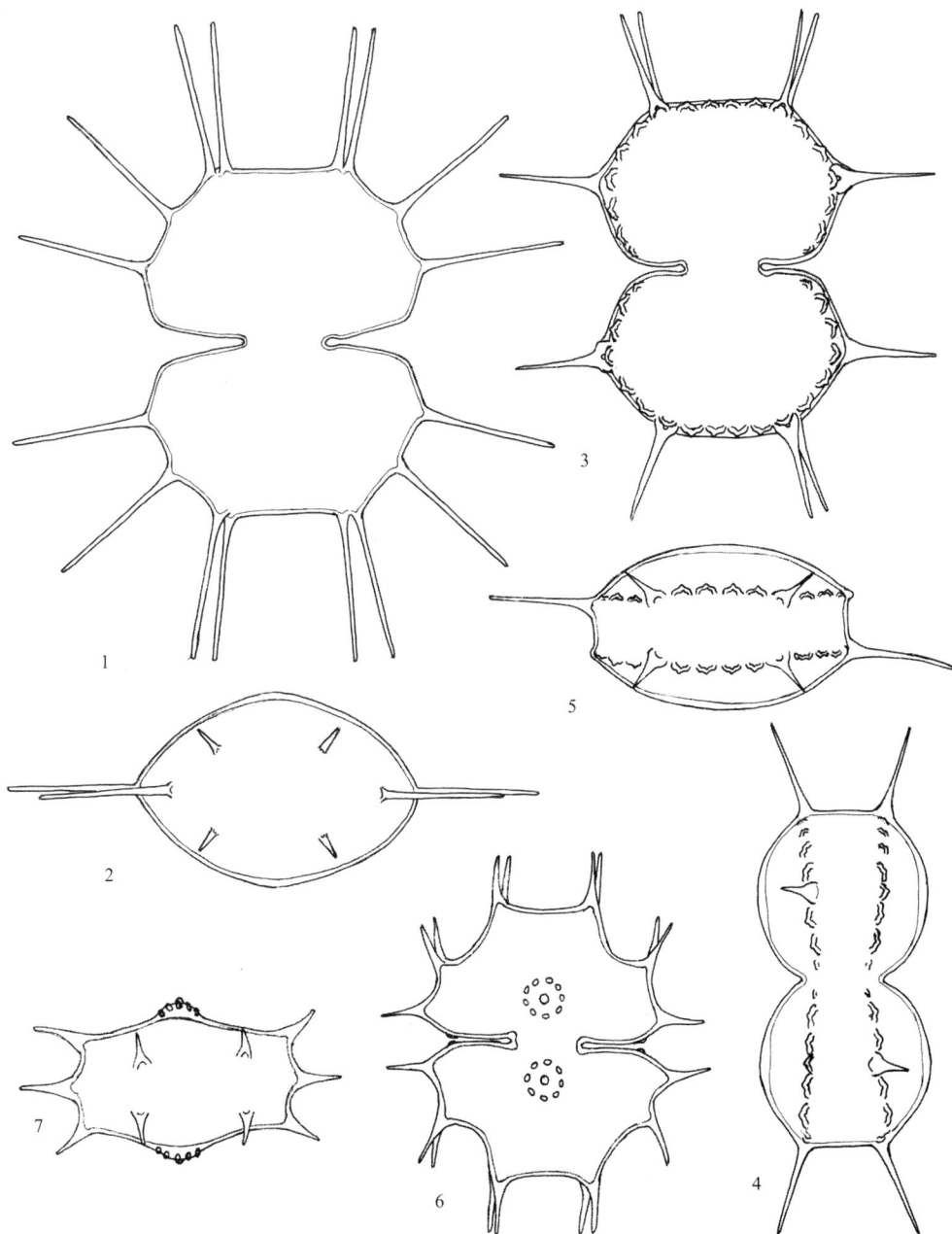

1—2. 对称多棘鼓藻平滑变种长刺变型*Xanthidium antilopaeum* var. *laeve* f. *longispinum* Scott & Prescott; 3—5. 圣锡多棘鼓藻圣锡变种不对称变型*Xanthidium sansibarense* var. *sansibarense* f. *asymmetricum* Scott & Prescott; 6—7. 近三裂多棘鼓藻*Xanthidium subtrilobum* West & West   scale = 10 μm

图版VIII

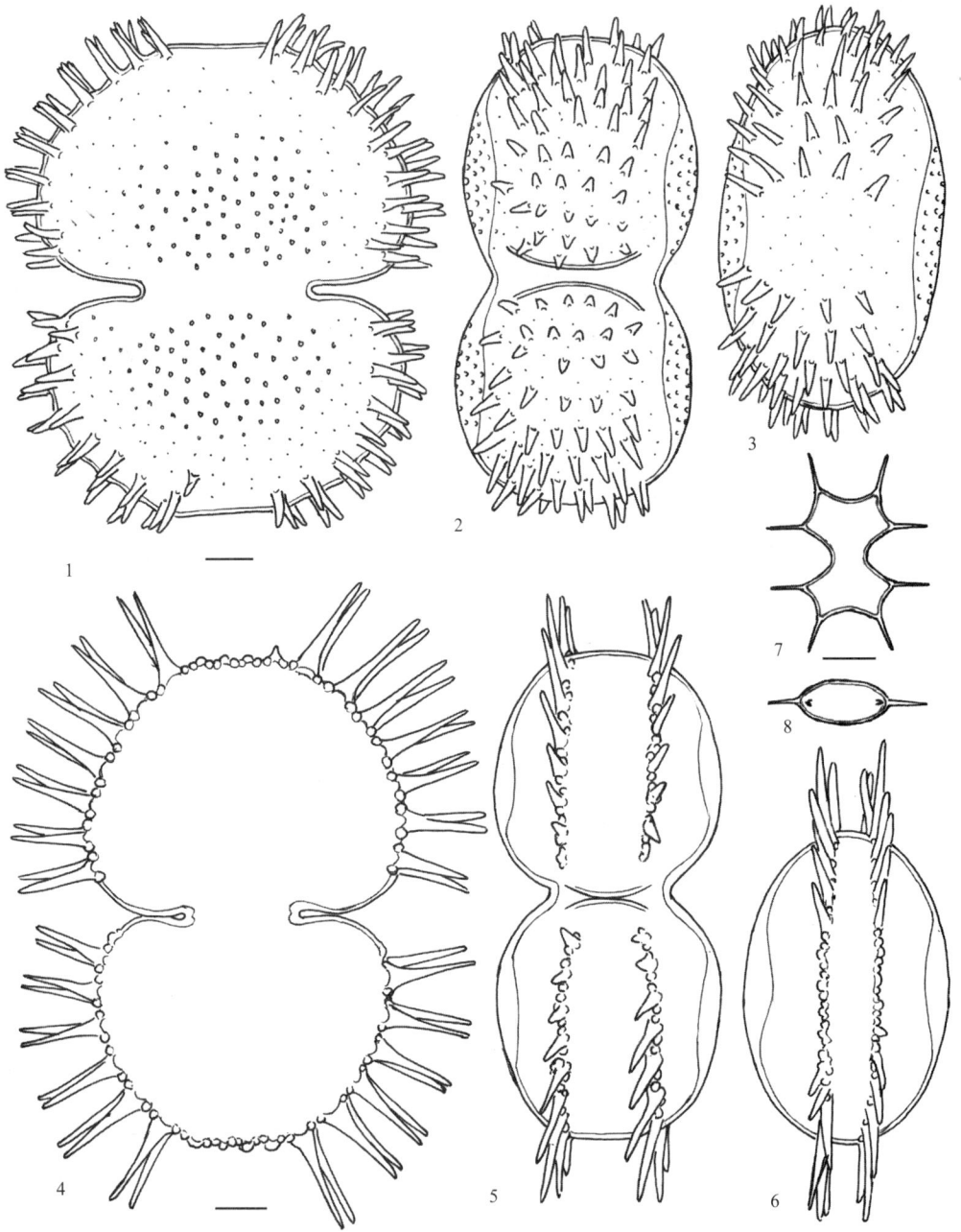

1—3. 弗里曼多棘鼓藻*Xanthidium freemanii* West & West（仿Jao）；4—6. 顶瘤多棘鼓藻*Xanthidium superbum* Elfving（仿Jao）；
7—8. 八角多棘鼓藻*Xanthidium octocorne* Ralfs　scale = 10 μm

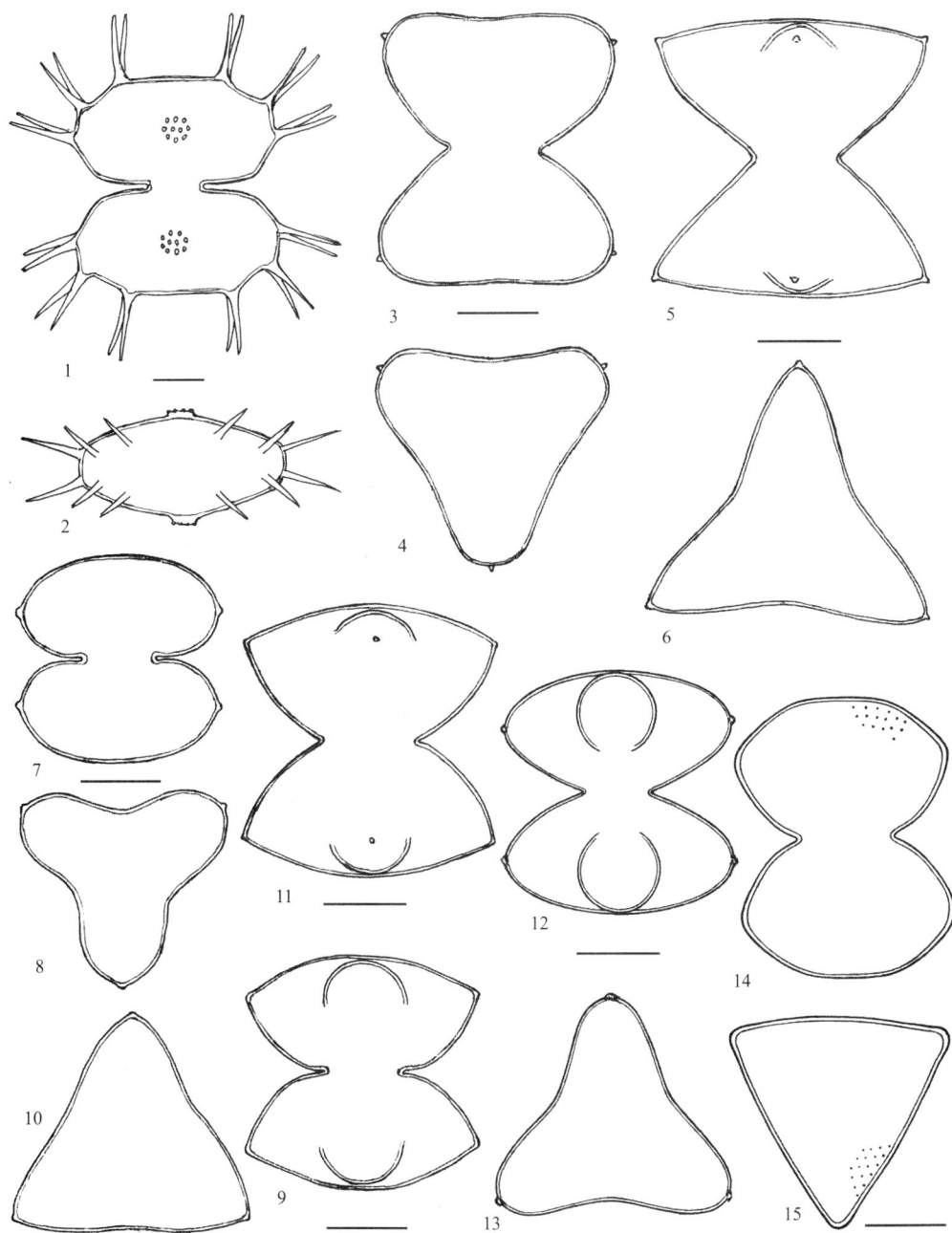

1—2. 簇刺多棘鼓藻 *Xanthidium fasciculatum* Ralfs; 3—4. 弯背叉星鼓藻 *Staurodesmus aversus* (Lundell) Lillieroth; 5—6. 克莱叉星鼓藻 *Staurodesmus clepsydra* (Nordstedt) Teiling; 7—8. 短棘叉星鼓藻 *Staurodesmus brevispina* (Ralfs) Croasdale; 9—10. 斯匹次叉星鼓藻弗洛林变种 *Staurodesmus spetsbergensis* var. *florinae* Teiling; 11—15. 斯匹次叉星鼓藻 *Staurodesmus spetsbergensis* (Nordstedt) Teiling   scale = 10 μm

图版X

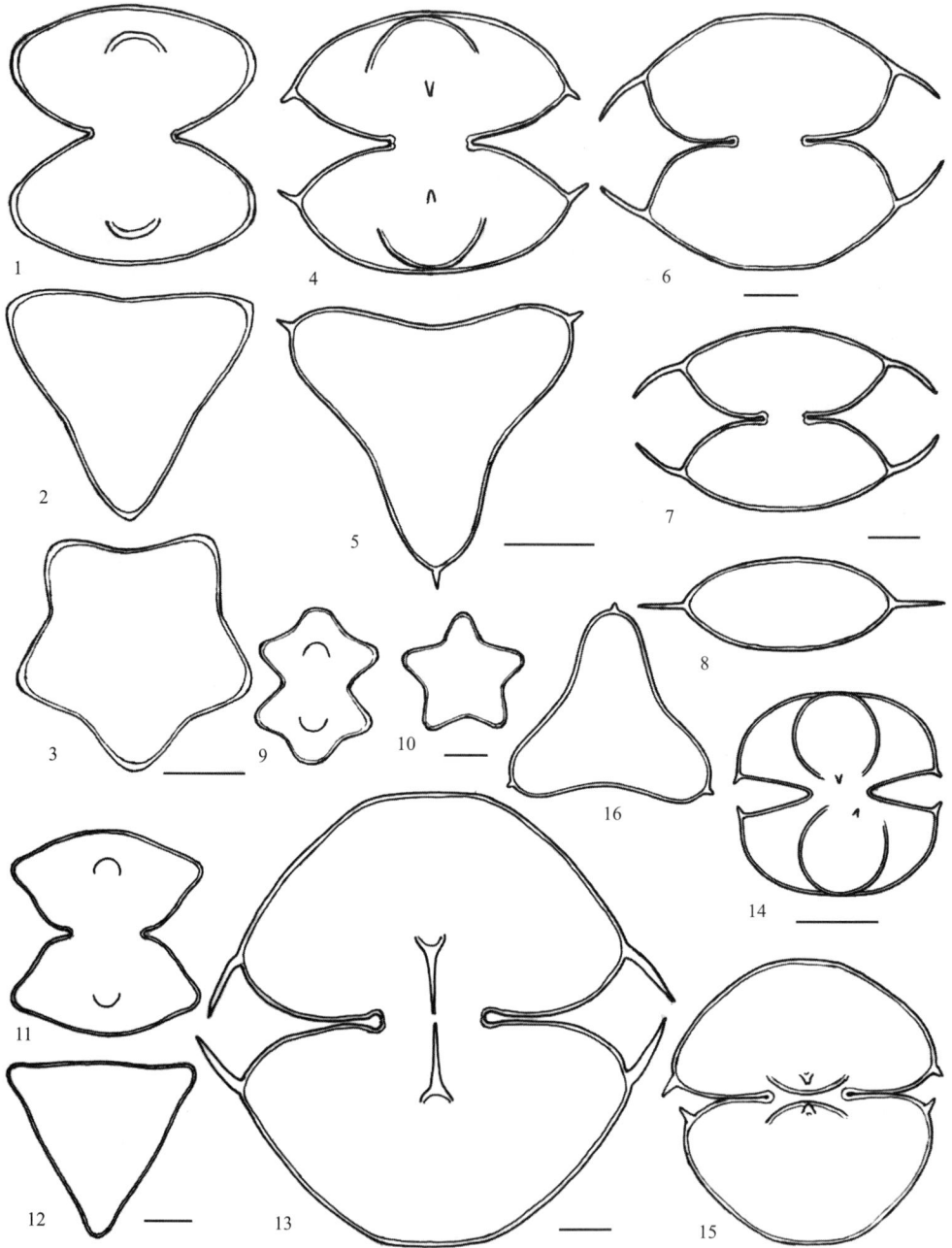

1—3. 具厚缘叉星鼓藻*Staurodesmus pachyrhynchus*（Nordstedt）Teiling; 4—5. 迪基叉星鼓藻*Staurodesmus dickiei*（Ralfs）Lillieroth; 6—8. 凑合叉星鼓藻*Staurodesmus convergens*（Ralfs）Teiling; 9—10. 超凡叉星鼓藻*Staurodesmus insignis*（Lundell）Teiling; 11—12. 近矮形叉星鼓藻*Staurodesmus subpygmaeum*（West）Croasdale; 13. 迪基叉星鼓藻伸长变种*Staurodesmus dickiei* var. *productus* Förster; 14—16. 迪基叉星鼓藻圆变种*Staurodesmus dickiei* var. *circularis*（Turner）Croasdale   scale = 10 μm

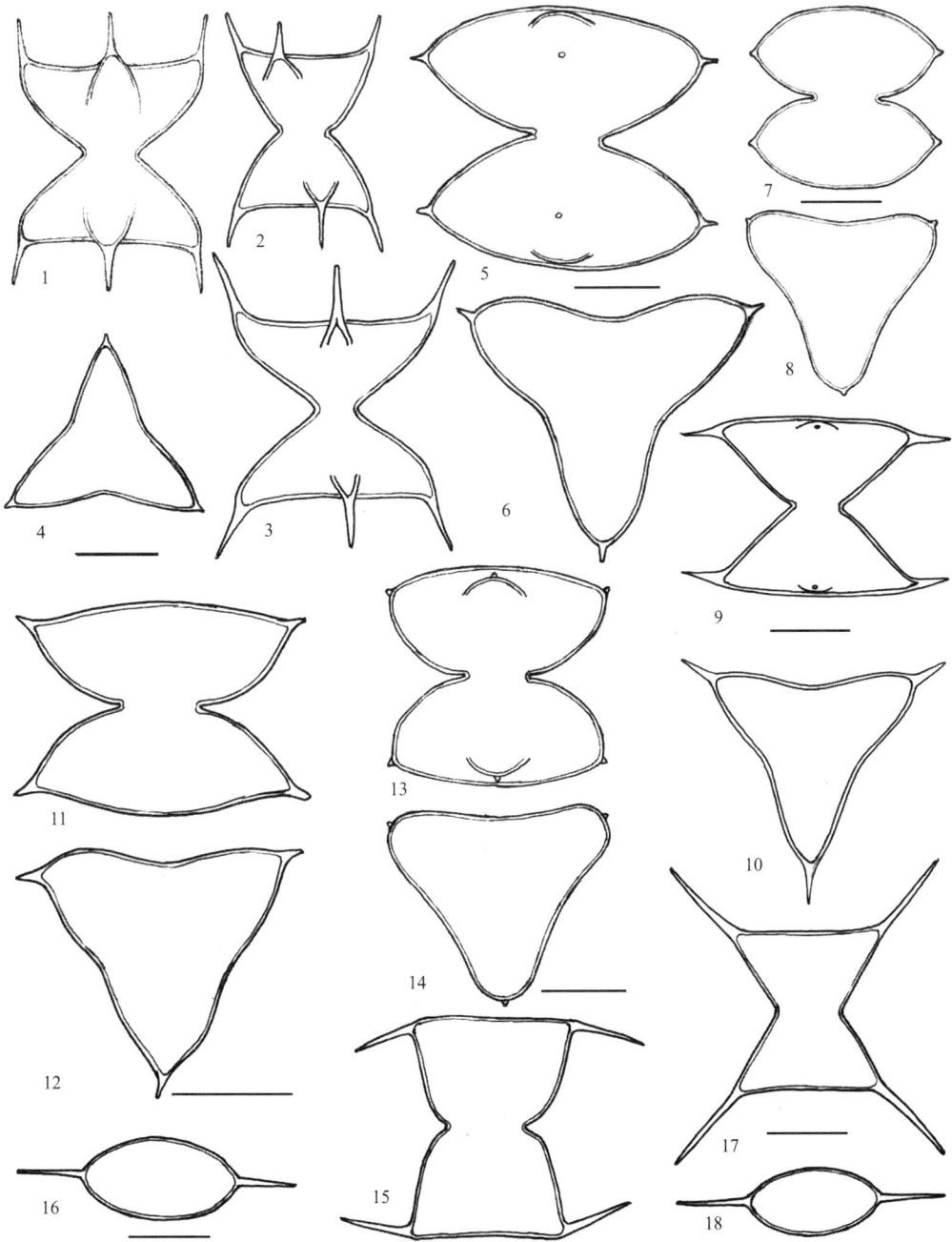

1—4. 近缘叉星鼓藻*Staurodesmus connatus*(Lundell) Thomasson; 5—6. 短尖头叉星鼓藻*Staurodesmus mucronatus*(Brébisson) Croasdale; 7—8. 短尖头叉星鼓藻平行变种*Staurodesmus mucronatus* var. *parallelus*(Nordstedt) Teiling; 9—10. 短尖头叉星鼓藻近三角形变种*Staurodesmus mucronatus* var. *subtriangularis*(West & West) Croasdale; 11—12. 伸展叉星鼓藻*Staurodesmus patens*(Nordstedt) Croasdale; 13—14. 伸展叉星鼓藻伸展变种膨胀变型*Staurodesmus patens* var. *patens* f. *inflatus*(West) Teiling; 15—16. 英克斯叉星鼓藻拉尔夫变种*Staurodesmus incus* var. *ralfsii*(West & West) Teiling; 17—18. 英克斯叉星鼓藻*Staurodesmus incus*(Ralfs) Teiling   scale = 10 μm

图版XII

1—2. 芒状叉星鼓藻*Staurodesmus aristiferus*(Ralfs) Thomasson; 3—4. 芒状叉星鼓藻凸出变种*Staurodesmus aristiferus* var. *projectus*(Jao) Wei, comb. nov(仿Jao); 5—6. 平卧叉星鼓藻尖刺变种*Staurodesmus dejectus* var. *apiculatus*(Brébisson) Teiling; 7—8. 平卧叉星鼓藻*Staurodesmus dejectus*(Ralfs) Teiling; 9—10. 锥形刺叉星鼓藻*Staurodesmus subulatus*(Kützing) Thomasson; 11—12. 翼孢叉星鼓藻*Staurodesmus pterosporus*(Lundell) Bourrelly; 13. 布尔叉星鼓藻近英克斯变种*Staurodesmus bulnheimii* var. *subincus*(West & West) Thomasson   scale = 10 μm

1—2. 平滑叉星鼓藻Staurodesmus glaber (Ralfs) Teiling; 3—6. 平滑叉星鼓藻德巴变种Staurodesmus glaber var. debaryanus (Nordstedt) Teiling; 7—10. 具爪叉星鼓藻Staurodesmus unguiferus (Turner) Thomasson; 11—13. 具小角叉星鼓藻Staurodesmus corniculatus (Lundell) Teiling; 14—17. 具小角叉星鼓藻近具刺变种Staurodesmus corniculatus var. subspinigerum (Förster) Teiling   scale = 10 μm

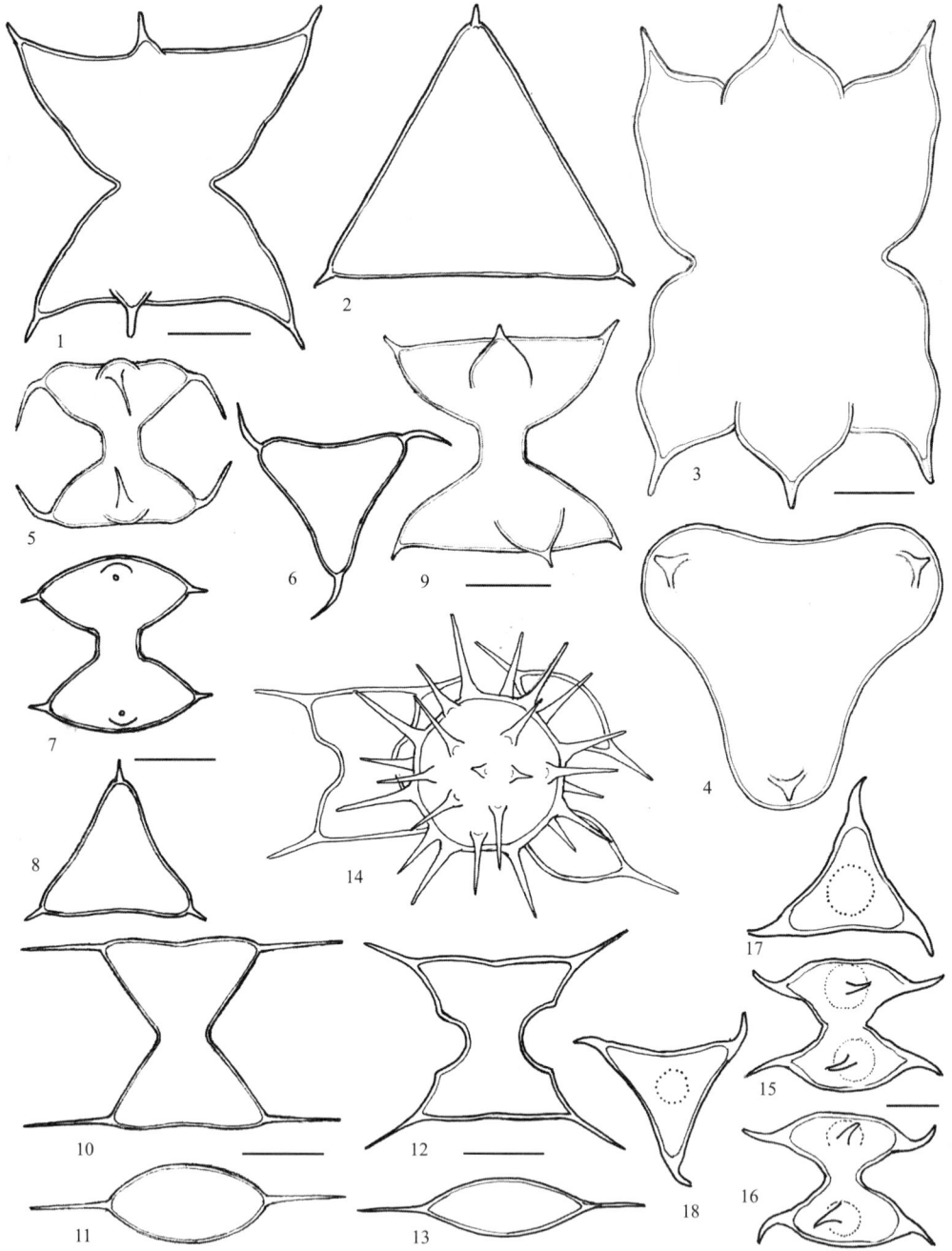

图版XIV

1—2. 薄皮叉星鼓藻Staurodesmus leptodermus(Lundell)Teiling; 3—4. 薄皮叉星鼓藻伊卡普变种Staurodesmus leptodermus var. ikapoae(Schmidle)Thomasson; 5—9. 尖头叉星鼓藻Staurodesmus cuspidatum(Ralfs)Teiling; 10—11. 叉星鼓藻Staurodesmus triangularis(Lagerheim)Teiling; 12—14. 伸长叉星鼓藻Staurodesmus extensus(Borge)Teiling; 15—18. 钩刺叉星鼓藻 Staurodesmus curvirostris(Turner)Teiling(仿Skuja)   scale = 10 μm

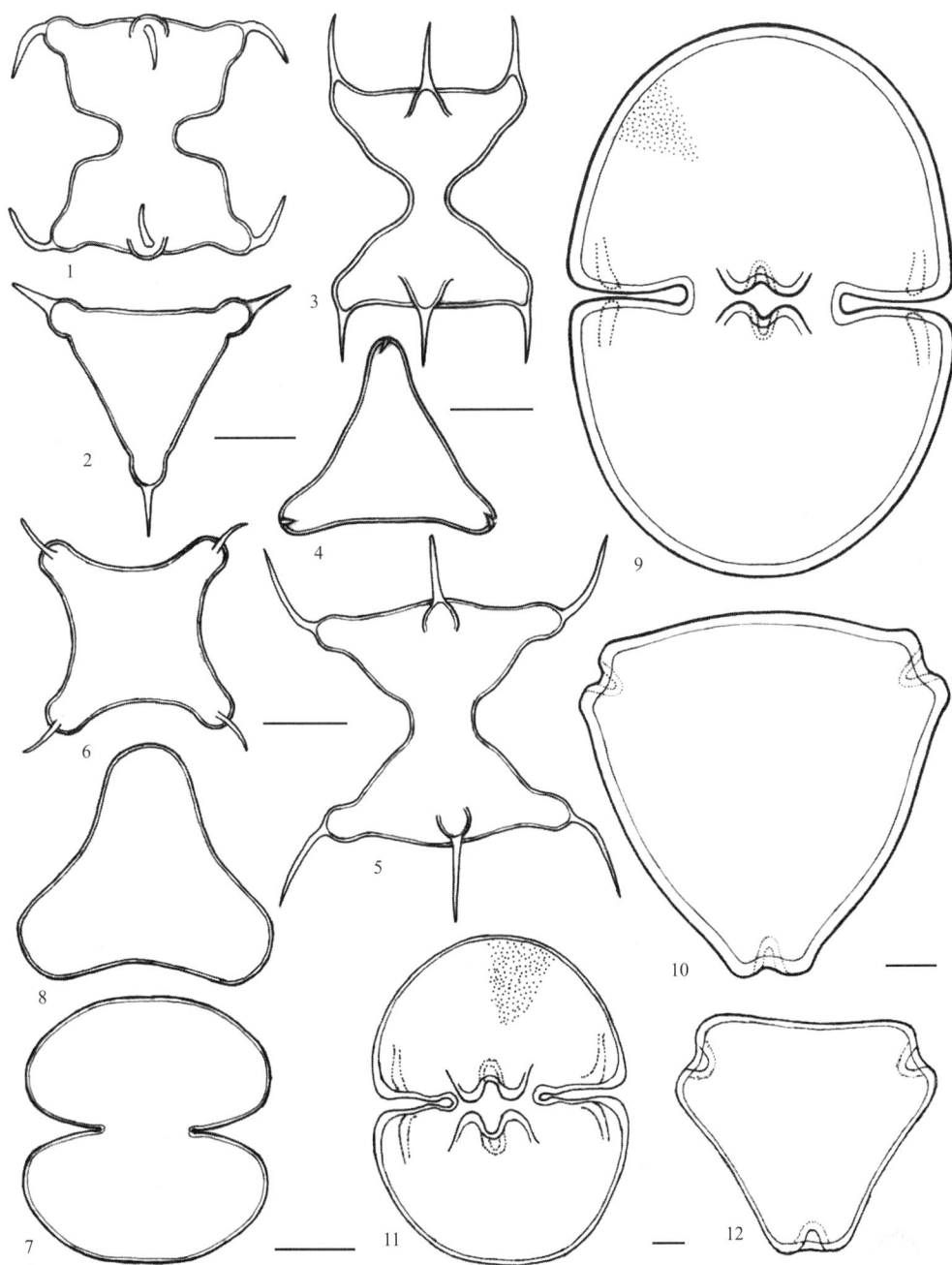

图版XV

1—6. 单角叉星鼓藻*Staurodesmus unicornis*(Turner)Thomasson; 7—8. 光角星鼓藻*Staurastrum muticum* Ralfs; 9—10. 赞布角星鼓藻*Staurastrum zahlbruckneri* Lütkemüller; 11—12. 赞布角星鼓藻赞布变种湖南变型*Staurastrum zahlbruckneri* var. *zahlbruckneri* var. *hunanense* Jao（仿Jao） scale = 10 μm

图版XVI

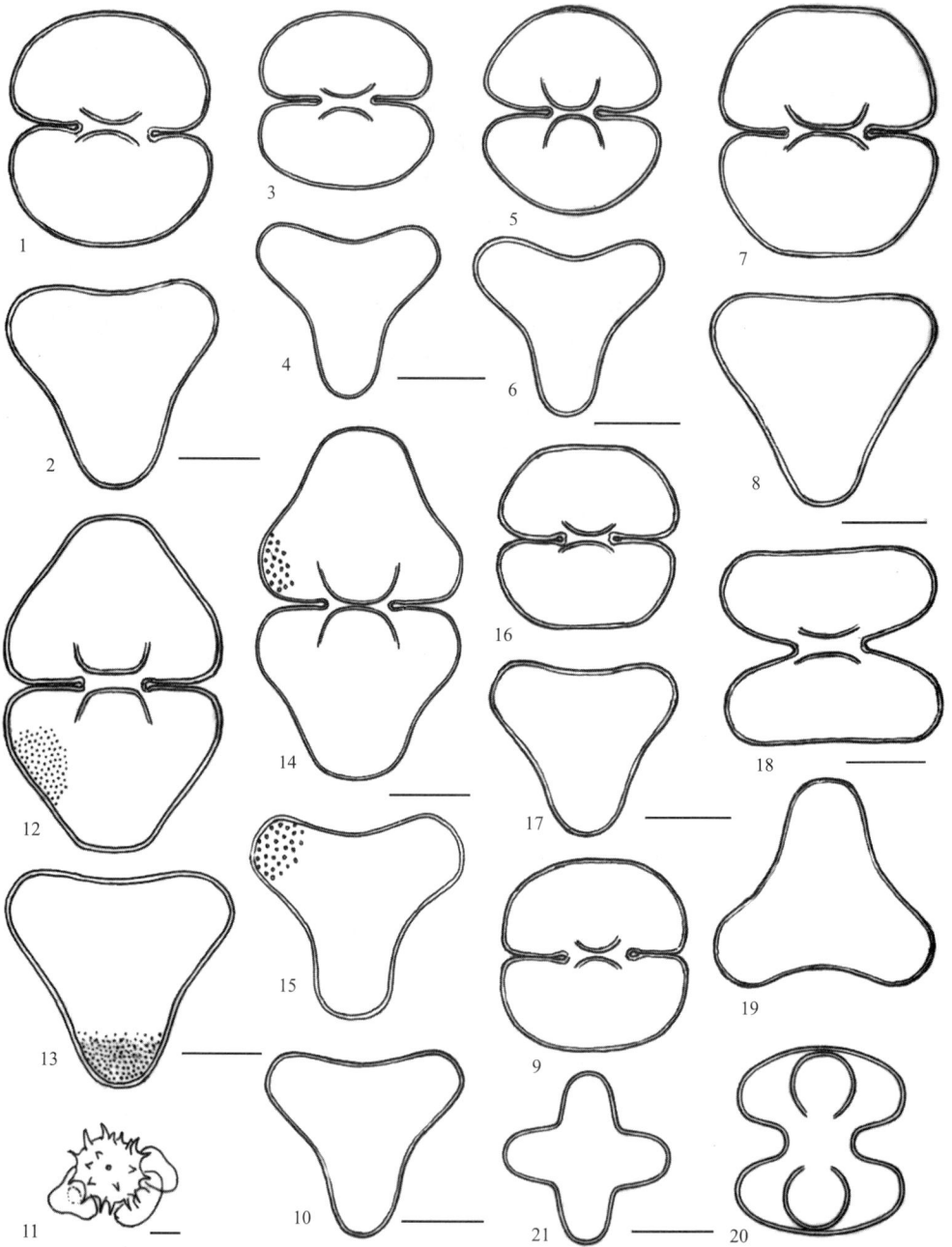

1—2. 圆形角星鼓藻Staurastrum orbiculare Ralfs; 3—4. 圆形角星鼓藻扁变种Staurastrum orbiculare var. depressum Roy & Bissett; 5—6. 圆形角星鼓藻拉尔夫变种Staurastrum orbiculare var. ralfsii West & West; 7—8. 圆形角星鼓藻冬季变种Staurastrum orbiculare var. hibernicum West & West; 9—11. 圆形角星鼓藻长方形变种Staurastrum orbiculare var. quadratum Schmidle, 11. 接合孢子(仿Lütkemüller); 12—15. 三角状角星鼓藻Staurastrum trihedrale Wolle; 16—17. 钝角角星鼓藻Staurastrum retusum Turner; 18—19. 变狭角星鼓藻Staurastrum coarctatum Brébisson; 20—21. 变狭角星鼓藻近缩短变种Staurastrum coarctatum var. subcurtum Nordstedt scale = 10 μm

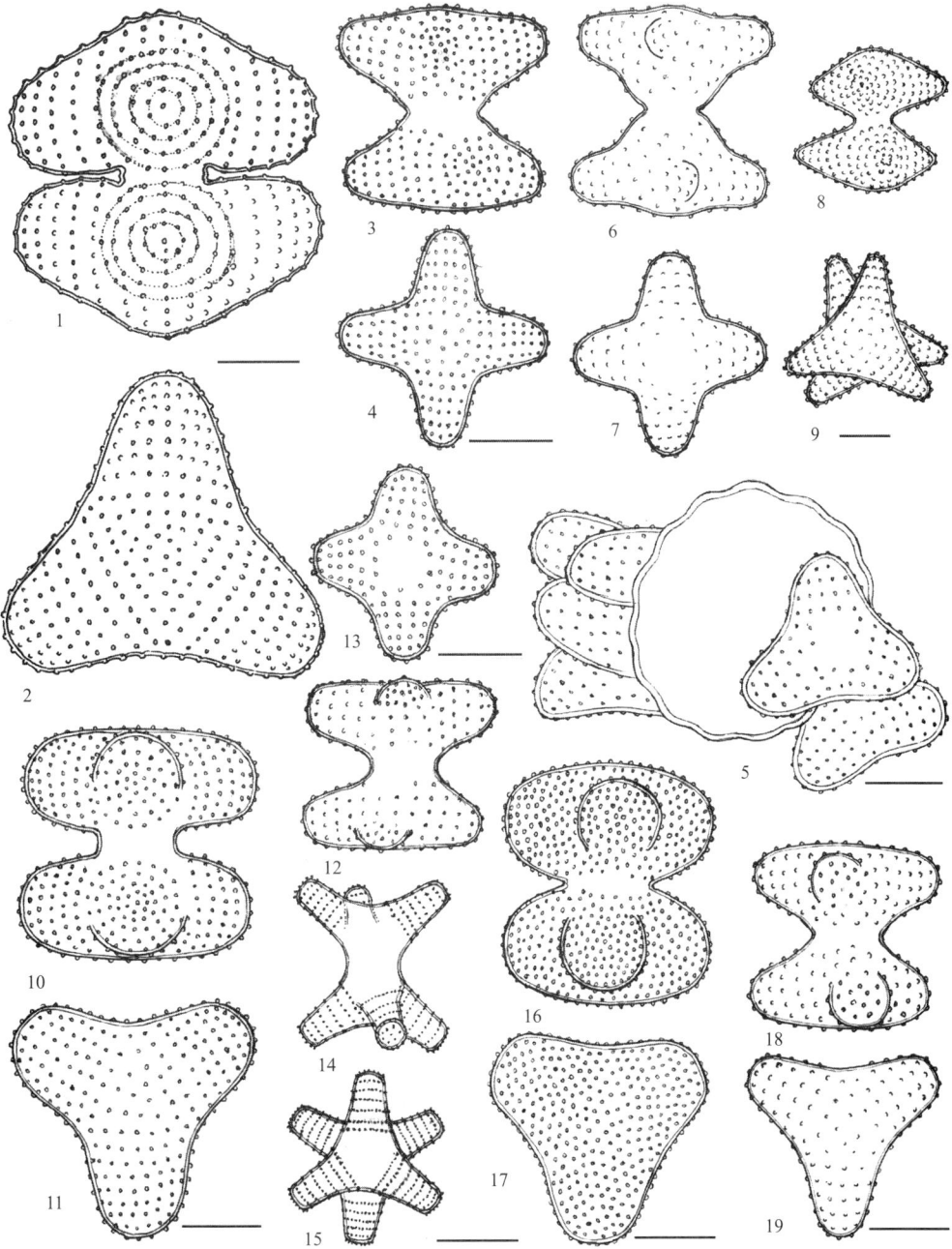

1—2. 拉波角星鼓藻 *Staurastrum lapponicum* (Schmidle) Grönblad; 3—5. 膨胀角星鼓藻 *Staurastrum dilatatum* Ralfs, 5. 接合孢子; 6—7. 膨胀角星鼓藻冬季变种 *Staurastrum dilatatum* var. *hibernicum* West & West; 8—9. 不等角星鼓藻 *Staurastrum dispar* Brébisson; 10—13. 条纹角星鼓藻 *Staurastrum striolatum* (Nägeli) Archer; 14—15. 条纹角星鼓藻叉开变种 *Staurastrum striolatum* var. *divergens* West & West; 16—17. 膨大角星鼓藻 *Staurastrum turgescens* De Notaris; 18—19. 互生角星鼓藻 *Staurastrum alternans* Ralfs scale = 10 μm

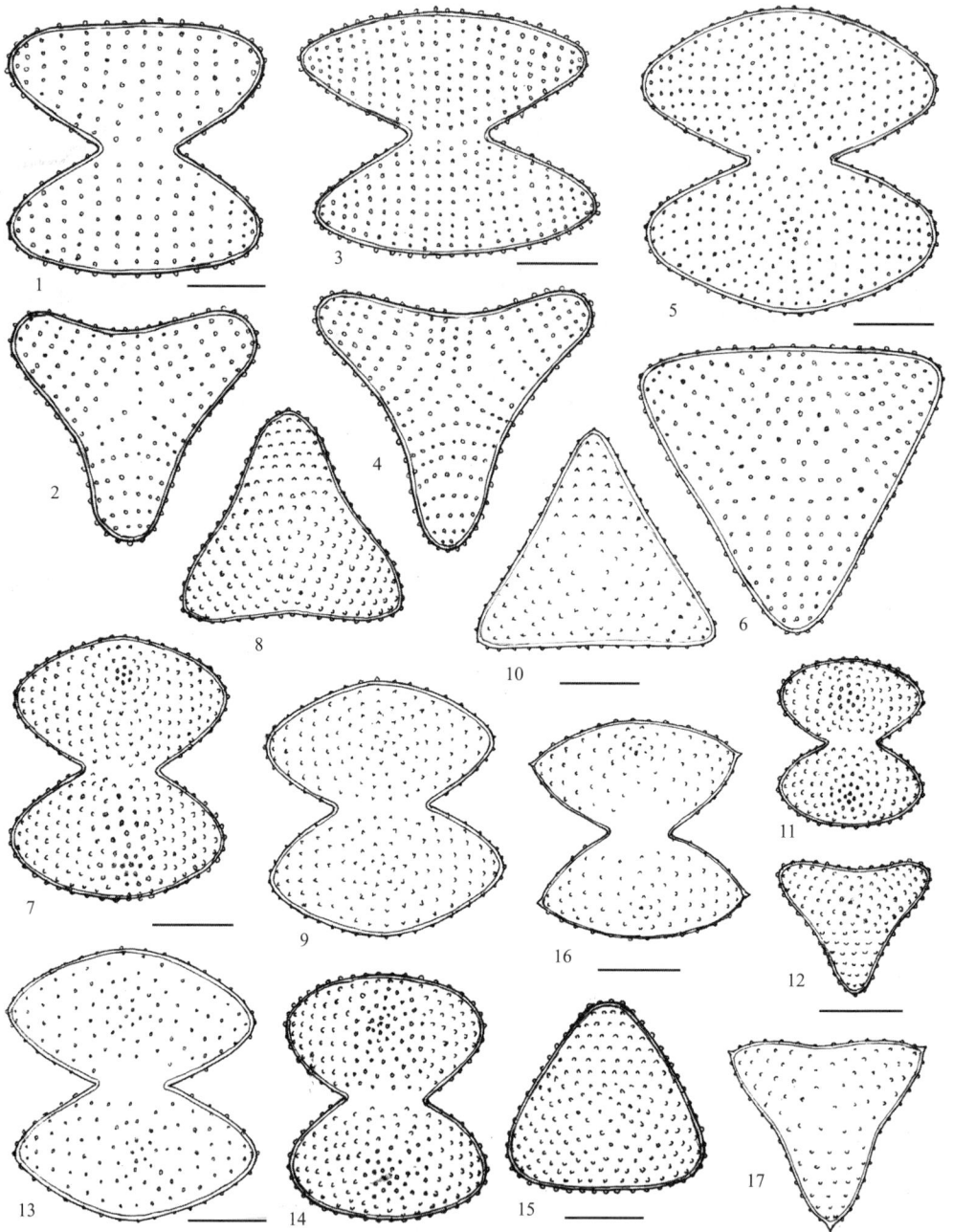

图版XVIII

1—2. 颗粒角星鼓藻三角形变种*Staurastrum punctulatum* var. *triangulare* Jao（仿Jao）；3—4. 颗粒角星鼓藻近纺锤形变种*Staurastrum punctulatum* var. *subfusiforme* Jao（仿Jao）；5—6. 颗粒角星鼓藻近伸出变种*Staurastrum punctulatum* var. *subproductum* West & West；7—8. 颗粒角星鼓藻*Staurastrum punctulatum* Ralfs；9—10. 颗粒角星鼓藻矮小变种*Staurastrum punctulatum* var. *pygmaeum*（Ralfs）West & West；11—12. 颗粒角星鼓藻颗粒变种小型变型*Staurastrum punctulatum* var. *punctulatum* f. *minor*（West & West）Hirano；13. 颗粒角星鼓藻条纹变种*Staurastrum punctulatum* var. *striatum* West & West；14—15. 颗粒角星鼓藻杰尔变种*Staurastrum punctulatum* var. *kjellmani* Wille；16—17. 具粒角星鼓藻*Staurastrum granulosum* Ralfs   scale = 10 μm

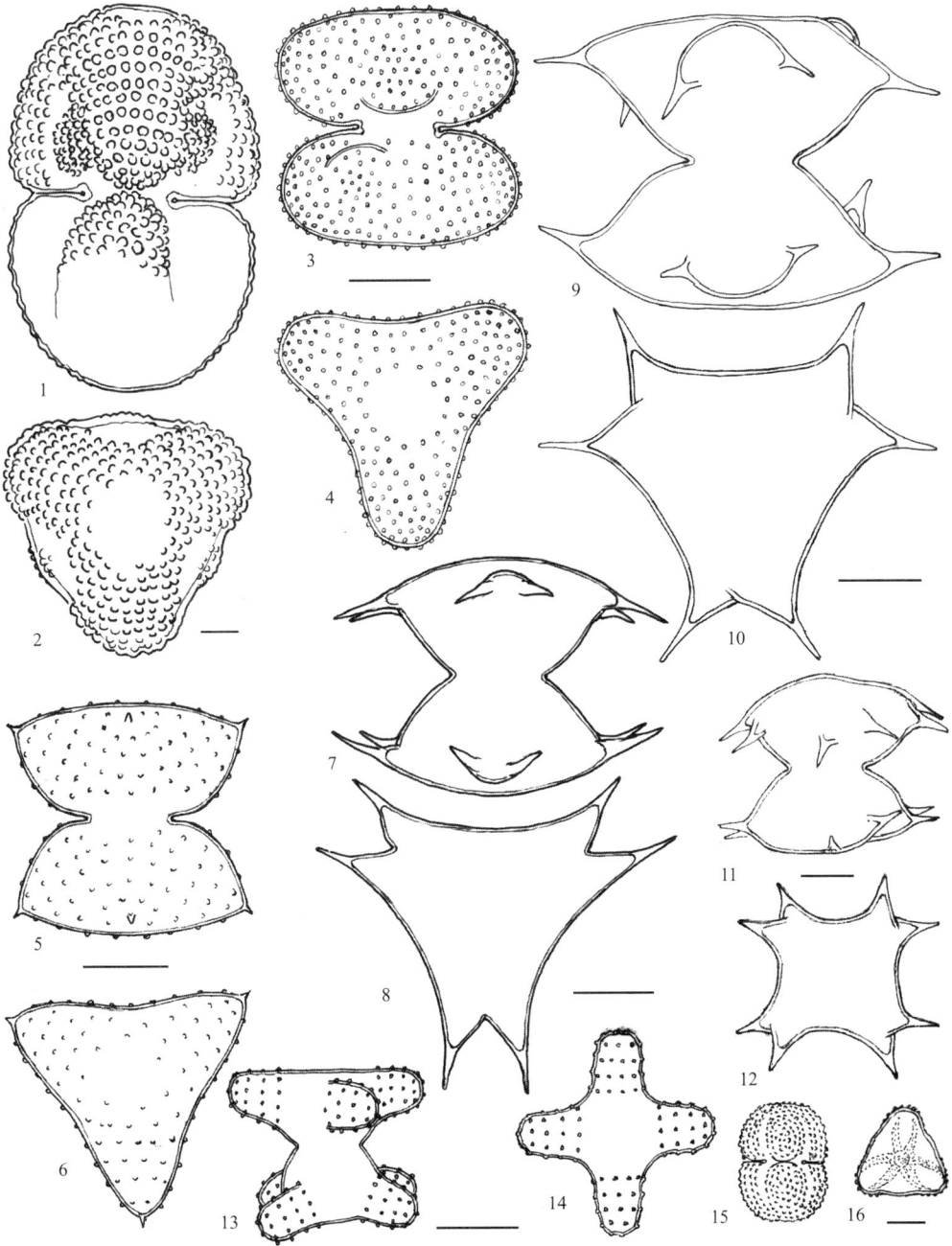

1—2. 汉德角星鼓藻*Staurastrum handelii* Skuja（仿Skuja）；3—4. 规列角星鼓藻*Staurastrum rugulosum* Ralfs；5—6. 新月角星鼓藻*Staurastrum lunatum* Ralfs；7—8. 两裂角星鼓藻*Staurastrum bifidum* Ralfs；9—12. 两裂角星鼓藻扭转变种*Staurastrum bifidum* var. *tortum* Turner；13—14. 双角角星鼓藻中华变种*Staurastrum disputatum* var. *sinense*（Lütkemüller）West & West；15—16. 葡萄角星鼓藻中华变种*Staurastrum botrophilum* var. *sinense* Skuja（仿Skuja）   scale = 10 μm

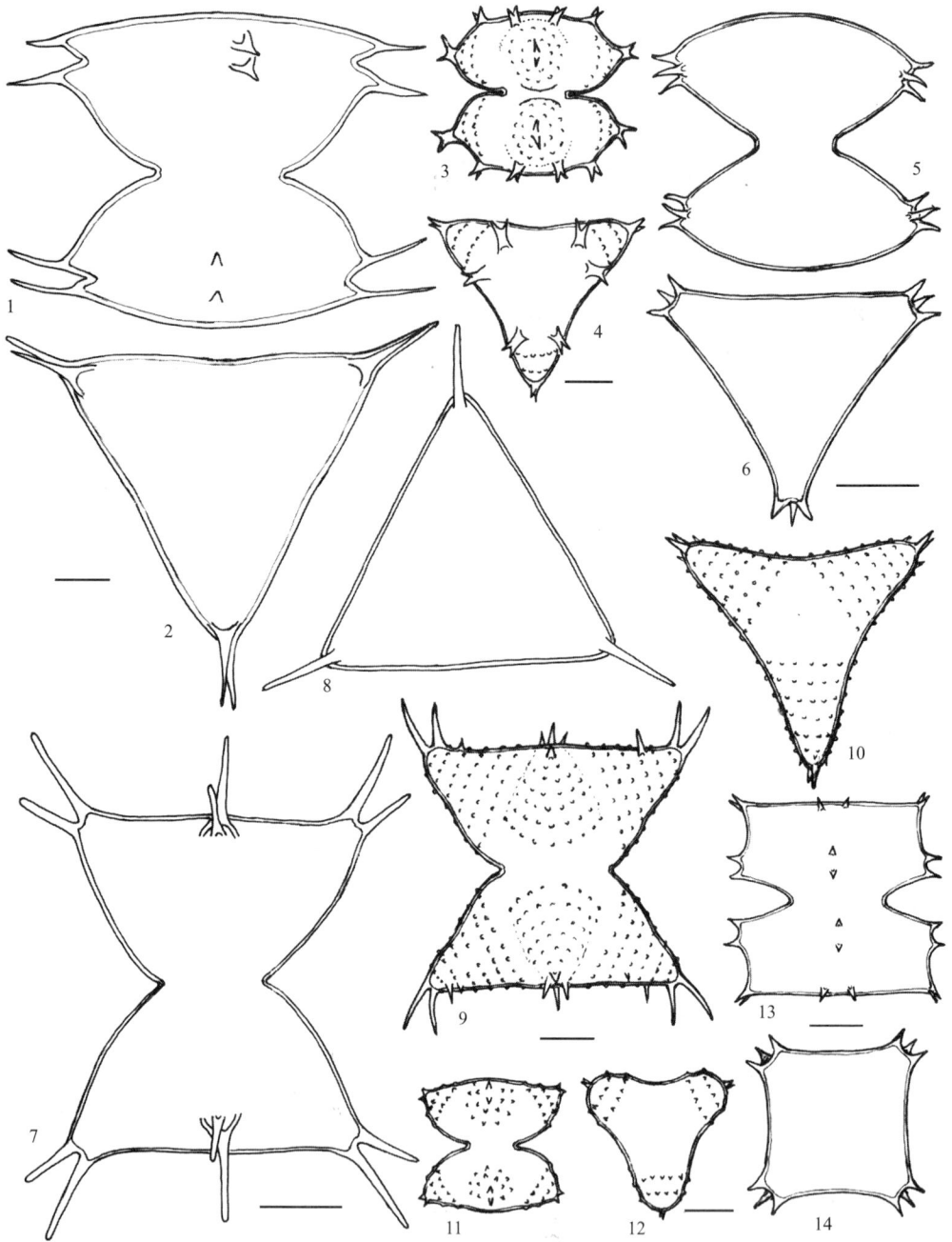

1—2. 长刺角星鼓藻Staurastrum longispinum（Baily）Archer; 3—4. 近阿维角星鼓藻Staurastrum subavicula（West）West & West; 5—6. 三浅裂角星鼓藻Staurastrum trifidum Nordstedt; 7—8. 剑形角星鼓藻Staurastrum ensiferum Turner; 9—10. 舟形角星鼓藻Staurastrum navigiolum Grönblad; 11—12. 小齿角星鼓藻Staurastrum denticulatum（Nägeli）Archer; 13—14. 四棱角星鼓藻Staurastrum quadrangulare Ralfs   scale = 10 μm

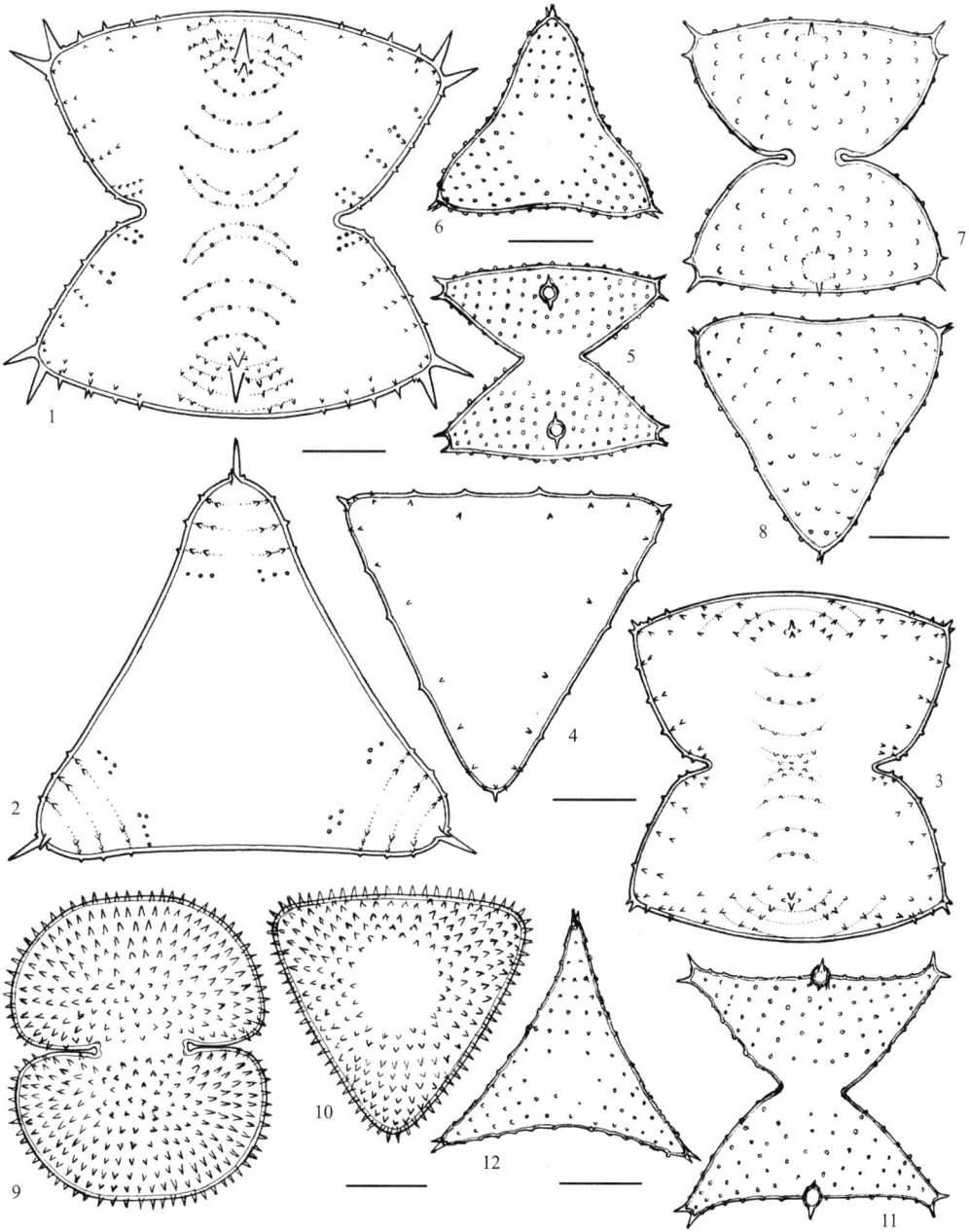

1—2. 冠毛角星鼓藻日本变种*Staurastrum cristatum* var. *japonicum* Hirano; 3—4. 冠毛角星鼓藻*Staurastrum cristatum*（Nägeli）Archer; 5—6. 阿维角星鼓藻近弓形变种*Staurastrum avicula* var. *subarcuatum*（Wolle）West & West; 7—8. 阿维角星鼓藻*Staurastrum avicula* Ralfs; 9—10. 具毛角星鼓藻*Staurastrum hirsutum* Ralfs; 11—12. 近十字角星鼓藻*Staurastrum subcruciatum* Cooke & Wille   scale = 10 μm

图版XXII

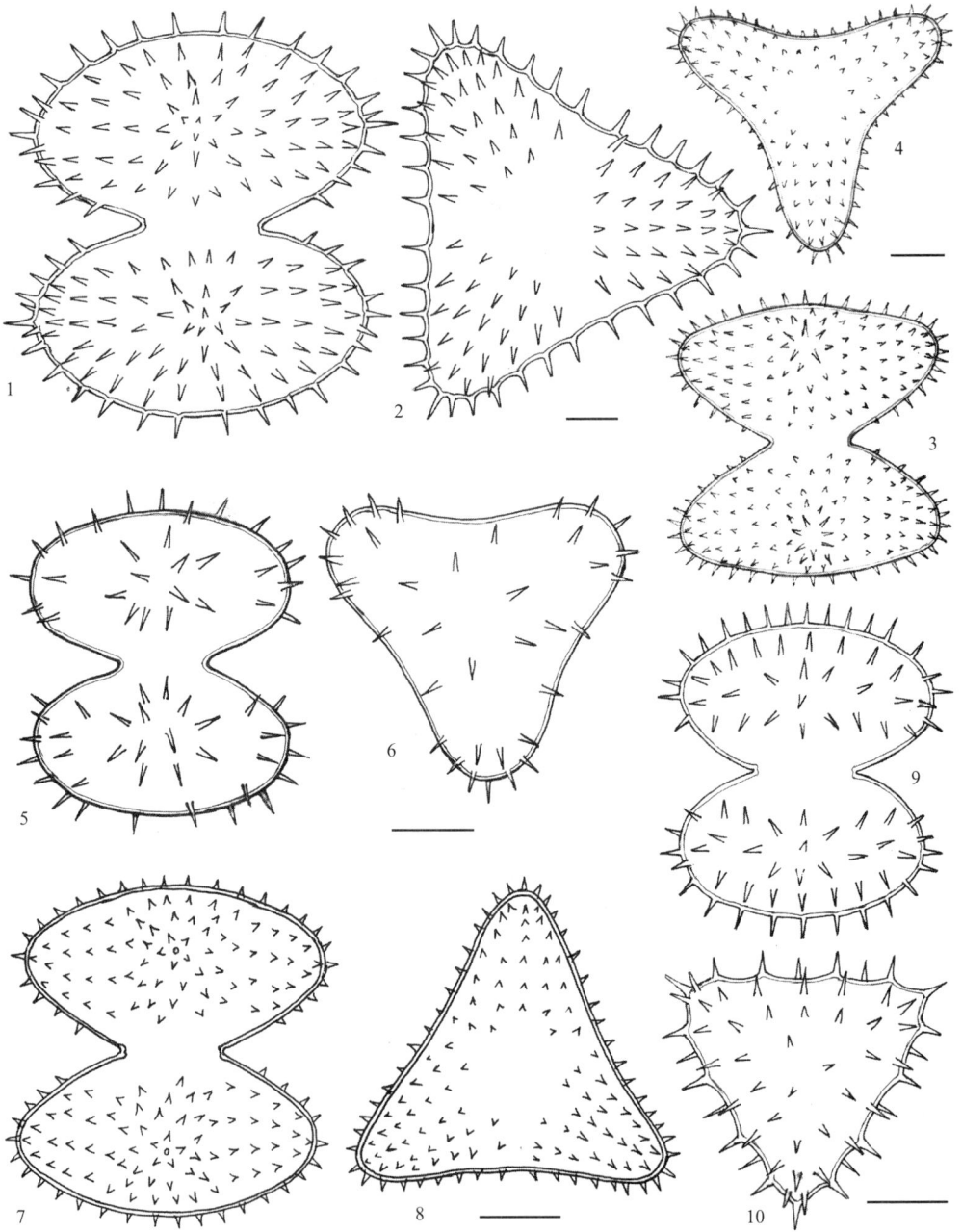

1—2. 多毛角星鼓藻*Staurastrum polytrichum*（Perty）Rabenhorst; 3—4. 被棘角星鼓藻*Staurastrum erasum* Brébisson; 5—6. 蛛网状角星鼓藻*Staurastrum telifeum* Ralfs; 7—8. 布雷角星鼓藻*Staurastrum brebissonii* Archer; 9—10. 剑状角星鼓藻*Staurastrum gladiosum* Turner scale = 10 μm

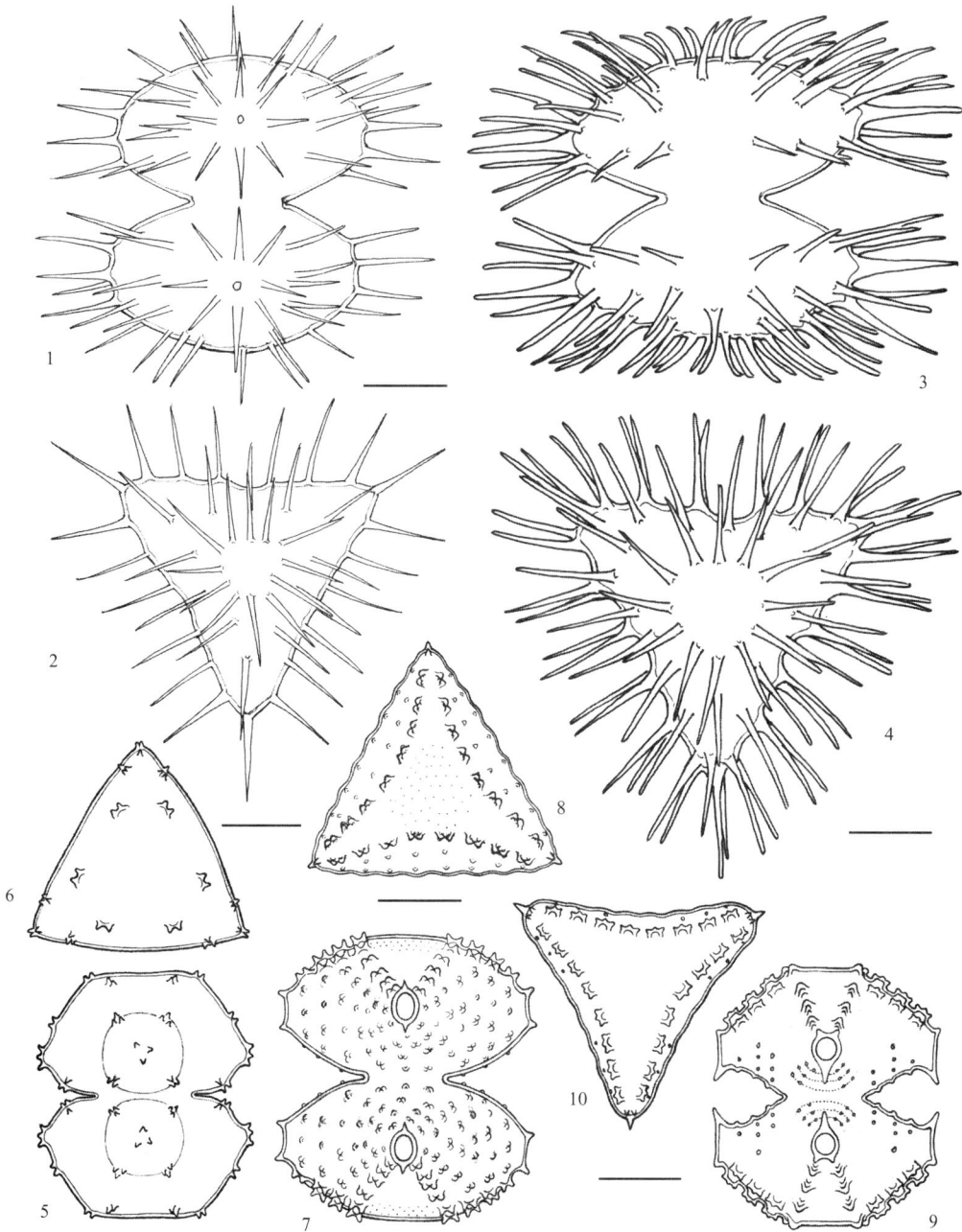

1—2. 具刚毛角星鼓藻 *Staurastrum setigerum* Cleve; 3—4. 长喙角星鼓藻中华变种 *Staurastrum longirostratum* var. *sinense* Jao(仿Jao); 5—6. 近高山角星鼓藻 *Staurastrum submonticulosum* Roy & Bissett; 7—10. 尖鼻角星鼓藻发育变种 *Staurastrum oxyrhynchum* var. *evalutum* Wei scale = 10 μm

图版 XXIV

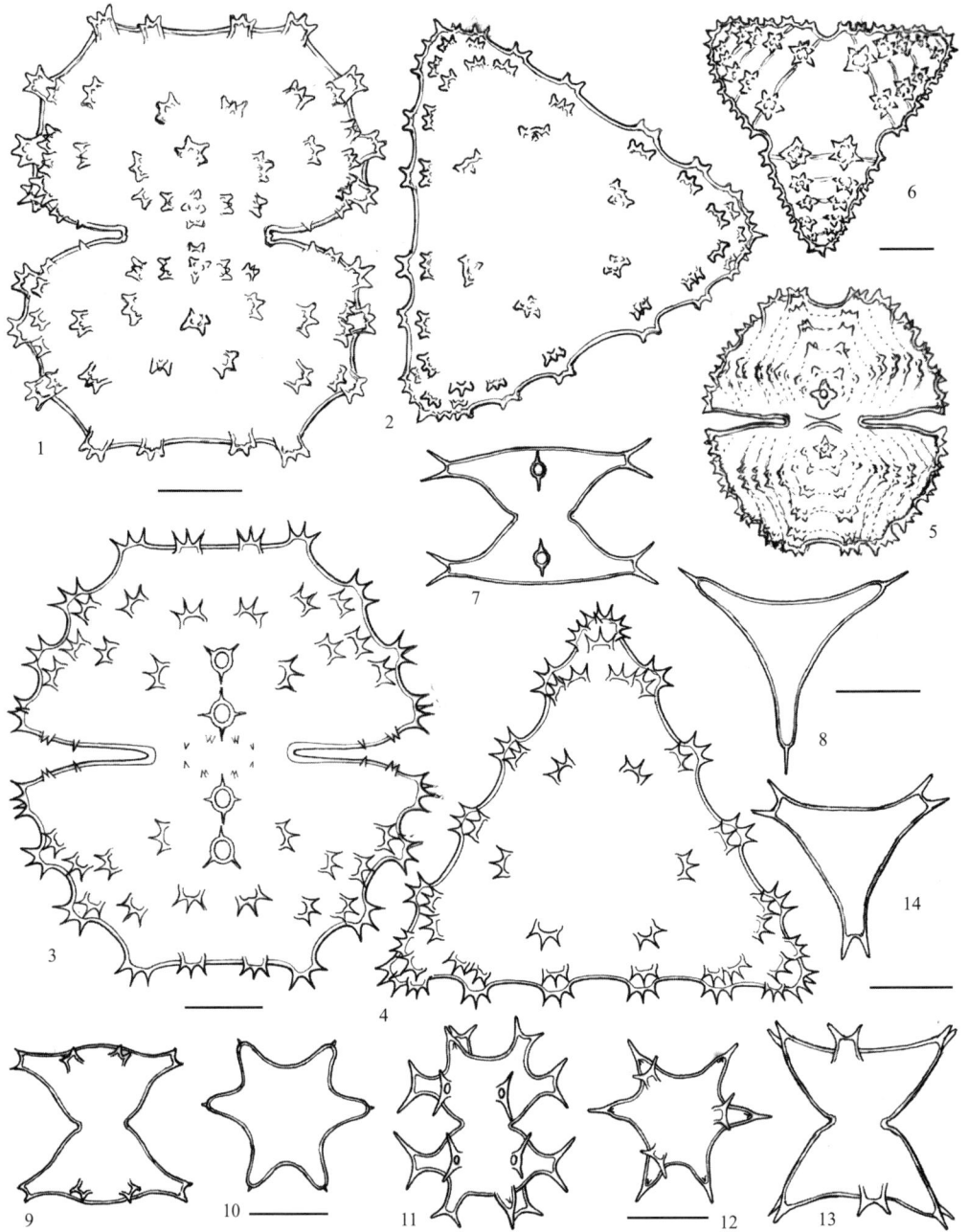

1—4. 海绵状角星鼓藻 *Staurastrum spongiosum* Ralfs; 5—6. 海绵状角星鼓藻格里变种 *Staurastrum spongiosum* var. *griffithsianum* (Nägeli) Lagerheim; 7—8. 矮小角星鼓藻 *Staurastrum nanum* Wolle; 9—10. 光滑角星鼓藻 *Staurastrum laeve* Ralfs; 11—12. 光滑角星鼓藻光滑变种超多数变型 *Staurastrum laeve* var. *laeve* f. *supernumeraria* Nordstedt; 13—14. 双翼角星鼓藻 *Staurastrum diptilum* Nordstedt　scale = 10 μm

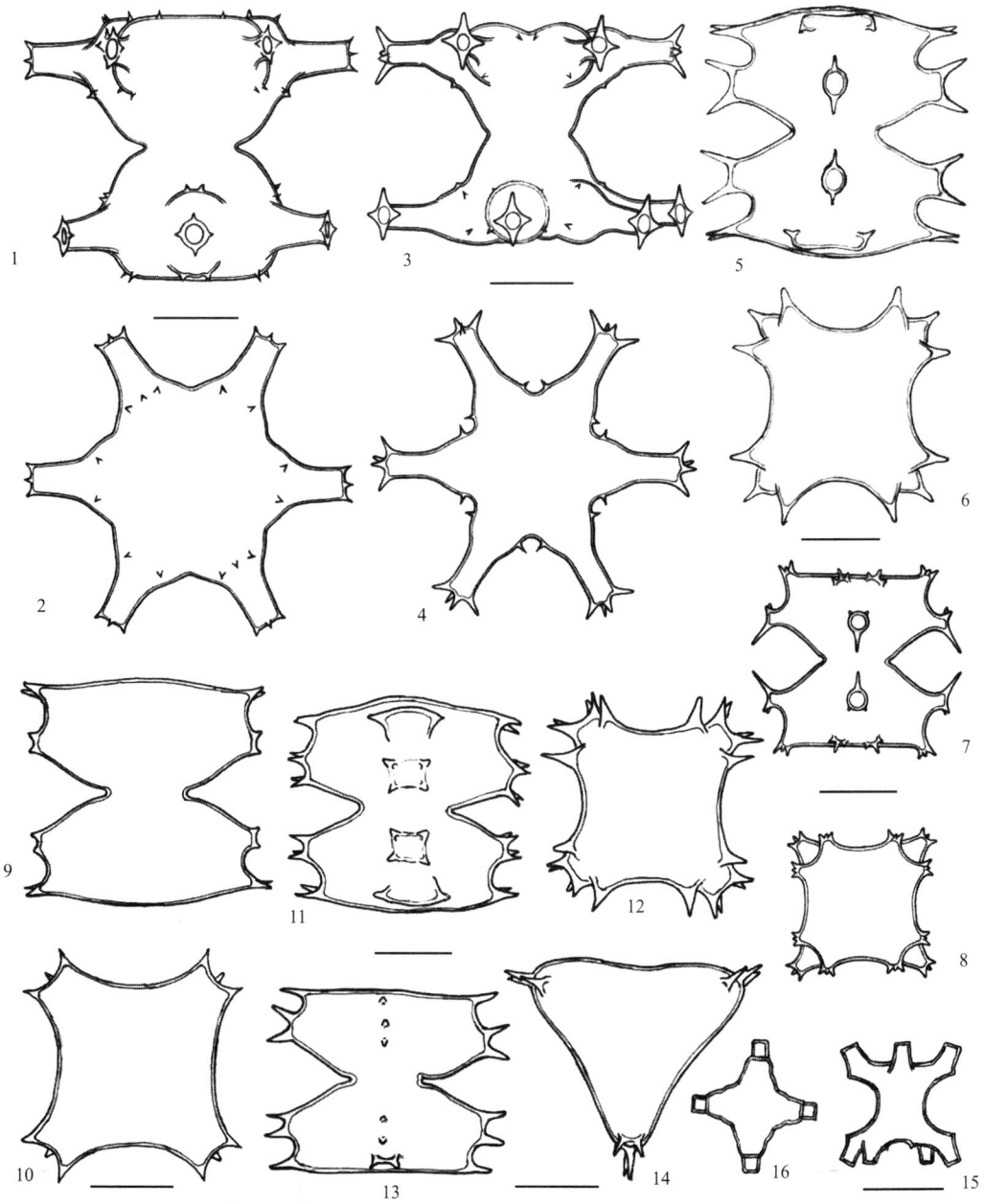

1—4. 扩张角星鼓藻*Staurastrum distentum* Wolle; 5—8. 接触角星鼓藻*Staurastrum contectum* Turner; 9—10. 接触角星鼓藻不发育变种*Staurastrum contectum* var. *inevolutum* Turner; 11—12. 接触角星鼓藻四齿变种*Staurastrum contectum* var. *quadridentatum* Jao（仿Jao）; 13—14. 接触角星鼓藻广西变种*Staurastrum contectum* var. *kwangsiense* Jao（仿Jao）; 15—16. 不显著角星鼓藻 *Staurastrum inconspicum* Nordstedt　scale = 10 μm

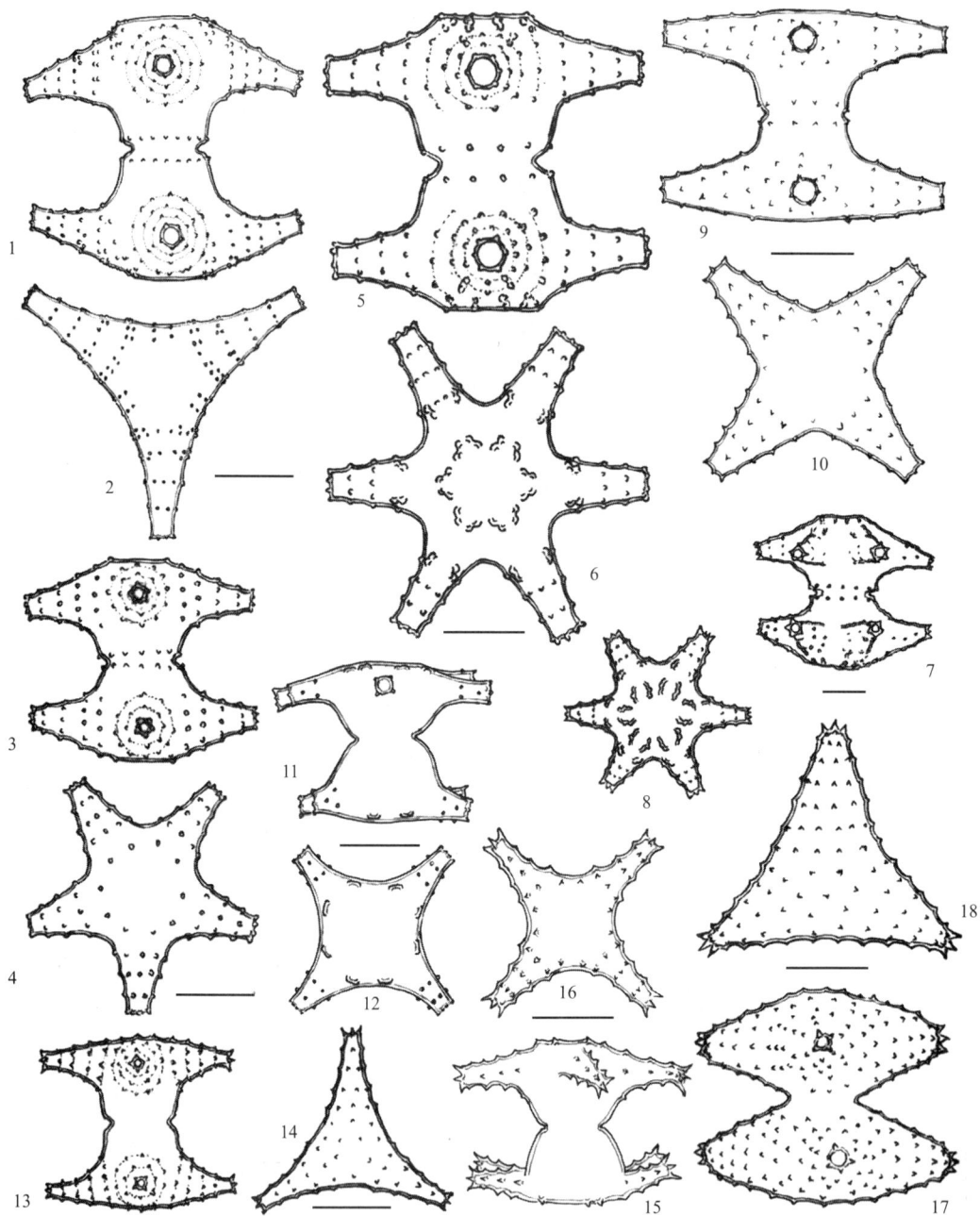

1—4. 珍珠角星鼓藻*Staurastrum margaritaceum* Ralfs; 5—8. 珍珠角星鼓藻雅致变种*Staurastrum margaritaceum* var. *elegans* Jao (7—8仿Jao); 9—10. 珍珠角星鼓藻具刺变种*Staurastrum margaritaceum* var. *hirtum* Nordstedt; 11—12. 珍珠角星鼓藻强壮变种*Staurastrum margaritaceum* var. *robustum* West & West; 13—14. 多形角星鼓藻*Staurastrum polymorphum* Ralfs; 15—16. 多形角星鼓藻细小变种*Staurastrum contectum* var. *pusillum* West; 17—18. 六刺角星鼓藻*Staurastrum hexacerum* Wittrock scale = 10 μm

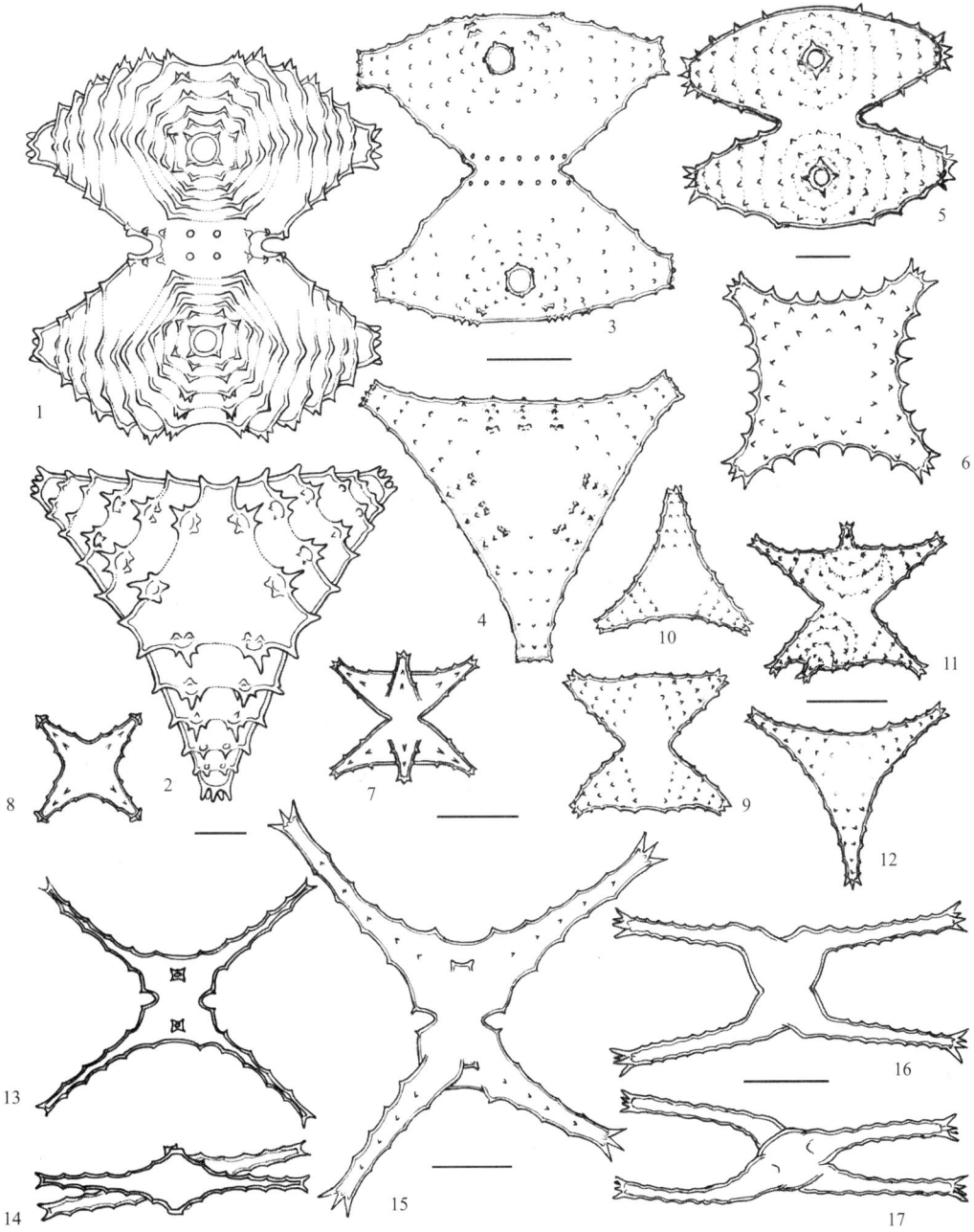

1—2. 具刺角星鼓藻西藏变种*Staurastrum aculeatum* var. *tibeticum* Chen; 3—4. 象鼻状角星鼓藻*Staurastrum proboscideum*（Ralfs）Archer; 5—6. 哈博角星鼓藻*Staurastrum haaboliense* Wille; 7—10. 细小角星鼓藻*Staurastrum micron* West & West; 11—12. 伪四角角星鼓藻*Staurastrum pseudotetracerum*（Nordstedt）West & West; 13—15. 全波缘角星鼓藻尖齿变种*Staurastrum perundulatum* var. *dentatum* Scott & Prescott; 16—17. 凹陷角星鼓藻*Staurastrum excavatum* West & West scale = 10 μm

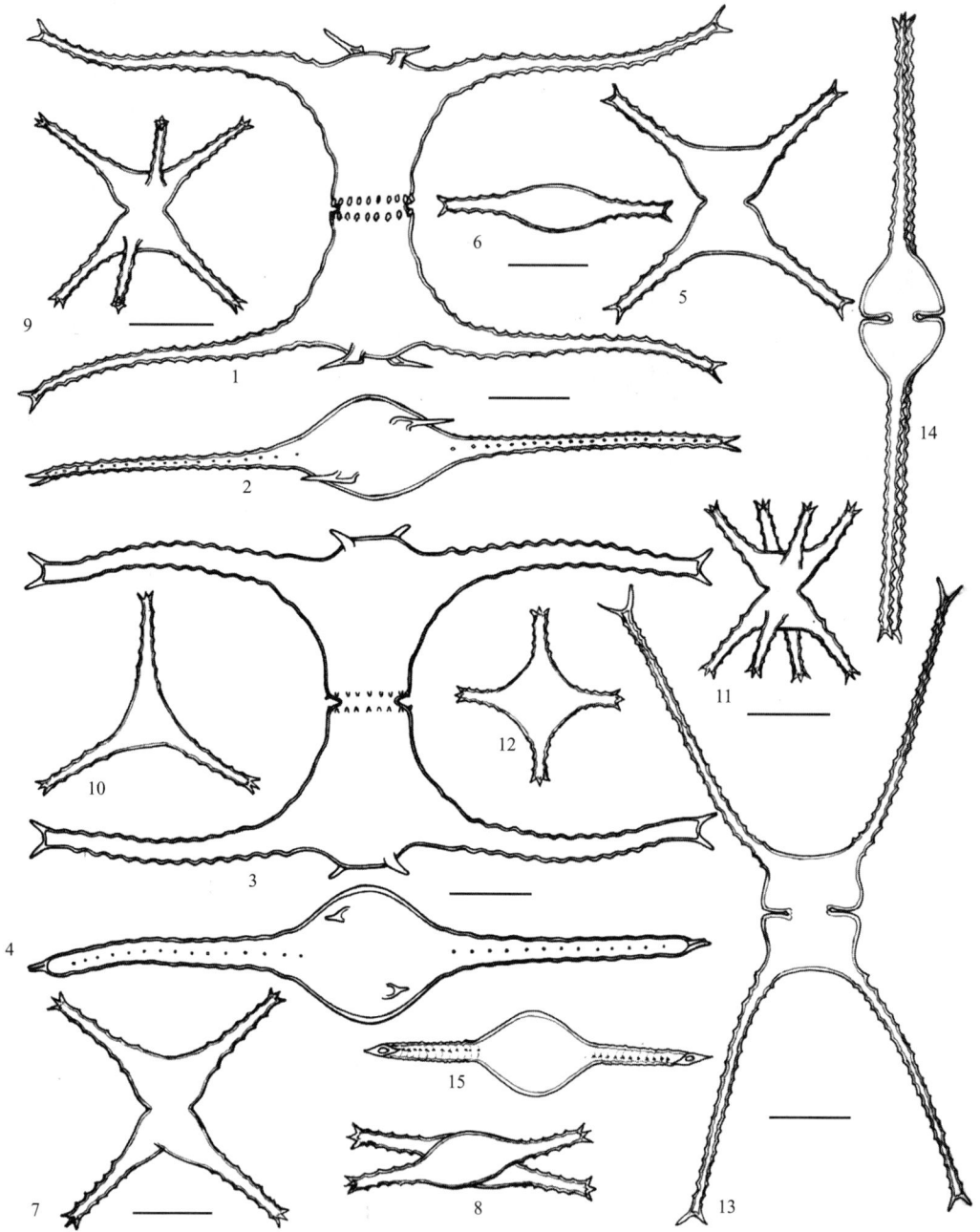

1—2. 细臂角星鼓藻*Staurastrum leptocladum* Nordstedt; 3—4. 细臂角星鼓藻具角变种*Staurastrum leptocladum* var. *cornutum* Wille; 5—8. 四角角星鼓藻*Staurastrum tetracerum* Ralfs; 9—10. 四角角星鼓藻四角变种三角形变型*Staurastrum tetracerum* var. *tetracerum* f. *trigona* Lundell; 11—12. 四角角星鼓藻四角变种四角形变型*Staurastrum tetracerum* var. *tetracerum* f. *tetragona* West & West; 13—15. 科伦角星鼓藻*Staurastrum columbetoides* West & West　scale = 10 μm

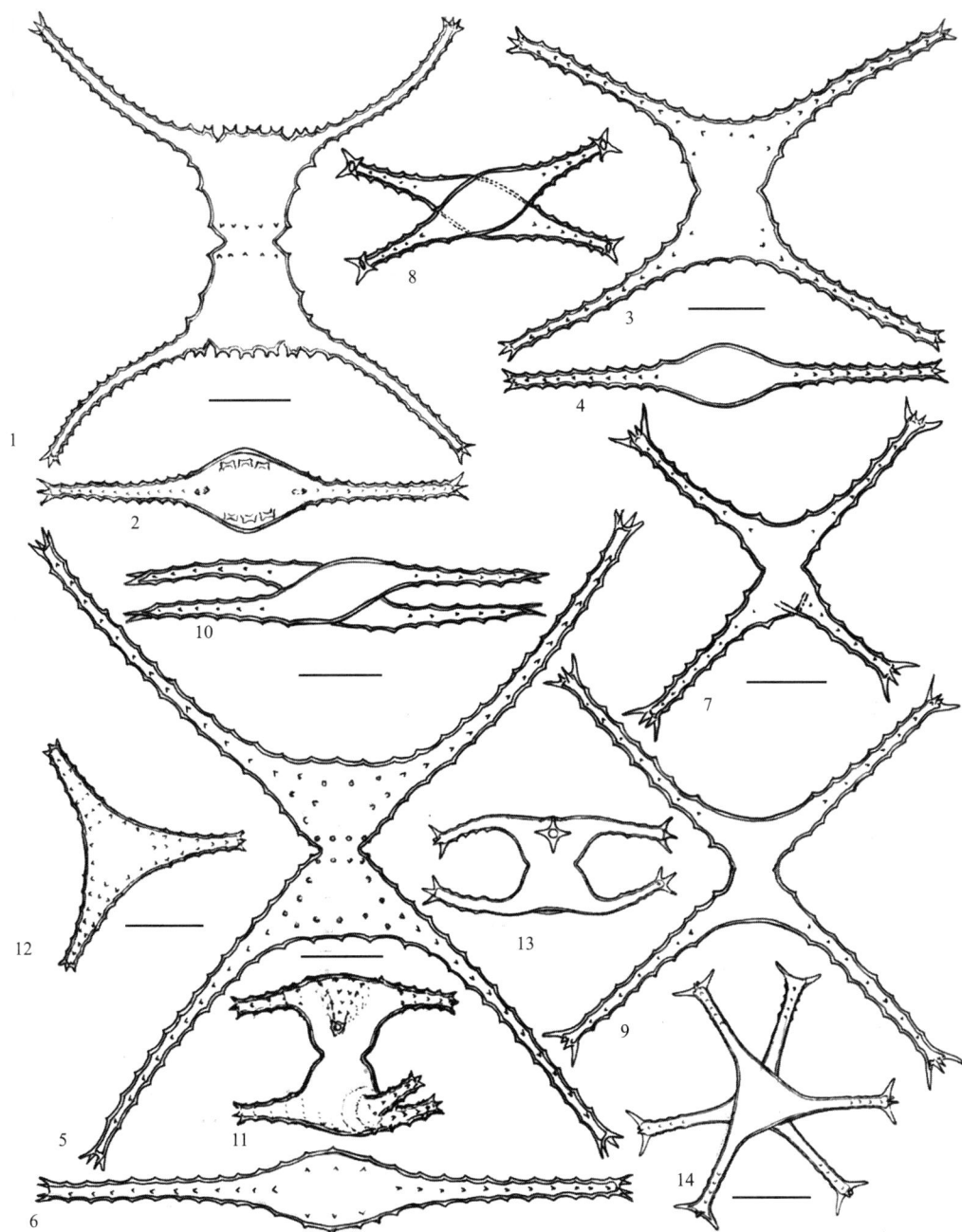

1—2. 细臂角星鼓藻显著变种*Staurastrum leptocladum* var. *insigne* West & West; 3—4. 毛角角星鼓藻凸形变种*Staurastrum chaetoceras* var. *convexum* Grönblad; 5—6. 毛角角星鼓藻*Staurastrum chaetoceras*（Schroeder）G. M. Smith; 7—10. 泰勒角星鼓藻*Staurastrum taylorii* Grönblad; 11—12. 弯曲角星鼓藻*Staurastrum inflexum* Brébisson; 13—14. 近纤细角星鼓藻*Staurastrum subgracillimum* West & West scale = 10 μm

图版XXX

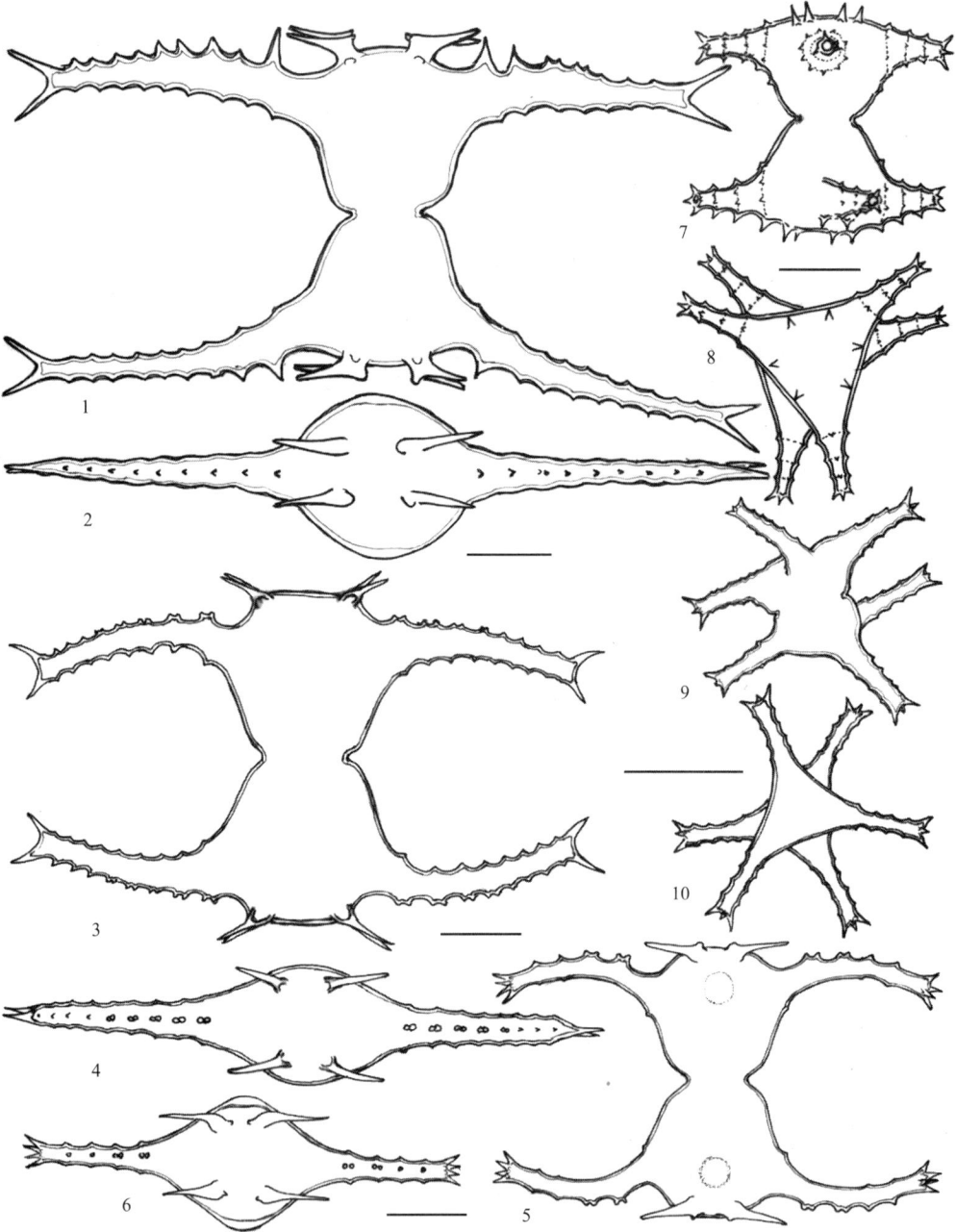

1—2. 舞角星鼓藻苏门答腊变种*Staurastrum saltans* var. *sumatranum* Scott & Prescott; 3—4. 舞角星鼓藻*Staurastrum saltans* Joshua; 5—6. 舞角星鼓藻加里曼丹变种*Staurastrum saltans* var. *kalimantanum* Scott & Prescott; 7—8. 尖刺角星鼓藻*Staurastrum oxyacanthum* Archer; 9—10. 依阿达角星鼓藻*Staurastrum iotanum* Wolle   scale = 10 μm

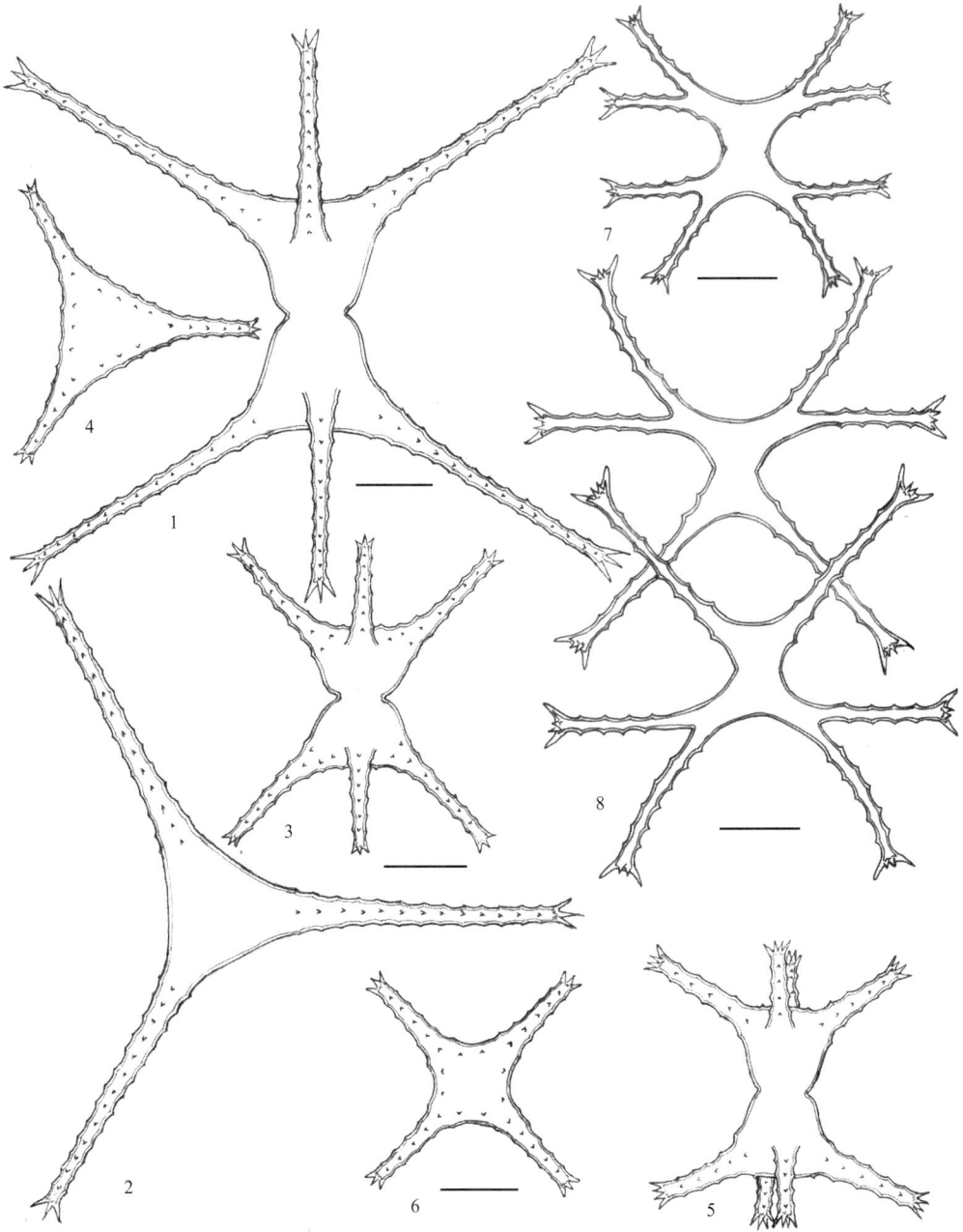

图版XXXI

1—2. 长臂角星鼓藻 *Staurastrum longipes* (Nordstedt) Teilling; 3—6. 长臂角星鼓藻收缩变种 *Staurastrum longipes* var. *contractum* Teilling; 7—8. 双臂角星鼓藻 *Staurastrum bibrachiatum* Rainsch, em. Grönblad & Scott   scale = 10 μm

图版XXXII

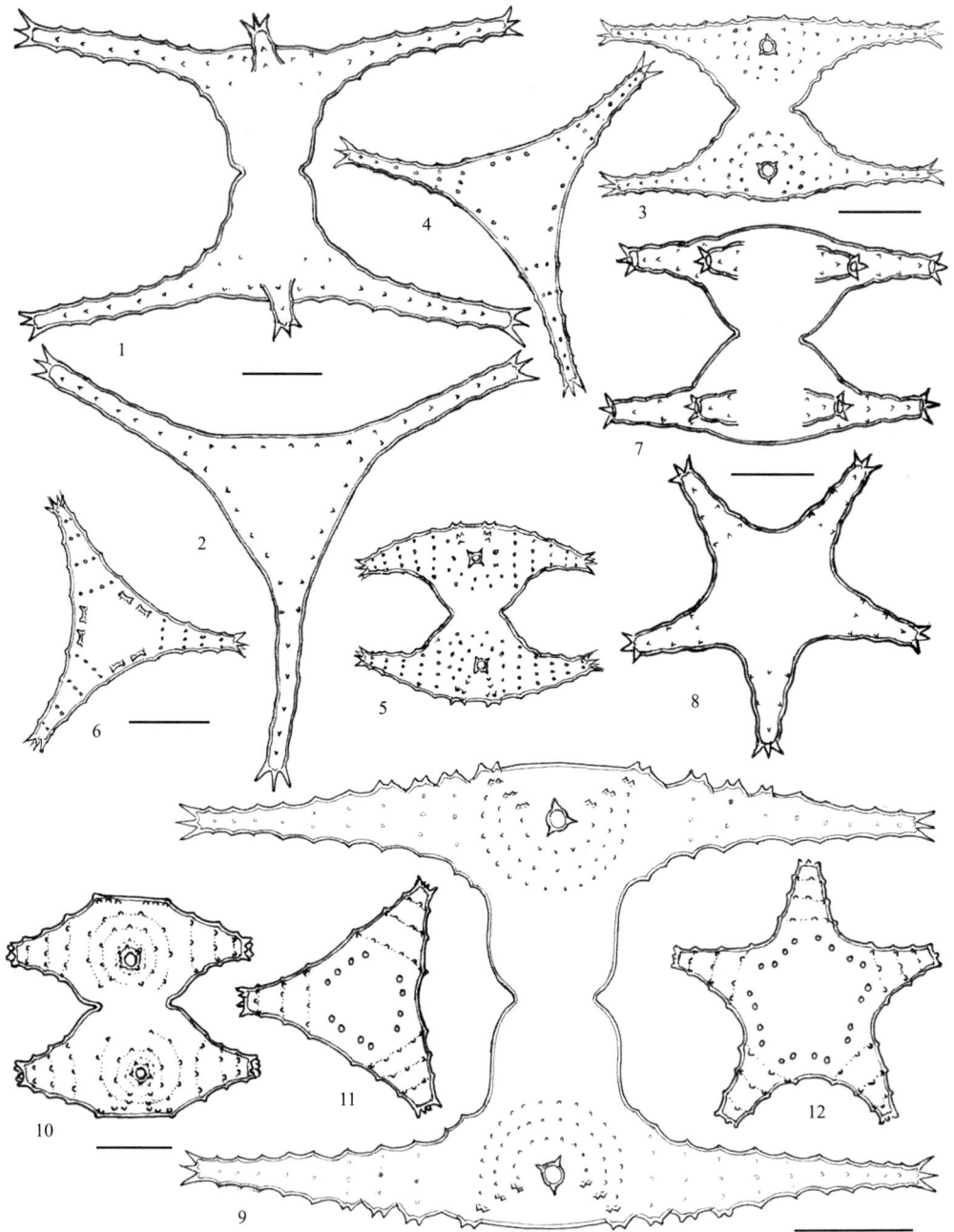

1—2. 纤细角星鼓藻*Staurastrum gracile* Ralfs; 3—4. 纤细角星鼓藻极瘦变种*Staurastrum gracile* var. *teunissima* Boldt; 5—6. 纤细角星鼓藻小冠变种*Staurastrum gracile* var. *coronulatum* Boldt; 7—8. 纤细角星鼓藻矮形变种*Staurastrum gracile* var. *nanum* Wille; 9. 纤细角星鼓藻杯形变种*Staurastrum gracile* var. *cyathiforme* West & West; 10—12. 可变角星鼓藻颗粒变种*Staurastrum mutabile* var. *granulatum* Jao（仿Jao） scale = 10 μm

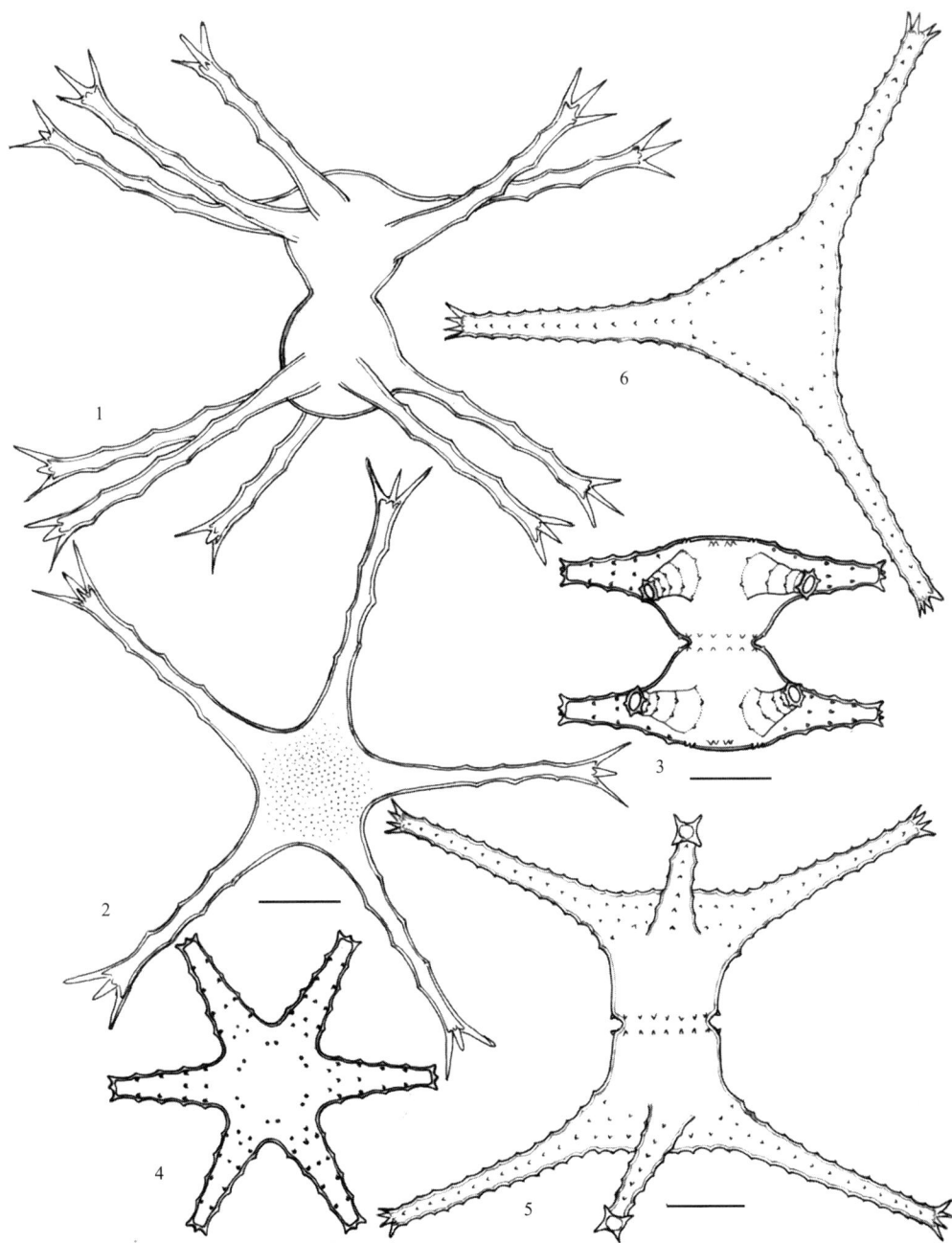

1—2. 湖沼角星鼓藻*Staurastrum limneticum* Schmidle; 3—4. 可变角星鼓藻*Staurastrum mutabile* Turner; 5—6. 瓣环角星鼓藻 *Staurastrum cingulum*（West & West）G. M. Smith　scale = 10 μm

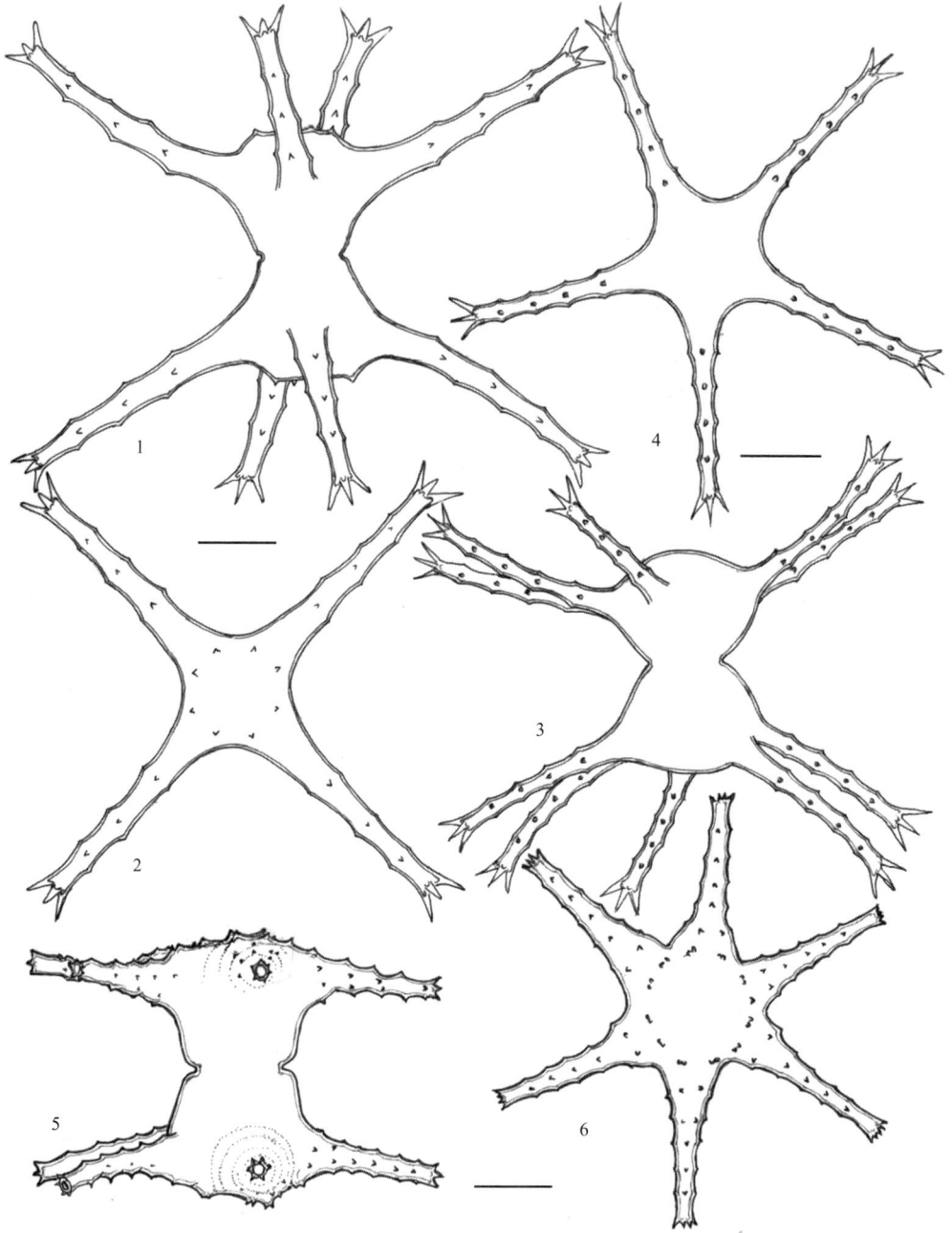

1—2. 湖沼角星鼓藻角状变种*Staurastrum limneticum* var. *cornutum* G. M. Smith; 3—4. 湖沼角星鼓藻缅甸变种*Staurastrum limneticum* var. *burmense* West & West; 5—6. 阿拉角星鼓藻*Staurastrum arachne* Ralfs　scale = 10 μm

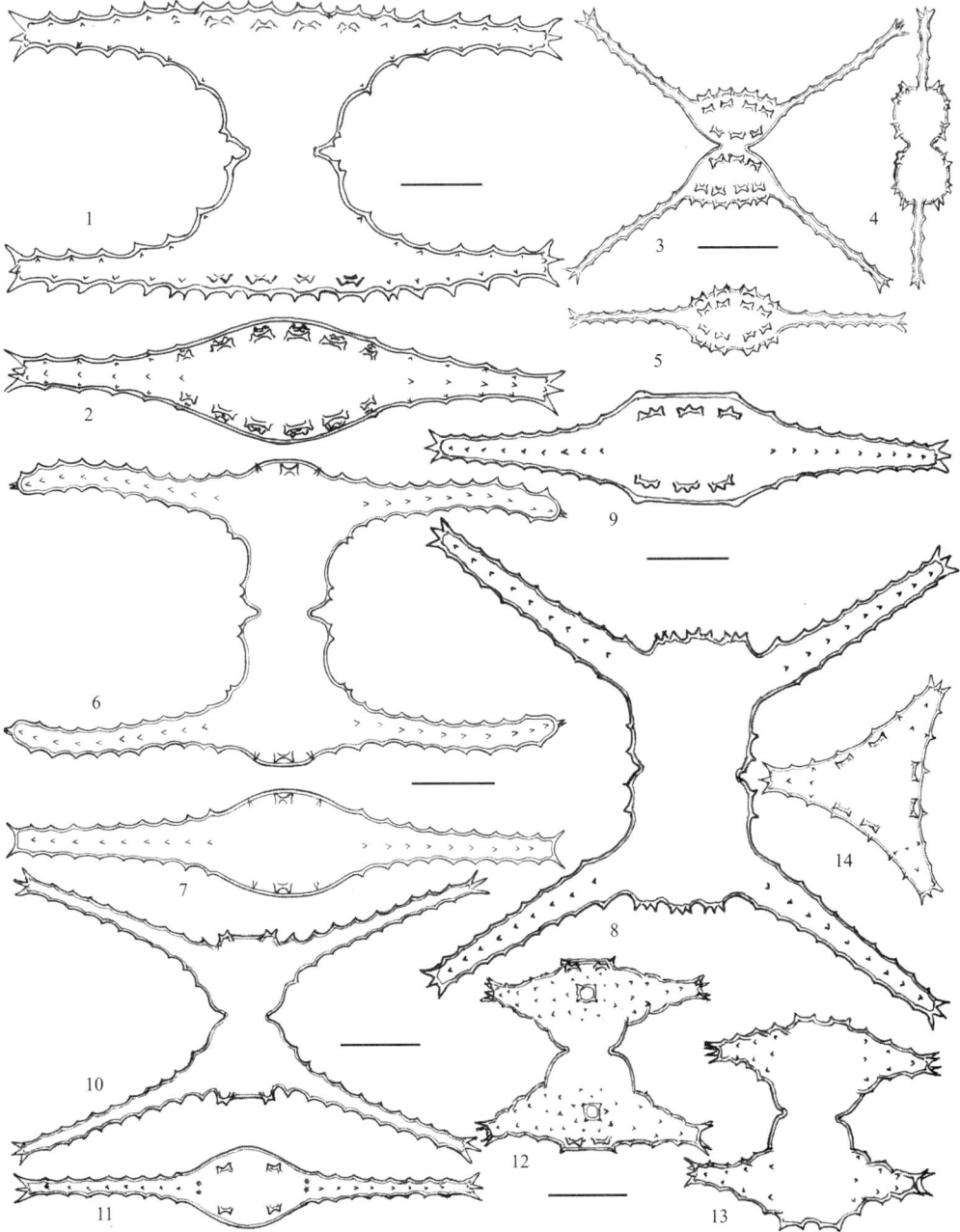

1—2. 双角角星鼓藻 *Staurastrum bicorne* Hauptfleisch; 3—5. 艾弗森角星鼓藻多瘤变种 *Staurastrum iversenii* var. *polyverrucosum* Wei; 6—7. 弹丝角星鼓藻超群变种 *Staurastrum elaticeps* var. *eximium* Wei; 8—9. 双眼角星鼓藻 *Staurastrum bioculatum* Taylor; 10—11. 锯齿状角星鼓藻 *Staurastrum prionotum* Scott & Prescott; 12—14. 钝齿角星鼓藻 *Staurastrum crenulatum*（Nägeli）Delponte
scale = 10 μm

图版XXXVI

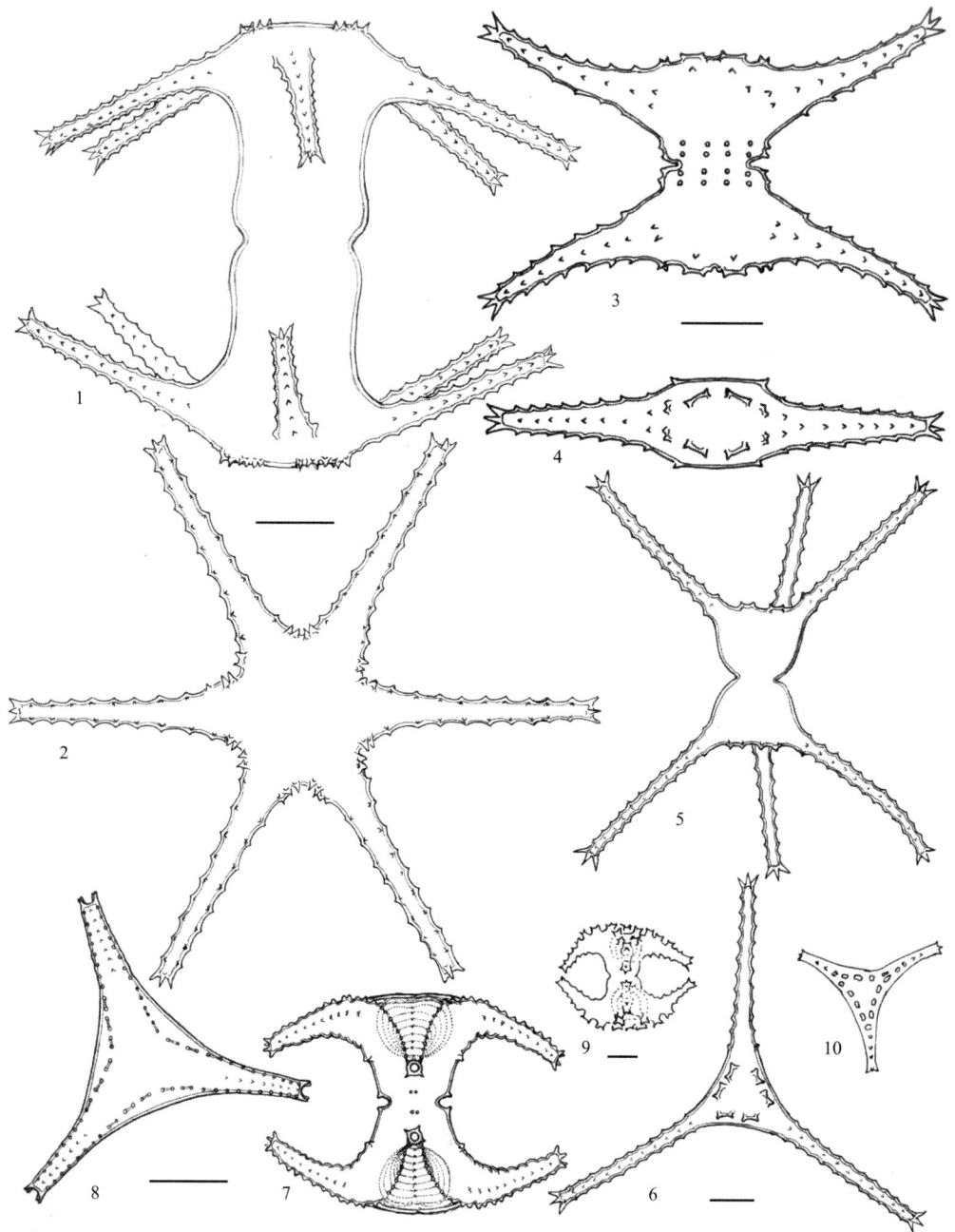

1—2. 锚状角星鼓藻*Staurastrum ankyroides* Wolle; 3—4. 突臂角星鼓藻*Staurastrum brachioprominens* Börgesen; 5—6. 布拉角星鼓藻*Staurastrum bullardii* G. M. Smith; 7—8. 近似角星鼓藻*Staurastrum approximatum* West & West; 9—10. 美丽角星鼓藻美丽变种简单变型*Staurastrum bellum* var. *bellum* f. *simplicior*（Lütkemüller）（仿Lütkemüller） scale = 10 μm

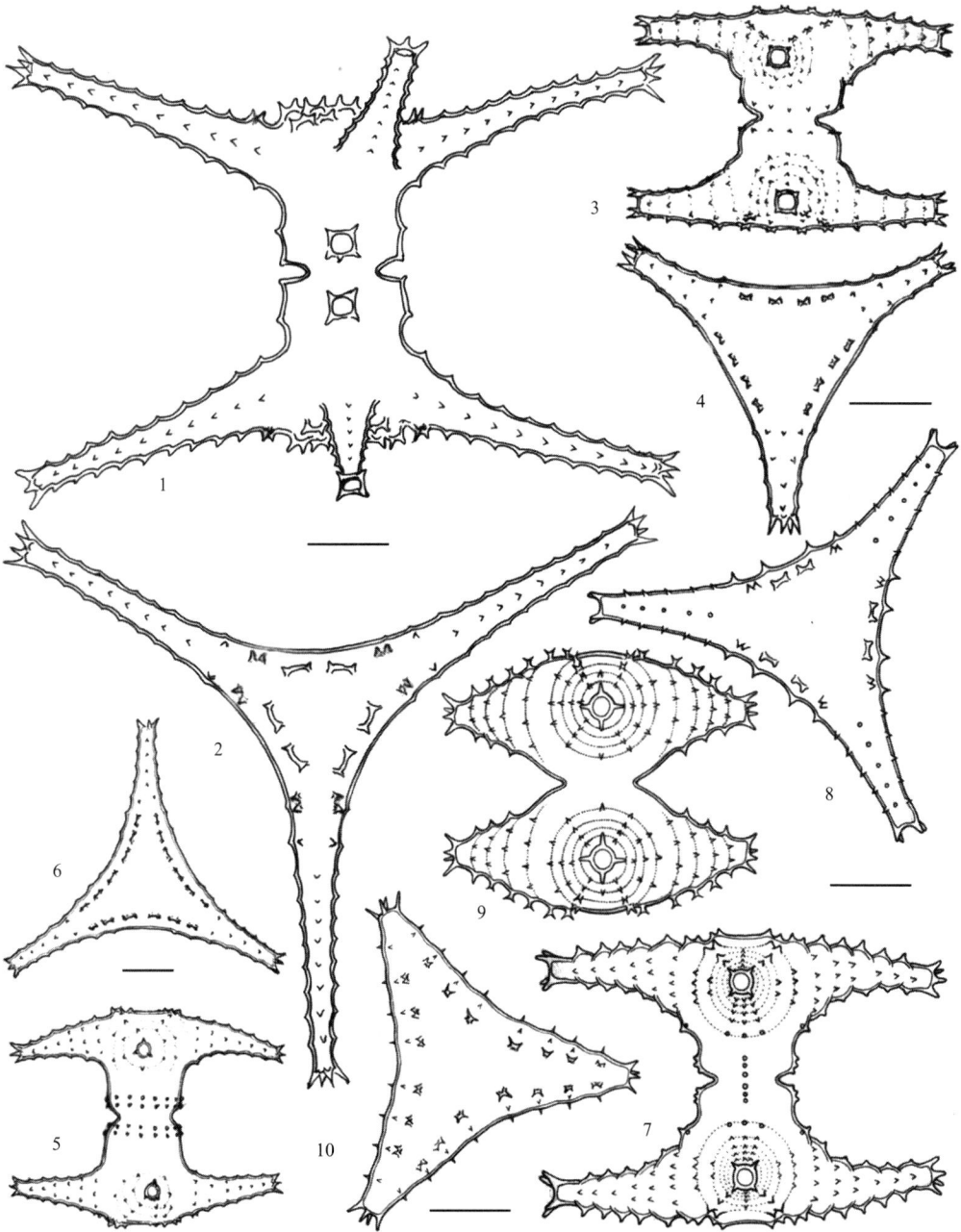

1—2. 利氏角星鼓藻*Staurastrum luetkemuelleri* Donat & Ruttner; 3—4. 曼弗角星鼓藻*Staurastrum manfeldtii* Delponte; 5—6. 曼弗角星鼓藻环粒变种*Staurastrum manfeldtii* var. *annulatum* West & West; 7—8. 曼弗角星鼓藻曼弗变种具刺变型*Staurastrum manfeldtii* var. *manfeldtii* f. *spinulosa* Lütkemüller; 9—10. 戴胞斯基角星鼓藻*Staurastrum dybowskii* Woloszynska   scale = 10 μm

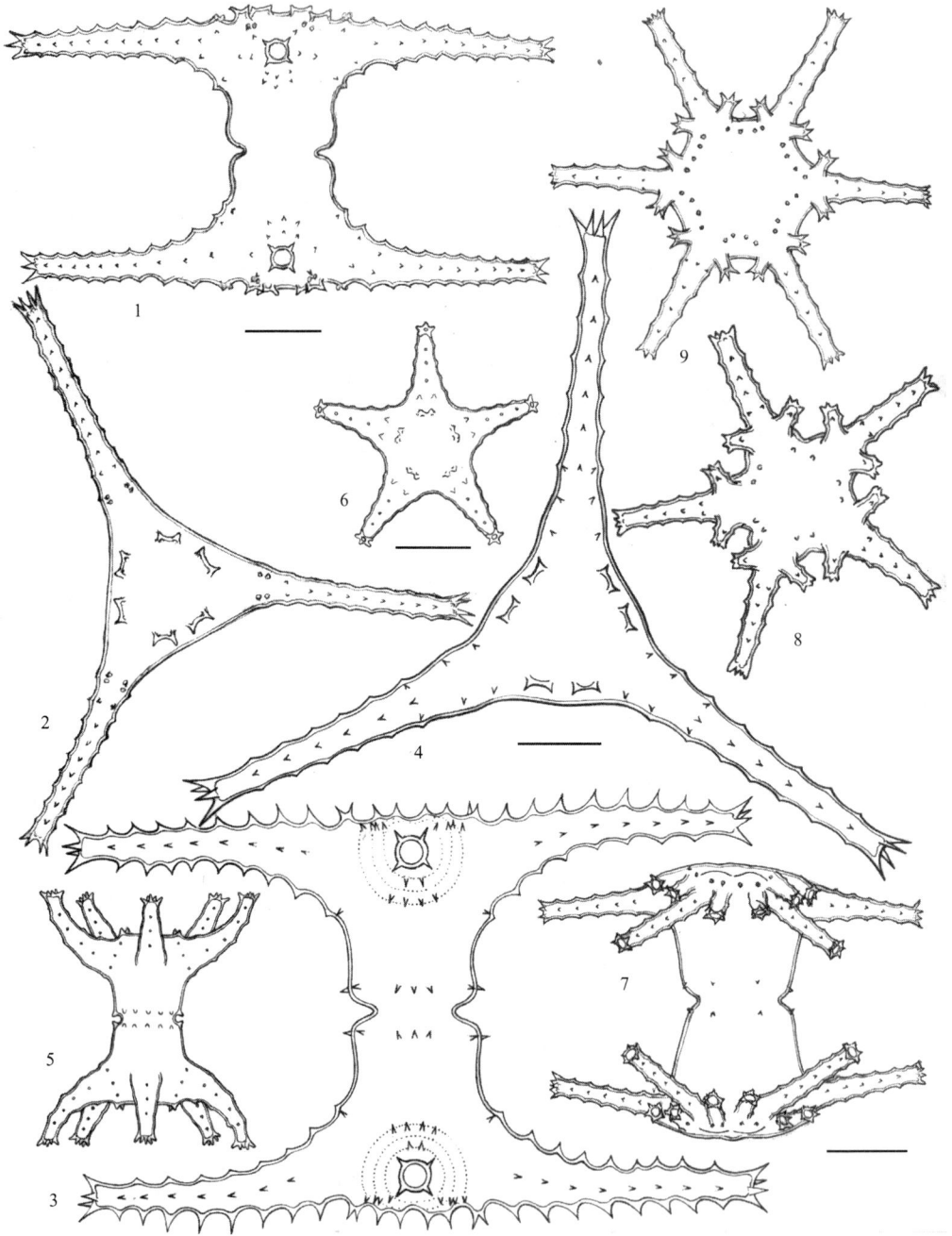

1—2. 长突起角星鼓藻 Staurastrum longiradiatum West & West; 3—4. 长突起角星鼓藻基刺变种 Staurastrum longiradiatum var. basespinulosum Wei; 5—6. 成带角星鼓藻斯里兰卡变种 Staurastrum zonatum var. ceylankum West & West; 7—9. 羽状角星鼓藻近羽状变种 Staurastrum pinnatum var. subpinnatum (Schmidle) West & West scale = 10 μm

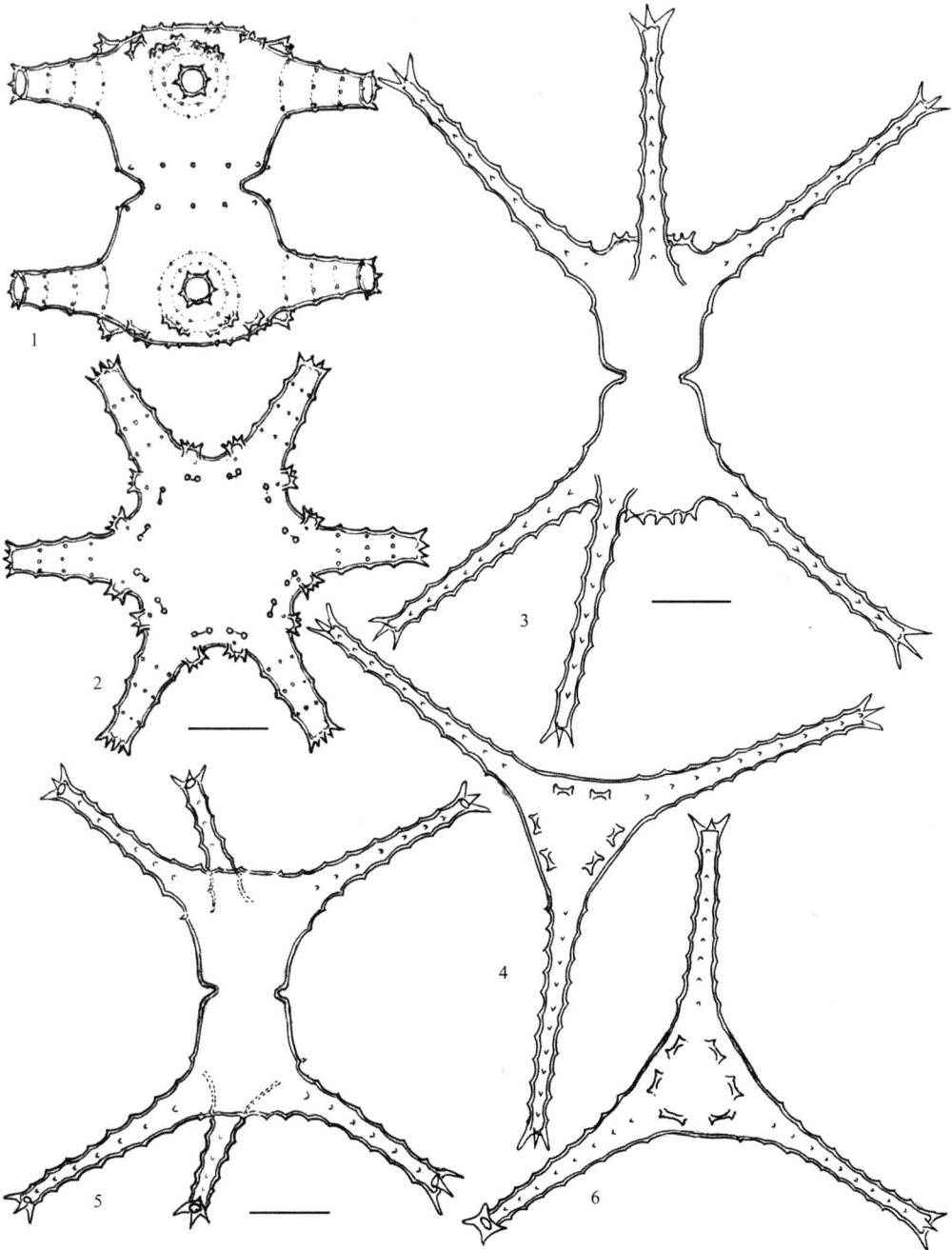

1—2. 威尔角星鼓藻*Staurastrum willsii* Turner; 3—4. 浮游角星鼓藻*Staurastrum planctonicum* Teiling; 5—6. 肥壮角星鼓藻*Staurastrum pingue* Teiling　scale = 10 μm

图版XL

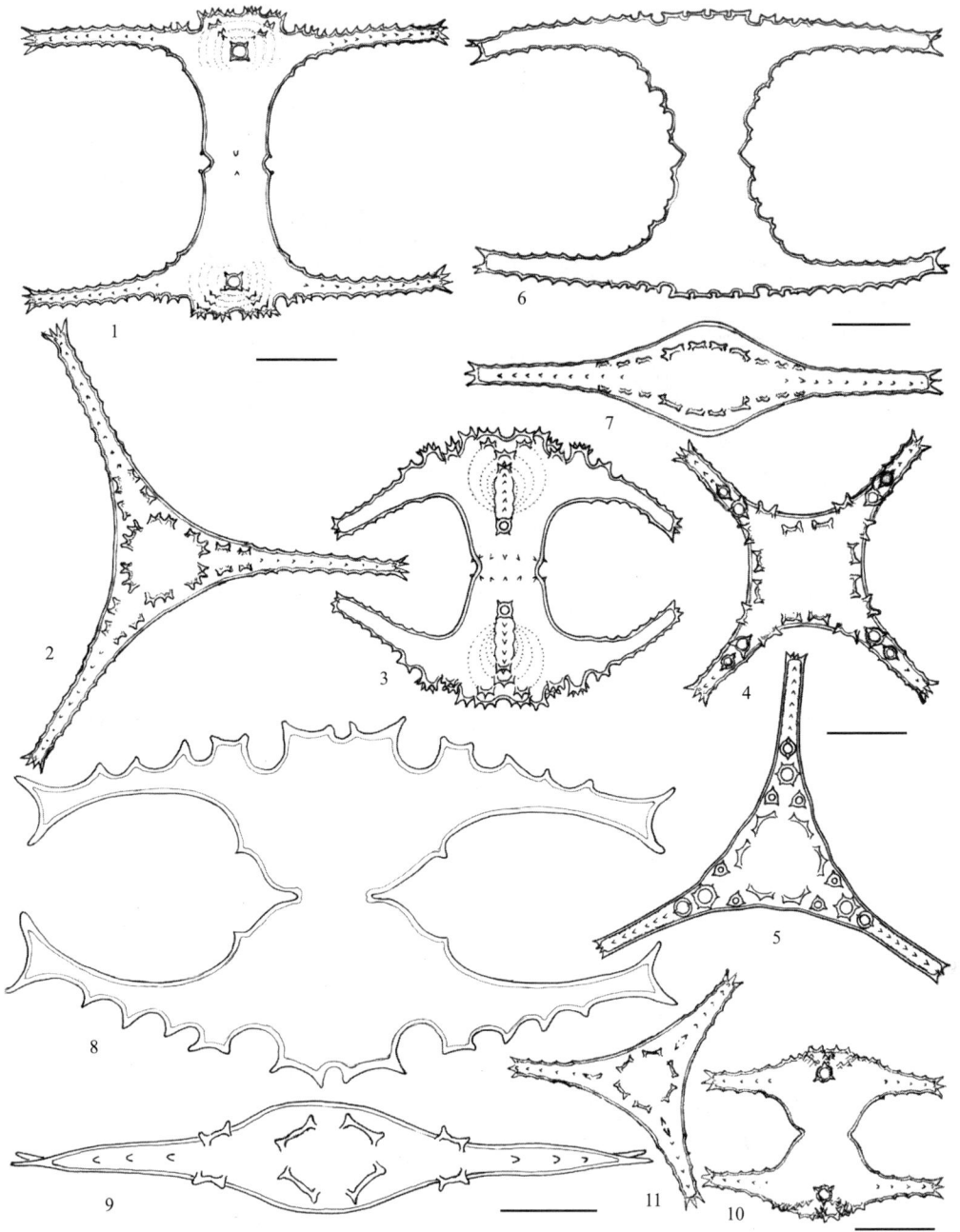

1—5. 近环棘角星鼓藻杯状变种*Staurastrum subcyclacanthum* var. *cyathodes* Wei; 6—7. 具齿角星鼓藻*Staurastrum indentatum* West & West; 8—9. 湖北角星鼓藻*Staurastrum hubeiense* Wei & Yu; 10—11. 乡居角星鼓藻*Staurastrum rusticum* Turner   scale = 10 μm

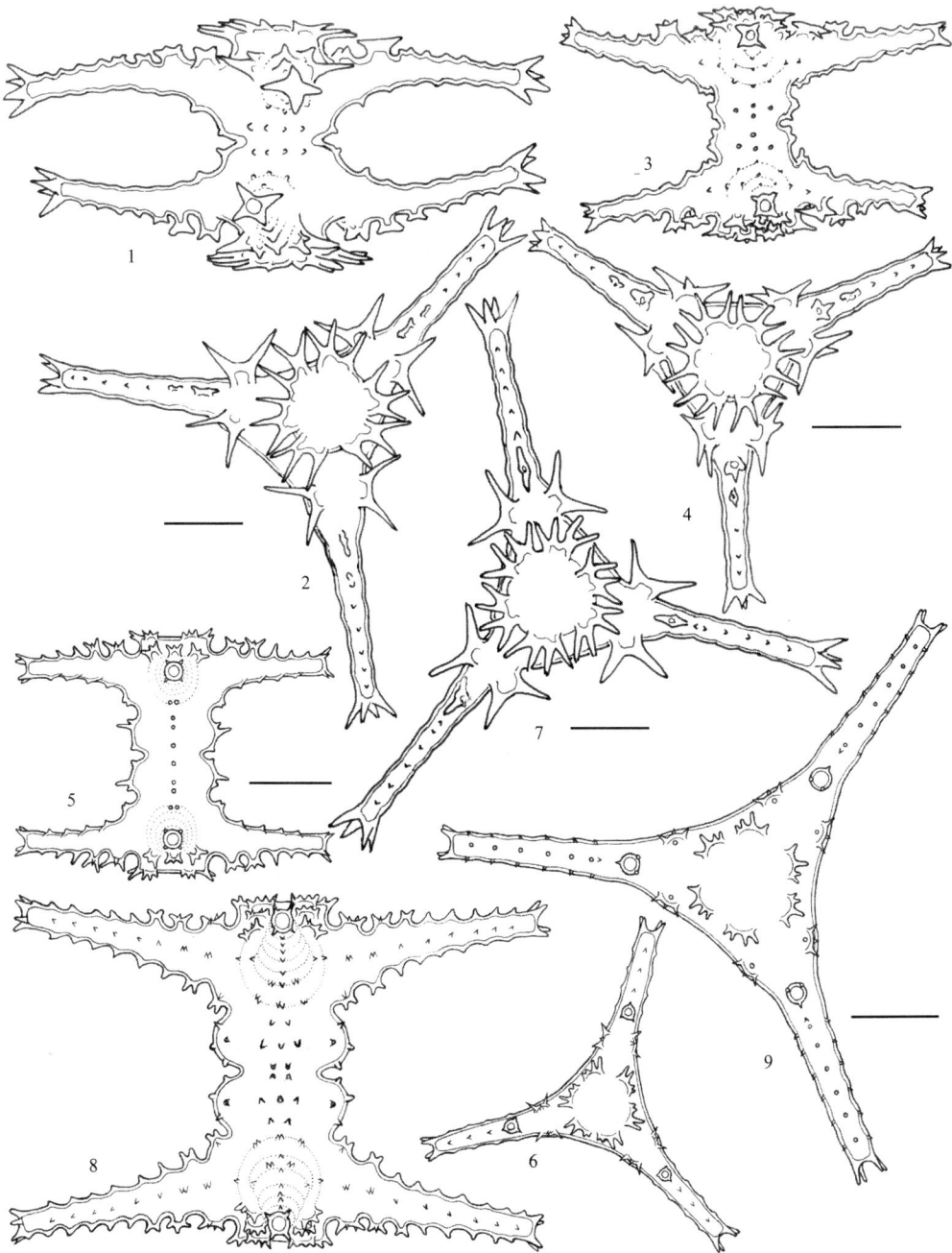

1—2. 近环棘角星鼓藻 *Staurastrum subcyclacanthum* Jao（仿Jao）；3—6. 近环棘角星鼓藻奇异变种 *Staurastrum subcyclacanthum* var. *mirificum* Jao（3—4仿Jao）；7. 近环棘角星鼓藻近环棘变种四齿变型 *Staurastrum subcyclacanthum* var. *subcyclacanthum* f. *quadridentatum* Jao（仿Jao）；8—9. 近环棘角星鼓藻奇异变种具齿变型 *Staurastrum subcyclacanthum* var. *mirificum* f. *denticulatum* Wei scale = 10 μm

图版XLII

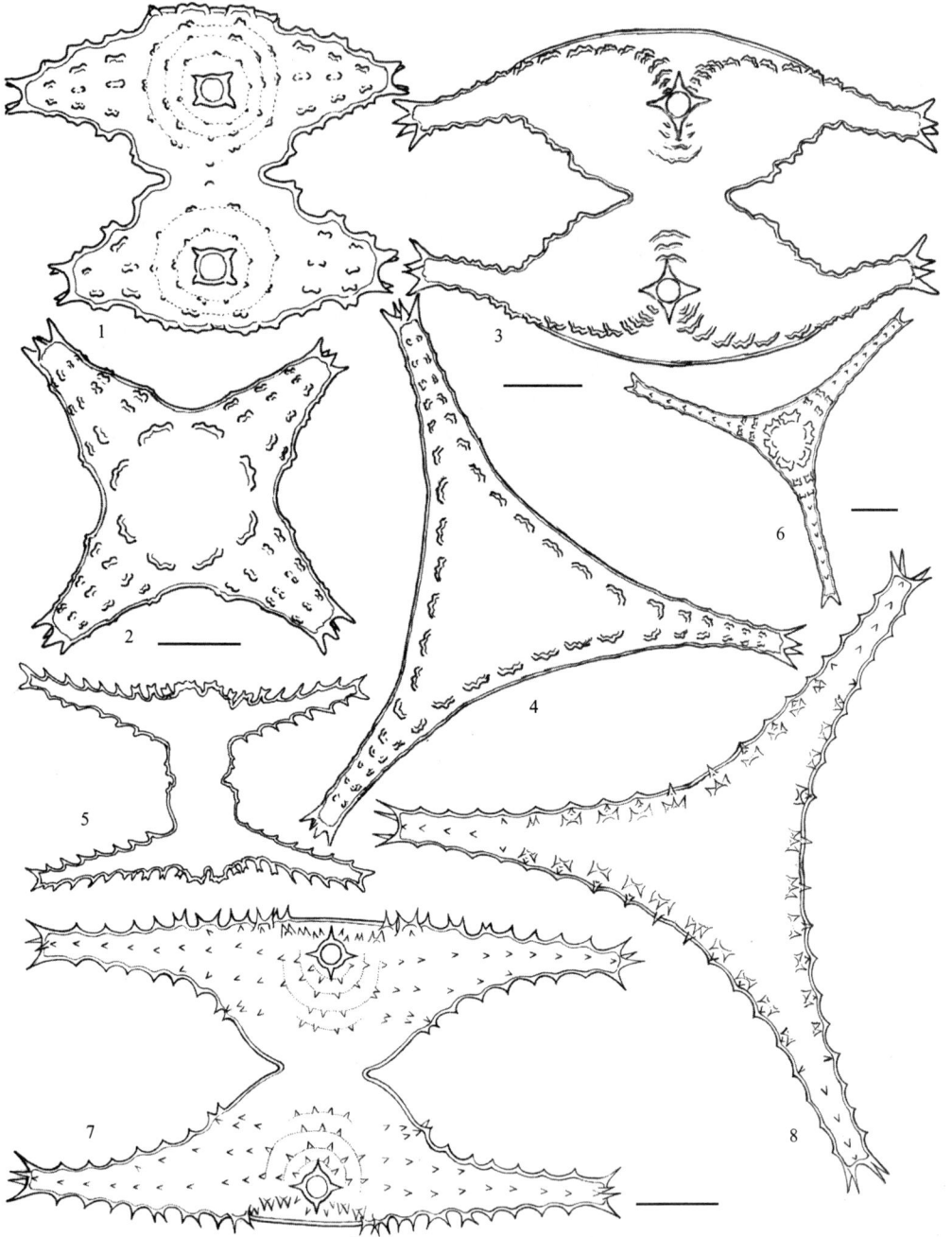

1—2. 具瘤角星鼓藻*Staurastrum verruciferum* Jao（仿Jao）；3—4. 索塞角星鼓藻*Staurastrum sonthalianum* Turner；5—6. 粗糙角星鼓藻*Staurastrum asperatum* Grönblad；7—8. 索塞角星鼓藻索塞变种具刺变型*Staurastrum sonthalianum* var. *sonthalianum* f. *spiniferum* Wei　scale = 10 μm

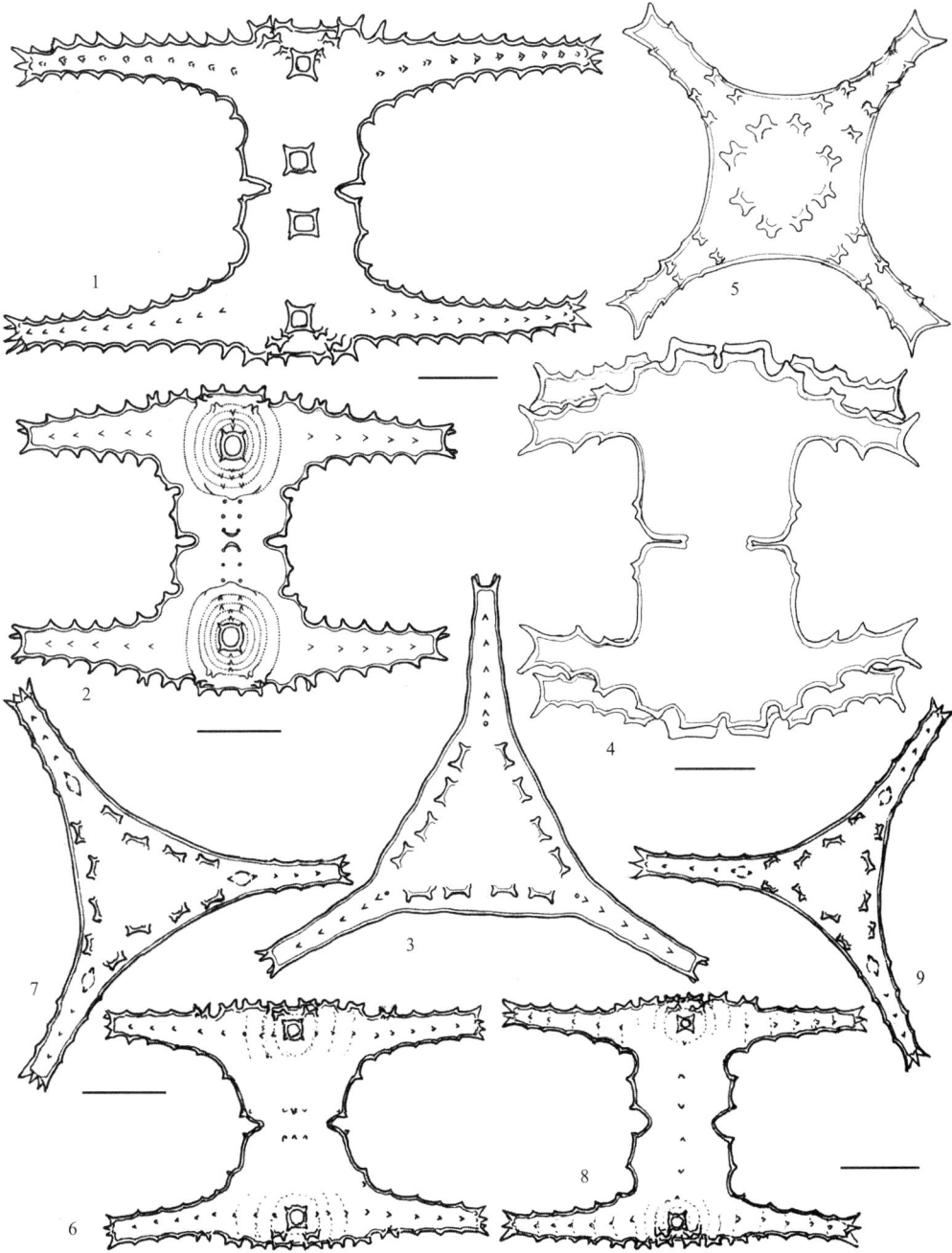

1—3. 近曼弗角星鼓藻*Staurastrum submanfeldtii* West & West; 4—5. 喙状角星鼓藻具瘤变种*Staurastrum rhynchoceps* var. *verrucosum* Wei & Yu; 6—7. 环棘角星鼓藻*Staurastrum cyclacanthum* West & West; 8—9. 环棘角星鼓藻美国变种*Staurastrum cyclacanthum* var. *americanum* Scott & Grönblad   scale = 10 μm

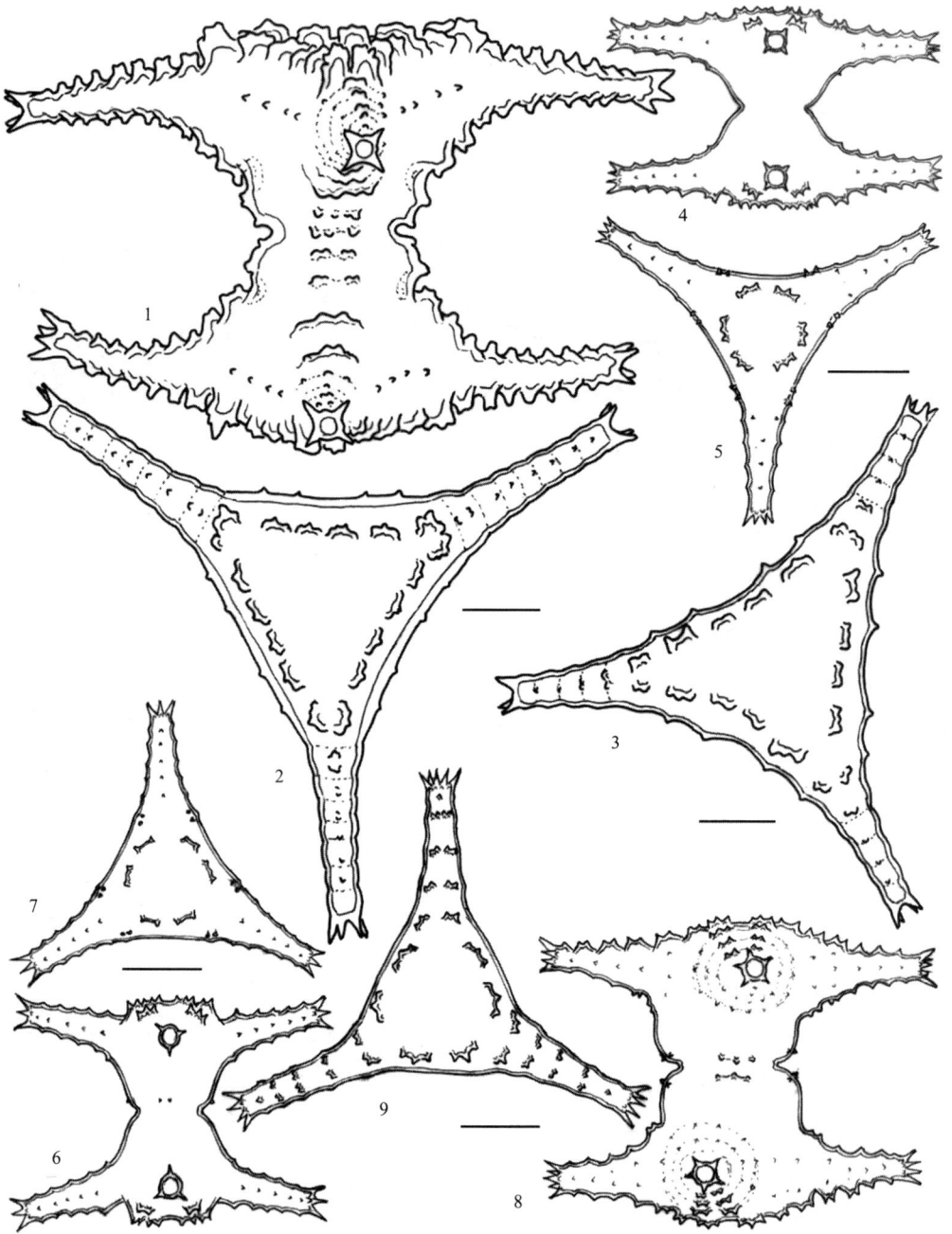

1—2. 近尖头角星鼓藻*Staurastrum subapiculiforum* Jao（仿Jao）；3. 近尖头角星鼓藻波状变种*Staurastrum subapiculiferum* var. *undulatum* Jao（仿Jao）；4—5. 花形角星鼓藻*Staurastrum floriferum* West & West；6—7. 花形角星鼓藻高出变种 *Staurastrum floriferum* var. *elevatum* Scott & Grönblad；8—9. 西博角星鼓藻纹饰变种*Staurastrum sebaldi* var. *ornatum* Nordstedt　scale = 10 μm

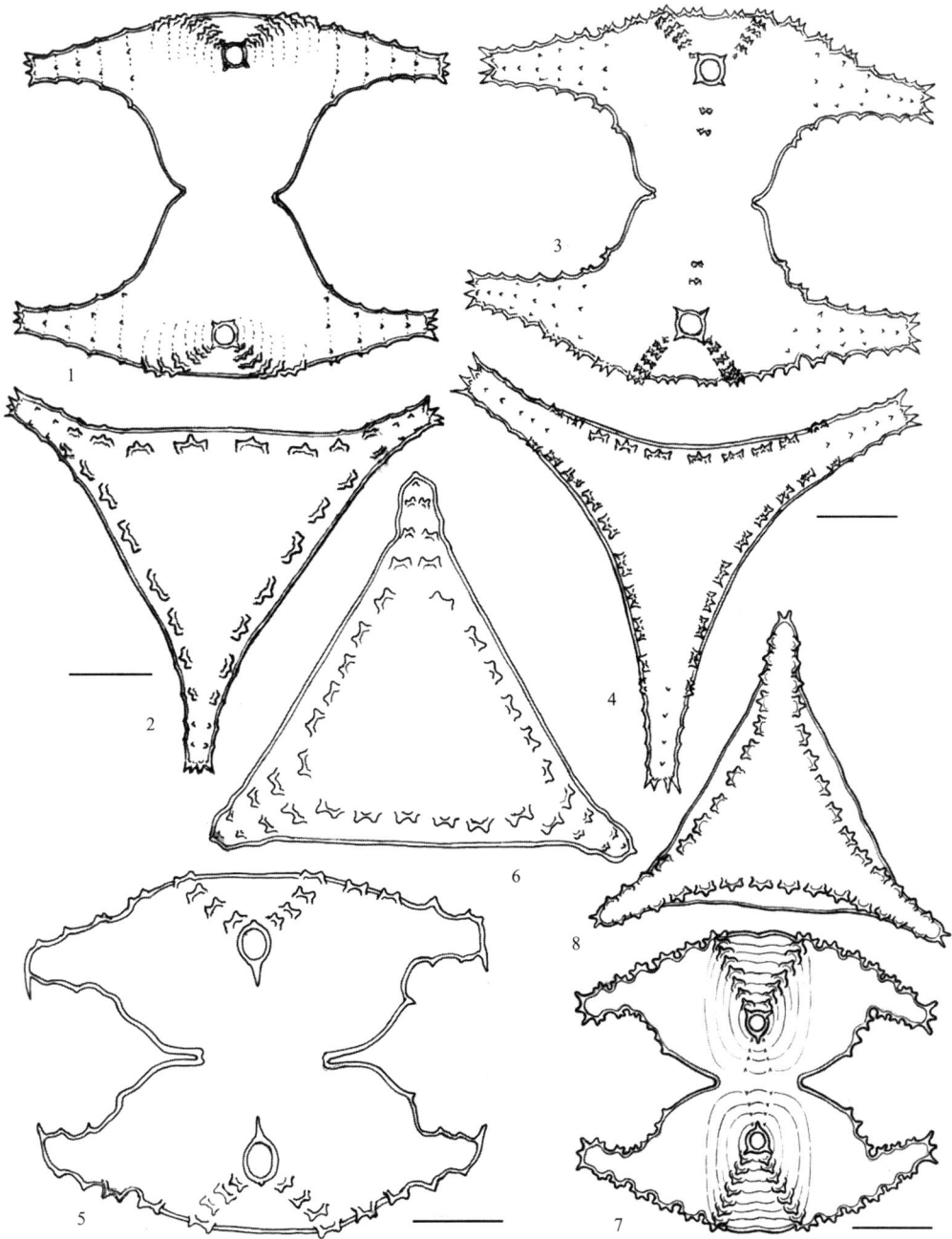

1—2. 西博角星鼓藻*Staurastrum sebaldi* Reinsch; 3—4. 西博角星鼓藻伸长变种*Staurastrum sebaldi* var. *productum* West & West; 5—6. 西博角星鼓藻肥壮变种*Staurastrum sebaldi* var. *corpulentum* Scott & Grönblad; 7—8. 西博角星鼓藻腹瘤变种*Staurastrum sebaldi* var. *ventriverrucosum* Scott & Prescott   scale = 10 μm

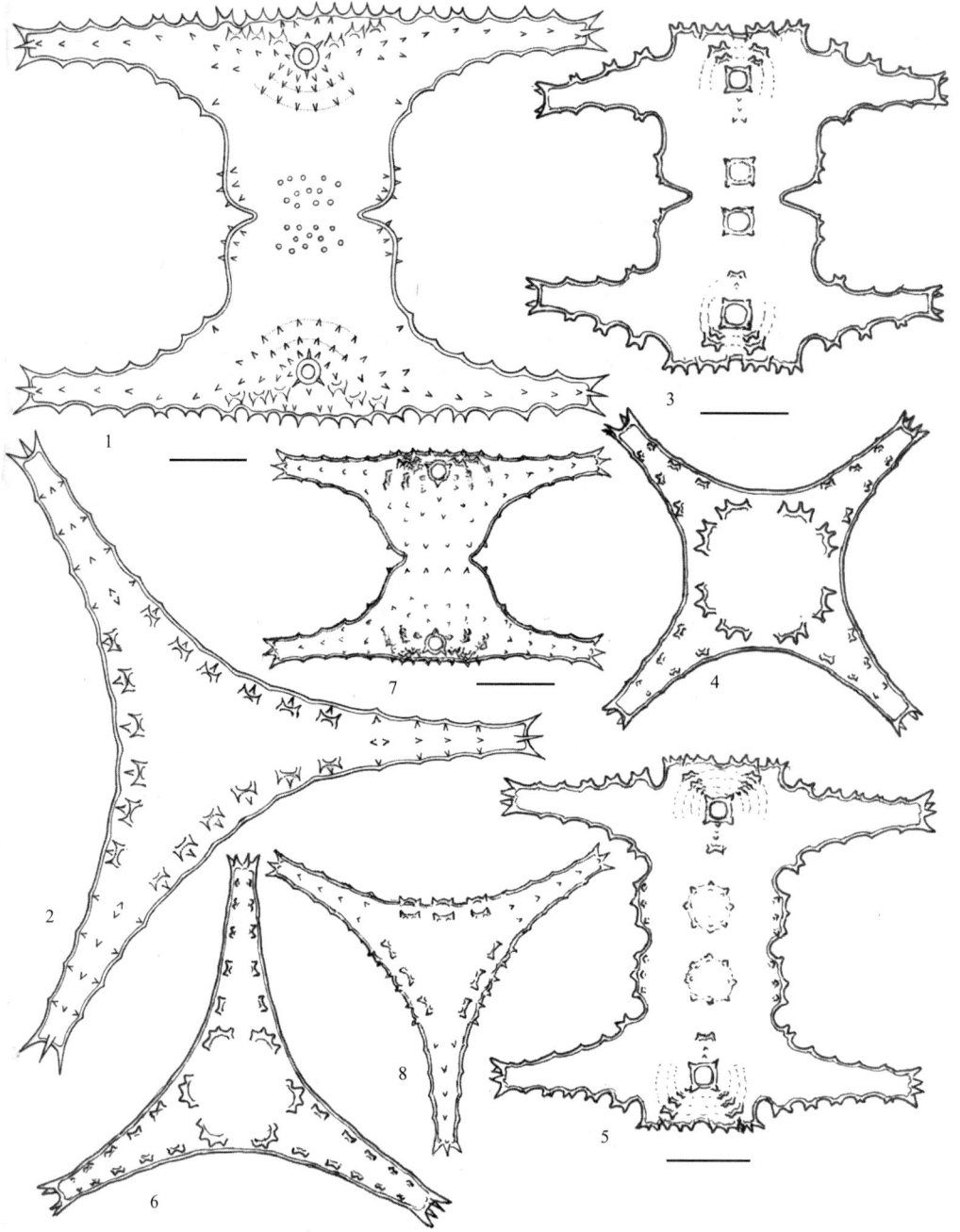

1—2. 西博角星鼓藻纹饰变种具刺变型Staurastrum sebaldi var. ornatum f. spiniferum Wei; 3—6. 西博角星鼓藻纹饰变种高出变型Staurastrum sebaldi var. ornatum f. altum Wei; 7—8. 北方角星鼓藻Staurastrum boreale West & West   scale = 10 μm

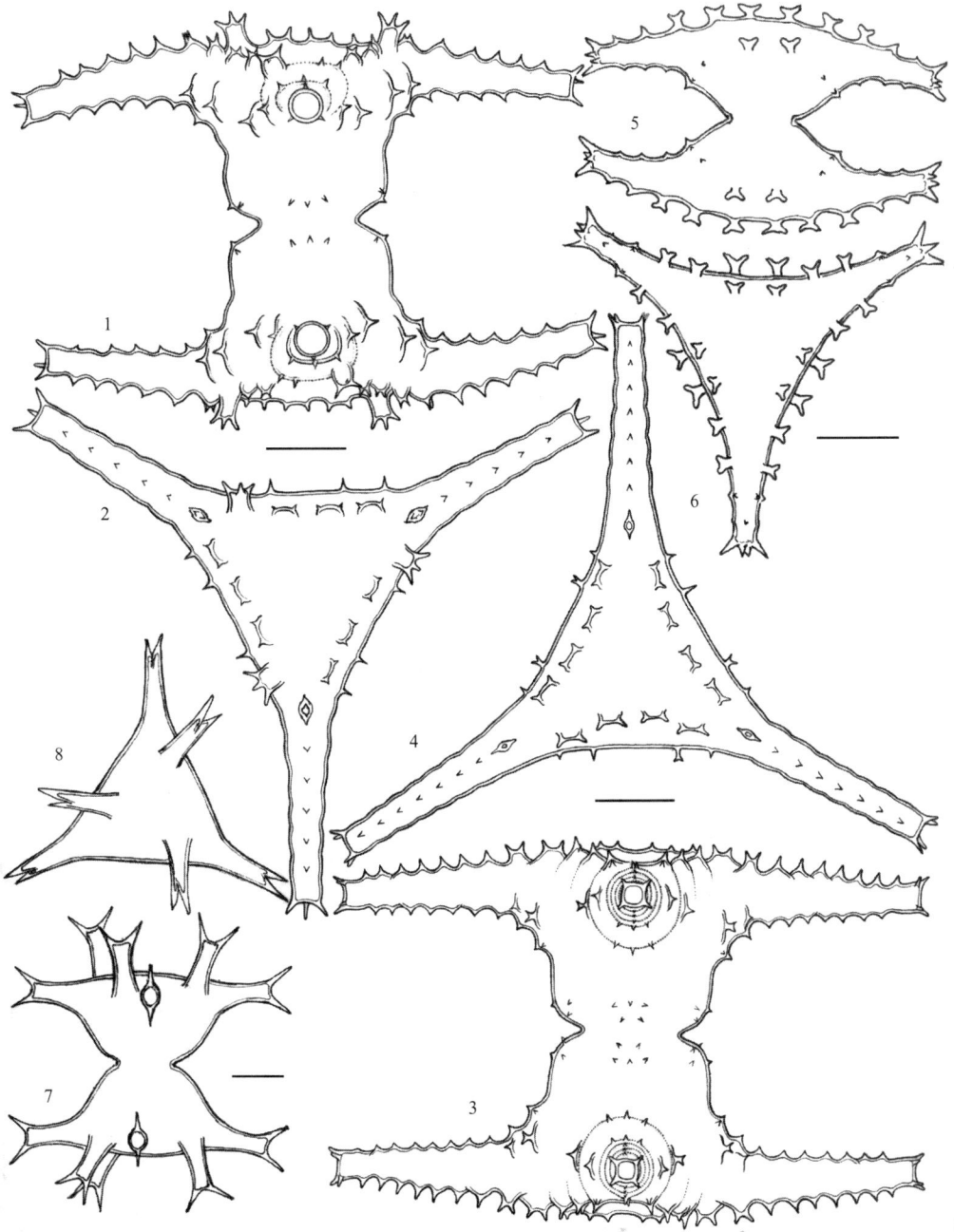

1—4. 爪哇角星鼓藻*Staurastrum javanicum*(Nordstedt)Turner; 5—6. 装饰角星鼓藻*Staurastrum vestitum* Ralfs; 7—8. 克利角星鼓藻*Staurastrum clevei*(Wittrock)Roy & Bisset   scale = 10 μm

图版XLVIII

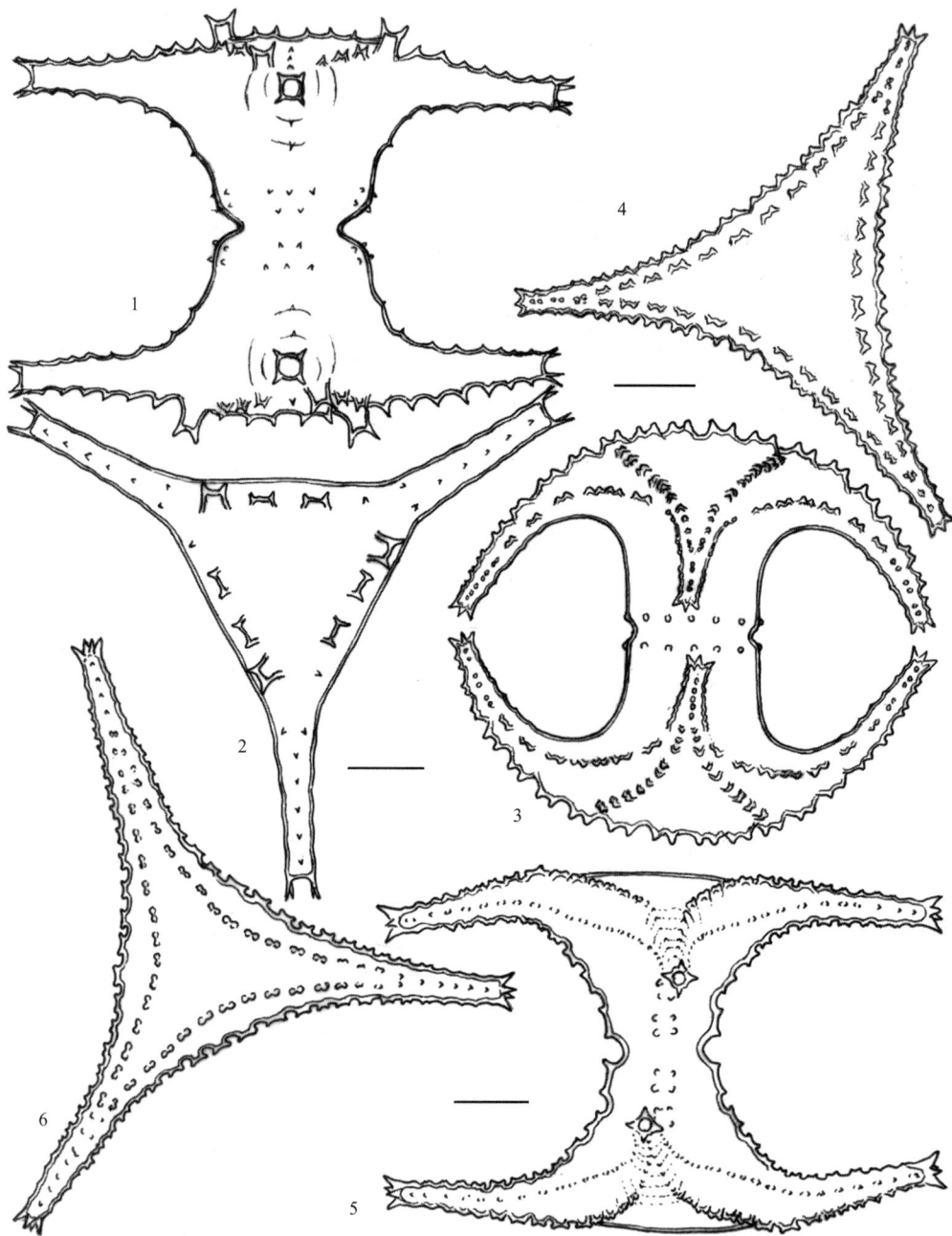

1—2. 爪哇角星鼓藻大型变种*Staurastrum javanicum* var. *maximum* Bernard; 3—4. 塞拉角星鼓藻*Staurastrum cerastes* Lundell; 5—6. 广西角星鼓藻*Staurastrum kwangsiense* Jao（仿Jao） scale = 10 μm

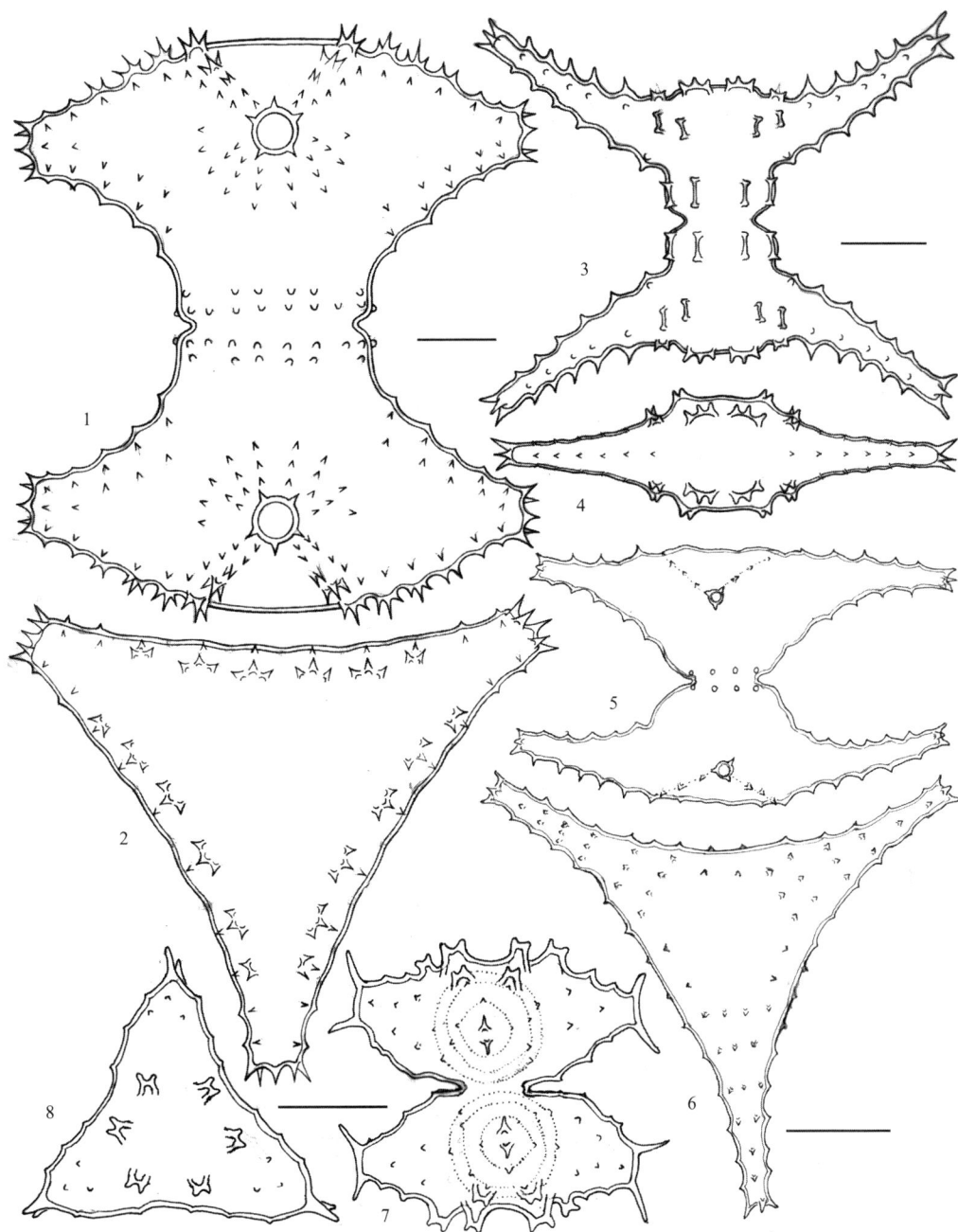

1—2. 伪西博角星鼓藻密聚变种退化变型*Staurastrum pseudosebaldi* var. *compactum* f. *reductum* Wei; 3—4. 武汉角星鼓藻 *Staurastrum wuhanense* Wei; 5—6. 伪西博角星鼓藻简单变种*Staurastrum pseudosebaldi* var. *simplicius* West; 7—8. 弓形角星鼓藻 *Staurastrum arcuatum* Nordstedt scale = 10 μm

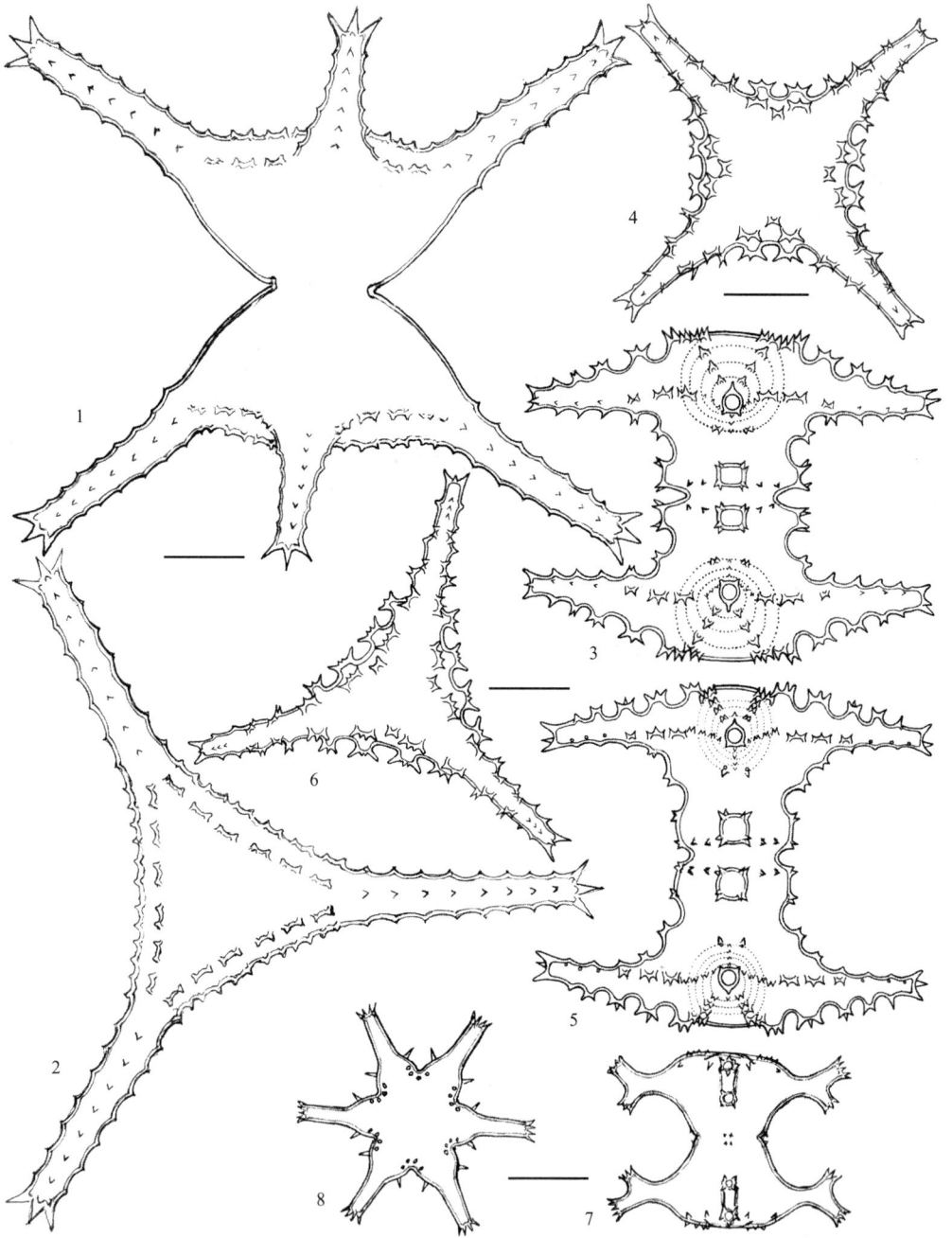

1—2. 鸭形角星鼓藻*Staurastrum anatinum* Cooke & Wille; 3—6. 近雅致角星鼓藻*Staurastrum subelegantissimum* Wei; 7—8. 斯里兰卡角星鼓藻*Staurastrum ceylanicum* West & West   scale = 10 μm

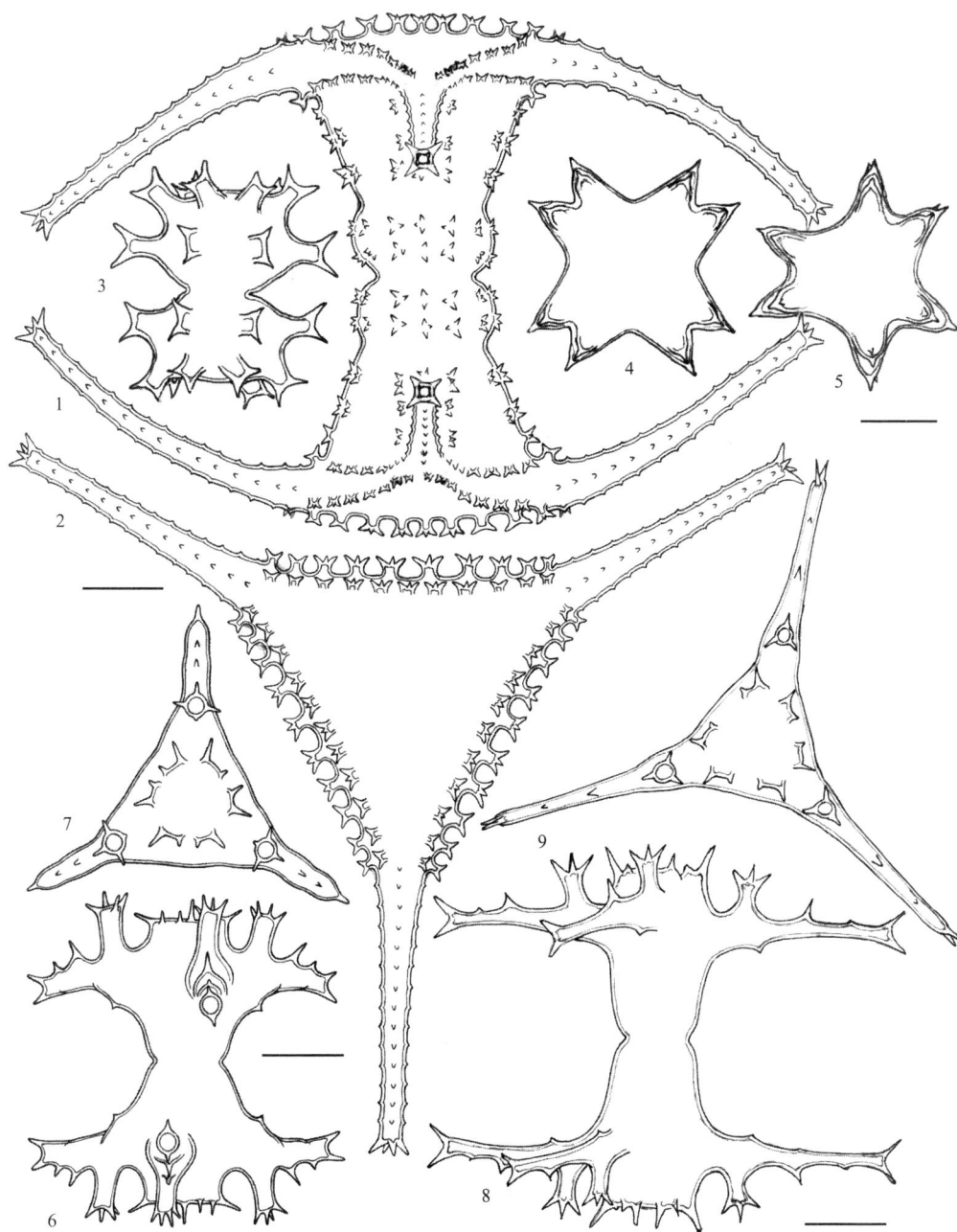

1—2. 宁波角星鼓藻*Staurastrum ningboense* Wei; 3—5. 四臂角星鼓藻*Staurastrum quadricornutum* Roy & Bissett; 6—9. 裂状角星鼓藻*Staurastrum laceratum* Turner   scale = 10 μm

图版LII

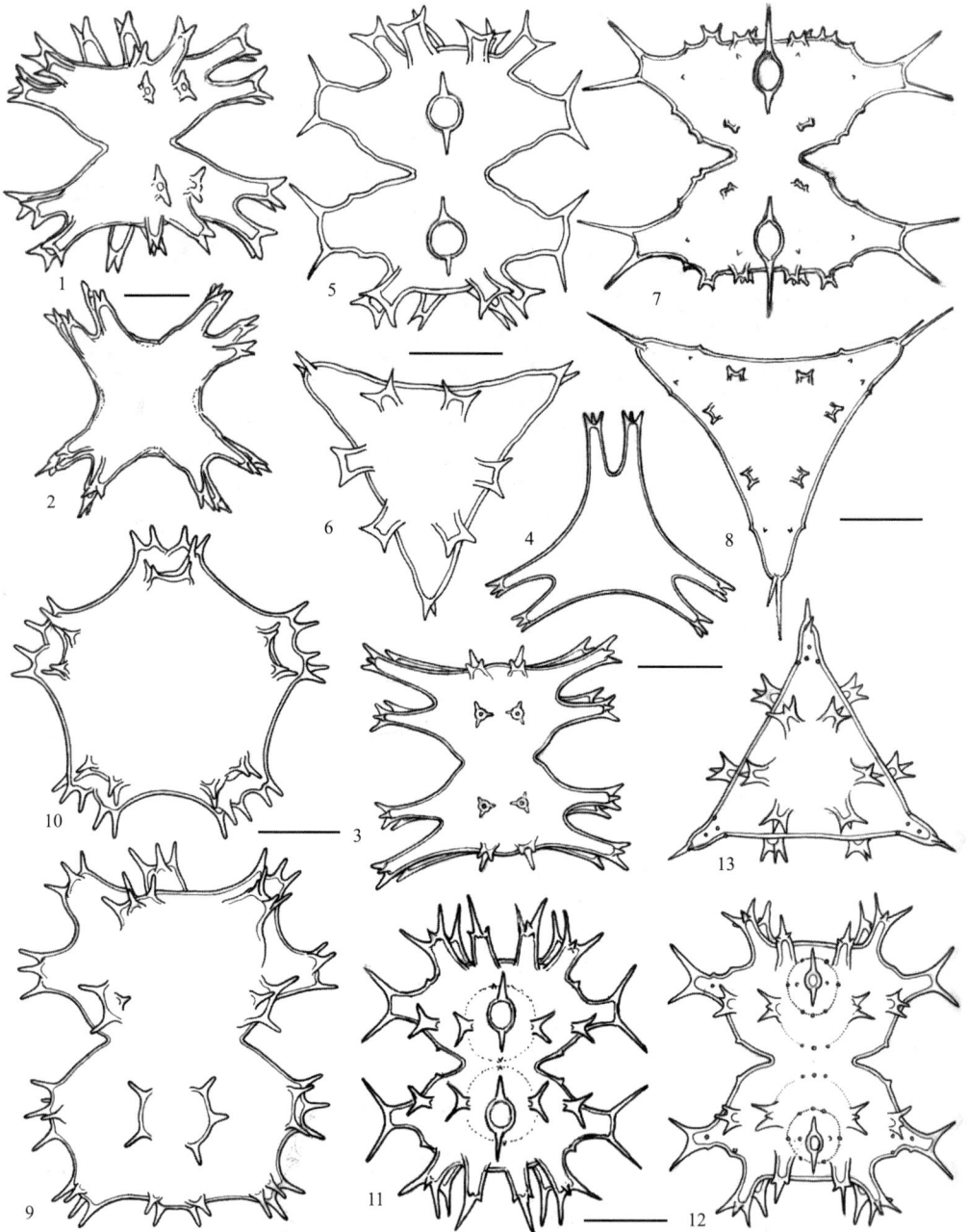

1—4. 四臂角星鼓藻伸展变种*Staurastrum quadricornutum* var. *patens* West & West（1—2仿Jao）; 5—6. 叉状角星鼓藻*Staurastrum furcatum*（Ralfs）Brébisson; 7—8. 鱼形角星鼓藻*Staurastrum pisciforme* Turner; 9—10. 沃利克角星鼓藻相等变种*Staurastrum wallichii* var. *aequale* Carter; 11—13. 六臂角星鼓藻*Staurastrum senarium* Ralfs scale = 10 μm

图版LIII

1—2. 汉茨角星鼓藻*Staurastrum hantzschii* Reinsch; 3—5. 汉茨角星鼓藻日本变种*Staurastrum hantzschii* var. *japonicum* Roy & Bissett; 6—9. 成对角星鼓藻*Staurastrum gemelliparum* Nordstedt; 10—11. 汉茨角星鼓藻相似变种*Staurastrum hantzschii* var. *congrum*（Raciborski）West & West（仿Jao） scale = 10 μm

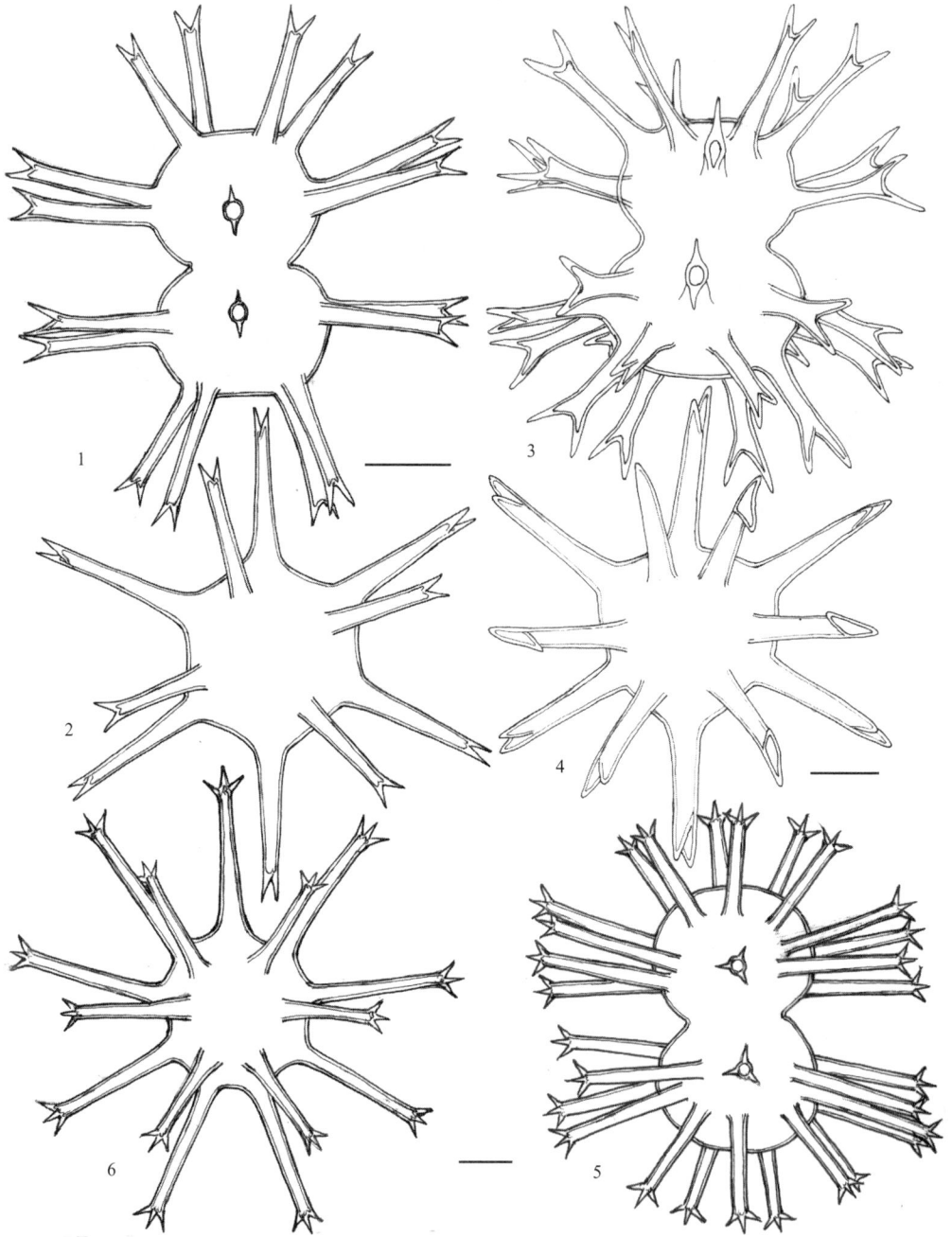

1—2. 薄刺角星鼓藻*Staurastrum leptacanthum* Nordstedt; 3—4. 薄刺角星鼓藻十二臂变种*Staurastrum leptacanthum* var. *dodecacanthum* West & West; 5—6. 薄刺角星鼓藻博格变种*Staurastrum leptacanthum* var. *borgei* Förster　scale = 10 μm

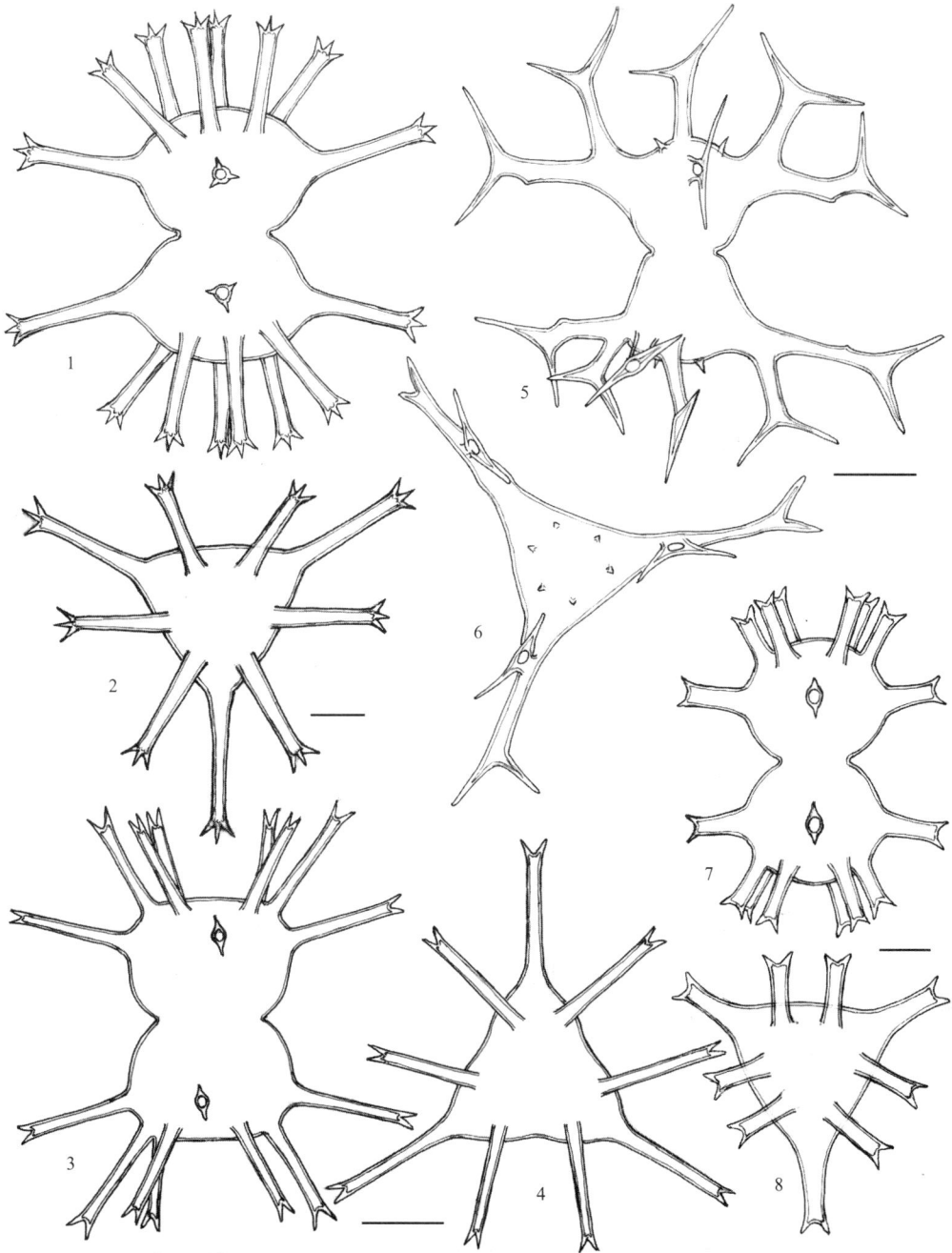

1—4. 托霍角星鼓藻*Staurastrum tohopekaligense* Wolle; 5—6. 玫瑰角星鼓藻花冠变种*Staurastrum rosei* var. *stemmatum* Scott & Prescott; 7—8. 托霍角星鼓藻不矮小变种*Staurastrum tohopekaligense* var. *nonanam*（Turner）Schmidle　scale = 10 μm

图版LVI

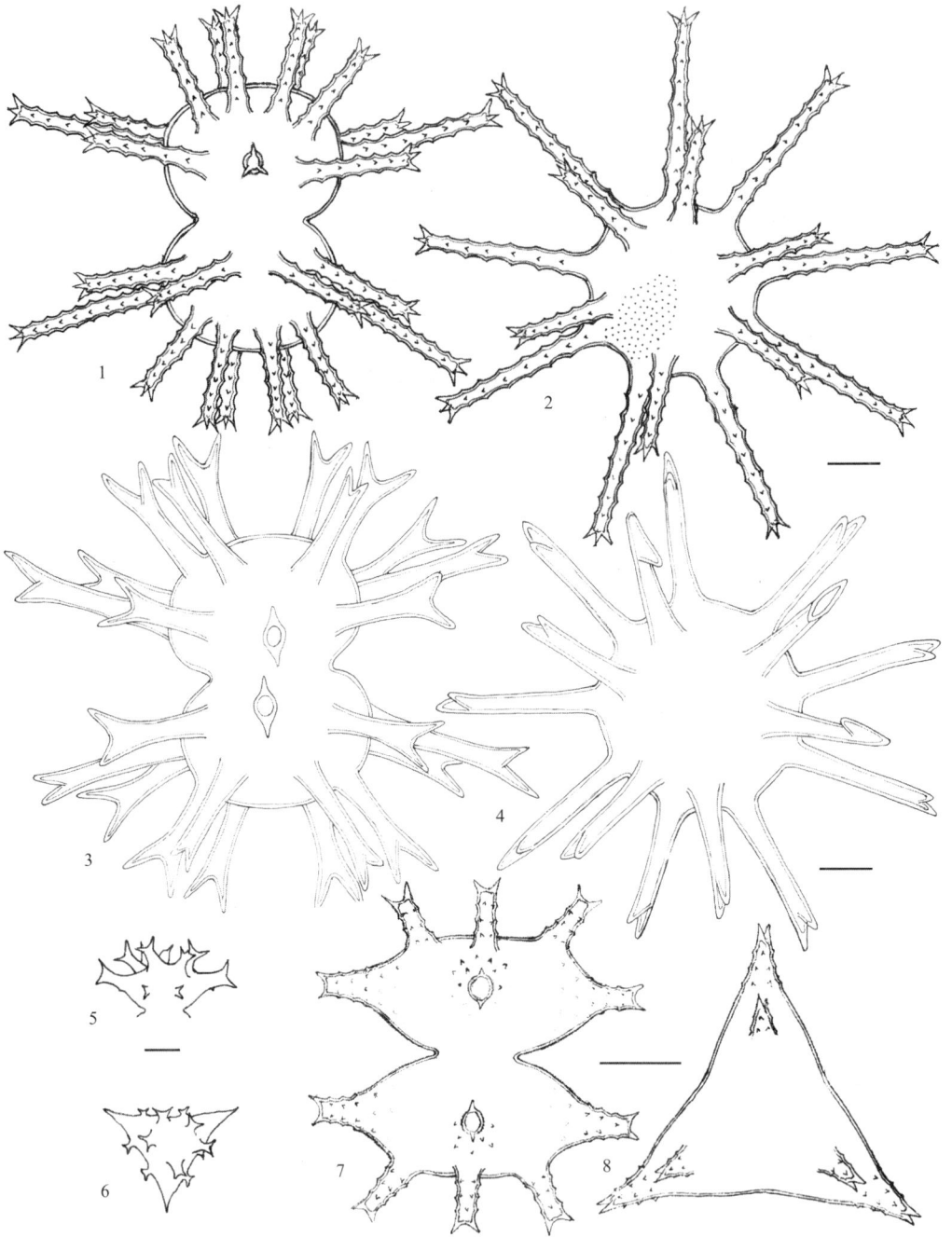

1—2. 阿克蒂角星鼓藻*Staurastrum arctiscon* (Ralfs) Lundell; 3—4. 阿克蒂角星鼓藻平滑变种*Staurastrum arctiscon* var. *glabrum* West & West; 5—6. 似鱼形角星鼓藻小齿变种*Staurastrum pseudopisciforme* var. *denticulatum* Lütkemüller (仿Lütkemüller); 7—8. 叉形角星鼓藻*Staurastrum furcigerum* (Ralfs) Archer　scale = 10 μm

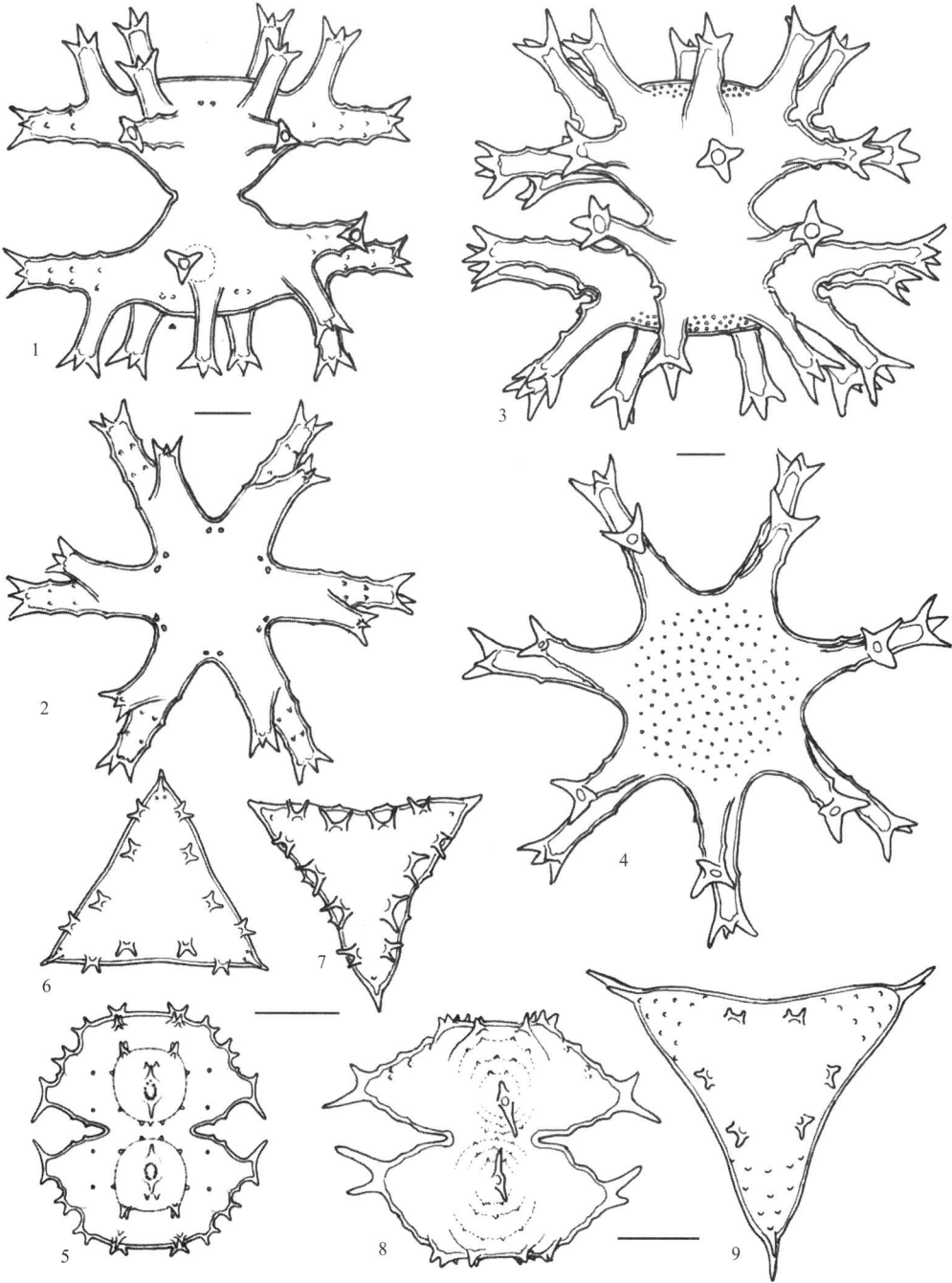

1—2. 六角角星鼓藻*Staurastrum sexangulare*(Bulnheim) Lundell; 3—4. 六角角星鼓藻粗糙变种*Staurastrum sexangulare* var. *asperum* Playfair(仿Jao); 5—7. 剪形角星鼓藻椭圆变种*Staurastrum forficulatum* var. *ellipticum* Jao; 8—9. 剪形角星鼓藻简单变种*Staurastrum forficulatum* var. *simplicius* Jao(仿Jao) scale = 10 μm

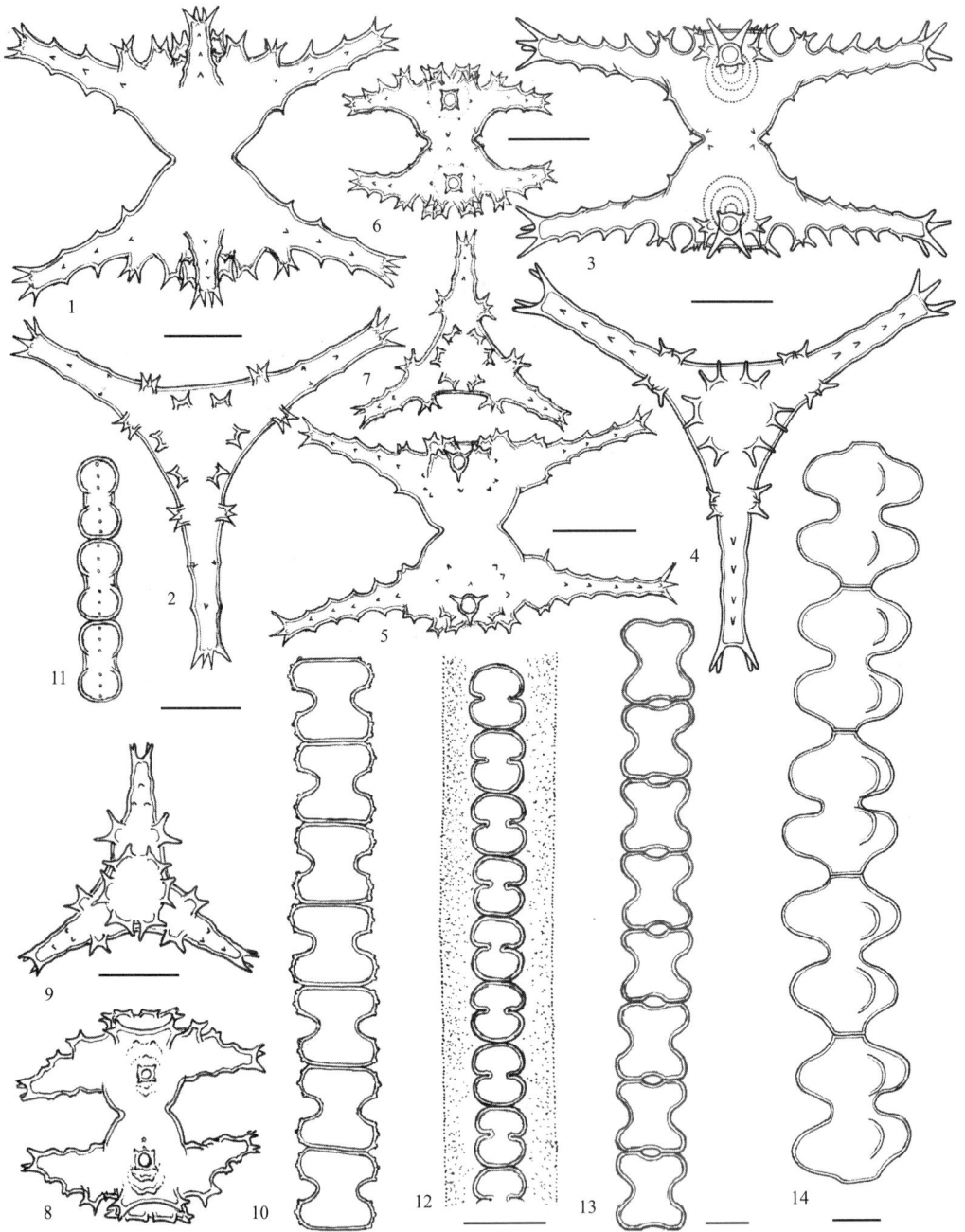

1—5. 双冠角星鼓藻*Staurastrum bicoronatum* Johnson; 6—7. 双冠角星鼓藻中华变种*Staurastrum bicoronatum* var. *sinense* Lütkemüller; 8—9. 双冠角星鼓藻广西变种*Staurastrum bicoronatum* var. *kwansiense* Jao（仿Jao）; 10—11. 乳突顶接鼓藻 *Spondylosium papillosum* West & West; 12. 矮型顶接鼓藻*Spondylosium pygmaeum*（Cooke）West; 13. 裂开顶接鼓藻*Spondylosium secedens*（De Bary）Archer; 14. 光泽顶接鼓藻三角形变种*Spondylosium nitens* var. *triangular* Turner   scale = 10 μm

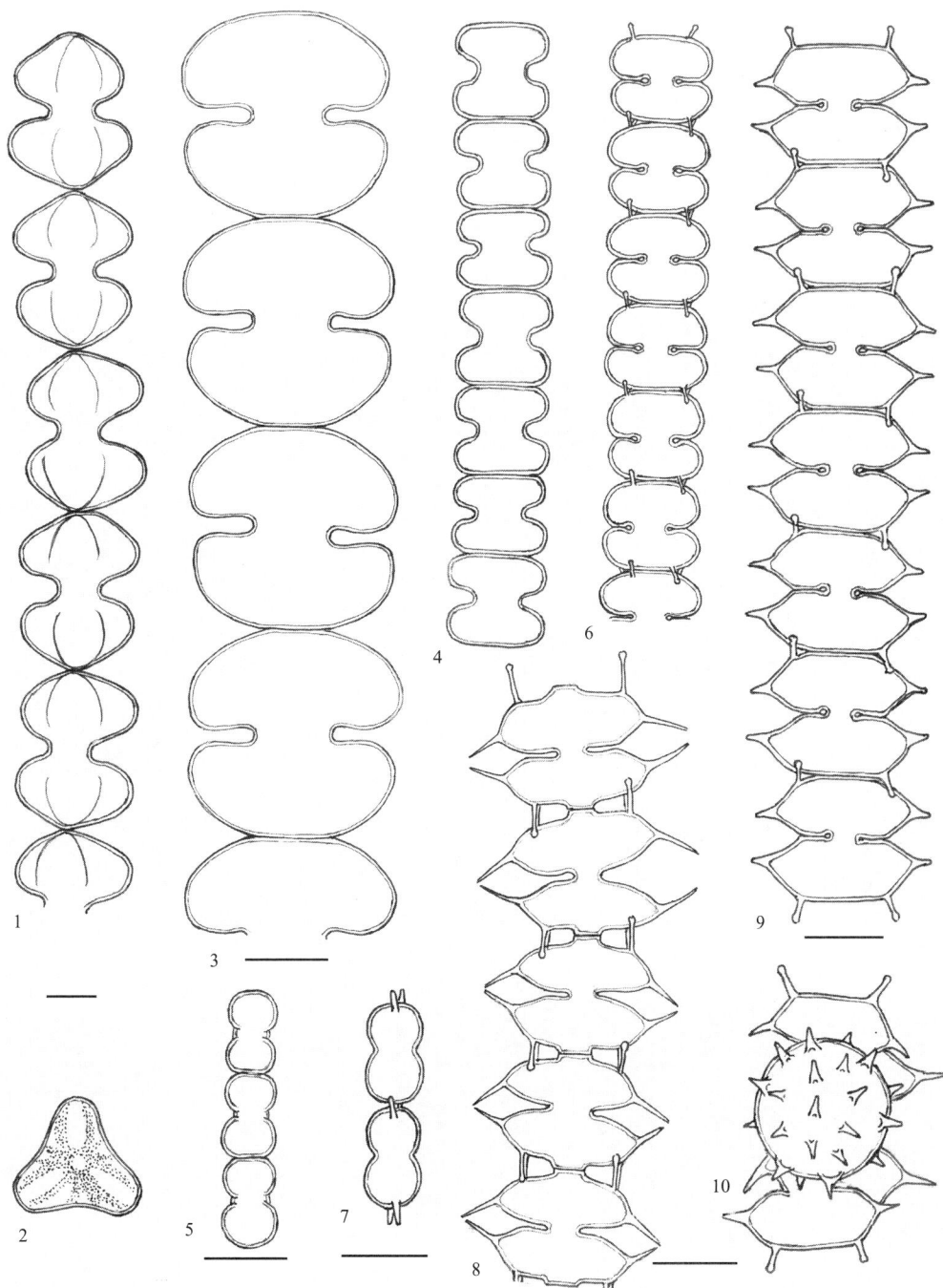

1—2. 项圈顶接鼓藻*Spondylosium moniliforme* Lundell; 3. 肾形顶接鼓藻*Spondylosium reniforme* Turner; 4—5. 平顶顶接鼓藻 *Spondylosium planum*（Wolle）West & West; 6—7. 丝状棘接鼓藻*Onychonema filiforme* Roy & Bissett; 8. 光滑棘接鼓藻宽变种 *Onychonema laeve* var. *latum* West & West; 9—10. 光滑棘接鼓藻*Onychonema laeve* Nordstedt, 10. 接合孢子   scale = 10 μm

图版LX

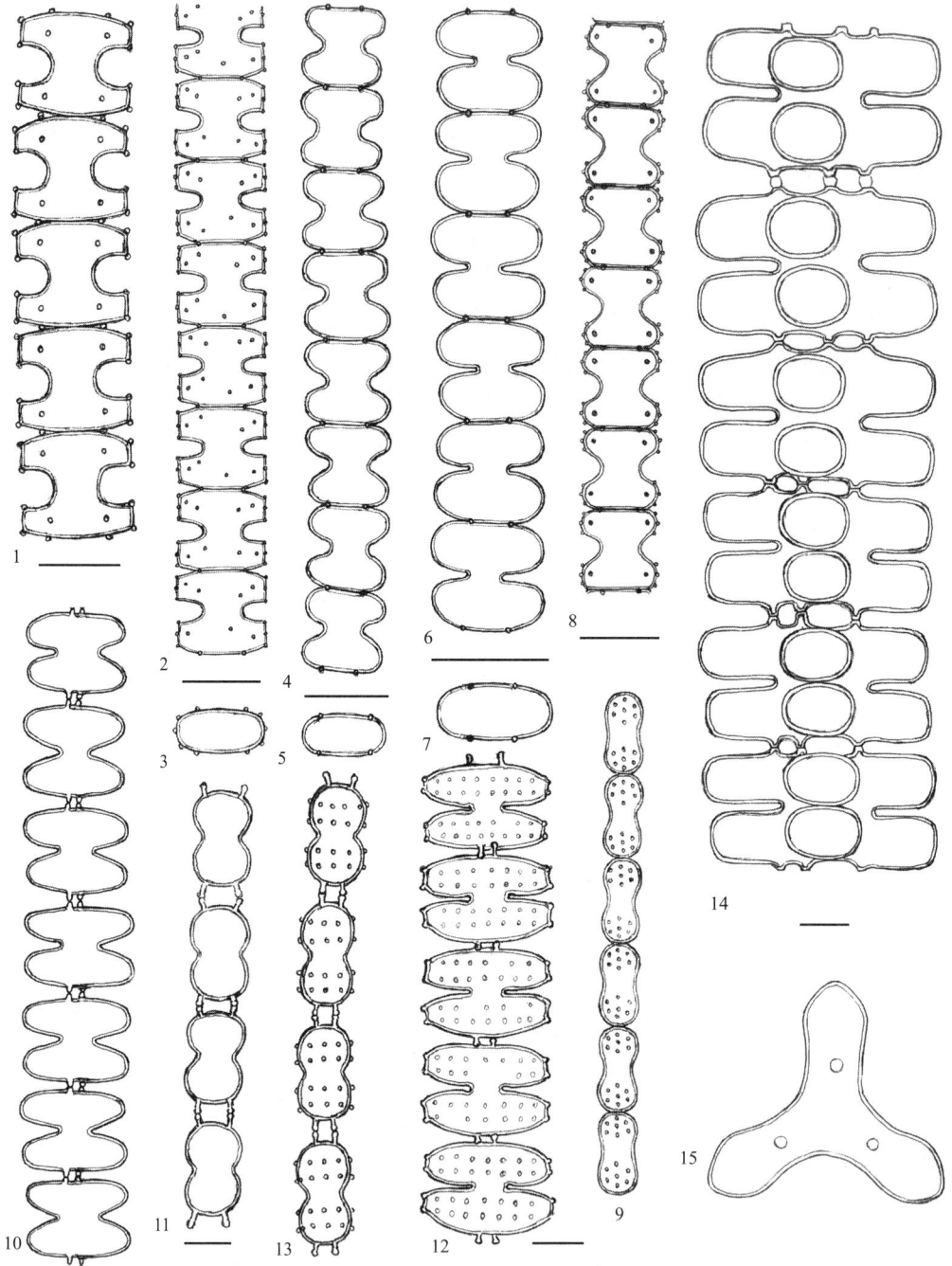

1. 沃利克泰林鼓藻*Teilingia wallichii*（Jacobsen）Bourrelly；2—3. 沃利克泰林鼓藻角状变种*Teilingia wallichii* var. *anglica*（West & West）Förster；4—5. 外穴泰林鼓藻*Teilingia excavata*（Ralfs）Bourrelly ex Compére；6—7. 外穴泰林鼓藻近方状变种*Teilingia excavata* var. *subquadrata*（West & West）Stein；8—9. 颗粒泰林鼓藻*Teilingia granulata*（Roy & Bissett）Bourrelly ex Compére；10—11. 连接瘤接鼓藻*Sphaerozosma vertebratum* Ralfs；12—13. 奥伯瘤接鼓藻*Sphaerozosma aubertianum* West；14—15. 扭丝鼓藻*Streptonema trilobatum* Wallich　scale = 10 μm

1—3. 裂开圆丝鼓藻*Hyalotheca dissiliens* Ralfs, 3. 接合孢子; 4—5. 裂开圆丝鼓藻裂开变种二乳突变型*Hyalotheca dissiliens* var. *dissiliens* f. *bidentula* (Nordstedt) Boldt; 6—7. 格雷维角丝鼓藻*Desmidium grevillii* (Ralfs) De Bary; 8. 粘质圆丝鼓藻*Hyalotheca mucosa* Ralfs; 9. 裂开圆丝鼓藻裂口变种*Hyalotheca dissiliens* var. *hians* Wolle; 10—11. 裂开圆丝鼓藻裂开变种三乳突变型*Hyalotheca dissiliens* var. *dissiliens* f. *tridentula* (Nordstedt) Boldt; 12. 似竹鼓藻*Bambusina brebissonii* Kützing   scale = 10 μm

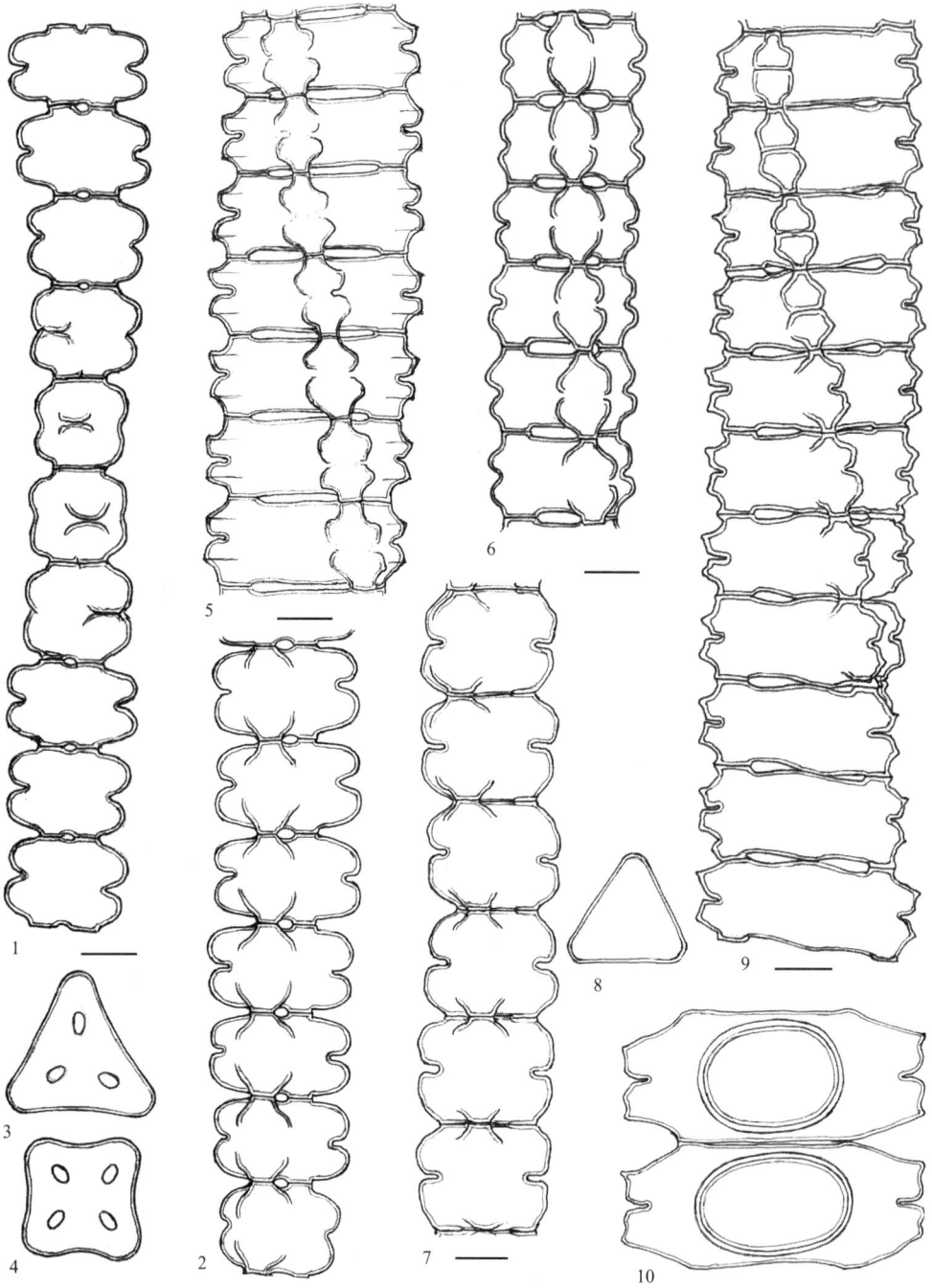

1—4. 似扭丝角丝鼓藻*Desmidium pseudostreptonema* West & West; 5. 扭连角丝鼓藻*Desmidium aptogonum* Kützing; 6. 扭连角丝
鼓藻锐角变种*Desmidium aptogonum* var. *acutius* Nordstedt; 7—8. 西方角丝鼓藻*Desmidium occidentale* West & West; 9—10. 角
丝鼓藻*Desmidium swartzii* Ralfs, 10. 接合孢子   scale = 10 μm

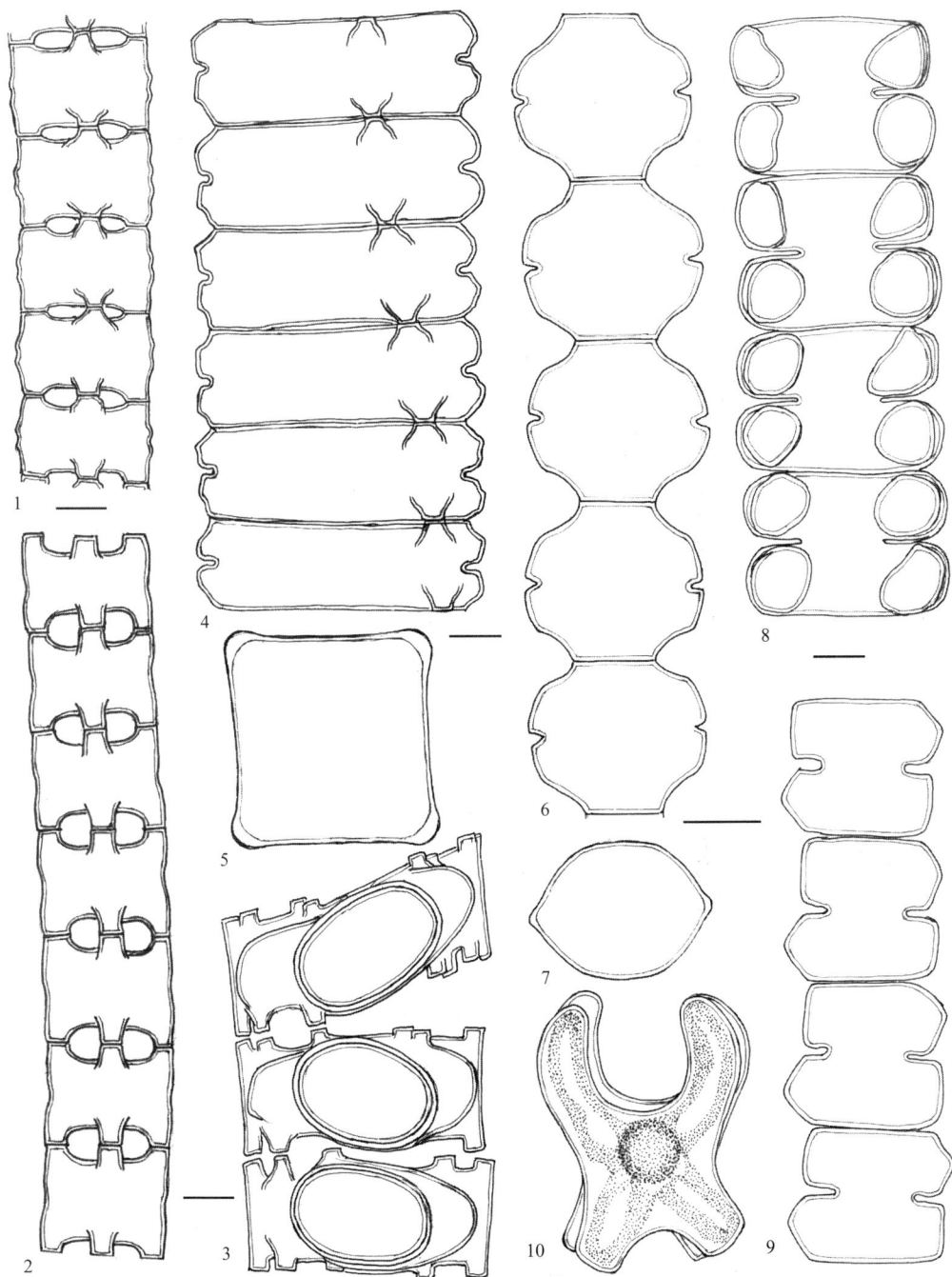

1. 距形角丝鼓藻空腔变种Desmidium baileyi var. coelatum(Kirchner) Nordstedt; 2—3. 距形角丝鼓藻Desmidium baileyi(Ralfs)
Nordstedt; 4—5. 四角角丝鼓藻Desmidium quadrangulatum Ralfs; 6—7. 密聚角丝鼓藻Desmidium coarctatum Nordstedt;
8—10. 不对称瘤丝鼓藻Phymatodocis irregularis Schmidle　scale = 10 μm

图版LXIV

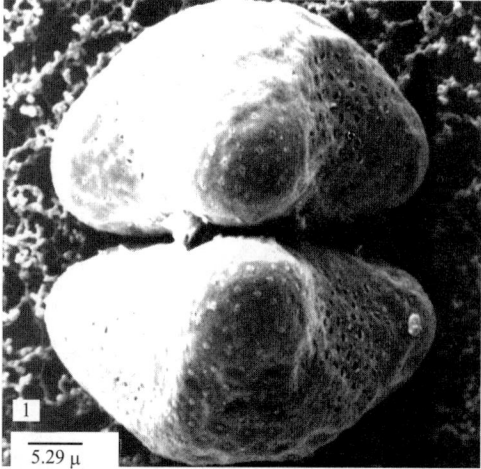

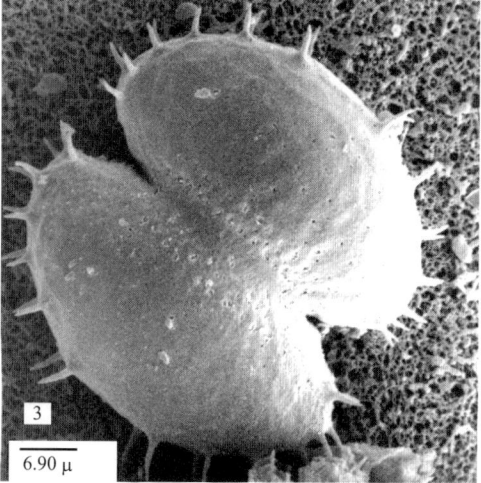

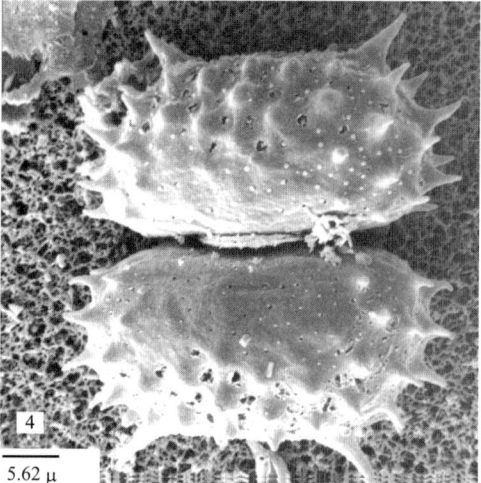

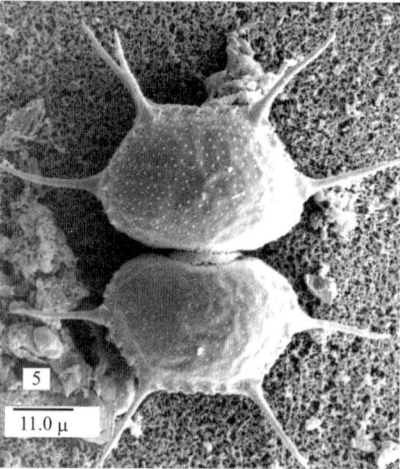

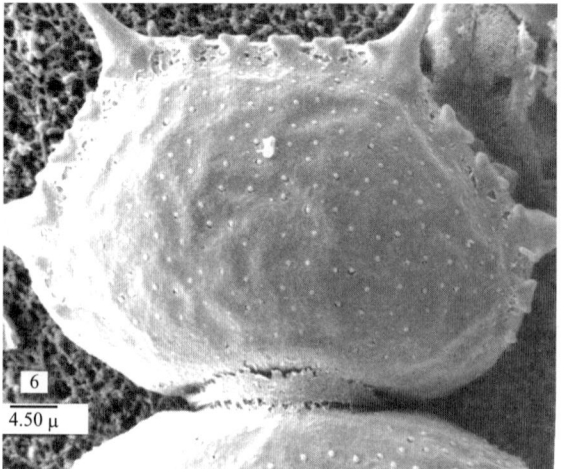

1. 圆形角星鼓藻拉尔夫变种*Staurastrum orbiculare* var. *ralfsii* West & Wes；2. 条纹角星鼓藻叉开变种*Staurastrum striolatum* var. *divergens* West & West; 3. 具刺多棘鼓藻*Xanthidium spinosum*(Joshua) West & West; 4. 浙江多棘鼓藻*Xanthidium zhejiangense* Wei; 5—6. 圣锡多棘鼓藻圣锡变种不对称变型*Xanthidium sansibarense* var. *sansibarense* f. *asymmetricum* Scott & Prescott

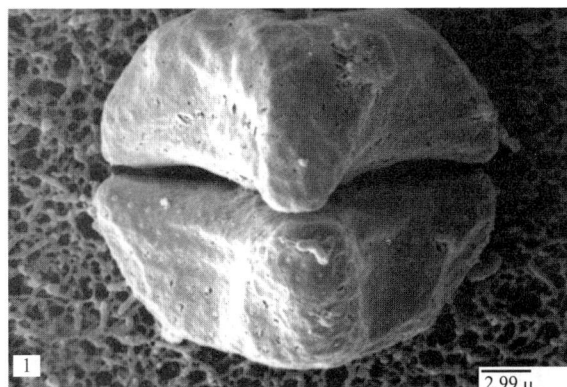

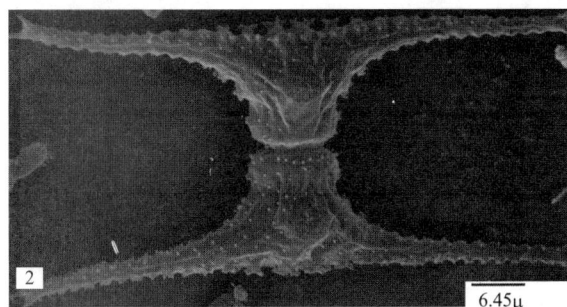

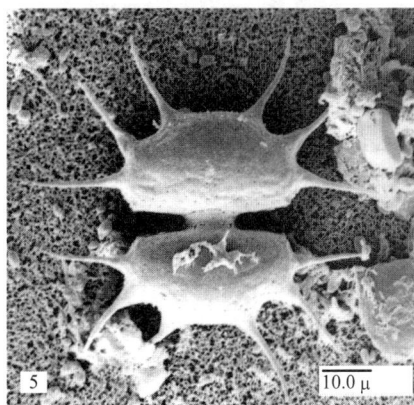

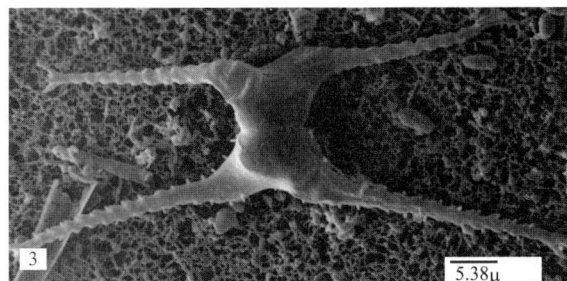

1. 钝角角星鼓藻*Staurastrum retusum* Turner; 2. 具齿角星鼓藻*Staurastrum indentatum* West & West; 3. 凹陷角星鼓藻*Staurastrum excavatum* West & West; 4. 尖顶多棘鼓藻*Xanthidium apiculatum*（Joshua）Hirano; 5. 六乳突多棘鼓藻*Xanthidium sexmamilatum* West & West

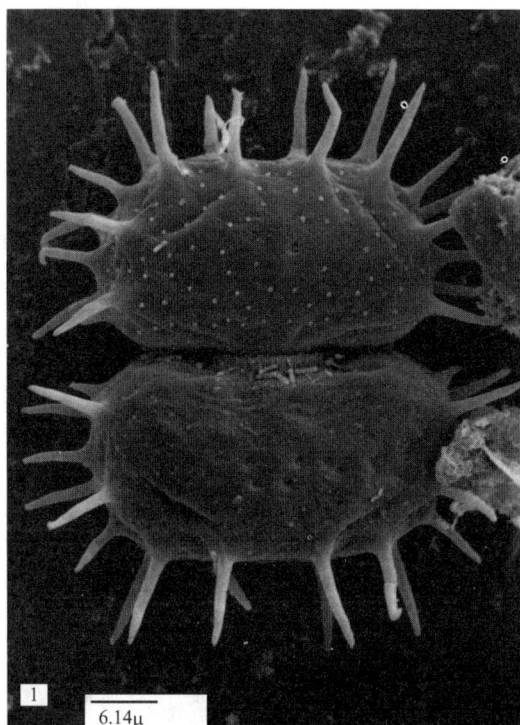

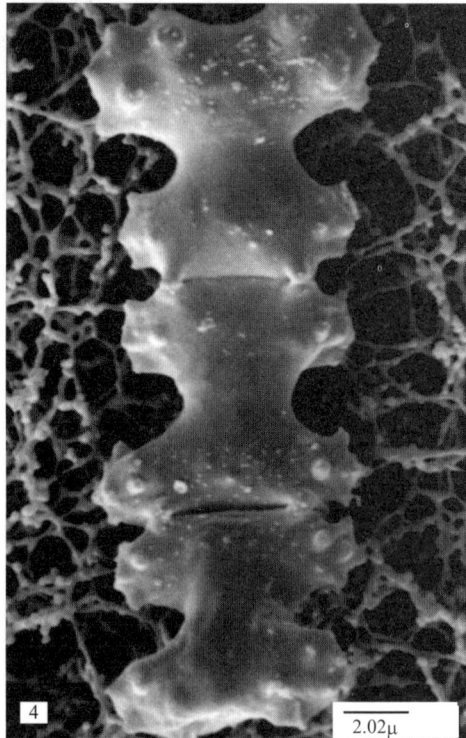

1. 多刺多棘鼓藻*Xanthidium acanthophorum* Nordstedt; 2. 格雷维角丝鼓藻*Desmidium grevillii*(Ralfs)De Bary; 3. 光滑棘接鼓藻*Onychonema laeve* Nordstedt; 4. 颗粒泰林鼓藻*Teilingia granulata*(Roy & Bissett)Bourrelly ex Compére

Q-3221.01

ISBN 978-7-03-038992-3